离散数学

（第二版）

廖元秀　周生明　编著

科学出版社

北　京

内 容 简 介

本书共分 6 章，分别是绪论、命题逻辑、谓词逻辑、集合论、代数系统和图论。主要内容包括离散量与离散数学、命题公式演算、命题逻辑的推理理论、归结演绎推理、谓词公式的解释、谓词公式演算、自然演绎推理、集合运算、集合计数、鸽笼原理、包含排除原理(容斥原理)、二元关系、函数与映射、代数运算、同态、同构、群、群在编码理论中的应用、布尔代数、图的基本概念、图的矩阵表示、有向图、欧拉图、哈密顿图、带权图和树。本书设计为 72 学时，带星号*的章节可视具体情况选讲。

本书可作为高等院校计算机专业的教材，也可供信息及电子等专业师生参考。

图书在版编目(CIP)数据

离散数学/廖元秀，周生明编著. —2 版. —北京：科学出版社，2017.6

ISBN 978-7-03-053566-5

Ⅰ. ①离…　Ⅱ. ①廖…②周…　Ⅲ. ①离散数学　Ⅳ. ①O158

中国版本图书馆 CIP 数据核字(2017)第 132011 号

责任编辑：邹　杰/责任校对：郭瑞芝

责任印制：张　伟/封面设计：迷底书装

科学出版社 出版

北京东黄城根北街 16 号

邮政编码：100717

http://www.sciencep.com

固安县铭成印刷有限公司 印刷

科学出版社发行　各地新华书店经销

*

2010 年 2 月第　一　版　开本：787×1092　1/16

2017 年 6 月第　二　版　印张：17 1/2

2022 年 1 月第十一次印刷　字数：415 000

定价：59.00 元

前　言

离散数学是计算机专业的一门重要基础课程，也是信息技术、电子工程等专业的理论基础课。离散数学为计算机科学与技术等应用学科的研究提供了形式化方法，为实际问题的描述提供了数学模型，为问题求解在计算机上的实现提供了数学工具。因此，学好离散数学对于提高学生的学习能力、解决实际问题的能力以及学好相关专业课程都有着重要意义。

本书在第 1 版的基础上进行以下改进。

⑴ 本书按 68~72 课时安排讲授内容，因此删除了第 1 版中作为选讲的部分内容。

⑵ 对教材中知识点的论述进行进一步细化，特别是对概念和方法的解释给出详细说明，并对知识的应用给出具体的操作步骤。

⑶ 增加了例题，为学生提供更多的参考。调整了习题，使之更适合学生课后练习。

⑷ 本书内容编排和写作风格与在线开放课程接轨，可作为在线开放课程的教材及慕课、微课的脚本。

此外，本书继承了第 1 版的写作风格，并保持了第 1 版的 5 个目标。

⑴ 读者能较为轻松地理解和掌握形式化方法。本书完整、详细地介绍命题逻辑和谓词逻辑的基本概念、基本知识以及基于逻辑知识的形式化方法。通过学习，读者可以领会到形式化方法的思想，学会用形式化方法描述和解决实际问题。例如，如何用命题公式和谓词公式来表示实际问题，怎样用形式符号来描述问题求解过程等。由于计算机的算法、数据结构、程序设计是用形式化方法描述的，所以形式化方法是用计算机求解问题的基本知识和基本技术。熟练掌握形式化方法将为后续的计算机课程打下良好的基础。

⑵ 读者能学到许多建立数学模型的思想和方法。本书介绍将自然语言描述的命题转换为用数学符号表示的命题公式和谓词公式的一般原则与详细步骤，并详细介绍谓词公式的解释和含义，以及用命题公式序列和谓词公式序列表示推理的过程。这些推理是人们的思维方式的数学模型。本书还介绍集合作为各种研究对象的数学模型、关系作为对象之间相互联系的数学模型、抽象的代数结构和代数运算作为实际问题的数学模型。其中，群可作为编码的数学模型，图可作为交通、运输、通信、物流、信息传递等网络的数学模型。这些模型都有广泛的应用。

⑶ 读者能掌握用于问题求解的数学知识和数学工具。本书介绍的知识，都配有应用这些知识的实例，并给出问题求解的思路和求解步骤。例如，对于构造命题逻辑中的形式证明、构造谓词公式的解释、求关系的传递闭包、代数运算律及特殊元素的性质、求图的最短路径等应用问题，都给出了具体、详细的算法和求解过程。

⑷ 提高学生的自学能力。由于许多大学新生不注重对概念的理解和对方法的掌握，习惯于从具体的例题去把握概念，喜欢模仿例题的格式来解题。这些学习习惯导致学生在自学方面不能收到理想的效果。针对这些问题，我们在编写本书时采取了以下措施。

①以知识点为单位展开论述，每个段落所述内容都明确列出相关的知识点，使得重点突出、难点降低。

②对概念的描述简明扼要、直截了当，并对复杂概念的理解和把握给出应注意的事项。

③对于问题求解，给出详细的解题方法，并配有详解的例题。

④对于算法的描述和应用，给出明确的算法思想与详细的操作步骤，并给出算法应用实例的具体操作过程。

⑤对于定理证明，给出思路清晰、层次分明、推理严谨、步骤详细的证明过程。

⑥注意介绍离散数学的思想方法，引导学生从“重例题轻概念”“重模仿轻方法”的学习模式转换到“以概念、方法、原理为主，以例题为辅”的学习模式上来。

(5) 方便教师备课。考虑到知识的连贯性和内容的完整性，我们对书中涉及的有关概念都给予介绍，不需另外查阅其他参考书。对各章节的教学难点都给出了具体的解决方案。

本书在各章节中都贯穿着这样一个主线索：重视概念的理解—理清解题的思路—明确解题的步骤—细化解题的过程。读者在阅读本书时务必要做到以下几点。

(1) 抓住书中的主线索，扎扎实实地攻克每一个知识点。

(2) 掌握书中介绍的思想方法，关注解题过程中“别人是怎么想的”。

(3) 领会书中介绍的解题思路，弄清解题过程中“具体是怎么做的”。

由于作者水平有限，书中难免存在不足之处，恳请读者批评指正。

作　者

2017 年 2 月

目　　录

第1章 绪　　论

1.1 离散量与离散数学

离散数学是包含数理逻辑、数论、代数、图论等多个数学分支内容的一门学科，它的研究对象是离散量的结构以及离散量之间的相互关系。离散量用于描述量之间相互关联的紧密程度。有些量之间的关联是松散的，其分布是稀疏的，这些量称为离散量。例如，整数全体、有限个实数、有限集合等所代表的量都是离散量。而有些量之间的关联是紧致的，它们的分布是稠密的、连续的，这些量称为连续量。例如，实数全体所代表的量是一个连续量。离散量是相对于连续量而言的，目前还没有关于离散量的严格定义。为了更好地把握离散数学的研究对象，下面给出离散量的一个较为严格的定义。

【基本量】定义 1.1　一个独立的不再细分的对象称为一个基本量。

例如，每一个自然数n都可以作为一个基本量；三个实数$\sqrt{2}$、3、6.5可分别定义为三个基本量；集合$A=\{a_1,a_2,\cdots,a_k\}$中的每一个元素都可以定义为一个基本量。

注：基本量是在讨论具体问题时作为一个基准的量来定义的，当一个对象被定义为基本量以后，就不再进行进一步的分解。

例如，在购买飞机的交易中，其价格以元为基本量，那么无论飞机价格如何浮动，都要以元为最小的价格单位，不能有更小的零头。又如，设集合$A=\{[0,1],[2,3]\}$，把A中的元素定义为基本量，则A有两个基本量$[0,1]$和$[2,3]$。作为基本量，$[0,1]$不能再进一步分解，只能作为一个整体对待。

【可数无穷集】定义 1.2　设A是一个集合，如果存在集合A与自然数集$\mathbb{N}$之间的双射，则称A为可数无穷集。

【离散型集合】定义 1.3　设A是一个集合，若A是有限集或可数无穷集，则称A是离散型集合。

【连续统】定义 1.4　全体实数所构成的集合称为连续统(continuum)。

【连续型集合】定义 1.5　设A是一个集合，如果存在集合A与连续统之间的双射，则称A为连续型集合。

【一个集合所代表的量】定义 1.6　设A是一个集合，把A中的每一个元素都定义为一个基本量，则A中的基本量全体称为A所代表的量。

集合A所代表的量是由A中所有成员构成的。“集合A”与“集合A所代表的量”这两个概念具有不同的含义：对于集合A来说，A中的成员是A的元素，仅仅表示一个对象，没有量的含义；而对于集合A所代表的量来说，A中的每一个成员是一个基本量，可以作为量来运算和操作。例如，设$A=\{1,2,5,10,20,50,100\}$，作为集合，A由7个元素组成，每个元素都是数字，不代表任何的量。若把A中的每一个元素都定义为一个基本量，则 A 代表了 7 个量。例如，可以用 A 所代表的量来表示人民币的面值。

【离散量】定义 1.7 设 A 是一个离散型集合，把 A 中的每一个元素都定义为一个基本量，则 A 所代表的量称为离散量。

换言之，设 x 是一个变量，若 x 的所有取值构成的集合是一个离散型集合，则称 x 是一个离散量。

例如，令 x 表示“一个姓张的中国人”，则 x 的所有取值构成的集合为 $M=\{a|a\text{是中国人且姓张}\}$，M 是一个有限集，M 是离散型集合，因此，x 是一个离散量。

【连续量】定义 1.8 设 A 是一个连续型集合，把 A 中的每一个元素都定义为一个基本量，则 A 所代表的量称为连续量。

换言之，设 x 是一个变量，若 x 的所有取值构成的集合是一个连续型集合，则称 x 是一个连续量。

例如，令 x 表示“一个负数”，则 x 的所有取值构成的集合为 $H=\{b|b\text{是实数且}b<0\}$，H 是一个连续型集合，因此，x 是一个连续量。

例 1.1 全体整数所代表的量是离散量；全体有理数所代表的量也是离散量。

解：因为整数集 $\mathbb{Z}$ 是可数无穷集，有理数集 $\mathbb{Q}$ 也是可数无穷集，所以，按定义 1.7，$\mathbb{Z}$ 所代表的量是离散量，$\mathbb{Q}$ 所代表的量也是离散量。

例 1.2 开区间 $(0,1)$ 上的全体实数所代表的量不是离散量。

解：因为区间 $(0,1)$ 上的全体实数组成的集合不是可数无穷集，所以，该集合所代表的量不是离散量。

【离散数学与计算机数学】离散数学是在计算机科学与技术的发展过程中派生出来的一门学科，而不是在数学的研究过程中从某个数学领域(或数学专题)分离出来的一个数学分支。离散数学的诞生是计算机科学和技术发展的需要。早期，“离散数学”是作为大学计算机专业一门课程的名称出现的。美国于 20 世纪 70 年代开始开设“离散数学”课程。随着计算机硬件和软件的迅速发展，计算机的应用领域不断扩大，许多问题都借助于计算机来解决。但是，计算机不能完美地解决所有实际问题，这是由计算机的系统结构决定的。人们现在用的计算机的系统结构本质上仍属于冯•诺依曼结构。这种系统结构的特征是，在计算机运行一个程序的过程中先将组成程序的指令和相关数据一同存放在计算机的存储器中，然后在执行程序时计算机按照程序指定的逻辑顺序把指令从存储器中读出来逐条执行。由于计算机以字节为单位存储数据，且任何一台计算机只能存储有限字节，因而，一台计算机只能存储有限个数据和指令。所以，计算机只能处理离散型数据。另外，计算机在不同领域中的应用需要不同的数学工具和数学方法；在解决不同的实际问题时需要建立不同的数学模型和不同的算法。而这些数学工具和方法分布在多个数学分支中。于是，人们就把这些在计算机应用中常用到的数学知识和方法归集到一起构成一门课程，给计算机专业的学生讲授。由于这门课程的内容所涉及的量都是离散量，所以把这门课程称为离散数学。

离散数学所涉及的数学分支主要包括：集合论、逻辑演算、递归论、数论、线性代数、抽象代数、布尔代数、组合论、图论、概率论、近似计算、离散化方法等。到目前为止，从理论上讲，离散数学还没有自己独特的理论体系，离散数学所讨论的内容都是其他数学分支中已有的内容。离散数学只关注能在计算机上应用的数学方法。对于一些不能直接在计算机上应用的方法，如连续函数、积分等，离散数学关注的是如何将它们离散化，然后再用计算机来处理。

可以用一句话来概括离散数学：离散数学就是应用于计算机上的数学内容和数学方法。所以，也有人把离散数学称为计算机数学。

1.2 离散数学的地位和作用

数学方法是计算机理论和技术的基础，是计算机在实现方面最有力的工具之一，许多计算机课程都包含大量的数学内容。举例说明如下。

(1) 在“C 程序设计”中用到数理逻辑的知识。C 语言是一种形式语言，C 语言中的语句都可看做一个逻辑公式。IF 语句就是一个典型的“蕴含式”逻辑公式。C 语言中的关系运算、关系表达式和逻辑运算、逻辑表达式等都用到了逻辑演算的知识，它们的运算法则都遵循逻辑演算的规则。另外，C 语言中表示 n 维数组的方法，就是集合论中表示 n 元关系的方法。

(2) 在“数据结构”中用到集合论、图论、递归论方法等知识。

(3) 在“数据库系统”中用到集合论和谓词逻辑等知识。关系数据模型中的操作用到集合论中的关系运算。基于逻辑的数据模型以一阶谓词逻辑作为数据模型，其操作都是以逻辑演算方法为基础的。

(4) 在“编译原理”中用到形式语言、逻辑演算、图论、布尔代数等知识。

(5) 在“数字电路与逻辑设计”中用到逻辑演算、布尔代数(也称逻辑代数)等知识。

(6) 在“编码理论”中用到抽象代数、线性代数、数论、布尔代数等知识。编码理论是计算机加密技术的理论基础。

(7) “操作系统”“算法设计与分析”“人工智能”“计算机网络”等许多计算机专业课程都用到离散数学知识。

在“离散数学”课程出现之前，各门计算机课程所需要的数学知识都是在讲授该课程时进行补充讲授。由于没有单独开设数学课，学生在各门计算机课程中学到的数学知识是零碎的、不完整的，因此不能系统地掌握相关的数学知识。然而，数学知识的缺乏直接影响到计算机专业课程的预期目标。另外，许多计算机专业课程包含相同的数学内容，在多门计算机专业课程中分别重复讲授相同的数学内容，造成了时间上的浪费。于是，美国的大学就把计算机专业课程中常用的数学知识汇编在一起作为单独的一门课程来讲授。这样的课程是专为计算机专业提供数学基础的，所以早期也把这样的课程称为“计算机数学基础”。随着计算机科学与技术的不断发展及计算机在多个领域的广泛应用，计算机对数学工具的要求越来越多。因而，离散数学所涉及的内容也越来越广泛、越来越深入，现已发展成为一门独立的数学学科。

由于许多学科的研究和应用都把计算机作为主要工具，许多信息和数据都需要用计算机表示(或显示)。因此，离散数学也成为电子工程、信息技术等学科的数学基础。

离散数学不但作为理论基础在计算机科学中有着重要的地位和作用，而且作为应用技术在计算机求解问题中也起着极大的作用。

用计算机求解实际问题的过程可分为四大步骤。

(1)用数学语言描述问题，或称为建立实际问题的数学模型。

(2)给出解决问题的步骤，或称为设计解决问题的算法。

(3)写出实现算法的程序。

(4)在计算机上运行程序并验证程序的正确性。

在这四个步骤当中，每一个步骤的完成都需要数学工具。

在第一步中，需要用抽象的数学概念、数学符号和数学结构来表示实际问题。例如，开发一个城市道路交通管理系统，借助于计算机来管理城市交通。首先就要用图论中的图表示城市的交通网络。实际生活中的交通网络图是地图的样式，两地间道路的长短呈一定的比例，有些弯曲的道路在地图上画出来也是弯曲的。但是，用数学方法表示网络图中两点间的连线时不用真正的线条，而是用顶点集中的一个序对来表示。例如，用(u,v)表示连接顶点u与顶点v的一条边，用一个二元组$G=<V,E>$表示一个图，其中，V是图的顶点集，E是图的边集。也可以用一个矩阵来表示一个图。总之，只有用数学模型把实际问题表示出来，才能用计算机解决问题。

在第二步中，要给出解决问题的算法。例如，要确定某两个地点之间是否有通路，有多少条通路？在实际生活的交通图中，可以按某种经验确定两地间是否有通路。但在计算机求解问题过程中，必须先把实际问题转化为数学问题，然后写出求解数学问题的步骤。这种解决问题的步骤就是算法。这样把实际问题(找两地间的通路)转化为数学问题(找图中两点间的通路)，解决这类问题的数学算法有图的搜索算法或矩阵运算的算法等。

第三步是写出实现算法的程序，也就是通常所说的编程。计算机不能直接运行用数学语言描述的算法，只能执行程序设计语言的指令，必须用程序设计语言的指令描述这些算法，才能在计算机上运行。算法中所描述的数据都是用数学结构表示的，所以在程序中描述数据也必须用数学方法来解决。

在第四步中，把程序放到计算机上运行并验证程序的正确性。在程序验证过程中最重要的是验证算法的正确性。一个算法的正确性是指对于待求解的这类问题的任何输入实例，按照算法的操作都可得出正确的输出结果。有些算法对某一组数据的输入可得到正确的输出结果，对另一组数据的输入却得到错误的输出结果，这种算法就不是正确的算法。算法的正确性必须用数学方法(如数学归纳法等)或逻辑推理的方法来证明，不能用若干组数据来验证。因为算法中有些变量可以取无穷多个值，此时，有限个值的验证不能说明算法的正确性。

由以上分析可知，在计算机求解问题过程中，每一个步骤的实现都以数学知识和数学方法为基础，没有数学工具计算机就解决不了问题。至此，我们已经看到离散数学在计算机科学与技术中的地位和作用，同时也回答了为什么要学离散数学这个问题。

1.3　计算机为什么要依赖数学

为什么计算机一定要依赖数学？在用计算机解决实际问题的过程中能否绕过数学或用别的办法来替代数学的作用呢？例如，在处理文字、网页、艺术、音乐、自然语言翻译等与数学无关的问题时，能否避开数学工具和数学方法呢？我们的回答是：使用计算机的人在处理这些问题时可以不涉及数学，但开发这些应用软件的人员必须要用数学工具和数学方法。这里从以下几方面来说明为什么计算机离不开数学。

(1) 计算机只能处理“0,1 代码”。所有数据和操作都要转换为“0,1 代码”计算机才能处理。那么，现实世界中有形形色色的数据，有千千万万待解决的问题，计算机仅用“0,1 代码”能完成这么多任务吗？回答是肯定的。理论上，“0,1 代码”有无穷多个，不同的“0,1 代码”可以代表不同的对象、不同的操作以及不同的含义。所以，“0,1 代码”可以表示无穷多的事物。但要编排这些“0,1 代码”，让某些“0,1 代码”恰好能代表人们所要做的事情就非得用数学方法不可。

(2) 计算机只能理解形式语言。在用计算机解决实际问题的过程中，要编写程序放到计算机上运行，计算机才能完成指定的任务。然而，编程所用的语言要求是一种形式语言。形式语言是使用简单的没有二义性的词汇，按照严格的语法规则构成没有歧义的语句，由这些语句构成的语言就是形式语言。而要构造形式语言只能用数学方法，没有其他选择。

(3) 计算机只能接受用数学结构表示的数据。在计算机程序中会涉及相关的数据，要使计算机能正确地识别、操作这些数据，必须按一定的格式来表示这些数据。而计算机能接受的格式只能是某种数学结构。虽然每一种程序设计语言都有自己可用的数据类型，但表示这些数据类型的结构都是数学结构。

(4) 只有数学算法才是计算机的有效算法。程序是算法在计算机上的体现，它告诉计算机如何操作相关的数据。算法的描述是计算机能否正确解决问题的关键，能正确解决问题的算法是有效算法，否则就是无效算法。因为计算机程序设计语言和数据结构都是用数学方法表示的，所以描述操作数据的步骤必须用数学方法来实现。

总而言之，计算机的应用要依赖于数学。数学工具是由“用自然语言描述实际问题”过渡到“用计算机语言描述问题”的途径，数学方法是人和计算机都能理解的唯一的共同平台。可以说，计算机所做的一切有意义的事情都依赖于相应的数学工具，没有数学工具，计算机将一事无成。

1.4　如何学好离散数学

离散数学的内容比较抽象，学习起来有一定的难度，而且离散数学是计算机科学的基础理论课程，不能一眼看到其在计算机中的直接应用。因此，许多学生对这门课程兴趣不大。在这种“难度不小，兴趣不大”的情况下，如何学好离散数学对老师和学生都是一个极大的挑战。在此，本书提出如何学好离散数学的一些建议，供大家参考。

1. 端正态度，投入精力

离散数学被列为计算机科学基础理论的核心课程，为许多后续课程提供基础知识和思想方法，其重要性是不言而喻的。学好离散数学将会对今后的学习产生重大影响，不仅能给后续课程带来帮助，还能提高逻辑思维能力以及解决问题的能力。另外，离散数学是一门必修课，是绕不开也逃不掉的，所以在学习离散数学课程时不要优柔寡断，应该端正态度，投入时间和精力，下决心把这门课学好。可以肯定地说，学好离散数学是一举多得的好事情。

2. 重视概念，把握方法

学科知识是在相关概念和方法上建立起来的。概念是一门课程的基石，而方法是课程的精彩内容。因此，理解概念和掌握方法是学好一门课程的关键。换句话说，概念理解和方法掌握的程度直接反映了学习的效果。离散数学概念众多，不能死记硬背，要根据定义的描述，结合具体例子理解其中的含义，特别要弄清概念的内涵和外延。离散数学中的方法比较抽象，在学习过程中要注意将方法具体化。本书的许多地方已经写出了方法的应用操作步骤，认真学习领会其中的每个步骤，并将这些步骤应用到具体例子中，就能有效掌握这些方法。

3. 抓住特点，对症下药

每一门课程都有其独特的内容和特点，抓住其特点，采用具有针对性的学习方法可收到事半功倍的学习效果。下面给出本书的各章节的学习要点。

第 2 章(命题逻辑)：有两个核心概念，一是命题联结词；二是命题公式的真值。这两个概念贯穿整章内容，是学习该章内容的纽带和主线索。可以说，第 2 章的所有内容离不开这两个概念。因此，理解掌握好这两个概念及其应用就学好了该章的一半。另一半是该章中用到的三个重要方法，一是命题公式真值的计算(包括真值表的构造)；二是命题公式的等值演算；三是命题逻辑的推理。这三种方法在书中都有详细的描述，并给出了具体的操作步骤，理解领会这些操作步骤并加以实践，可以学好命题逻辑的内容。

第 3 章(谓词逻辑)：谓词逻辑是命题逻辑的扩充，在命题逻辑的基础上增加了对命题中个体对象的性质和个体对象之间关系的描述及推理。谓词逻辑主要研究命题中涉及的全体对象与特定对象、部分对象与特定对象以及全体对象与部分对象之间的逻辑关系。该章有三个特别重要的概念，一是个体；二是量词；三是谓词公式的解释。个体是谓词逻辑描述的对象，这可以从谓词公式得到反映：一元谓词公式描述个体的性质，n 元(二元或二元以上)谓词公式描述个体之间的关系。量词是对谓词公式描述个体性质或个体间关系范围的一种限制，量词对个体的限制范围可从其辖域反映出来。谓词公式的解释是给抽象的谓词公式符号赋予具体的内容，谓词公式经过解释就成为一个命题。这三个概念贯穿第 3 章的内容，能起到纲举目张的作用。该章有三个重要方法，一是构造谓词公式的解释；二是谓词公式的等值演算；三是谓词逻辑的推理。这三种方法在书中都有详细的描述，并给出了具体的操作步骤。只要按照书中的操作步骤进行练习可以掌握该章的知识。

第4章(集合论)：集合论有两个重要概念，一是集合的构成；二是关系的构成。集合的定义和集合运算规则都是简单明了的，而常常遇到的困难是对于具体的集合如何进行各种运算。在此，本书给出一个学习要点：遇到给定的集合，首先要确定该集合由哪些元素组成。换句话说，对于任何一个对象，要能确定该对象是不是这个集合的元素。具体做法是根据集合的表示方法(集合一般有两种表示法：枚举元素法、元素属性描述法)来确定集合的元素。如果集合是用枚举元素法表示的，那么集合元素是一目了然的。如果集合是用元素属性描述法表示的，那么就需要正确理解用于描述集合元素的所有属性，满足所有属性的对象就是集合的元素，否则就不是集合的元素。确定集合的元素是集合论基本运算的核心问题，解决了这个问题，其他问题就会迎刃而解。例如，对于两个集合的交、并、对称差运算，如果能确定这两个集合的元素，那么这些运算就容易解决了。另一个重要概念是二元关系的构成。首先，二元关系是一个集合，适用于集合的各种运算。其次，二元关系的每一个成员(集合的元素)都是一个有序对。在学习二元关系的内容时，确定二元关系的元素是最关键的问题。只要确定了二元关系的元素，二元关系的各种性质和各种运算就会顺利得到解决。学习集合论要关注两个重要的方法：一是集合元素的重组；二是关系定义域中的元素与值域中的元素之间的联系。所有集合运算(包括关系运算)都可看做集合元素的重组，而在讨论关系的自反性、对称性、传递性等性质时反映的是关系定义域元素与值域元素之间的联系。抓住这个思路，学习就容易了。

第5章(代数系统)：代数系统是在给定的基础集合上定义若干个满足某些条件的运算。因此，在讨论一个代数系统时，首先要确定该代数系统基础集合包含哪些元素，其次是分析集合上的运算具有什么性质，然后验证这些运算是否满足所要求的条件(如结合律、交换律等)，最后找出代数系统所要求的特殊元素(如单位元、逆元、零元等)。代数系统的学习方法可概括为：充分利用基础集合中元素的特性，并找出代数运算的规律，将集合元素的特征和代数运算的规律结合起来验证给出的“集合及其上的运算”是否构成所要求的代数系统。例如，实数的加法满足交换律；但实数的减法不满足交换律；在整数集合中，任何两个不同元素相乘都不等于1；但在有理数集合中，任何不等于0也不等于1的元素，都存在一个与之不同的元素使它们相乘等于1。

第6章(图论)：图论有两个最重要的概念，一是图的连通性；二是带权图的最短路径。连通性包括两个顶点间的连通性和整个图的连通性，以及无向图的连通性及有向图的连通性。一个图无论是用集合表示还是用矩阵表示，直接判定一个图是否连通有困难。一般都是通过计算图的邻接矩阵来判定图的两个顶点间是否存在通路，进而判定整个图是否连通。计算 $A^* = A + A^2 + A^3 + \cdots + A^n$ (其中 A 是图的邻接矩阵)是用于判定图的连通性最常用也是最重要的方法，务必熟练运用。带权图的最短路径有着广泛的应用，求带权图最短路径的经典算法是 Dijkstra 算法，应该深刻理解其思想方法并熟练掌握其操作过程。

第2章　命 题 逻 辑

2.1　命题逻辑概述

【逻辑】逻辑一词是英文 Logic 的译音，它有几方面的含义：事物的规律；思维规律；逻辑学。本书谈到的逻辑是指“逻辑学”。这与代数指“代数学”、几何指“几何学”、物理指“物理学”一样。逻辑学是研究思维的形式结构及其规律的科学。

【数理逻辑】数理逻辑也称符号逻辑，是用数学方法研究逻辑的一门学科。它使用人工语言和形式化方法研究语句、推理、论证等。数理逻辑是计算机科学的理论基础，它的研究内容包括：逻辑演算(包括命题逻辑、谓词逻辑等经典逻辑和模态逻辑、归纳逻辑、多值逻辑、构造逻辑等非经典逻辑)、集合论、递归论(可计算性理论)、模型论和证明论等。

【命题逻辑】命题逻辑是数理逻辑中的一小部分内容，是研究命题之间运算和命题之间推理的理论。在命题逻辑中，命题是最基本的研究对象，简单命题是最小的研究单位，不能将简单命题再细分为更小的单元。但是，由命题和命题联结词可以构成复合命题。

命题逻辑分为经典命题逻辑和非经典命题逻辑，非经典命题逻辑有构造命题逻辑、模态命题逻辑、相干命题逻辑、多值命题逻辑等。本书讨论的命题逻辑是经典命题逻辑，是所有逻辑都共有的最简单、最基本的内容。历史上最早研究命题逻辑的是古希腊斯多阿学派的哲学家。用现代方法研究命题逻辑始于 19 世纪中叶。弗雷格于 1879 年建立了第一个经典命题逻辑的演算系统。当初数学家创建经典命题逻辑理论的时候还没有出现计算机，命题逻辑是出于对自然语言描述命题的精确化问题和对数学中的证明给予严格定义的考虑而建立起来的一套理论体系。

命题逻辑是作为数学理论来研究和发展的。但在 20 世纪 40 年代人们发明了计算机以后，它就成为了计算机科学研究和学习的对象，也成为计算机强有力的应用工具。因为计算机上的运算和操作是以命题逻辑为基础的，计算机能使用的语言都是符号化的语言，计算机语言中的语句都是以命题形式出现的，许多程序设计语言中的指令或语句实际上就是一个命题公式，所以命题逻辑可以看成计算机程序设计语言的基础语言。

命题逻辑有两个最重要的概念，即命题联结词和命题的真值。这两个概念贯穿本章的内容。命题联结词的性质反映复合命题的性质；命题真值之间的联系反映命题之间的推理关系。因此，研究命题联结词的性质就可知命题运算的性质，从而获知复合命题的性质；研究命题之间真值关联的规律就可获知命题推理的规律。

所以，研究命题逻辑往往从研究命题联结词的性质和命题真值的规律开始，所采用的方法是形式化(或符号化)方法。这种形式化的表示方法和推理方法是对“用自然语言描述的推理”的一种抽象，命题逻辑中的推理是人们通常使用的推理的一种数学模型，也是人类思维方式的一种数学模型。

【形式语言】语言是人们表达思想、交流信息的一种工具。人们日常生活所使用的语言称为自然语言(如汉语、英语、俄语等)。还有一种语言称为形式语言，它不属于自然语言。这种语言在科学研究和计算机科学技术中经常用到，如数学语言、计算机程序设计语言等。形式语言由一些意义明确的符号按照严格的语法规则构成，其中的词汇和语句没有歧义。形式语言只研究语言的组成规则，不研究语言的含义。

与形式语言不同，自然语言中的某些词汇是多义词，某些语句存在歧义。自然语言具有含义丰富、使用灵活的优点，但也有不够严谨、一词多义的缺点。例如，下面一句话："张三告诉李四他考过英语四级了。"看了这句话的人不能肯定是张三考过了英语四级还是李四考过了英语四级。这句话可以理解为"张三告诉李四：张三通过了英语四级考试"；也可以理解为"张三告诉李四：李四通过了英语四级考试"；还可以理解为"张三告诉李四：张三考完了英语四级"。可见，用自然语言描述问题不能保证每一个问题都能得到准确的理解；用自然语言描述推理过程不能保证所得结论都是正确的。发生这种情况在数学证明或计算机程序设计中是不能接受的。所以，为了保证对问题的准确描述，需要对描述问题的语言形式进行严格的限制。换句话说，在严谨的科学研究和技术应用中只能使用没有歧义的形式语言，不能使用自然语言。命题逻辑是一种形式语言，可用于计算机科学技术的研究。

2.2 命题及命题联结词

【命题】定义 2.1 能够判断真假的陈述句称为命题。

由定义知：非陈述句肯定不是命题，既不真也不假的陈述句也不是命题，可真可假的陈述句更不是命题。一个陈述句成为一个命题的关键特征是该语句或是一个真语句或是一个假语句，二者必居其一。

例 2.1 请问下列语句中哪些是命题？哪些不是命题？

(1)北京是中国的首都。

(2)足球是圆的。

(3)2＋3＝5。

(4)C 语言是一种计算机程序设计语言。

(5)如果温度达到零度以下，则水会结成冰。

(6)鸟会飞，但鸡不会飞。

(7)赵六是大学生吗？

(8)香格里拉真是太美丽了！

(9)杨七是高个子。

(10) $1+x>3$ 。

解：(1)～(6)都是命题，(7)～(10)都不是命题。因为(1)～(6)都是可以判断真假的陈述句；(7)和(8)不是陈述句；(9)中的"高个子"是一个模糊概念，不能判断其真假性；(10)的真假判断结果不唯一，当 $x=5$ 时，$1+x>3$ 是真的，当 $x=-6$ 时，$1+x>3$ 是 假的。

【理解“命题”概念应注意的问题】确定一个陈述句是否为命题并非一件容易的事。特别是初学者，在理解“命题”这个概念时需注意以下几个问题。

(1) 一个陈述句往往不是只写给一个人看的，而是写给很多人看的。那么，由谁来判定这个语句的真假性呢？例如，语句“2008 年 1 月 1 日是晴天”是真还是假呢？这与读这句话的人所处的地点有关。如果北京当天是晴天，那么当天在北京的人就认为这句话是真的；而如果广州当天下雨，那么当天在广州的人就认为这句话是假的。一个语句的真假常常与情境(时间和地点)有关。

(2) 以什么技术、什么方法、什么理论来检验语句的真假，或者说以什么准则来判定语句的真假，所得到的结论是不一样的。例如，对于一张假币的判断，没有经验的人可能认为语句“这是一张 100 元的人民币”是真话；而有经验的人通过手摸或用验钞机检查，则会判断语句“这是一张 100 元的人民币”是假话。

(3) 人的判断能力是有限的，许多断言有确定的真假值，但人们不能确定它们。换句话说，人们没有能力识别所有陈述句的真假。例如，语句“地球之外存在生命”是真还是假？也许某一天有人能得出确定的结论，也许永远得不到确定的结论。

(4) 尽管确定陈述句的真假有一定的困难，但这并不影响我们对命题逻辑的学习和研究。研究命题逻辑的目的不是要对所有陈述句的真假进行分析和判断，也不是要分析出所有命题的真假。而是要研究命题运算的性质和命题之间推理的规律，是为了能够更好地使用没有歧义的语言来描述问题，保证合法的推理一定得出正确的结论。从而，为包括计算机科学在内的科学技术的研究和应用提供强有力的工具。

【判断陈述句真假的参考原则】在命题逻辑中，判断一个陈述句的真假时可参考如下原则。

(1) 按常识理解，据常理推断。例如，对语句“鸟会飞，但鸡不会飞”的判定，按常识理解，这个语句是真的。不要钻牛角尖，不要由于有些鸟不会飞(如鸵鸟)，就认为该语句不是真命题。

(2) 具体问题具体分析。例如，对语句“今天是晴天”的判定，可对具体情况进行具体分析，最好在语句中写出与问题有关的时间和地点。例如，写成“2008 年 1 月 1 日北京是晴天”，或“2008 年 1 月 1 日上海是晴天”就很容易判断了。当然，如果根据上下文可推断出说话时的时间和地点，也可以推断出语句的真假。

(3) 重应用，不过多追求理论上的完美。对于那些难以判断真假的语句不必花太多精力去研究，而应该在描述实际问题时使用简明的、易于判断真假的语句。例如，不使用“张三考过了英语四级”这种有歧义的语句，而写成“张三通过了英语四级考试”，或“张三参加了英语四级的考试”这样的语句。后两个语句没有歧义，而且容易判别语句的真假性。

【命题的真值】每个命题都有一个反映命题的真假特征的属性。正如每个人都有一个反映人的生理特征的属性一样。反映人的生理特征的属性，我们把它称为人的“性别”。而反映命题的真假特征的属性就称为命题的“真值”。

“性别”是人的一个属性的名称，这个属性只有两个值：{男，女}。每个人都有一个且只有一个“性别”属性值。如果一个人是男的，那么他在“性别”这一栏属性的取值为“男”；如果一个人是女的，那么她在“性别”这一栏属性的取值为“女”。“性别”取值为“男”的人称为男人；“性别”取值为“女”的人称为女人。

平时，在说到人的“性别”这个属性时，通常会简洁地说：张三的性别是“男”，或李四的性别是“女”。

类似的道理，“真值”是命题的一个属性的名称，这个属性只有两个值：{真，假}。每个命题都有一个且只有一个“真值”属性值。如果一个命题所陈述的内容是真的，那么它在“真值”这一栏的属性取值为“真”；如果一个命题所陈述的内容是假的，那么它在“真值”这一栏的属性取值为“假”。“真值”取值为“真”的命题称为真命题，“真值”取值为“假”的命题称为假命题。

在说到命题的“真值”这个属性时，通常也会简洁地说：命题A的真值是“真”，或命题B的真值是“假”。

【命题的真值的符号表示】在汉语中常用{真，假}表示“真值”的属性值；在英语中常用{T, F}表示“真值”的属性值；而在计算机科学中常用$\{1,0\}$表示“真值”的属性值。本书用$\{1,0\}$表示“真值”的属性值，用“1”表示“真”，用“0”表示“假”。命题的“真值”的属性值就简称为命题的真值。所以，命题A是一个真命题当且仅当A的真值为1；命题B是一个假命题当且仅当B的真值为0。

【命题联结词】在描述一个问题时，往往要用多个命题或复杂的命题形式才能表达一个完整的内容。用于把一个或多个命题连接起来构成复杂命题形式的词语称为命题联结词。

在经典命题逻辑中有五个命题联结词：“非”“且”“或者”“如果…，则…”“当且仅当”。

【命题联结词的符号表示】命题逻辑的研究是在符号系统中进行的，所以，命题、命题联结词及命题之间的推理等都要用符号来表示。一般地，用小写字母$p,q,r,\cdots$（可带下标）等表示命题，而分别用$\neg$、$\wedge$、$\vee$、$\rightarrow$、$\leftrightarrow$表示“非”“且”“或者”“如果…，则…”“当且仅当”这五个命题联结词。

上述五个命题联结词是所有逻辑系统中都使用的联结词，所以也称逻辑联结词，简称联结词。下面分别介绍这五个联结词的性质及用途。

【联结词$\neg$】联结词$\neg$称为否定联结词，用于表示一个命题的否定。设p是一个命题，则$\neg p$也是一个命题，读作“非p”，表示命题p的否定。

例如，用p表示命题“杨华是一个学生”，则$\neg p$表示命题“杨华不是一个学生”，或“杨华并非是一个学生”。

命题p的真值与命题$\neg p$的真值有如下关系。

(1)若p的真值为1，则$\neg p$的真值为0。

(2)若p的真值为0，则$\neg p$的真值为1。

【联结词$\wedge$】联结词$\wedge$称为合取联结词，用于表示两个命题的合取。设p、q都是命题，则$p\wedge q$也是一个命题，称为命题p与命题q的合取式，读作“p合取q”（或读作“p并且q”）；p和q都称为$p\wedge q$的合取项。

例如，用 p 表示命题“北京是中国的一个城市”，用 q 表示命题“北京是中国的首都”，则 $p \wedge q$ 表示命题“北京是中国的一个城市并且北京是中国的首都”。

命题 p、q 和命题 $p \wedge q$ 三者的真值有如下关系。

(1) 若 p 的真值为 0 且 q 的真值为 0，则 $p \wedge q$ 的真值为 0。

(2) 若 p 的真值为 0 且 q 的真值为 1，则 $p \wedge q$ 的真值为 0。

(3) 若 p 的真值为 1 且 q 的真值为 0，则 $p \wedge q$ 的真值为 0。

(4) 若 p 的真值为 1 且 q 的真值为 1，则 $p \wedge q$ 的真值为 1。

即 p 与 q 的真值都为 1 时，$p \wedge q$ 的真值为 1；其他三种情况，$p \wedge q$ 的真值都为 0。

【联结词 $\vee$】 联结词 $\vee$ 称为析取联结词，用于表示两个命题的析取。设 p、q 都是命题，则 $p \vee q$ 也是一个命题，称为命题 p 与命题 q 的析取式，读作“p 析取 q”（或读作“p 或者 q”）；p 和 q 都称为 $p \vee q$ 的析取项。

例如，用 p 表示命题“黄河是中国第一长的河”，用 q 表示命题“长江是中国第一长的河”，则 $p \vee q$ 表示命题“黄河是中国第一长的河或者长江是中国第一长的河”。

命题 p、q 和命题 $p \vee q$ 三者的真值有如下关系。

(1) 若 p 的真值为 0 且 q 的真值为 0，则 $p \vee q$ 的真值为 0。

(2) 若 p 的真值为 0 且 q 的真值为 1，则 $p \vee q$ 的真值为 1。

(3) 若 p 的真值为 1 且 q 的真值为 0，则 $p \vee q$ 的真值为 1。

(4) 若 p 的真值为 1 且 q 的真值为 1，则 $p \vee q$ 的真值为 1。

即 p 与 q 的真值都为 0 时，$p \vee q$ 的真值为 0；其他三种情况，$p \vee q$ 的真值都为 1。

【联结词 $\rightarrow$】 联结词 $\rightarrow$ 称为蕴涵联结词，用于表示两个命题的蕴涵关系。设 p、q 都是命题，则 $p \rightarrow q$ 也是一个命题，称为 p 与 q 的蕴涵式，读作“p 蕴涵 q”（或读作 “如果 p，那么 q”）；p 称为 $p \rightarrow q$ 的前件，q 称为 $p \rightarrow q$ 的后件。

例如，用 p 表示命题“今天是星期三”，用 q 表示命题“今天学院有英语课”，则 $p \rightarrow q$ 表示命题“如果今天是星期三，那么今天学院有英语课”。

命题 p、q 和命题 $p \rightarrow q$ 三者的真值有如下关系。

(1) 若 p 的真值为 0 且 q 的真值为 0，则 $p \rightarrow q$ 的真值为 1。

(2) 若 p 的真值为 0 且 q 的真值为 1，则 $p \rightarrow q$ 的真值为 1。

(3) 若 p 的真值为 1 且 q 的真值为 0，则 $p \rightarrow q$ 的真值为 0。

(4) 若 p 的真值为 1 且 q 的真值为 1，则 $p \rightarrow q$ 的真值为 1。

即 p 的真值为 1 且 q 的真值为 0 时，$p \rightarrow q$ 的真值为 0；其他三种情况，$p \rightarrow q$ 的真值都为 1。

【联结词 $\leftrightarrow$】 联结词 $\leftrightarrow$ 称为同真假联结词，用于表示两个命题的同真同假关系。设 p、q 都是命题，则 $p \leftrightarrow q$ 也是一个命题，称为 p 与 q 的同真假式（简称同真式），读作“p 与 q 同真假”。

例如，用 p 表示命题“篮球大于排球”，用 q 表示命题“羽毛球拍小于网球拍”，则 $p \leftrightarrow q$ 表示命题“篮球大于排球当且仅当羽毛球拍小于网球拍”。

命题 p、q 和命题 $p \leftrightarrow q$ 三者的真值有如下关系。

(1) 若 p 的真值为 0 且 q 的真值为 0，则 $p \leftrightarrow q$ 的真值为 1。

(2) 若 p 的真值为 0 且 q 的真值为 1，则 $p \leftrightarrow q$ 的真值为 0。

(3) 若 p 的真值为 1 且 q 的真值为 0，则 $p \leftrightarrow q$ 的真值为 0。

(4) 若 p 的真值为 1 且 q 的真值为 1，则 $p \leftrightarrow q$ 的真值为 1。

即 p 与 q 的真值都为 1(同真)或 p 与 q 的真值都为 0(同假)时，$p \leftrightarrow q$ 的真值为 1；其他两种情况，$p \leftrightarrow q$ 的真值为 0。

注： 在有些书中把联结词 $\leftrightarrow$ 称为等价联结词，$p \leftrightarrow q$ 称为 p 与 q 的等价式，读作"p 与 q 等价"。

【简单命题】定义 2.2 一个命题若不能分解为更简单的命题形式，则称该命题为一个简单命题。

换句话说，不包含命题联结词的命题称为简单命题。例如，"3 是素数"、"牛是食草动物"、"杰克与比尔是同学"等都是简单命题。而"玻璃不是金属"、"如果 $2+2=6$，则雪是黑的"都不是简单命题。

在判别一个命题是否为简单命题时特别要注意：简单命题一定是"肯定式陈述句"。因为否定式陈述句带有命题联结词"非"，所以否定式陈述句不是简单命题。由于简单命题不能进一步分解，所以也称为原子命题。

【复合命题】定义 2.3 由命题联结词和其他命题组成的命题称为复合命题。

由定义 2.2 和定义 2.3 容易区分简单命题与复合命题：不带联结词的命题是简单命题，带有联结词的命题是复合命题。

例如，命题"玻璃不是金属"和命题"如果 $2+2=6$，则雪是黑的"都是复合命题。

其中：复合命题"玻璃不是金属"是由否定联结词"不是"和简单命题"玻璃是金属"组成的；复合命题"如果 $2+2=6$，则雪是黑的"是由蕴涵联结词"如果…，则…"以及简单命题"$2+2=6$"和"雪是黑的"组成的。

习 题 2.2

1. 指出下列语句中哪些是命题，哪些不是命题。

(1) 乔治是一个学生。

(2) 张三不是工人。

(3) 李涛是高个子。

(4) 前途是光明的。

(5) 这间房子有人住吗？

(6) 这款手机太漂亮了！

(7) 实数只有有限个。

(8) 李红喜欢唱歌和跳舞。

(9) x 是有理数。

(10) 请把椅子搬进屋里。

(11) 如果 2+3=7，那么 $5-2=10$。

(12) 你必须完成这项工作。

2. 指出下列命题中，哪些是真命题，哪些是假命题，哪些命题的真值现在还无法确定。

(1) 无理数都是实数。

(2) 每个人都需要吃食物。

(3) 如果太阳从西边出来，那么人可以活到 1000 岁。

(4) 如果 $2+3=7$，那么 $5-2=10$。

(5) 如果 2+4=6，那么 $1+2=8$。

(6) 1 亿年后地球上仍然有人。

(7) 3 是偶数当且仅当 3 能被 2 整除。

(8) 牛是植物或动物。

(9) 有理数不是实数。

(10) $\sqrt{5}$ 可以表示成分数。

3. 指出下列命题中包含的命题联结词。

(1) 今晚我去电影院看电影或在家看电视。

(2) 李艳既喜欢跑步又喜欢打球。

(3) 6 是有理数的充分必要条件是 6 能表示成分数。

(4) 只有天下雨，他才乘班车上班。

(5) 今天不是星期三。

(6) 他一面打字，一面听音乐。

(7) 你可以去教室看书，也可以去图书馆看书。

(8) 如果 7 能被 2 整除，则 3 是偶数。

2.3　命题公式及其赋值

【命题常项】定义 2.4　一个有确定真值的命题称为一个命题常项。

通常用小写字母 $a,b,c,\cdots$(可带下标)等表示命题常项。

任何一个具体的命题都是一个命题常项。因为一个具体的命题的真值总是确定的，非真即假。例如，“10 月 1 日是中国的国庆节”是一个命题常项，其真值为 1；“$2+3=6$”也是一个命题常项，其真值为 0。

特别地，0、1 也是命题常项，0 表示“假命题”，1 表示“真命题”。

【命题变元】定义 2.5　设 x 是一个变量，x 的取值范围是由所有命题组成的集合，则称 x 是一个命题变元。

通常用小写字母 $p,q,r,\cdots$(可带下标)等表示命题变元。

注： 命题变元 p 不是命题，只有当 p 取一个确定的值(即被指定代表某个具体的命题)时，p 才成为命题。例如，令 p 表示命题“自行车有两个轮子”，此时，p 是一个命题。这与数学中的变量十分相似。设 x 是实数，则 x 是一个变量，它不是一个数。只有当 x 取一个具体值时，x 才成为一个数。例如，令 $x=3$，此时，x 是一个数。

既然命题变元不是命题，那么命题逻辑为什么要引入命题变元呢？命题逻辑主要研究命题之间的运算以及命题之间的推理，而命题之间许多运算的性质和规律是所有命题共有的，只与命题的结构有关而与命题的具体内容无关。命题之间的推理大多数也只与推理的形式有关，而与命题的具体内容无关。因此，以命题变元为基本对象来讨论命题的性质所得到的结果将是所有命题共有的性质。例如，“设 p 是一个命题，则复合命题 $p\vee(\neg p)$ 的真值总是 1”，这个结论对所有命题都成立，这是所有命题都共有的一个性质。命题逻辑中引入命题变元与数学中引入变量有相似之处。在数学中研究实数运算的符号变化时，通常不是只考虑一两个具体的实数，而是以变量为对象来讨论。例如，命题“若 x,y 是实数且 $x>0, y>0$，则 $x+y>0$”对所有实数都成立，这是所有实数共有的性质。

【合式公式】定义 2.6　命题逻辑中合法的命题结构称为合式公式或命题公式。在不引起混淆时简称为公式。合式公式归纳定义(即命题公式的构成规则)如下。

(1) 单个命题常项是合式公式。

(2) 单个命题变元是合式公式。

(3) 若 A 是合式公式，则 $(\neg A)$ 也是合式公式。

(4) 若 A、B 是合式公式，则 $(A\wedge B)$、$(A\vee B)$、$(A\to B)$、$(A\leftrightarrow B)$ 都是合式公式。

(5) 只有有限次应用(1)～(4)构成的符号串才是合式公式。

例如，0、1、p、q、$(\neg p)$、$(p\wedge q)$、$((\neg p)\to(p\wedge q))$、$(\neg((\neg p)\to(p\wedge q)))$、$(((\neg p)\to(p\wedge q))\to p)$、$((\neg((\neg p)\to(p\wedge q)))\leftrightarrow((\neg p)\to(p\wedge q)))$ 都是命题公式。

而 $(p\wedge\neg)$、$(p\to)$、$(q\neg)$ 都不是命题公式。

注：合式公式最外层的括号可以省略不写。

合式公式是指合格的、符合规范的公式。合式公式译自英语 well-formed formula。well-formed 的原意是合格的、符合规范的，“合式”就是“符合规范的形式”。在合式公式的构造过程中，联结词的使用顺序不同会得到不同的公式，所以要用括号来区别联结词作用的顺序。例如，公式 $(p\vee q)\to r$ 表示先对公式 p 和 q 进行析取运算得到 $(p\vee q)$，然后再对 $(p\vee q)$ 和 r 进行蕴涵运算得到 $(p\vee q)\to r$。而公式 $p\vee(q\to r)$ 表示先对 q 和 r 进行蕴涵运算得到 $q\to r$，再对 p 和 $(q\to r)$ 进行析取运算得到 $p\vee(q\to r)$。

例 2.2　设 A、B、C、D 都是公式，请问下列符号串中哪些是合式公式？哪些不是合式公式？

(1) $((A\wedge B)\to A)\to B$。

(2) $A\vee((B\wedge C)\leftrightarrow(A\wedge D))$。

(3) $(A\to B)\wedge(C\to A)$。

(4) $(A\to D)(B\wedge C)$。

(5) $(A\vee\to B)\to C$。

(6) $(A\to D\to B)\to C$。

(7) $(A\neg D)\to B$。

解：(1)、(2)、(3)是合式公式；(4)、(5)、(6)、(7)不是合式公式。因为(1)、(2)、(3)符合定义 2.6；在(4)中，$(A\to D)$ 与 $(B\wedge C)$ 之间缺少联结词 $\wedge$、$\vee$、$\to$、$\leftrightarrow$ 之一；在(5)中，联结词 $\vee$ 的右边只能连接命题公式，不能连接联结词 $\to$；在(6)中，$(A\to D\to B)$

内的两个蕴涵联结词 $\to$ 没有用括号表明先后运算顺序；在(7)中，联结词 $\neg$ 的左边不能连接命题公式。

【公式的运算】 对于任意两个公式 A、B，有如下运算。

(1) 由公式 A 对应到公式 $\neg A$，称为公式的“取非运算”。

(2) 由公式 A 和 B 对应到公式 $A\wedge B$，称为公式的“合取运算”。

(3) 由公式 A 和 B 对应到公式 $A\vee B$，称为公式的“析取运算”。

(4) 由公式 A 和 B 对应到公式 $A\to B$，称为公式的“蕴涵运算”。

(5) 由公式 A 和 B 对应到公式 $A\leftrightarrow B$，称为公式的“同真假运算”。

上述五种公式运算中，“取非运算”是公式集上的一元运算，其余都是公式集上的二元运算。$\neg$、$\wedge$、$\vee$、$\to$、$\leftrightarrow$ 称为公式运算符，也称为逻辑运算符。

注：关于运算的定义，详见 5.1 节。

【公式中括号的作用】 公式中的括号是成对出现的，用于界定子公式的范围，每对括号内的符号串都是一个子公式，而且括号内的子公式作为一个整体参与公式的运算。例如，公式 $p\vee((q\wedge t)\leftrightarrow(p\wedge s))$ 中有 3 对括号，其中 $(q\wedge t)$ 和 $(p\wedge s)$ 分别作为一个整体参与 $\leftrightarrow$ 运算，而 $((q\wedge t)\leftrightarrow(p\wedge s))$ 作为一个整体参与 $\vee$ 运算。

【联结词的运算优先次序】 命题联结词 $\neg$、$\wedge$、$\vee$、$\to$、$\leftrightarrow$ 是公式运算符，在合式公式中起到公式构成的“联结”作用。为了减少公式中括号的使用，使公式更加简洁清晰，人们为这些运算符规定了运算的优先次序。五个联结词分为 3 个优先级：级别最高是 $\neg$；其次是 $\wedge$、$\vee$，其中，$\wedge$ 与 $\vee$ 同级；最后是 $\to$、$\leftrightarrow$，其中，$\to$ 与 $\leftrightarrow$ 同级。

规定了联结词运算的优先次序后，在没有歧义的情况下，可以省略公式中的一些括号。例如，$(p\vee q)\to r$ 可写成 $p\vee q\to r$。因为公式 $p\vee q\to r$ 的运算次序是明确的：先运算 $p\vee q$，再运算 $p\vee q\to r$。

注：(1) 在公式中出现括号时，括号优先于联结词。

(2) 在公式中有同级联结词依次出现时要加括号，表明运算次序。

例如，符号串 $p\vee q\wedge r$ 不是合法的公式，$p\vee(q\wedge r)$ 和 $(p\vee q)\wedge r$ 是合法的公式。

又如，符号串 $p\to q\to r$ 也不是合法的公式，$(p\to q)\to r$ 和 $p\to(q\to r)$ 是合法的公式。

(3) 多个否定联结词 $\neg$ 连续出现时，从右到左依次运算。

例如，公式 $\neg\neg\neg p=\neg(\neg(\neg p))$。

(4) 规定公式运算符 $\neg$、$\wedge$、$\vee$、$\to$、$\leftrightarrow$ 的优先次序是为了在没有歧义的情况下，可以省略公式中的一些括号，使公式变得简洁、清晰、易读。

(5) 有些书规定公式运算符 $\neg,\wedge,\vee,\to,\leftrightarrow$ 的优先次序为：$\neg,\wedge,\vee,\to,\leftrightarrow$。这样规定是可行的，与本书的规定不矛盾。但是，这样规定有时公式的运算层次不够分明。例如，按此规定，符号串 $p\wedge\neg r\vee q\wedge r\to s\vee t\wedge\neg q\leftrightarrow p\vee\neg t\wedge\neg s$ 是合法的命题公式，但是，此公式的运算层次不如公式 $((p\wedge\neg r)\vee(q\wedge r)\to s\vee(t\wedge\neg q))\leftrightarrow p\vee(\neg t\wedge\neg s)$ 的运算层次分明。

【联结词优先次序的应用与括号的省略】 在公式中使用括号和联结词的优先次序是为了使公式表达式更简洁、公式的层次结构更分明。但是，括号的省略应该以可读性好、易于理解为原则。有时，在公式中过度省略括号，反而不能达到使公式的表达式更清晰的目的。例如，公式 $p \to \neg\neg\neg q \vee r$ 的运算次序是明确的；若将此公式写成 $p \to (\neg\neg\neg q \vee r)$，则公式的层次结构就更分明；但是，若将此公式写成 $(p \to (\neg(\neg(\neg q))) \vee r)$，则显得括号太多，让人眼花缭乱。

【子公式】定义 2.7　设 A 是一个公式，B 是 A 的一个子符号串，若 B 本身构成一个公式，则称 B 为 A 的一个子公式。

例 2.3　请写出公式 $p \wedge q \to (r \vee \neg q \to s)$ 的所有子公式。

解： 公式 $p \wedge q \to (r \vee \neg q \to s)$ 共有九个子公式：p，q，r，s，$p \wedge q$，$\neg q$，$r \vee \neg q$，$r \vee \neg q \to s$，$p \wedge q \to (r \vee \neg q \to s)$。

注： (1) 这里 $\neg q \to s$ 不是子公式。因为 $p \wedge q \to (r \vee \neg q \to s) = (p \wedge q) \to ((r \vee (\neg q)) \to s)$。

(2) 为了准确地找出一个公式 A 的所有子公式，首先应在公式 A 中补回按联结词运算的优先次序省略掉的括号，然后，再找子公式。

【判别一个符号串是否构成公式的方法】 对于由代表命题的字母和联结词组成的符号串 A，可按下面的方法判别 A 是否构成一个公式。

(1) 在符号串 A 中补上按联结词运算的优先次序省略掉的括号。

(2) 检查每一对括号内所包括的内容是否都可以表示为下列形式之一：$\neg B$、$B \wedge C$、$B \vee C$、$B \to C$、$B \leftrightarrow C$。

(3) 检查 A 本身是否也可以表示为下列形式之一：$\neg B$、$B \wedge C$、$B \vee C$、$B \to C$、$B \leftrightarrow C$。

(4) 若满足条件 (2) 和 (3)，则 A 是一个公式，否则 A 不是一个公式。

简言之，要判断符号串 A 是否构成公式，就是在 A 中适当的位置加上括号后，检查每对括号内的符号串是否都构成子公式，最后检查 A 是否构成公式。例如，按联结词的优先次序对符号串 $p \vee \to q \wedge \neg r$ 加括号，得 $(p \vee) \to (q \wedge (\neg r))$。因为 $p \vee$ 不是子公式，因此，可以断定 $p \vee \to q \wedge \neg r$ 不是公式。

【公式的层次】定义 2.8　设 A 是一个合式公式，则按公式的结构将公式 A 的层数定义如下。

(1) 若 A 是不带联结词的命题公式，则 A 是 0 层公式。

(2) 若 $A = \neg B$，且 B 是 n 层公式，则 A 是 $n+1$ 层公式。

(3) 若 $A = B \wedge C$，或 $A = B \vee C$，或 $A = B \to C$，或 $A = B \leftrightarrow C$，且 B 是 i 层公式，C 是 j 层公式，$n = \max\{i, j\}$，则 A 是 $n+1$ 层公式。

例 2.4　设 p、q、r、s 都是命题变元，请指出下列公式的层数：p；$q \to \neg r \vee s$；$p \wedge q \to r \vee s$。

解： p 是 0 层公式；$q \to \neg r \vee s$ 是 3 层公式；$p \wedge q \to r \vee s$ 是 2 层公式。

【原子公式与复合公式】定义 2.9　不带任何联结词的合式公式称为原子公式，带有联结词的合式公式称为复合公式。

由定义 2.9 可知，命题公式既可以是原子公式，也可以是复合公式。原子公式与复合公式的区别：只有命题常项和命题变元是原子公式，其他的公式都是复合公式。设

p、q、r 是命题变元，a、b 是命题常项，则 p、q、r、a、b 都是原子公式，而 $\neg p$、$p \wedge q \to a$、$\neg q \vee \neg b$ 都是复合公式。

【命题变元的赋值】定义 2.10 设 p 是一个命题变元，给 p 指派一个确定的真值(1 或 0)，称为对命题变元 p 的一个赋值，或称为对命题变元 p 的一个真值指派。若 p 的真值被指派为 1，则记为 $p=1$；若 p 的真值被指派为 0，则记为 $p=0$。

注：对命题变元 p 的赋值并不是给 p 指派一个确定的"命题"，而是给 p 指派一个确定的真值，例如，赋值 $p=0$，是指 p 代表一个假命题，而不是指 p 代表哪个具体的假命题，这类似于一个实变量 x，若令 $x>0$，就是指 x 代表一个正数，但 x 并不代表一个具体的正数。

【公式的赋值】公式赋值的概念用于研究一个公式的真值与它的子公式的真值之间的关系(或者说，用于研究子公式的真值对整个公式的真值有什么影响)。

定义 2.11 设 A 是一个合式公式，$p_1, p_2, \cdots, p_n$ 是出现在 A 中所有互不相同的命题变元，那么，给 $p_1, p_2, \cdots, p_n$ 分别指派一个真值 $p_1=\alpha_1, p_2=\alpha_2, \cdots, p_n=\alpha_n$，$\alpha_i \in \{0,1\}$，$i=1,2,\cdots,n$，称为对公式 A 的一组赋值，或称为对公式 A 的一组真值指派，或称为对变元 $p_1, p_2, \cdots, p_n$ 的一组真值指派。

例如，设公式 $A=p \to (q \wedge \neg r)$，令 $p=1, q=0, r=0$，则这组真值指派就是对公式 A 的一组赋值。若令 $p=1, q=0, r=1$，则这组真值指派是对公式 A 的另一组赋值。

合式公式一经赋值就可计算出公式的真值，这与确定数学表达式的符号有类似之处。设有算术表达式 x^2+3y+2，令 $x>0$，$y>0$，则此表达式的值大于 0；令 $x<0$，$y>0$，则此表达式的值大于 0；令 $x>0$，$y<0$，则此表达式的值的符号不确定；令 $x<0$，$y<0$，则此表达式的值的符号不确定。

注：(1) 在分析合式公式的性质时，往往只关注公式的真值，而不关注公式的具体内容。

(2) 对公式 A 的一组赋值 $p_1=\alpha_1, p_2=\alpha_2, \cdots, p_n=\alpha_n$，计算 A 的真值，若 A 的真值为 1，则称这组赋值是 A 的一组成真赋值；若 A 的真值为 0，则称这组赋值是 A 的一组成假赋值。

例如，$p=0, q=0, r=1$ 是公式 $p \to (q \wedge \neg r)$ 的一组成真赋值；$p=1, q=0, r=0$ 是公式 $p \to (q \wedge \neg r)$ 的一组成假赋值。

为了更深入、更系统地研究命题公式的真值与其子公式的真值之间的关系，下面介绍一种称为列真值表的方法。

【公式的真值表】定义 2.12 设 A 是一个合式公式，将 A 的所有赋值、A 的真值以及 A 的所有子公式的真值按一种直观、方便的顺序列成一张表，这样的表称为公式 A 的真值表。

由于所有合式公式都是由原子公式及五个命题联结词 $\neg$、$\wedge$、$\vee$、$\to$、$\leftrightarrow$ 递归构成的，所以只要掌握五个基本复合公式 $\neg p$、$p \wedge q$、$p \vee q$、$p \to q$、$p \leftrightarrow q$ 的真值表的构造方法，就可以构造出任意一个合式公式的真值表。

【五个基本复合公式的真值表】下面的表 2.1~表 2.5 分别是基本复合公式 $\neg p$、$p \wedge q$、$p \vee q$、$p \to q$、$p \leftrightarrow q$ 的真值表，这些表分别称为联结词 $\neg$、$\wedge$、$\vee$、$\to$、$\leftrightarrow$

的真值表。

表 2.1 ¬ 的真值表

p	$\neg p$
0	1
1	0

表 2.2 ∧ 的真值表

p q	$p\wedge q$
0 0	0
0 1	0
1 0	0
1 1	1

表 2.3 ∨ 的真值表

p q	$p\vee q$
0 0	0
0 1	1
1 0	1
1 1	1

表 2.4 → 的真值表

p q	$p\to q$
0 0	1
0 1	1
1 0	0
1 1	1

表 2.5 ↔ 的真值表

p q	$p\leftrightarrow q$
0 0	1
0 1	0
1 0	0
1 1	1

注：以上五个真值表是研究公式真值的基础，务必理解并牢记它们的性质。

(1)表 2.1 中，公式$\neg p$的真值与其子公式p的真值之间的关系是“取反”关系，即：$\neg p$的真值与p的真值恰好相反。

(2)表 2.2 中，公式$p\wedge q$的真值与其子公式p和q的真值之间的关系是“同时取真”关系，即只有p和q的真值同时为 1 时，$p\wedge q$的真值才是 1，其他情况下，$p\wedge q$的真值都是 0。

(3)表 2.3 中，公式$p\vee q$的真值与其子公式p和q的真值之间的关系是“选择取真”关系，即只要p和q的真值至少有一个为 1 时，$p\vee q$的真值就是 1，只有p和q的真值都是 0 时，$p\vee q$的真值才是 0。

(4)表 2.4 中，公式$p\to q$的真值与其子公式p和q的真值之间的关系是“除非前真后假”关系，即只有p的真值为 1 同时q的真值为 0 时，$p\to q$的真值才是 0，其他情况下，$p\to q$的真值都是 1。

(5)表 2.5 中，公式$p\leftrightarrow q$的真值与其子公式p和q的真值之间的关系是“同真同假”关系，即如果p和q的真值同时为 1，或同时为 0，则$p\leftrightarrow q$的真值都是 1；如果p和q的真值有一个为 1，而另一个为 0，则$p\leftrightarrow q$的真值都是 0。

以上五个真值表的命题变元p,q可以推广到任意合式公式A,B的情形。因为每个合式公式所包含的子公式都是原子公式或形如$\neg A$、$A\wedge B$、$A\vee B$、$A\to B$、$A\leftrightarrow B$的公式，所以，重复应用上述五个真值表即可构造出任意公式的真值表。

【构造真值表的步骤和方法】设A是合式公式，则A的真值表可以按以下方法和步骤列出。

(1)按联结词的运算优先次序在公式A中适当地加上括号，使公式A显示出明确的层次结构(注意：若公式A的运算层次清晰，则此步可省略)。

(2)找出公式A中所有互不相同的子公式。

(3)构造真值表的第一列，方法是：将A的所有互不相同的命题变元按字母在字典中(或下标)排序的先后次序从左到右排列放在真值表第一列的表头，并在第一列表头下

方列出公式 A 的所有赋值，依次为 000…000， 000…001， 000…010， 000…011, …,011…111,111…111(参见表 2.6)。

注：若公式 A 中有 n 个互不相同的命题变元，则公式 A 有 2^n 组赋值，必须全部列出。

表 2.6 公式 $p\wedge r\leftrightarrow(\neg q)\vee p$ 的真值表的第一列

p	q	r	
0	0	0	
0	0	1	
0	1	0	
0	1	1	
1	0	0	
1	0	1	
1	1	0	
1	1	1	

(4) 在表头上从左到右排列出 A 的所有复合子公式，排列方法是：按子公式的层次从低到高排列，对层次相同的子公式，按照子公式在 A 中从左到右出现的先后顺序排列（参见表 2.7）。

表 2.7 公式 $p\wedge r\leftrightarrow(\neg q)\vee p$ 的真值表的第一列和表头

p	q	r	$p\wedge r$	$\neg q$	$(\neg q)\vee p$	$p\wedge r\leftrightarrow(\neg q)\vee p$
0	0	0				
0	0	1				
0	1	0				
0	1	1				
1	0	0				
1	0	1				
1	1	0				
1	1	1				

(5) 按照表头列出的 A 的复合子公式，利用表 2.1~表 2.5，对公式 A 的每一组赋值，计算各个子公式的真值，直至得到公式 A 的真值表参见表 2.8。

表 2.8 公式 $p\wedge r\leftrightarrow(\neg q)\vee p$ 的真值表

p	q	r	$p\wedge r$	$\neg q$	$(\neg q)\vee p$	$p\wedge r\leftrightarrow(\neg q)\vee p$
0	0	0	0	1	1	0
0	0	1	0	1	1	0

续表

p	q	r	$p\wedge r$	$\neg q$	$(\neg q)\vee p$	$p\wedge r\leftrightarrow(\neg q)\vee p$
0	1	0	0	0	0	1
0	1	1	0	0	0	1
1	0	0	0	1	1	0
1	0	1	1	1	1	1
1	1	0	0	0	1	0
1	1	1	1	0	1	1

例 2.5　列出公式 $(p\vee r)\to q$ 的真值表。

解：(1)公式的所有子公式为：p，r，q，$p\vee r$，$(p\vee r)\to q$。

(2)在第一列的表头填上 p，q，r；并在 p，q，r 的下方列出公式的所有赋值，依次为000，001，010，011，100，101，110，111。

(3)在表头上，从第二列开始从左到右依次排放子公式：$p\vee r$，$(p\vee r)\to q$。

(4)对每一组赋值，逐个计算子公式的真值，直至得到整个公式的真值表，见表 2.9。

注：(1)此例中，公式 $(p\vee r)\to q$ 的运算层次清晰，不用在公式中加括号。

(2)此例中，命题变元在公式中出现的先后次序为 p，r，q。但在真值表的第一列的表头必须排列成 p，q，r，必须按字母在字典中的先后次序来排放，不能按命题变元在公式中出现的先后次序排放。

表 2.9　公式 $(p\vee r)\to q$ 的真值表

p	q	r	$p\vee r$	$(p\vee r)\to q$
0	0	0	0	1
0	0	1	1	0
0	1	0	0	1
0	1	1	1	1
1	0	0	1	0
1	0	1	1	0
1	1	0	1	1
1	1	1	1	1

例 2.6　列出公式 $p_1\wedge p_3\to\neg p_2\vee p_1$ 的真值表。

解：(1)在公式中加括号得 $(p_1\wedge p_3)\to((\neg p_2)\vee p_1)$。

(2)公式的所有子公式为：p_1，p_3，p_2，$p_1\wedge p_3$，$\neg p_2$，$(\neg p_2)\vee p_1$，$(p_1\wedge p_3)\to((\neg p_2)\vee p_1)$。

(3)在第一列的表头填上 p_1，p_2，p_3；并在 p_1，p_2，p_3 的下方列出公式的所有赋值，依次为000，001，010，011，100，101，110，111。

(4)在表头上，从第二列开始从左到右依次排放子公式：$p_1\wedge p_3$，$\neg p_2$，$(\neg p_2)\vee p_1$，$(p_1\wedge p_3)\to((\neg p_2)\vee p_1)$。

(5) 对每一组赋值，逐个计算子公式的真值，直至得到整个公式的真值表，见表 2.10。

表 2.10 公式 $p_1 \wedge p_3 \to \neg p_2 \vee p_1$ 的真值表

p_1	p_2	p_3	$p_1 \wedge p_3$	$\neg p_2$	$(\neg p_2) \vee p_1$	$(p_1 \wedge p_3) \to ((\neg p_2) \vee p_1)$
0	0	0	0	1	1	1
0	0	1	0	1	1	1
0	1	0	0	0	0	1
0	1	1	0	0	0	1
1	0	0	0	1	1	1
1	0	1	1	1	1	1
1	1	0	0	0	1	1
1	1	1	1	0	1	1

注：(1) 此例中，命题变元在公式中出现的先后次序为 p_1，p_3，p_2。但在真值表的第一列表头必须排列成 p_1，p_2，p_3，必须按字母下标的先后次序来排放，不能按命题变元在公式中出现的先后次序排放。

(2) 此例中，$p_1 \wedge p_3$ 和 $\neg p_2$ 都是 1 层子公式，但在公式中 $p_1 \wedge p_3$ 比 $\neg p_2$ 先出现，所以，在真值表的表头上，$p_1 \wedge p_3$ 先排放，$\neg p_2$ 后排放。

例 2.7 列出公式 $(p \wedge \neg s \to (r \vee q)) \leftrightarrow \neg p$ 的真值表。

解：(1) 在公式中加括号得 $((p \wedge (\neg s)) \to (r \vee q)) \leftrightarrow (\neg p)$。

(2) 公式的所有子公式为：p，s，r，q，$\neg s$，$r \vee q$，$\neg p$，$p \wedge (\neg s)$，$(p \wedge (\neg s)) \to (r \vee q)$，$((p \wedge (\neg s)) \to (r \vee q)) \leftrightarrow (\neg p)$。

(3) 在第一列的表头填上 p，q，r，s；并在 p，q，r，s 的下方列出公式的所有赋值，依次为 0000，0001，0010，0011，0100，0101，0110，0111，1000，1001，1010，1011，1100，1101，1110，1111。

(4) 在表头上，从第二列开始从左到右依次排放子公式：$\neg s$，$r \vee q$，$\neg p$，$p \wedge (\neg s)$，$(p \wedge (\neg s)) \to (r \vee q)$，$((p \wedge (\neg s)) \to (r \vee q)) \leftrightarrow (\neg p)$。

(5) 对每一组赋值，逐个计算子公式的真值，直至得到整个公式的真值表，见表 2.11。

表 2.11 公式 $(p \wedge \neg s \to (r \vee q)) \leftrightarrow \neg p$ 的真值表

$p\ q\ r\ s$	$\neg s$	$r \vee q$	$\neg p$	$p \wedge (\neg s)$	$(p \wedge (\neg s)) \to (r \vee q)$	$((p \wedge (\neg s)) \to (r \vee q)) \leftrightarrow (\neg p)$
0 0 0 0	1	0	1	0	1	1
0 0 0 1	0	0	1	0	1	1
0 0 1 0	1	1	1	0	1	1
0 0 1 1	0	1	1	0	1	1
0 1 0 0	1	1	1	0	1	1
0 1 0 1	0	1	1	0	1	1
0 1 1 0	1	1	1	0	1	1

续表

$p\,q\,r\,s$	$\neg s$	$r\vee q$	$\neg p$	$p\wedge(\neg s)$	$(p\wedge(\neg s))\to(r\vee q)$	$((p\wedge(\neg s))\to(r\vee q))\leftrightarrow(\neg p)$
0111	0	1	1	0	1	1
1000	1	0	0	1	0	1
1001	0	0	0	0	1	0
1010	1	1	0	1	1	0
1011	0	1	0	0	1	0
1100	1	1	0	1	1	0
1101	0	1	0	0	1	0
1110	1	1	0	1	1	0
1111	0	1	0	0	1	0

【命题公式的分类】根据命题公式在其所有赋值下的真值的取值情况，可将命题公式分为三种类型：重言式、矛盾式和可满足式。

定义 2.13 设 A 是一个命题公式：

(1) 若 A 的每一组赋值都使 A 的真值为 1，则称 A 为重言式，也称永真式。

(2) 若 A 的每一组赋值都使 A 的真值为 0，则称 A 为矛盾式，也称永假式。

(3) 若至少存在 A 的一组赋值使 A 的真值为 1，则称 A 为可满足式。

例 2.8 指出下列公式的类型。

(1) $p\vee\neg p$；(2) $p\wedge q\to q$；(3) $p\vee q$；(4) $(p\wedge q)\wedge\neg p$；(5) $p\to(q\vee r)$

解：公式(1)、(2)、(3)、(4)、(5)的真值表分别如表 2.12~表 2.16 所示。

表 2.12 $p\vee\neg p$ 的真值表

p	$\neg p$	$p\vee\neg p$
0	1	1
1	0	1

表 2.13 $p\wedge q\to q$ 的真值表

$p\ q$	$p\wedge q$	$p\wedge q\to q$
0 0	0	1
0 1	0	1
1 0	0	1
1 1	1	1

表 2.14 $p\vee q$ 的真值表

$p\ q$	$p\vee q$
0 0	0
0 1	1
1 0	1
1 1	1

表 2.15 $(p\wedge q)\wedge\neg p$ 的真值表

$p\ q$	$p\wedge q$	$\neg p$	$(p\wedge q)\wedge\neg p$
0 0	0	1	0
0 1	0	1	0
1 0	0	0	0
1 1	1	0	0

表 2.16 $p\to(q\vee r)$ 的真值表

$p\ q\ r$	$q\vee r$	$p\to(q\vee r)$
0 0 0	0	1
0 0 1	1	1
0 1 0	1	1
0 1 1	1	1
1 0 0	0	0
1 0 1	1	1
1 1 0	1	1
1 1 1	1	1

由真值表可以看出(1)和(2)都是重言式；(4)是矛盾式；(3)和(5)都是可满足式。

习　题　2.3

1. 指出下列符号串哪些是命题公式，哪些不是命题公式。

(1) $(p \to q) \wedge r$。

(2) $((p \to q) \wedge r) \leftrightarrow \neg s$。

(3) $(pq \wedge r) \to \neg(m \vee t)$。

(4) $(w \to q \to r) \wedge (s \leftrightarrow \neg t)$。

(5) $(u \to q) \to (t \neg r) \vee m \wedge s$。

(6) $(\neg p \to \vee q) \to (t \neg r) \wedge (t \vee s)$。

2. 写出下列各公式的所有子公式。

(1) $((w \to q) \to r) \leftrightarrow \neg q$。

(2) $(p \to \neg q) \leftrightarrow ((t \wedge r) \vee m)$。

(3) $(\neg p \vee q) \to (t \to (\neg r \wedge w))$。

(4) $(p \vee \neg q) \to (t \wedge \neg r)$。

(5) $(((\neg p \to q) \vee \neg r) \wedge s) \wedge (r \to t)$。

(6) $((\neg p \vee q) \leftrightarrow \neg s) \wedge (r \vee \neg t)$。

3. 确定下列公式后面的括号中列出的赋值是公式的成真赋值还是成假赋值。

(1) $(p \to q) \wedge \neg r \leftrightarrow r$（$p = 0, q = 1, r = 0$）。

(2) $(w \to q) \wedge (p \vee \neg r) \leftrightarrow \neg w$（$p = 0, q = 1, r = 1, w = 1$）。

(3) $((p \to q) \to (p \vee \neg q)) \to \neg p$（$p = 0, q = 1$）。

(4) $((u \wedge q) \leftrightarrow (t \vee \neg r)) \to ((r \vee u) \wedge \neg p)$（$p = 0, q = 1, r = 1, t = 0, u = 0$）。

(5) $(\neg m \leftrightarrow q) \to ((q \vee \neg r) \wedge \neg s)$（$m = 1, q = 1, r = 1, s = 0$）。

(6) $(m \vee q) \to (\neg t \to \neg r) \wedge q$（$m = 1, q = 0, r = 1, t = 0$）。

4. 指出下列公式的层数。

(1) $(\neg m \to \neg q) \vee ((t \wedge \neg r) \vee p)$。

(2) $((p \vee q) \to (t \wedge r)) \leftrightarrow \neg(p \wedge s)$。

(3) $(p \leftrightarrow \neg q) \to ((t \wedge \neg r) \leftrightarrow \neg q)$。

(4) $((\neg p_1 \wedge p_2) \leftrightarrow (p_3 \vee \neg p_4)) \to \neg p_2$。

(5) $(\neg q_1 \wedge \neg q_2) \to (\neg t \to \neg r)$。

(6) $(p \vee q) \vee (\neg(\neg t \to \neg r) \wedge \neg s)$。

5. 列出下列公式的真值表。

(1) $((q \to p) \to (p \vee \neg q)) \leftrightarrow \neg p$。

(2) $(q_2 \to q_1) \wedge \neg q_3 \to q_3$

(3) $p \to (p \vee q \vee \neg r)$。

(4) $(p \wedge q) \vee \neg r \to p$。

(5) $((\neg r \vee w) \to \neg(\neg p \wedge \neg r)) \wedge w$。

(6) $((p \to \neg q) \to (s \wedge \neg r)) \leftrightarrow \neg s$。

6. 用真值表判定下列公式的类型。

(1) $\neg(p \vee ((p \to r) \vee \neg q))$。

(2) $\neg p \to (p \to q \vee r)$。

(3) $(u \to q) \leftrightarrow (\neg r \to \neg q)$。

(4) $(q \wedge \neg(p \to q)) \to (p \wedge s \to q)$。

(5) $(q \wedge (n \to q)) \to (n \to \neg m)$。

(6) $(p \to q) \wedge (q \to p) \to (\neg p \vee q)$。

(7) $(r \to (r \vee q)) \wedge (r \to p)$。

(8) $(p_1 \vee p_3) \leftrightarrow (p_1 \wedge p_2)$。

7. 已知公式 $p \to (p \vee q)$ 是重言式，公式 $\neg(p \to q) \wedge \neg p$ 是矛盾式，请确定公式 $(p \to (p \vee q)) \wedge (\neg(p \to q) \wedge \neg p)$ 的类型。

8. 设公式 A、B 含有相同的命题变元，证明 $A \wedge B$ 是重言式当且仅当 A 与 B 都是重言式。

9. 设公式 A、B 含有相同的命题变元，若 $A \vee B$ 是重言式，能断定 A 与 B 都是重言式吗？为什么？

10. 设公式 A、B 含有相同的命题变元，证明 $A \vee B$ 是矛盾式当且仅当 A 与 B 都是矛盾式。

11. 设公式 A、B 含有相同的命题变元，若 $A \wedge B$ 是矛盾式，能断定 A 与 B 都是矛盾式吗？为什么？

2.4 用命题公式描述实际问题

在用计算机解决实际问题的过程中，把所要解决的问题用形式语言(符号语言)进行描述是十分关键的一步。由于大部分知识都可以用命题来表示，所以许多问题都可以用命题来描述。如果把描述问题的所有命题都用合式公式来表示，那么就可以实现用符号来描述问题了。用符号来表示命题就称为命题符号化。通常，人们描述问题、思考问题都习惯用自然语言。所以，在解决实际问题或进行科学研究的过程中进行命题符号化时，大多数情况下都是把用自然语言描述的命题转化为命题公式。在自然语言中，构成复合语句的联结词丰富多彩，而经典命题逻辑中只有五个命题联结词 $\neg$、$\wedge$、$\vee$、$\to$、$\leftrightarrow$，所以在进行命题符号化时要注意原子公式及联结词的选用。

【命题符号化的方法、步骤】 用合式公式表示命题称为命题符号化，下面分三种情况给出命题符号化常用的基本方法和步骤。

1. 简单命题的符号化

每个简单命题用一个小写英文字母带下标或不带下标表示。如果带下标，习惯上用自然数作为下标。

例 2.9　将下列命题符号化。

(1)吴玲是一名中学生。

(2)陈岚与陈冬是姐弟。

(3) $\sqrt{3}$ 是有理数。

解：(1)令 p 表示“吴玲是一名中学生”，则原命题的符号化为：p。

(2)令 q_1 表示“陈岚与陈冬是姐弟”，则原命题的符号化为：q_1。

(3)令 s 表示“$\sqrt{3}$ 是有理数”，则原命题的符号化为：s。

2. 复合命题的符号化.

1)基本复合命题的符号化

基本复合命题是指仅包含一个命题联结词的复合命题，其符号化步骤如下。

(1)找出基本复合命题中互不相同的简单命题，并将它们符号化。

(2)找出基本复合命题中包含的(唯一)命题联结词，并用与之相对应的联结词符号把第(1)步得到的简单命题的符号连接起来即可。

例 2.10　用命题公式表示下列命题。

(1)地球不是圆的。

(2)李明这学期选修了三门计算机课和一门英语课。

(3) $6+8\geqslant 6$。

(4)如果明天下雨，我就去图书馆看书。

(5)太阳从西边出来当且仅当石头可以当食物吃。

解：(1)令 p 表示“地球是圆的”，则原命题的符号化为：$\neg p$。

(分析：原命题包含一个简单命题“地球是圆的”；包含一个联结词 $\neg$。)

(2)令 p 表示“李明这学期选修了三门计算机课”，q 表示“李明这学期选修了一门英语课”，则原命题的符号化为：$p\wedge q$。

(分析：原命题包含两个简单命题，即“李明这学期选修了三门计算机课”“李明这学期选修了一门英语课”；包含一个联结词 $\wedge$；原命题等价于“李明这学期选修了三门计算机课并且李明这学期选修了一门英语课”。)

(3)令 p_1 表示“$6+8=6$”，p_2 表示“$6+8>6$”，则原命题的符号化为：$p_1\vee p_2$。

(分析：原命题包含两个简单命题，即“$6+8=6$”“$6+8>6$”；包含一个联结词 $\vee$；原命题等价于“$6+8=6$ 或 $6+8>6$”。)

(4)令 p 表示“明天下雨”，q 表示“我去图书馆看书”，则原命题的符号化为：$p\rightarrow q$。

(分析：原命题包含两个简单命题，即“明天下雨”“我去图书馆看书”；包含一个联结词 $\rightarrow$。)

(5)令 p 表示“太阳从西边出来”，q 表示“石头可以当食物吃”，则原命题的符号化为：$p\leftrightarrow q$。

(分析：原命题包含两个简单命题，即“太阳从西边出来”“石头可以当食物吃”；包含一个联结词 $\leftrightarrow$。)

2) 非基本复合命题的符号化

非基本复合命题是指包含两个或两个以上命题联结词的复合命题，其符号化步骤如下。

(1) 找出复合命题中互不相同的简单命题，并将它们符号化。

(2) 找出复合命题中包含的命题联结词，并用与之对应的联结词符号按照它们连接命题的方式以及命题公式的构成规则把第(1)步得到的符号连接起来即可。

注： 命题公式的构成规则见定义 2.6，每个命题符号化之后一定是一个合式公式。

例 2.11 用命题公式表示下列命题。

(1) 黄灿这学期选修了数据库原理、数据结构、离散数学和英语四门课。

(2) 如果明天不下雨，我就上街买书。

(3) 如果 6 月 3 日是星期天，我们就去颐和园或香山游玩。如果颐和园有维修工程，我们就不去颐和园。6 月 3 日是星期天并且颐和园有维修工程，所以，我们去香山游玩。

解： (1) 令 r 表示“黄灿这学期选修了数据库原理”，s 表示“黄灿这学期选修了数据结构”，t 表示“黄灿这学期选修了离散数学”，u 表示“黄灿这学期选修了英语”，则原命题的符号化为：$((r \wedge s) \wedge t) \wedge u$ 。

(分析：原命题包含四个简单命题，即“黄灿这学期选修了数据库原理”“黄灿这学期选修了数据结构”“黄灿这学期选修了离散数学”“黄灿这学期选修了英语”；包含三个联结词，即 $\wedge$，$\wedge$，$\wedge$。原命题等价于“黄灿这学期选修了数据库原理并且黄灿这学期选修了数据结构并且黄灿这学期选修了离散数学并且黄灿这学期选修了英语”。)

(2) 令 s 表示“明天下雨”，t 表示“我上街买书”，则原命题的符号化为：$(\neg s) \rightarrow t$ 。

(分析：原命题包含两个简单命题，即“明天下雨”“我上街买书”；包含两个联结词，即 $\neg$，$\rightarrow$)。

(3) 令 p 表示“6 月 3 日是星期天”，q 表示“我们去颐和园游玩”，r 表示“我们去香山游玩”，s 表示“颐和园有维修工程”，则原命题的符号化为：$(((p \rightarrow (q \vee r)) \wedge (s \rightarrow (\neg q))) \wedge (p \wedge s)) \rightarrow r$ 。

(分析：原命题包含四个简单命题，即“6 月 3 日是星期天”“ 我们去颐和园游玩”“我们去香山游玩”“颐和园有维修工程”；包含八个联结词，即 $\rightarrow$，$\vee$，$\wedge$，$\rightarrow$，$\neg$，$\wedge$，$\wedge$，$\rightarrow$；原命题等价于“‘如果 6 月 3 日是星期天，那么我们去颐和园或香山游玩”并且“如果颐和园有维修工程，那么我们不去颐和园游玩”并且‘6 月 3 日是星期天’并且‘颐和园有维修工程’，所以我们去香山游玩”。

由于没有对应于“所以”的联结词，此例的原命题需改写成“如果…，那么…”的句型：如果[‘如果 6 月 3 日是星期天，那么我们去颐和园或香山游玩’并且‘如果颐和园有维修工程，那么我们不去颐和园游玩’并且‘6 月 3 日是星期天’并且‘颐和园有维修工程’]，那么[‘我们去香山游玩’]。)

注： 简单命题是肯定式陈述句。

例 2.12 将下列问题符号化。

某公司欲从 A、B、C、D 四位员工中挑选若干人去北京出差，根据公司的工作需要以及员工的实际情况，选派时必须满足以下条件：①若选 C，则必须选 A；②B、D 两人只选一人；③A、C 两人至少选一人；④若选 D，则不能选 A 和 B。请用合式公式表示这个问题。

解：(1)找出此问题中包含的互不相同的简单命题并将它们符号化。

令 p 表示"选择 A"，q 表示"选择 B"，r 表示"选择 C"，s 表示"选择 D"。

(2)条件(1)可表示为 $r \to p$；条件(2)可表示为 $(q \wedge \neg s) \vee (\neg q \wedge s)$；条件(3)可表示为 $p \vee r$；条件(4)可表示为 $s \to (\neg p \wedge \neg q)$。

(3)整个问题的符号化为

$$(r \to p) \wedge ((q \wedge \neg s) \vee (\neg q \wedge s)) \wedge (p \vee r) \wedge (s \to (\neg p \wedge \neg q))$$

在自然语言中有许多同义词、近义词，有时在联结词的选用上会遇到一些困难。下面介绍一些常见的自然语言词语与逻辑联结词之间的对应关系。

【与 $\neg$ 对应的词语】汉语中表示否定的词语有：不；非；没；没有；无；否；…的否定；…不成立等。通常带有否定词的语句被视为否定句，这些否定词对应联结词 $\neg$。但是，在将一个语句进行命题符号化时是否该用联结词 $\neg$，不是只看语句中是否含有否定词，而是要看语句所表达的意思是否为否定的判断。

例 2.13　将下列命题符号化。

(1)安娜是一个女生。

(2)玛丽不是男生。

(3)查理不是没有钱，而是不想买汽车。

解：(1)令 p 表示"安娜是一个女生"，则原命题可表示为：p。

(2)令 q 表示"玛丽是男生"，则原命题可表示为：$\neg q$。

(3)令 r 表示"查理有钱"，s 表示"查理想买汽车"，则原命题可表示为：$\neg(\neg r) \wedge \neg s$。

注：用命题公式描述实际问题时，要尽量"忠于原文"。在例 2.13 中，不能把(2)解答为："令 q_1 表示'玛丽是女生'，则原命题可表示为 q_1"。因为由"玛丽不是男生"不能断定玛丽是女生，有可能玛丽不是人而是一只宠物狗。而且，即使玛丽是女生，在这个例子中，q_1 与 $\neg q$ 的真值相同，但它们是两个不同的命题公式，q_1 是原子公式，$\neg q$ 是复合公式。同样的，不能把(3)解答为："令 r 表示'查理有钱'；s 表示'查理想买汽车'，则原命题可表示为 $r \wedge \neg s$"。尽管公式 r 与 $\neg(\neg r)$ 有相同的真值，但它们是不同的公式。因为 r 是原子公式，而 $\neg(\neg r)$ 是复合公式。

【与 $\wedge$ 对应的词语】汉语中表示同时并存性判断的联结词有：且；与；和；并且；也；不但…而且…；既…又…；不仅…而且…；虽然…但是…；等。另外，逗号"，"；顿号"、"；分号"；"也可以用来表示同时并存的判断。

例 2.14　将下列命题符号化。

(1)布朗和卡特都是大学生。

(2)乔治与马克是大学同学。

(3)林德今天参加了三项活动：打篮球、听报告和做实验。

解：(1)令 p 表示"布朗是大学生"，q 表示"卡特是大学生"，则原命题可表示为：$p \wedge q$。

(2)令 p 表示"乔治与马克是大学同学"，则原命题可表示为：p。

(3)令 p 表示"林德今天打了篮球"，q 表示"林德今天听了报告"，r 表示"林德今天做了实验”，则原命题可表示为：$(p \wedge q) \wedge r$。

注：命题(1)包含了两个简单命题：“布朗是大学生”和“卡特是大学生”，而命题(2)只包含一个简单命题：“乔治与马克是大学同学”。

【与 $\vee$ 对应的词语】 汉语中表示相容选择判断的联结词，常见的有：“或者…或者…”；“可能…也可能…”等。相容选择对应的命题公式是 $p \vee q$。

【与“排斥或”对应的词语】汉语中表示不相容选择判断的联结词，常见的有：“要么…要么…”；“不是…就是…”；“只能…或者…之一”等。不相容选择对应的命题公式是 $(p \wedge \neg q) \vee (\neg p \wedge q)$。

注：如果在所讨论的问题当中，“排斥或”连接的两个命题不可能同时为真，此时，可以用连接词 $\vee$ 代替“排斥或”。也就是说可以用公式 $p \vee q$ 代替公式 $(p \wedge \neg q) \vee (\neg p \wedge q)$。

例 2.15 将下列命题符号化。

(1)考试答题可用钢笔或圆珠笔。

(2)格林要么是北京大学的学生，要么是清华大学的学生。

(3)这个杯子里不是矿泉水就是纯净水。

解：(1)令 r 表示“考试答题可用钢笔”，s 表示“考试答题可用圆珠笔”，则原命题可表示为：$s \vee r$。

(2)令 p 表示“格林是北京大学的学生”，q 表示“格林是清华大学的学生”，则原命题可表示为：$(p \wedge \neg q) \vee (\neg p \wedge q)$。

(3)令 p 表示“杯子里是矿泉水”；q 表示“杯子里是纯净水”，则原命题可表示为：$p \vee q$。

注：在例 2.15 中，命题(1)中的选择判断联结词是“相容或”；命题(2)中的选择判断联结词是“排斥或”，因为原命题表达的意思为 “格林是两校学生之一，而不能同时为这两所学校的学生”，所以，只能表示为 $(p \wedge \neg q) \vee (\neg p \wedge q)$，不能表示为 $p \vee q$；命题(3)中的选择判断联结词是“排斥或”， 因为在现实生活中，一个杯子中不可能既有矿泉水又有纯净水，所以，命题(3)中的联结词是“排斥或”，但两个命题“这个杯子里是矿泉水”与“这个杯子里是纯净水”不可能同时为真，因此可表示为 $p \vee q$，没有必要表示成 $(p \wedge \neg q) \vee (\neg p \wedge q)$。也就是说，在这种情况下，可以用 $p \vee q$ 代替 $(p \wedge \neg q) \vee (\neg p \wedge q)$。

【与 $\rightarrow$ 对应的词语】汉语中表示蕴涵关系判断的联结词有：“如果…那么…”；“如果…则…”；“只要…就…”；“有…就…”；“一旦…就…”；“…是…的充分条件”；“ 只有…才…”；“除非…才…”；“除非…否则非…”；“…是…的必要条件”等。蕴涵关系判断有两类：充分条件型蕴涵和必要条件型蕴涵。

充分条件型蕴涵强调充分条件，对应的命题公式类型是 $p \rightarrow q$；汉语中常见的联结词有：“如果…，那么…”；“如果…，则…”；“只要…就…”；“有…就…”；“一旦…就…”；“…是…的充分条件”等。

必要条件型蕴涵强调必要条件，对应的命题公式类型是 $\neg p \rightarrow \neg q$；汉语中常见的联结词有：“只有…才…”；“除非…才…”；“除非…否则非…”；“…是…的必要条件”等。

例 2.16 将下列命题符号化，其中 a、x 是常数。

(1) 如果 a 是奇数，则 $a+3$ 一定是偶数。

(2) 只要 $x>0$，就有 $x+1<0$。

(3) 只有输入的密码是正确的，保险箱才能打开。

(4) 除非 a 能被 2 整除，否则 a 不能被 4 整除。

(5) 除非 a 能被 2 整除，a 才能被 4 整除。

解： (1) 令 p 表示"a 是奇数"，q 表示"$a+3$ 是偶数"，则原命题可表示为：$p \to q$。

(2) 令 p 表示"$x>0$"，q 表示"$x+1<0$"，则原命题可表示为：$p \to q$。

(3) 原命题包含两个简单命题："输入的密码是正确的""保险箱能打开"。原命题等价于"如果输入的密码不正确，则保险箱不能打开"。令 p 表示"输入的密码是正确的"，q 表示"保险箱能打开"，则原命题可表示为：$\neg p \to \neg q$。

(4) 原命题包含两个简单命题："a 能被 2 整除""a 能被 4 整除"。原命题等价于"如果 a 不能被 2 整除，则 a 不能被 4 整除"。令 p 表示"a 能被 2 整除"，q 表示"a 能被 4 整除"，则原命题可表示为：$\neg p \to \neg q$。

(5) 原命题包含两个简单命题："a 能被 2 整除""a 能被 4 整除"。原命题等价于"如果 a 不能被 2 整除，则 a 不能被 4 整除"。令 p 表示"a 能被 2 整除"，q 表示"a 能被 4 整除"，则原命题可表示为：$\neg p \to \neg q$。

注： 在例 2.16 中，命题(1)和(2)是充分条件型蕴涵命题，选用公式 $p \to q$；而命题(3)、(4)、(5)是必要条件型蕴涵命题，选用公式 $\neg p \to \neg q$。

为什么要选择公式 $\neg p \to \neg q$ 来表示必要条件型蕴涵命题，而不选择公式 $q \to p$ 呢？以例 2.16 中的命题(3)为例来分析这个问题。命题(3)包含两种含义：①如果你不知道保险箱的密码，那么你是不可能打开保险箱的；②如果你输错了密码，那么你就不能打开保险箱。

这两种含义都应该用公式 $\neg p \to \neg q$ 来表示。

再看公式 $q \to p$ 表达的意思是"如果保险箱能打开，则输入的密码是正确的"。将公式 $q \to p$ 与公式 $\neg p \to \neg q$ 进行比较：公式 $\neg p \to \neg q$ 强调要选择正确的方法去解决问题(打开保险箱)；而公式 $q \to p$ 强调问题得到解决验证了选用的方法是正确的。因此，公式 $\neg p \to \neg q$ 更接近原意。所以，选用公式 $\neg p \to \neg q$ 比选用公式 $q \to p$ 更合理。

【与 $\leftrightarrow$ 对应的词语】 汉语中表示同真同假判断的联结词有："当且仅当"；"充分必要条件"等。

例 2.17　将下列命题符号化，其中 a 是实常数。

(1) $a^2>0$ 的充分必要条件是 $a \neq 0$。

(2) $3+3=6$ 当且仅当石头会走路。

解： (1) 令 p 表示"$a^2>0$"，q 表示"$a \neq 0$"，则原命题可表示为：$p \leftrightarrow q$。

(2) 令 p 表示"$3+3=6$"，q 表示"石头会走路"，则原命题可表示为：$p \leftrightarrow q$。

注： 用合式公式表示命题时，只是把原命题写成公式的形式，不必分析命题是真的还是假的，也不必分析命题是否有实用意义。例如，例 2.17 的命题(2)是一个假命题，而且是一个没有实际意义的命题，但用公式 $p \leftrightarrow q$ 来表示原命题是正确的。另外，例 2.17 的命题(1)中的 $a \neq 0$ 可看作一个数学表达式，因而不必写成 $\neg(a=0)$。

习 题 2.4

1. 将下列命题符号化，其中 x 是常数。

(1) 李明是百米跑冠军同时也是跳远冠军。

(2) 派王金或赵顺中的一人去美国留学。

(3) 格林和比尔都是大学生。

(4) 格林和比尔是同学。

(5) 今天不是星期六。

(6) 如果天不下雪，那么我就骑自行车上班。

(7) x 是偶数当且仅当 x 能被 2 整除。

(8) 如果太阳从西边出来，那么人可以活到 1000 岁。

(9) 如果 $2+4=6$，那么 $1+2=8$。

2. 用命题公式表示下列命题。

(1) 黄青婷不会唱歌也不会跳舞，但她打羽毛球很棒。

(2) 只有 8 能被 2 整除，8 才能被 6 整除。

(3) 除非今天是星期五，否则今天就不是五月一日。

(4) 两个三角形全等当且仅当它们的三条边对应相等。

(5) 只要 $2<1$，就有 $2<-1$。

(6) 因为天气冷，所以我穿了棉衣。

(7) 徐丽园出生于 1982 年 6 月，女，身高 1.62 米，广东人。

(8) 如果他乘飞机去上海就能赶上世博会开幕，如果乘火车就来不及了。

3. 令 p 表示“三角形 A 有两个角相等”；q 表示“三角形 A 有两条边相等”；r 表示“A 是等腰三角形”；s 表示“A 是直角三角形”；t 表示“三角形 A 有一个角等于 90°”，请用自然语言表达下列命题并指出命题的真值。

(1) $p \leftrightarrow r$。

(2) $(p \vee q) \leftrightarrow r$。

(3) $(p \wedge q) \rightarrow r \wedge s$。

(4) $t \rightarrow q \vee r$。

(5) $(p \leftrightarrow q) \wedge (s \leftrightarrow t)$。

(6) $(t \vee \neg p) \rightarrow (q \wedge s) \vee \neg r$。

4. 设 p、s 的真值为 1，q、r 的真值为 0，求下列命题的真值。

(1) $(p \vee q) \wedge \neg r \rightarrow \neg q$。

(2) $((p \leftrightarrow q) \wedge (p \wedge \neg r)) \rightarrow s$。

(3) $(\neg r \rightarrow q) \wedge p \leftrightarrow \neg s$。

(4) $(q \rightarrow \neg s) \rightarrow (r \vee p \vee \neg q)$。

(5) $(s \leftrightarrow \neg q) \rightarrow ((\neg r \wedge s) \vee \neg p)$。

(6) $(r \vee \neg q) \rightarrow (r \wedge \neg q) \wedge (p \vee \neg s)$。

2.5 命题公式的等值演算

两个命题公式等值是指在任何一组赋值下，这两个公式都有相同的真值。研究命题公式等值是为了更好地认清那些在形式上不同而在本质上相同的公式，以便在推理过程中选用合适的公式形式。例如，由一个命题变元 p 和一个联结词 $\neg$ 可构成无穷多个公式：p，$\neg p$，$\neg(\neg p)$，$\neg(\neg(\neg p))$，…，但是，这些公式都与 p 或 $\neg p$ 同真假。又如，公式 $\neg(p \wedge q)$ 与公式 $\neg p \vee \neg q$ 同真假。

命题公式等值与数学中算术表达式等值有相似之处。数学中有许多等值式，如 $3+5=2+3+3=6-2+5-1=8$、$a^2+2ab+b^2=(a+b)^2$、$a^2+ab+b^2+ab=a^2+(2a+b)b$ 等。 在众多等值的数学表达式中，有些表达式的形式可以明确地告诉我们某种信息，而有些却不一定可以。例如，对于表达式 $2x^2-2x(y+1)+y^2+3$，当 x、y 在实数集中任意取值时，很难看出表达式的值是正数、负数，还是 0。 如果把这个表达式做一个变形，写成与之等值的表达式 $(x-y)^2+(x-1)^2+2$，就很容易看出，无论 x、y 取什么实数值，该表达式的值总是正数。

在命题公式中也有类似的情况。有些命题公式能明确表达某种信息，而有些则不能。例如，从公式 $(q \to p) \vee q$ 很难看出这是一个重言式，但把公式做一个变形，写成与之有完全相同真值的公式 $p \vee (q \vee \neg q)$，就很容易看出这是一个重言式。

【公式的等值】定义 2.14 设 A、B 为两个命题公式，若公式 $(A) \leftrightarrow (B)$ 是重言式，则称 A 与 B 等值，记作 $A \Leftrightarrow B$。

在数学中，两个表达式等值是指：无论表达式中的变量取什么值，这两个表达式都有相同的值。在命题逻辑中，两个公式等值是指：对公式的任意一组赋值，这两个公式都有相同的真值。

注：(1) 定义 2.14 中的 $(A) \leftrightarrow (B)$ 是命题公式，$\leftrightarrow$ 是逻辑联结词，而 $A \Leftrightarrow B$ 不是命题公式，$\Leftrightarrow$ 不是逻辑联结词。$A \Leftrightarrow B$ 只是一个记号，是为了书写方便而使用的一个记号，用来代表“对公式的任意一组赋值，A 与 B 都有相同的真值”。就像记号￥不是汉字，只是用来代表“人民币”的一个记号一样。

(2) 要注意 $\Leftrightarrow$ 与 $\leftrightarrow$ 的区别，不能把 $A \Leftrightarrow B$ 当成命题公式使用，不能讨论 $A \Leftrightarrow B$ 的赋值，也不能讨论 $A \Leftrightarrow B$ 是否为重言式等问题。

(3) 要判断两个公式是否等值，用真值表是最直接的方法之一。由定义 2.14 知，判断两个公式 A 和 B 是否等值等同于判断公式 $(A) \leftrightarrow (B)$ 是否为重言式。而 $(A) \leftrightarrow (B)$ 是重言式的充分必要条件是对公式的每一组赋值，$(A) \leftrightarrow (B)$ 的真值都是 1。

例 2.18 判断下列公式组是否等值。

(1) $\neg(p \vee q)$ 与 $\neg p \vee \neg q$。

(2) $\neg(p \vee q)$ 与 $\neg p \wedge \neg q$。

解：列出 $\neg(p \vee q)$ 与 $\neg p \vee \neg q$ 及 $\neg p \wedge \neg q$ 的真值表分别如表 2.17、表 2.18、表 2.19 所示。

(1) 由表 2.17 与表 2.18 可知，$\neg(p \vee q) \not\Leftrightarrow \neg p \vee \neg q$，即$\neg(p \vee q)$与$\neg p \vee \neg q$不等值。

(2) 由表 2.17 与表 2.19 可知，$\neg(p \vee q) \Leftrightarrow \neg p \wedge \neg q$，即$\neg(p \vee q)$与$\neg p \wedge \neg q$等值。

表 2.17 公式$\neg(p \vee q)$的真值表

p q	$p \vee q$	$\neg(p \vee q)$
0 0	0	1
0 1	1	0
1 0	1	0
1 1	1	0

表 2.18 公式$\neg p \vee \neg q$的真值表

p q	$\neg p$	$\neg q$	$\neg p \vee \neg q$
0 0	1	1	1
0 1	1	0	1
1 0	0	1	1
1 1	0	0	0

表 2.19 公式$\neg p \wedge \neg q$的真值表

p q	$\neg p$	$\neg q$	$\neg p \wedge \neg q$
0 0	1	1	1
0 1	1	0	0
1 0	0	1	0
1 1	0	0	0

注：表 2.17、表 2.18、表 2.19 可以合并为一张表，以便比较，见表 2.20。

表 2.20 公式$\neg(p \vee q)$、$\neg p \vee \neg q$和$\neg p \wedge \neg q$的真值表

p	q	$p \vee q$	$\neg(p \vee q)$	$\neg p$	$\neg q$	$\neg p \vee \neg q$	$\neg p \wedge \neg q$
0	0	0	1	1	1	1	1
0	1	1	0	1	0	1	0
1	0	1	0	0	1	1	0
1	1	1	0	0	0	0	0

【公式的等值演算】命题公式的等值演算是命题公式的一种等值变形，即把命题公式从一种形式变换为另一种形式，同时保持公式的真值不变。也就是说，对于给定的一组赋值，公式变形前与变形后的真值是一样的。演算就是一种变形方法。

研究公式等值常用的方法是：先用真值表的方法证明一些最基本的、最简单的公式之间的等值关系，然后再利用这些基本的等值关系来推导出复杂公式的等值关系。

【等值式】定义 2.15 设A、B是两个命题公式，若A与B等值，则称$A \Leftrightarrow B$是一个等值式。

例如，$\neg(p \vee q) \Leftrightarrow \neg p \wedge \neg q$、$p \Leftrightarrow \neg(\neg p)$都是等值式。

【常用的等值式】通过一些最常用的、最基本的公式等值式可以找到命题联结词的运算规律，然后利用这些基本等值式来推导复杂公式的等值式。下面介绍一些常用的等值式，其中，A、B、C是任意命题公式。

(1) **【$\neg$的双重否定律】**$A \Leftrightarrow \neg\neg A$。从公式$\neg(\neg A)$的真值表容易看出，联结词$\neg$对一个公式$A$连续进行两次运算所得到的公式$\neg(\neg A)$与原公式$A$等值，这个性质称为$\neg$的双重否定律。

因为在书写公式$\neg(\neg A)$时，去掉括号而写成$\neg\neg A$也不会引起混淆，所以经常把$\neg(\neg A)$写成$\neg\neg A$。

联结词$\neg$是公式集上的一个一元运算，类似于实数运算中的“取相反数”运算，对一个数连续进行两次“取相反数”运算就得到原来的数。此外，$\neg$运算与集合的求补集运算也相似，对一个集合连续进行两次“求补集”运算就得到原来的集合。

(2)【$\wedge$的交换律】$A \wedge B \Leftrightarrow B \wedge A$。

从真值表容易看出，公式$A \wedge B$与$B \wedge A$是等值的。这种交换运算对象的位置而保持公式真值表不变的性质称为交换律。

注：并不是每一种运算都满足交换律。联结词$\rightarrow$就不满足交换律。类似地，实数中的加法运算和乘法运算满足交换律，但减法和除法不满足交换律，如$6-5 \neq 5-6$，$12 \div 6 \neq 6 \div 12$。

(3)【$\vee$的交换律】$A \vee B \Leftrightarrow B \vee A$。

从真值表容易看出，公式$A \vee B$与$B \vee A$是等值的。因此，运算$\vee$满足交换律。

(4)【$\wedge$的结合律】$(A \wedge B) \wedge C \Leftrightarrow A \wedge (B \wedge C)$。

在用联结词$\wedge$对三个公式A、B、C进行运算时，可得到两种不同形式的公式：$(A \wedge B) \wedge C$和$A \wedge (B \wedge C)$。从真值表容易看出，这两个公式是等值的。这种改变运算对象的次序而保持公式真值不变的性质称为公式运算的结合律。

由于运算$\wedge$满足结合律，因此可以忽略$\wedge$运算的运算次序。于是，可以把公式$(A \wedge B) \wedge C$和$A \wedge (B \wedge C)$都写成$A \wedge B \wedge C$。

一般地，由多个对象$A_1, A_2, \cdots, A_{n-1}, A_n$ $(n \geqslant 3)$构成的合取式，无论其中的括号出现在哪个位置，该合取式都可以写成$A_1 \wedge A_2 \wedge \cdots \wedge A_{n-1} \wedge A_n$。

例如，$((A_1 \wedge A_2) \wedge A_3) \wedge A_4$、$(A_1 \wedge (A_2 \wedge A_3)) \wedge A_4$、$A_1 \wedge ((A_2 \wedge A_3) \wedge A_4)$、$(A_1 \wedge A_2) \wedge (A_3 \wedge A_4)$、$A_1 \wedge (A_2 \wedge (A_3 \wedge A_4))$都可以写成$A_1 \wedge A_2 \wedge A_3 \wedge A_4$。

注：并不是每一种运算都满足结合律。联结词$\rightarrow$不满足结合律。类似地，实数中的加法运算和乘法运算满足结合律，但减法和除法不满足结合律，如$(8-3)-2 \neq 8-(3-2)$，$(12 \div 6) \div 3 \neq 12 \div (6 \div 3)$。

(5)【$\vee$的结合律】$(A \vee B) \vee C \Leftrightarrow A \vee (B \vee C)$。

容易验证运算$\vee$满足结合律。

由于运算$\vee$满足结合律，因此可以忽略$\vee$运算的运算次序。于是，可以把公式$(A \vee B) \vee C$和$A \vee (B \vee C)$都写成$A \vee B \vee C$。

一般地，由多个对象$A_1, A_2, \cdots, A_{n-1}, A_n$ $(n \geqslant 3)$构成的析取式，无论其中的括号出现在哪个位置，该析取式都可以写成$A_1 \vee A_2 \vee \cdots \vee A_{n-1} \vee A_n$。

例如，$((A_1 \vee A_2) \vee A_3) \vee A_4$、$(A_1 \vee (A_2 \vee A_3)) \vee A_4$、$A_1 \vee ((A_2 \vee A_3) \vee A_4)$、$(A_1 \vee A_2) \vee (A_3 \vee A_4)$、$A_1 \vee (A_2 \vee (A_3 \vee A_4))$都可以写成$A_1 \vee A_2 \vee A_3 \vee A_4$。

(6)【$\wedge$的幂等律】$A \Leftrightarrow A \wedge A$。

容易验证运算$\wedge$满足幂等律。

"幂等律"一词来自代数术语(见第5章)。幂等律是指一个元素x与自身进行运算所得结果与其自身相同。于是有$A \Leftrightarrow A \wedge A \Leftrightarrow A \wedge A \wedge A \wedge \cdots \wedge A$。

(7)【$\vee$的幂等律】$A \Leftrightarrow A \vee A$。

容易验证运算$\vee$满足幂等律。于是有$A \Leftrightarrow A \vee A \Leftrightarrow A \vee A \vee A \vee \cdots \vee A$。

同样的，下面几个运算律容易通过真值表来验证。

(8)【$\vee$对$\wedge$的分配律】$A \vee (B \wedge C) \Leftrightarrow (A \vee B) \wedge (A \vee C)$（左分配律）；$(B \wedge C) \vee A \Leftrightarrow (B \vee A) \wedge (C \vee A)$(右分配律)。

(9) **【$\wedge$ 对 $\vee$ 的分配律】** $A \wedge (B \vee C) \Leftrightarrow (A \wedge B) \vee (A \wedge C)$（左分配律）；$(B \vee C) \wedge A \Leftrightarrow (B \wedge A) \vee (C \wedge A)$（右分配律）。

$\vee$ 对 $\wedge$ 的分配律和 $\wedge$ 对 $\vee$ 的分配律类似于集合运算中 $\cup$ 对 $\cap$ 的分配律和 $\cap$ 对 $\cup$ 的分配律。数学中也有分配律存在，如实数的乘法运算对加法运算满足分配律，即 $a \times (b+c) = (a \times b) + (a \times c)$，$(b+c) \times a = b \times a + c \times a$。

注：初学者在运用分配律时容易把 $\vee$ 与 $\wedge$ 搞乱。这里提供一个记忆分配律的方法：将一个公式及运算符（$\vee$ 或 $\wedge$）分配到括号内进行运算时，可将括号外的公式及运算符看作一个整体分配到括号内。例如，对公式 $A \vee (B \wedge C)$ 应用分配律时，可将 $A \vee$ 看作一个整体分配到 $(B \wedge C)$ 中，得到 $(A \vee B) \wedge (A \vee C)$。同理，对公式 $(B \vee C) \wedge A$ 应用分配律时，可把 $\wedge A$ 看作一个整体分配到 $(B \vee C)$ 中，得到 $(B \wedge A) \vee (C \wedge A)$。

(10) **【$\neg$ 对 $\vee$ 及 $\wedge$ 的德 · 摩根律】** $\neg(A \vee B) \Leftrightarrow (\neg A) \wedge (\neg B)$；$\neg(A \wedge B) \Leftrightarrow (\neg A) \vee (\neg B)$。

$\neg$ 对 $\vee$ 及 $\wedge$ 的德 · 摩根 (De Morgen) 律类似于 $\neg$ 对 $\vee$ 及 $\wedge$ 的分配律，但要注意 $\wedge$ 变成 $\vee$，$\vee$ 变成 $\wedge$，这与集合中的交、并、补运算有相似的性质。

(11) **【$\vee$ 与 $\wedge$ 的吸收律】** $A \vee (A \wedge B) \Leftrightarrow A$，$A \wedge (A \vee B) \Leftrightarrow A$。

注：由于 $\vee$ 运算和 $\wedge$ 运算都有交换律，所以 $A \vee (B \wedge A) \Leftrightarrow A$，$A \wedge (B \vee A) \Leftrightarrow A$，$(B \wedge A) \vee A \Leftrightarrow A, (B \vee A) \wedge A \Leftrightarrow A, (A \wedge B) \vee A \Leftrightarrow A, (A \vee B) \wedge A \Leftrightarrow A$ 都成立。

【两个特殊的命题常量 1 和 0】 在命题逻辑中，为了公式运算和推导方便，我们把真值“1”看作一个命题常量，代表一个恒真命题；而把真值“0”也看作一个命题常量，代表一个恒假命题。

在命题公式中，重言式的共同特点是：对于任意一组赋值，重言式的真值总是 1。因此，任何两个重言式都是等值的。例如，对 p、q、r 的任意一组真值指派，公式 $p \vee \neg p$、$(p \wedge q) \to p$、$q \vee \neg q \vee \neg r$ 的真值总是 1。于是有 $p \vee \neg p \Leftrightarrow 1$，$(p \wedge q) \to p \Leftrightarrow 1$，$q \vee \neg q \vee r \Leftrightarrow 1$。

同样的，矛盾式的共同特点是：对于任何一组赋值，矛盾式的真值总是 0。因此，任何两个矛盾式都是等值的。例如，对 p、q、r 的任意一组真值指派，公式 $p \wedge \neg p$、$(q \vee \neg q) \to (p \wedge \neg p \wedge r)$ 的真值总是 0。于是有 $p \wedge \neg p \Leftrightarrow 0$，$(q \vee \neg q) \to (p \wedge \neg p \wedge r) \Leftrightarrow 0$。

(12) **【0 对 $\wedge$ 的支配律（零律）】** $A \wedge 0 \Leftrightarrow 0$。

(13) **【1 对 $\vee$ 的支配律（零律）】** $A \vee 1 \Leftrightarrow 1$。

0 对 $\wedge$ 的支配律表明：在一个合取式中，如果有一个合取项是 0，则该合取式等值于 0。 一般地，在有多个合取项的合取式 $A_1 \wedge A_2 \wedge \cdots \wedge A_n$ 中，只要有一个合取项 $A_i \ (1 \leqslant i \leqslant n)$ 等值于 0，则公式 $A_1 \wedge A_2 \wedge \cdots \wedge A_n$ 等值于 0。这就是说，在合取式中 0 支配了合取式的真值。

同样的，在一个析取式中，如果有一个析取项是 1，则该析取式等值于 1。 一般地，在一个有多个析取项的析取式 $A_1 \vee A_2 \vee \cdots \vee A_n$ 中，只要有一个析取项 $A_i \ (1 \leqslant i \leqslant n)$ 等值于 1，则公式 $A_1 \vee A_2 \vee \cdots \vee A_n$ 等值于 1。这就是说，在析取式中 1 支配了析取式的真值。

因此，在今后的公式等值演算中，若在合取式中发现有一个合取项等值于 0，则可直接用 0 替换该合取式；若在析取式中发现有一个析取项等值于 1，则可用 1 替换该析取式。例如，$p \vee (q \to r) \vee (\neg q \wedge p) \vee \neg p \Leftrightarrow 1$；$p \wedge (q \vee \neg q) \wedge (\neg p \to q) \wedge \neg p \Leftrightarrow 0$。

注：支配律也称为零律，“零律”一词来自代数运算（见第 5 章）。为什么 $A \vee 1 \Leftrightarrow 1$ 也归为零律呢？因为在零律 $A \wedge 0 \Leftrightarrow 0$ 中，A 可以是任意的公式，所以，用 $\neg A$ 代替 A 得 $\neg A \wedge 0 \Leftrightarrow 0$，由 $\neg A \wedge 0 \Leftrightarrow 0$，可得 $\neg(\neg A \wedge 0) \Leftrightarrow \neg 0$，从而得到 $\neg\neg A \vee \neg 0 \Leftrightarrow \neg 0$，即 $A \vee 1 \Leftrightarrow 1$。

(14)【**1 对 $\wedge$ 的同一律**】$A \wedge 1 \Leftrightarrow A$。

(15)【**0 对 $\vee$ 的同一律**】$A \vee 0 \Leftrightarrow 1$。

(16)【**排中律**】$A \vee \neg A \Leftrightarrow A$。

排中律是指对任何命题 A，A 与 $\neg A$ 必有一个为真，非此即彼，不能有第三种情况。

(17)【**矛盾律**】$A \wedge \neg A \Leftrightarrow 0$。

矛盾律是指对任何命题 A，A 与 $\neg A$ 不能同时成立。

(18)【**蕴涵-析取等值式**】$A \to B \Leftrightarrow \neg A \vee B$。

用真值表不难验证公式 $A \to B$ 与 $\neg A \vee B$ 等值。

蕴涵式 $A \to B$ 表示命题“如果 A 成立，则 B 成立”；公式 $\neg A \vee B$ 表示命题“或者 A 不成立，或者 B 成立”。从公式 $\neg A \vee B$ 看，$\neg A \vee B$ 是 $\neg A$ 与 B 的析取式，是一个选择性判断。一个蕴涵式与一个选择性判断等值，这与人们通常习惯的思维方式有些差异。

事实上，从公式真值的角度看，$A \to B$ 与 $\neg A \vee B$ 这两个公式是有联系的，因为对公式的任意一组赋值，这两个公式都有相同的真值。从公式所表达的思维形式看，它们也是有联系的，只是由于在实际应用中不会用到前件为假的蕴涵关系，导致我们平时在涉及蕴涵式 $A \to B$ 时，都没有把蕴涵式 $A \to B$ 的所有情况考虑完全，一般都不考虑“当 A 不成立时，$A \to B$ 的真值如何？”。

在命题逻辑中，命题公式中的任何一组赋值都确定公式的一个真值。因此，在定义公式 $A \to B$ 的真值时，对 $A=0,B=0$；$A=0,B=1$；$A=1,B=0$ 和 $A=1,B=1$ 这四组赋值，都必须分别给出 $A \to B$ 的真值。对于 $A=1,B=0$ 和 $A=1,B=1$ 这两组赋值，定义 $A \to B$ 的真值分别为 0 和 1，这符合人们平时习惯的思维方式，所以容易理解。而对 $A=0,B=0$ 和 $A=0,B=1$ 这两组赋值，定义 $A \to B$ 的真值为 1。这不符合人们平时习惯的思维方式，所以不容易理解。但这样定义 $A \to B$ 的真值既不影响其它公式的演算性质也不会在逻辑演算中产生矛盾，又完善了 $A \to B$ 的真值定义，所以我们要改变平时习惯的思维方式来适应 $A \to B$ 真值的定义。

(19)【**同真-双向蕴涵等值式**】$A \leftrightarrow B \Leftrightarrow (A \to B) \wedge (B \to A)$。

同真-双向蕴涵等值式表明：同真式公式 $A \leftrightarrow B$ 与双向蕴涵式 $(A \to B) \wedge (B \to A)$ 等值。双向蕴涵就是通常说的充分必要条件，同真式公式 $A \leftrightarrow B$ 所表达的含义与充分必要条件的含义是相同的。

(20)【**逆否蕴涵等值式**】$A \to B \Leftrightarrow \neg B \to \neg A$。

逆否蕴涵等值式表明：一个蕴涵式命题与其逆否命题是等值的。在数学中证明某个命题时，常常会通过证明它的逆否命题来完成。

【公式的真值函数】定义 2.16　设 A 是一个命题公式，$p_1, p_2, \cdots, p_n$ 是 A 中包含的所有互不相同的命题变元，对于公式 A 的任意一组赋值 $p_1=\alpha_1, p_2=\alpha_2, \cdots, p_n=\alpha_n$，公式 A 都有唯一确定的真值，记为 $\mathrm{Val}(A(p_1=\alpha_1, p_2=\alpha_2, \cdots, p_n=\alpha_n))$，其中 $\alpha_i \in \{0,1\}$，$i=1,2,\cdots,n$，

$\text{Val}(A(p_1=\alpha_1,p_2=\alpha_2,\cdots,p_n=\alpha_n))\in\{0,1\}$。将公式 A 的所有赋值构成的集合记为 $D=\{<\alpha_1,\alpha_2,\cdots,\alpha_n>|\alpha_i\in\{0,1\},i=1,2,\cdots,n\}$，则“对 A 的赋值”与“A 的真值”之间的对应关系是从集合 D 到集合 $\{0,1\}$ 的一个函数，记为 $\text{Val}(A(p_1,p_2,\cdots,p_n))$：$D\to\{0,1\}$，函数 $\text{Val}(A(p_1,p_2,\cdots,p_n))$ 称为公式 A 的真值函数。

注：(1) $\text{Val}(A(p_1=\alpha_1,p_2=\alpha_2,\cdots,p_n=\alpha_n))$ 简记为 $\text{Val}(A(\alpha_1,\alpha_2,\cdots,\alpha_n))$。

(2) 若公式 A 包含 n 个互不相同的命题变元，则 A 有 2^n 组赋值。

(3) $D=\{<\alpha_1,\alpha_2,\cdots,\alpha_n>|\alpha_i\in\{0,1\},i=1,2,\cdots,n\}$ 有 2^n 个元素。

例 2.19　求公式 $A=p\vee q\to r$ 的真值函数。

解：A 的真值函数为：$\text{Val}(A(p,q,r))$：$D\to\{0,1\}$。

其中

$$\begin{aligned}D&=\{<\alpha_1,\alpha_2,\alpha_3>|\alpha_i\in\{0,1\},i=1,2,3\}\\&=\{<0,0,0>,<0,0,1>,<0,1,0>,<0,1,1>,<1,0,0>,<1,0,1>,<1,1,0>,<1,1,1>\}\end{aligned}$$

具体对应如下：

$$\text{Val}(A(p=0,q=0,r=0))=\text{Val}(A(0,0,0))=1$$
$$\text{Val}(A(p=0,q=0,r=1))=\text{Val}(A(0,0,1))=1$$
$$\text{Val}(A(p=0,q=1,r=0))=\text{Val}(A(0,1,0))=0$$
$$\text{Val}(A(p=0,q=1,r=1))=\text{Val}(A(0,1,1))=1$$
$$\text{Val}(A(p=1,q=0,r=0))=\text{Val}(A(1,0,0))=0$$
$$\text{Val}(A(p=1,q=0,r=1))=\text{Val}(A(1,0,1))=1$$
$$\text{Val}(A(p=1,q=1,r=0))=\text{Val}(A(1,1,0))=0$$
$$\text{Val}(A(p=1,q=1,r=1))=\text{Val}(A(1,1,1))=1$$

以上介绍了 20 组最基本的等值(模)式，利用这些基本等值(模)式及下面介绍的等值关系的性质可以对复杂公式进行等值变形。

【公式等值关系的性质】容易证明，公式等值具有三种性质：自反性、对称性和传递性。

(1) 自反性是指：对任意一个命题公式 A，都有 $A\Leftrightarrow A$。

(2) 对称性是指：对任意两个命题公式 A、B，如果 $A\Leftrightarrow B$，则 $B\Leftrightarrow A$。

(3) 传递性是指：对任意三个命题公式 A、B、C，如果 $A\Leftrightarrow B$ 且 $B\Leftrightarrow C$，则 $A\Leftrightarrow C$。

引理 2.1　设 A、B 是两个命题公式，$p_1,p_2,\cdots,p_n$ 是 A 和 B 中所有互不相同的命题变元，若 $A\Leftrightarrow B$，则对每一组赋值 $p_1=\alpha_1,p_2=\alpha_2,\cdots,p_n=\alpha_n$，$\alpha_i\in\{0,1\},i=1,2,\cdots,n$，都有 $\text{Val}(A(p_1=\alpha_1,p_2=\alpha_2,\cdots,p_n=\alpha_n))=\text{Val}(B(p_1=\alpha_1,p_2=\alpha_2,\cdots,p_n=\alpha_n))$。

【置换规则(置换定理)】　定理 2.1　设 $\Phi(A)$ 是一个含子公式 A 的命题公式，$\Phi(B)$ 是用公式 B 取代 $\Phi(A)$ 中的一些或所有的 A，其余不变，而得到的公式，若 $A\Leftrightarrow B$，则 $\Phi(A)\Leftrightarrow\Phi(B)$。

证明：设 $p_1,p_2,\cdots,p_n$ 是 $\Phi(A)$ 中包含的所有互不相同的命题变元，且 $A\Leftrightarrow B$，则对 $\Phi(A)$ 的每一组赋值 $p_1=\alpha_1,p_2=\alpha_2,\cdots,p_n=\alpha_n$，有

$$\text{Val}(A(p_1=\alpha_1,p_2=\alpha_2,\cdots,p_n=\alpha_n))=\text{Val}(B(p_1=\alpha_1,p_2=\alpha_2,\cdots,p_n=\alpha_n))$$

另外，因为在 $\Phi(A)$ 和 $\Phi(B)$ 中除了在 A 和 B 两处对应不同以外，其他部分完全相同，所以，只要在 A 和 B 两处对应位置上的子公式的真值相同，那么 $\Phi(A)$ 和 $\Phi(B)$ 的真值就相同。综上所述，有

$$\mathrm{Val}(\Phi(A)(p_1=\alpha_1, p_2=\alpha_2,\cdots, p_n=\alpha_n)) = \mathrm{Val}(\Phi(B)(p_1=\alpha_1, p_2=\alpha_2,\cdots, p_n=\alpha_n))$$

由 $p_1=\alpha_1, p_2=\alpha_2,\cdots, p_n=\alpha_n$ 的任意性知，$\Phi(A)\Leftrightarrow\Phi(B)$。

置换规则是公式等值变形和推理过程中经常用到的一条规则，这条规则可以简单地表述为：若公式中的某个子公式被一个与之等值的公式所替换，其余不变，那么所得到的新公式与原公式等值。

例如，在公式 $(p\to c)\leftrightarrow((p\to c)\wedge(q\vee(p\to c)))$ 中，在两处 $p\to c$ 的地方，分别用公式 $\neg p\vee c$ 替换公式 $p\to c$，其余不变，所得到的新公式 $(\neg p\vee c)\leftrightarrow((\neg p\vee c)\wedge(q\vee(p\to c)))$ 与原公式 $(p\to c)\leftrightarrow((p\to c)\wedge(q\vee(p\to c)))$ 等值。

又如，在公式 $(p\to c)\leftrightarrow((p\to c)\wedge(q\vee(p\to c)))$ 中，在三处 $p\to c$ 的地方，分别用公式 $\neg p\vee c$ 替换公式 $p\to c$，其余不变，所得到的新公式 $(\neg p\vee c)\leftrightarrow((\neg p\vee c)\wedge(q\vee(\neg p\vee c)))$ 与原公式 $(p\to c)\leftrightarrow((p\to c)\wedge(q\vee(p\to c)))$ 等值。

【等值演算】利用联结词的运算律，已知的等值式，等值关系的自反性、对称性、传递性以及置换规则对命题公式进行等值变换的过程，称为等值演算。

通俗地说，公式的等值演算就是公式的等值变形，是把公式从一种形式变为另一种形式且保持公式的真值不变。

注：初学时，在公式的等值演算过程中，若用到某个运算律、等值式和置换规则，都要标出其名称。

例 2.20 用等值演算验证下列等值式。

(1) $p\to(q\to r)\Leftrightarrow(p\wedge q)\to r$。

(2) $p\Leftrightarrow(p\wedge q)\vee(p\wedge\neg q)$。

解：(1) $p\to(q\to r)$

$\Leftrightarrow\neg p\vee(q\to r)$ （蕴涵-析取等值式）

$\Leftrightarrow\neg p\vee(\neg q\vee r)$ （蕴涵-析取等值式，置换规则）

$\Leftrightarrow(\neg p\vee\neg q)\vee r$ （$\vee$的结合律）

$\Leftrightarrow\neg(p\wedge q)\vee r$ （德 · 摩根律，置换规则）

$\Leftrightarrow(p\wedge q)\to r$ （蕴涵-析取等值式）

(2) p

$\Leftrightarrow p\wedge 1$ （1 的同一律）

$\Leftrightarrow p\wedge(q\vee\neg q)$ （排中律，置换规则）

$\Leftrightarrow(p\wedge q)\vee(p\wedge\neg q)$ （$\wedge$对$\vee$的左分配律）

例 2.21 判断下列公式的类型（重言式、矛盾式、可满足式）。

(1) $q\vee\neg((\neg p\vee q)\wedge p)$。

(2) $(p\vee\neg p)\to((q\wedge\neg q)\wedge r)$。

(3) $(p\to q)\wedge\neg p$。

解：(1) 因为 $q\vee\neg((\neg p\vee q)\wedge p)$

$\Leftrightarrow q \vee (\neg(\neg p \vee q) \vee \neg p)$ （德・摩根律，置换规则）

$\Leftrightarrow q \vee ((\neg\neg p \wedge \neg q) \vee \neg p)$ （德・摩根律，置换规则）

$\Leftrightarrow q \vee ((p \wedge \neg q) \vee \neg p)$ （双重否定律，置换规则）

$\Leftrightarrow q \vee ((p \vee \neg p) \wedge (\neg q \vee \neg p))$ （$\vee$对$\wedge$的右分配律，置换规则）

$\Leftrightarrow q \vee (1 \wedge (\neg q \vee \neg p))$ （排中律，置换规则）

$\Leftrightarrow q \vee (\neg q \vee \neg p)$ （1 对$\wedge$的同一律，置换规则）

$\Leftrightarrow (q \vee \neg q) \vee \neg p$ （结合律）

$\Leftrightarrow 1 \vee \neg p$ （排中律，置换规则）

$\Leftrightarrow 1$ （1 对$\vee$的支配律）

所以，(1)是重言式。

(2)因为$(p \vee \neg p) \to ((q \wedge \neg q) \wedge r)$

$\Leftrightarrow 1 \to ((q \wedge \neg q) \wedge r)$ （排中律，置换规则）

$\Leftrightarrow 1 \to (0 \wedge r)$ （矛盾律，置换规则）

$\Leftrightarrow 1 \to 0$ （0 对$\wedge$的支配律，置换规则）

$\Leftrightarrow \neg 1 \vee 0$ （蕴涵-析取等值式）

$\Leftrightarrow 0 \vee 0$ （置换规则）

$\Leftrightarrow 0$ （0 对$\vee$的同一律，或幂等律）

所以，(2)是矛盾式。

(3)因为$(p \to q) \wedge \neg p$

$\Leftrightarrow (\neg p \vee q) \wedge \neg p$ （蕴涵-析取等值式，置换规则）

$\Leftrightarrow \neg p$ （吸收律）

当p的真值为 1 时，(3)式的真值为 0；当p的真值为 0 时，(3)式的真值为 1；所以，(3)是可满足式。

例 2.22 用等值演算解决下面的问题。

有 A、B、C、D 四人参加百米赛跑，观众甲、乙、丙预测比赛的名次如下。

甲说：C 第一，B 第二。乙说：C 第二，D 第三。丙说：A 第二，D 第四。

比赛结束后发现甲、乙、丙每人的预测都只对一半，试问实际名次如何(假定没有并列名次者)？

解：设p_1, p_2, p_3, p_4分别表示：A 为第一名，A 为第二名，A 为第三名，A 为第四名。

q_1, q_2, q_3, q_4分别表示：B 为第一名，B 为第二名，B 为第三名，B 为第四名。

r_1, r_2, r_3, r_4分别表示：C 为第一名，C 为第二名，C 为第三名，C 为第四名。

s_1, s_2, s_3, s_4分别表示：D 为第一名，D 为第二名，D 为第三名，D 为第四名。

则甲说的话为$r_1 \wedge q_2$；乙说的话为$r_2 \wedge s_3$；丙说的话为$p_2 \wedge s_4$。

甲说对一半为$(r_1 \wedge \neg q_2) \vee (\neg r_1 \wedge q_2)$；乙说对一半为$(r_2 \wedge \neg s_3) \vee (\neg r_2 \wedge s_3)$；

丙说对一半为$(p_2 \wedge \neg s_4) \vee (\neg p_2 \wedge s_4)$。

因为没有并列名次者，所以在$\{p_1, p_2, p_3, p_4\}$，$\{q_1, q_2, q_3, q_4\}$，$\{r_1, r_2, r_3, r_4\}$，$\{s_1, s_2, s_3, s_4\}$这四个集合中各有一个元素是真命题。由于每人的预测都只对一半，所以，以下 3 式成立：

$$(r_1 \wedge \neg q_2) \vee (\neg r_1 \wedge q_2) \Leftrightarrow 1 \quad (1)$$

$$(r_2 \wedge \neg s_3) \vee (\neg r_2 \wedge s_3) \Leftrightarrow 1 \quad (2)$$

$$(p_2 \wedge \neg s_4) \vee (\neg p_2 \wedge s_4) \Leftrightarrow 1 \quad (3)$$

于是有：$(1) \wedge (2) \wedge (3) \Leftrightarrow 1$，即 $((r_1 \wedge \neg q_2) \vee (\neg r_1 \wedge q_2)) \wedge ((r_2 \wedge \neg s_3) \vee (\neg r_2 \wedge s_3)) \wedge ((p_2 \wedge \neg s_4) \vee (\neg p_2 \wedge s_4)) \Leftrightarrow 1$

因为

$(1) \wedge (2) = ((r_1 \wedge \neg q_2) \vee (\neg r_1 \wedge q_2)) \wedge ((r_2 \wedge \neg s_3) \vee (\neg r_2 \wedge s_3))$

$\Leftrightarrow ((r_1 \wedge \neg q_2) \wedge ((r_2 \wedge \neg s_3) \vee (\neg r_2 \wedge s_3))) \vee ((\neg r_1 \wedge q_2) \wedge ((r_2 \wedge \neg s_3) \vee (\neg r_2 \wedge s_3)))$（右分配律）

$\Leftrightarrow ((r_1 \wedge \neg q_2) \wedge (r_2 \wedge \neg s_3)) \vee ((r_1 \wedge \neg q_2) \wedge (\neg r_2 \wedge s_3))$

$\vee ((\neg r_1 \wedge q_2) \wedge (r_2 \wedge \neg s_3)) \vee ((\neg r_1 \wedge q_2) \wedge (\neg r_2 \wedge s_3))$（左分配律）

$\Leftrightarrow (r_1 \wedge \neg q_2 \wedge r_2 \wedge \neg s_3) \vee (r_1 \wedge \neg q_2 \wedge \neg r_2 \wedge s_3)$

$\vee (\neg r_1 \wedge q_2 \wedge r_2 \wedge \neg s_3) \vee (\neg r_1 \wedge q_2 \wedge \neg r_2 \wedge s_3)$（结合律、置换规则）

$\Leftrightarrow 0 \vee (r_1 \wedge \neg q_2 \wedge \neg r_2 \wedge s_3) \vee 0 \vee (\neg r_1 \wedge q_2 \wedge \neg r_2 \wedge s_3)$（注：$r_1$、$r_2$ 不能同时为 1，q_2、r_2 不能同时为 1）

$\Leftrightarrow (r_1 \wedge \neg q_2 \wedge \neg r_2 \wedge s_3) \vee (\neg r_1 \wedge q_2 \wedge \neg r_2 \wedge s_3)$（0 对 $\vee$ 的同一律）　(4)

$(4) \wedge (3) = (4) \wedge ((p_2 \wedge \neg s_4) \vee (\neg p_2 \wedge s_4)) \Leftrightarrow ((4) \wedge (p_2 \wedge \neg s_4)) \vee ((4) \wedge (\neg p_2 \wedge s_4))$

$(4) \wedge (p_2 \wedge \neg s_4) = ((r_1 \wedge \neg q_2 \wedge \neg r_2 \wedge s_3) \vee (\neg r_1 \wedge q_2 \wedge \neg r_2 \wedge s_3)) \wedge (p_2 \wedge \neg s_4)$

$\Leftrightarrow ((r_1 \wedge \neg q_2 \wedge \neg r_2 \wedge s_3) \wedge (p_2 \wedge \neg s_4)) \vee ((\neg r_1 \wedge q_2 \wedge \neg r_2 \wedge s_3) \wedge (p_2 \wedge \neg s_4))$（右分配律）

$\Leftrightarrow (r_1 \wedge \neg q_2 \wedge \neg r_2 \wedge s_3 \wedge p_2 \wedge \neg s_4) \vee (\neg r_1 \wedge q_2 \wedge \neg r_2 \wedge s_3 \wedge p_2 \wedge \neg s_4)$（结合律、置换规则）

$\Leftrightarrow (r_1 \wedge \neg q_2 \wedge \neg r_2 \wedge s_3 \wedge p_2 \wedge \neg s_4) \vee 0$（注：因为 q_2、p_2 不能同时为 1）

$\Leftrightarrow (r_1 \wedge \neg q_2 \wedge \neg r_2 \wedge s_3 \wedge p_2 \wedge \neg s_4)$（0 对 $\vee$ 的同一律）　(5)

$(4) \wedge (\neg p_2 \wedge s_4) = ((r_1 \wedge \neg q_2 \wedge \neg r_2 \wedge s_3) \vee (\neg r_1 \wedge q_2 \wedge \neg r_2 \wedge s_3)) \wedge (\neg p_2 \wedge s_4)$

$\Leftrightarrow ((r_1 \wedge \neg q_2 \wedge \neg r_2 \wedge s_3) \wedge (\neg p_2 \wedge s_4)) \vee ((\neg r_1 \wedge q_2 \wedge \neg r_2 \wedge s_3) \wedge (\neg p_4 \wedge s_4))$（右分配律）

$\Leftrightarrow (r_1 \wedge \neg q_2 \wedge \neg r_2 \wedge s_3 \wedge \neg p_2 \wedge s_4) \vee (\neg r_1 \wedge q_2 \wedge \neg r_2 \wedge s_3 \wedge \neg p_4 \wedge s_4)$（结合律、置换规则）

$\Leftrightarrow 0 \vee 0$（注：因为 s_3、s_4 不能同时为 1）

$\Leftrightarrow 0$（$\vee$ 的幂等律）　(6)

由 (5)、(6) 得

$(4) \wedge (3) \Leftrightarrow (5) \vee (6) \Leftrightarrow (r_1 \wedge \neg q_2 \wedge \neg r_2 \wedge s_3 \wedge p_2 \wedge \neg s_4) \vee 0$

$\Leftrightarrow (r_1 \wedge \neg q_2 \wedge \neg r_2 \wedge s_3 \wedge p_2 \wedge \neg s_4)$

所以

$$(1) \wedge (2) \wedge (3) \Leftrightarrow (4) \wedge (3) \Leftrightarrow (r_1 \wedge \neg q_2 \wedge \neg r_2 \wedge s_3 \wedge p_2 \wedge \neg s_4)$$

由 $(1) \wedge (2) \wedge (3) \Leftrightarrow 1$ 得

$$(r_1 \wedge \neg q_2 \wedge \neg r_2 \wedge s_3 \wedge p_2 \wedge \neg s_4) \Leftrightarrow 1$$

因此，$r_1, \neg q_2, \neg r_2, s_3, p_2, \neg s_4$ 都是真命题。由此可以确定，C 第一名，A 第二名，

D 第三名，B 第四名。

习 题 2.5

1. 用等值演算判定下列公式的类型。

(1) $\neg s \to (m \to (s \vee r))$。

(2) $(q \wedge (p \to q)) \wedge \neg(p \vee q)$。

(3) $(p \to (q \vee p)) \vee (\neg q \wedge (p \to \neg q))$。

(4) $(\neg r \leftrightarrow p) \wedge ((q \to p) \vee r)$ 。

(5) $(w \to u) \wedge (\neg r \to \neg u)$。

(6) $(q \vee (p \wedge t)) \wedge ((p \vee s) \to q)$。

2. 用等值演算证明下列等值式。

(1) $((p_1 \wedge \neg p_2) \to p_3) \Leftrightarrow (p_1 \to (p_2 \vee p_3))$。

(2) $(\neg q \to \neg p) \Leftrightarrow (p \to (p \to q))$。

(3) $((s \to q) \wedge (s \to r)) \Leftrightarrow (s \to (q \wedge r))$ 。

(4) $((p \to r) \wedge (q \to r)) \Leftrightarrow ((p \vee q) \to r)$。

(5) $(((p \wedge q) \to r) \wedge (q \to (s \vee r))) \Leftrightarrow ((q \wedge (s \to p)) \to r)$。

3. 判断下列公式组是否等值。

(1) $\neg(p \wedge \neg q) \to r$ 与 $(p \vee r) \wedge (q \to r)$。

(2) $\neg(q \wedge (p \vee \neg q))$ 与 $\neg(q \vee (p \vee (\neg p \wedge \neg q)))$。

4. 某工厂要从 A、B、C、D、E 五种新型产品中选择几种产品投产，根据该厂的实际生产条件及市场需求的调查分析结果，选择时必须满足以下条件。

(1) 若选择 A，则必须选择 B。

(2) D、E 两种产品至少选择一种。

(3) B、C 两种产品只选择一种。

(4) C、D 两种产品都选择或都不选择。

(5) 若选 E，则必须选择 A 和 B。

请用等值演算法为该厂做出选择方案。

2.6 命题公式的范式

范式是命题公式的一种规范化形式或标准形式。范式的结构简单、运算层次清晰、很容易看出它的性质、应用方便。在命题逻辑中，对于结构复杂的命题公式，有时很难看出它的性质，也不便于应用。如果把公式通过等值变形化为范式，就很容易看出它的特性。例如，从公式 $((p \to q) \wedge p) \to q$ 难以看出这是一个重言式，但从公式 $q \vee \neg q \vee \neg p$ 就很容易看出该公式是一个重言式。可以证明：$((p \to q) \wedge p) \to q \Leftrightarrow q \vee \neg q \vee \neg p$，所以，可以断定 $((p \to q) \wedge p) \to q$ 也是重言式。

在命题逻辑中，范式有两种：析取范式和合取范式。本节研究如何用等值演算方法把一个公式化为范式。

【简单析取式】定义 2.17　满足以下三个条件之一的命题公式 A 称为简单析取式。

(1) A 是一个命题变元。

(2) A 是一个命题变元的否定。

(3) A 是由有限个命题变元或命题变元的否定构成的析取式。

例如，p、$\neg q$、$p \vee q$、$p \vee \neg q \vee \neg r$ 都是简单析取式，而 $(p \to q) \vee \neg q \vee r$ 不是简单析取式。

【简单合取式】定义 2.18　满足以下三个条件之一的命题公式 A 称为简单合取式。

(1) A 是一个命题变元。

(2) A 是一个命题变元的否定。

(3) A 是由有限个命题变元或命题变元的否定构成的合取式。

例如，p、$\neg q$、$p \wedge q$、$p \wedge \neg q \wedge \neg r$ 都是简单合取式，而 $\neg p \to (\neg q \wedge r)$、$(p \vee q) \wedge \neg q \wedge \neg r$ 都不是简单合取式。

定理 2.2　(1) 一个简单析取式是重言式当且仅当它同时含有某个命题变元及其否定。

(2) 一个简单合取式是矛盾式当且仅当它同时含有某个命题变元及其否定。

例 2.23　指出下列命题公式的类型。

(1) $p \vee \neg q \vee s$。

(2) $p \vee \neg q \vee r \vee \neg p \vee s$。

(3) $p_1 \vee \neg q \vee r \vee q \vee s \vee \neg r$。

(4) $p \wedge q$。

(5) $p \wedge \neg q \wedge r \wedge \neg p \wedge s$。

(6) $p_1 \wedge \neg q_1 \wedge r \wedge q_1 \wedge s \wedge \neg r$。

解： (1) 因为 $p=1, q=0, s=1$ 是 $p \vee \neg q \vee s$ 的成真赋值，$p=0, q=1, s=0$ 是 $p \vee \neg q \vee s$ 的成假赋值，所以，式(1)是可满足式。

(2) 因为 $p \vee \neg q \vee r \vee \neg p \vee s$ 是简单析取式，且含有 p、$\neg p$，所以，式(2)是重言式。

(3) 因为 $p_1 \vee \neg q \vee r \vee q \vee s \vee \neg r$ 是简单析取式，且含有 q、$\neg q$，所以，式(3)是重言式。

(4) 因为 $p=1, q=1$ 是 $p \wedge q$ 的成真赋值，$p=1, q=0$ 是 $p \wedge q$ 的成假赋值，所以，$p \wedge q$ 是可满足式。

(5) 因为 $p \wedge \neg q \wedge r \wedge \neg p \wedge s$ 是简单合取式，且含有 p、$\neg p$，所以，式(5)是矛盾式。

(6) 因为 $p_1 \wedge \neg q_1 \wedge r \wedge q_1 \wedge s \wedge \neg r$ 是简单合取式，且含有 q_1、$\neg q_1$，所以，式(6)是矛盾式。

【析取范式】定义 2.19　满足以下两个条件之一的命题公式 A 称为析取范式。

(1) A 是一个简单合取式。

(2) A 是由有限个简单合取式用析取联结词连接起来而构成的析取式。

例如，p、$\neg q$、$p \wedge q$、$p \vee (q \wedge \neg r) \vee r$ 都是析取范式；而 $(p \wedge q) \vee (q \to r) \vee p$ 不是析取范式。

注：析取范式的一般形式如下：

(简单合取式 1) $\vee$ (简单合取式 2) $\vee\cdots\vee$ (简单合取式 n)，　　$n\geqslant 1$且n为整数

析取范式的每一个析取项都是一个简单合取式。

【一般公式的析取范式】定义 2.20　设 A 是一个命题公式，B 是一个析取范式，若 A 与 B 等值，则称 B 是 A 的一个析取范式。

例如，$(\neg p\wedge r)\vee(q\wedge r)$ 是公式 $(p\to q)\wedge r$ 的一个析取范式；$(q\wedge\neg p\wedge r)\vee(\neg q\wedge\neg p\wedge r)\vee(q\wedge r)$ 也是公式 $(p\to q)\wedge r$ 的一个析取范式。

【合取范式】定义 2.21　满足以下两个条件之一的命题公式 A 称为合取范式。

(1) A 是一个简单析取式。

(2) A 是由有限个简单析取式用合取联结词连接起来而构成的合取式。

例如，p、$\neg q$、$p\vee q$、$(p\vee\neg s)\wedge(r\vee q\vee t)\wedge s$ 都是合取范式；而 $(p\vee\neg s)\to(r\vee q\vee t)\wedge s$、$(p\vee q)\wedge(q\to r)\wedge s$ 都不是合取范式。

注：合取范式的一般形式如下：

(简单析取式 1) $\wedge$ (简单析取式 2) $\wedge\cdots\wedge$ (简单析取式 n)，　　$n\geqslant 1$且n为整数

合取范式的每一个合取项都是一个简单析取式。

【一般公式的合取范式】定义 2.22　设 A 是一个命题公式，B 是一个合取范式，若 A 与 B 等值，则称 B 是 A 的一个合取范式。

例如，$(\neg p\vee q)\wedge r$ 是公式 $(p\to q)\wedge r$ 的一个合取范式。$(\neg p\vee q)\wedge(p\vee r)\wedge(\neg p\vee r)$ 也是公式 $(p\to q)\wedge r$ 的一个合取范式。

定理 2.3　(1)一个析取范式是矛盾式当且仅当它的每个简单合取式都是矛盾式。

(2)一个合取范式是重言式当且仅当它的每个简单析取式都是重言式。

例 2.24　指出下列命题公式的类型。

(1) $p\vee(\neg q\wedge r\wedge q)\vee s$。

(2) $(p\wedge\neg q\wedge q)\vee(r\wedge s\wedge\neg s)\vee(\neg p\wedge s\wedge t\wedge p)$。

(3) $p_1\wedge\neg q_1\wedge r\wedge q_1\wedge s\wedge\neg r$。

(4) $p_1\vee\neg q\vee r\vee q\vee s\vee\neg r$。

(5) $(p\vee\neg q\vee r\vee\neg p)\wedge(s\vee r\vee\neg r)\wedge(w\vee t\vee\neg w)$。

(6) $\neg p\wedge(q\vee r\vee\neg q)$。

解：(1)因为 $p=0,q=1,r=0,s=0$ 是式(1)的成假赋值，$p=1,q=1,r=1,s=1$ 是式(1)的成真赋值，所以，式(1)是可满足式。

(2)公式 $(p\wedge\neg q\wedge q)\vee(r\wedge s\wedge\neg s)\vee(\neg p\wedge s\wedge t\wedge p)$ 是一个析取范式，且每个析取项都是矛盾式，所以，式(2)是矛盾式。

(3)公式 $p_1\wedge\neg q_1\wedge r\wedge q_1\wedge s\wedge\neg r$ 是一个析取范式，它只有一个析取项，且该析取项是矛盾式，所以，式(3)是矛盾式。

(4)公式 $p_1\vee\neg q\vee r\vee q\vee s\vee\neg r$ 是一个合取范式，它只有一个合取项，且该合取项是重言式，所以，式(4)是重言式。

(5)公式 $(p\vee\neg q\vee r\vee\neg p)\wedge(s\vee r\vee\neg r)\wedge(w\vee t\vee\neg w)$ 是一个合取范式，且每个合取项都是重言式，所以，式(5)是重言式。

(6) 因为 $p=0, q=1, r=0$ 是式 (6) 的成真赋值，$p=1, q=1, r=1$ 是式 (6) 的成假赋值，所以，式 (6) 是可满足式。

【范式存在定理】定理 2.4　对于任何一个命题公式，都存在与之等值的析取范式和合取范式，且每个命题公式的析取范式不唯一，合取范式也不唯一。

【求公式的析取范式的步骤】 假定公式不含 $\neg$、$\wedge$、$\vee$、$\rightarrow$、$\leftrightarrow$ 以外的联结词。

(1) 用同真-双向蕴涵等值式消去联结词 $\leftrightarrow$：$A \leftrightarrow B \Leftrightarrow (A \rightarrow B) \wedge (B \rightarrow A)$。

(2) 用蕴涵-析取等值式消去联结词 $\rightarrow$：$A \rightarrow B \Leftrightarrow \neg A \vee B$。

(3) 用双重否定律消去连续出现的多个联结词 $\neg$：$A \Leftrightarrow \neg\neg A$。

(4) 用德·摩根律将括号外的否定联结词 $\neg$ 内移，直至 $\neg$ 紧靠命题变元或消去 $\neg$：$\neg(A \vee B) \Leftrightarrow (\neg A) \wedge (\neg B)$；$\neg(A \wedge B) \Leftrightarrow (\neg A) \vee (\neg B)$。

(5) 用 $\wedge$ 对 $\vee$ 的分配律及 $\wedge$、$\vee$ 的结合律等运算律将公式整理成为析取范式。

【求公式的合取范式的步骤】 假定公式不含 $\neg$、$\wedge$、$\vee$、$\rightarrow$、$\leftrightarrow$ 以外的联结词。

(1)～(4) 分别与以上求公式的析取范式的步骤 (1)～(4) 完全相同。

(5) 用 $\vee$ 对 $\wedge$ 的分配律及 $\vee$、$\wedge$ 的结合律等运算律将公式整理成为合取范式。

例 2.25　求公式 $((p \vee q) \rightarrow r) \rightarrow p$ 的析取范式。

解： $((p \vee q) \rightarrow r) \rightarrow p$

$\Leftrightarrow \neg((p \vee q) \rightarrow r) \vee p$　(蕴涵-析取等值式)

$\Leftrightarrow \neg(\neg(p \vee q) \vee r) \vee p$　(蕴涵-析取等值式，置换规则)

$\Leftrightarrow (\neg\neg(p \vee q) \wedge \neg r) \vee p$　(德·摩根律，置换规则)

$\Leftrightarrow ((p \vee q) \wedge \neg r) \vee p$　(双重否定律，置换规则)

$\Leftrightarrow ((p \wedge \neg r) \vee (q \wedge \neg r)) \vee p$　(分配律，置换规则)

$\Leftrightarrow (p \wedge \neg r) \vee (q \wedge \neg r) \vee p$　(结合律) (这是原式的一个析取范式)

$\Leftrightarrow (p \wedge \neg r) \vee (q \wedge \neg r) \vee p \vee 0$　(0 对 $\vee$ 的同一律)

$\Leftrightarrow (p \wedge \neg r) \vee (q \wedge \neg r) \vee p \vee (t \wedge \neg t)$ (矛盾律，置换规则) (这也是原式的析取范式)

例 2.26　求 $((p \vee q) \rightarrow r) \rightarrow p$ 的合取范式。

解： $((p \vee q) \rightarrow r) \rightarrow p$

$\Leftrightarrow \neg((p \vee q) \rightarrow r) \vee p$　(蕴涵-析取等值式)

$\Leftrightarrow \neg(\neg(p \vee q) \vee r) \vee p$　(蕴涵-析取等值式，置换规则)

$\Leftrightarrow (\neg\neg(p \vee q) \wedge \neg r) \vee p$　(德·摩根律，置换规则)

$\Leftrightarrow ((p \vee q) \wedge \neg r) \vee p$　(双重否定律，置换规则)

$\Leftrightarrow ((p \vee q) \vee p) \wedge (\neg r \vee p)$　(分配律)

$\Leftrightarrow (p \vee q \vee p) \wedge (\neg r \vee p)$　(结合律，置换规则) (这是原式的一个合取范式)

$\Leftrightarrow (p \vee p \vee q) \wedge (\neg r \vee p)$　(交换律，置换规则)

$\Leftrightarrow ((p \vee p) \vee q) \wedge (\neg r \vee p)$　(结合律，置换规则)

$\Leftrightarrow (p \vee q) \wedge (\neg r \vee p)$　(幂等律，置换规则) (这也是原式的一个合取范式)

$\Leftrightarrow (p \vee q) \wedge (\neg r \vee p) \wedge 1$　(同一律，置换规则)

$\Leftrightarrow (p \vee q) \wedge (\neg r \vee p) \wedge (r \vee \neg r)$　(排中律，置换规则) (这也是原式的合取范式)

$\Leftrightarrow (p \vee q) \wedge (\neg r \vee p) \wedge (r \vee \neg r) \wedge 1$　(同一律)

$\Leftrightarrow (p \vee q) \wedge (\neg r \vee p) \wedge (r \vee \neg r) \wedge (q \vee \neg q)$（排中律，置换规则）（这又是原式的合取范式）

由于命题公式的析取范式不唯一，合取范式也不唯一，所以很难通过析取范式或合取范式来全面分析和判断公式的特性。下面介绍命题公式的主析取范式和主合取范式，每一个公式的这两种范式都是唯一的。

【极小项】定义 2.23　设 $p_1, p_2, \cdots, p_n$ 是 n 个互不相同的命题变元，令 $p_i^{\otimes} \in \{p_i, \neg p_i\}$，则形如 $p_1^{\otimes} \wedge p_2^{\otimes} \wedge \cdots \wedge p_n^{\otimes}$ 的简单合取式，称为由 $p_1, p_2, \cdots, p_n$ 产生的极小项。

由定义 2.23 容易看出，由 $p_1, p_2, \cdots, p_n$ 产生的极小项包含 $p_1, p_2, \cdots, p_n$ 中的每一个变元，而且在一个极小项中，每个变元出现一次且仅出现一次，极小项的第 i 项是 p_i 或 $\neg p_i$。如果变元没有下标，则按它们在字典中的顺序从左到右排列。例如，$p \wedge \neg q \wedge r$ 是由 p, q, r 产生的一个极小项。而 $p \wedge q \wedge r \wedge p$，$q \wedge p \wedge r$，$p \wedge q \wedge \neg r \wedge s$ 都不是由 p, q, r 产生的极小项。

由于在形如 $p_1^{\otimes} \wedge p_2^{\otimes} \wedge \cdots \wedge p_n^{\otimes}$ 的极小项中，$p_i^{\otimes}$ 可取两个值：p_i 或 $\neg p_i$。所以，由 n 个命题变元可以产生 2^n 个极小项。

例 2.27　(1) 求由 3 个命题变元 p_1, p_2, p_3 产生的所有极小项。

(2) 求由 4 个命题变元 p, q, r, s 产生的所有极小项。

解：(1) 由 p_1, p_2, p_3 产生的所有极小项一共有 $8(=2^3)$ 个，它们分别为

$\neg p_1 \wedge \neg p_2 \wedge \neg p_3$，　$\neg p_1 \wedge \neg p_2 \wedge p_3$，　$\neg p_1 \wedge p_2 \wedge \neg p_3$，　$\neg p_1 \wedge p_2 \wedge p_3$

$p_1 \wedge \neg p_2 \wedge \neg p_3$，　$p_1 \wedge \neg p_2 \wedge p_3$，　$p_1 \wedge p_2 \wedge \neg p_3$，　$p_1 \wedge p_2 \wedge p_3$

(2) 由 p, q, r, s 产生的所有极小项一共有 16 个，它们分别为

$\neg p \wedge \neg q \wedge \neg r \wedge \neg s$，　$\neg p \wedge \neg q \wedge \neg r \wedge s$，　$\neg p \wedge \neg q \wedge r \wedge \neg s$，　$\neg p \wedge \neg q \wedge r \wedge s$

$\neg p \wedge q \wedge \neg r \wedge \neg s$，　$\neg p \wedge q \wedge \neg r \wedge s$，　$\neg p \wedge q \wedge r \wedge \neg s$，　$\neg p \wedge q \wedge r \wedge s$

$p \wedge \neg q \wedge \neg r \wedge \neg s$，　$p \wedge \neg q \wedge \neg r \wedge s$，　$p \wedge \neg q \wedge r \wedge \neg s$，　$p \wedge \neg q \wedge r \wedge s$

$p \wedge q \wedge \neg r \wedge \neg s$，　$p \wedge q \wedge \neg r \wedge s$，　$p \wedge q \wedge r \wedge \neg s$，　$p \wedge q \wedge r \wedge s$

【公式的极小项】定义 2.24　设 A 是一个命题公式，A 中包含的所有互不相同的命题变元为 $p_1, p_2, \cdots, p_n$，则由 $p_1, p_2, \cdots, p_n$ 产生的极小项称为公式 A 的极小项。

例如，公式 $((p \to \neg q) \wedge s) \leftrightarrow (\neg r \wedge q)$ 的所有极小项就是例 2.27 的(2)中，由 p, q, r, s 产生的 16 个极小项。

【极小项的真值】　对于每一个极小项，有且只有一组成真赋值。设 $p_1^{\otimes} \wedge p_2^{\otimes} \wedge \cdots \wedge p_n^{\otimes}$ 是由 $p_1, p_2, \cdots, p_n$ 产生的一个极小项，$p_1 = \alpha_1, p_2 = \alpha_2, \cdots, p_n = \alpha_n$ 是该极小项的一组赋值，则在这组赋值下，$p_1^{\otimes} \wedge p_2^{\otimes} \wedge \cdots \wedge p_n^{\otimes}$ 的真值为 1 当且仅当：

$$\begin{cases} \alpha_i = 0, & p_i^{\otimes} = \neg p_i \\ \alpha_i = 1, & p_i^{\otimes} = p_i \end{cases}, \quad i = 1, 2, \cdots, n$$

容易看出，使极小项的真值为 1 的赋值是唯一的。因此，由 n 个命题变元 $p_1, p_2, \cdots, p_n$ 产生的每一个极小项 $p_1^{\otimes} \wedge p_2^{\otimes} \wedge \cdots \wedge p_n^{\otimes}$ 都与一个长为 n 的 0,1 序列 $\alpha_1, \alpha_2, \cdots, \alpha_n$ 一一对应。换句话说，给出一个极小项，就可确定使其真值为 1 的赋值；反之，给出一组赋值，

就可确定在这组赋值下真值为 1 的极小项。下面是由 3 个命题变元 p,q,r 产生的所有极小项分别对应的成真赋值：$\neg p\wedge\neg q\wedge\neg r$，0 0 0；$\neg p\wedge\neg q\wedge r$，0 0 1；$\neg p\wedge q\wedge\neg r$，0 1 0；$\neg p\wedge q\wedge r$，0 1 1；$p\wedge\neg q\wedge\neg r$，1 0 0；$p\wedge\neg q\wedge r$，1 0 1；$p\wedge q\wedge\neg r$，1 1 0；$p\wedge q\wedge r$，1 1 1。

把 0,1 序列看作二进制数，则长为 n 的 2^n 个 0,1 序列就是 2^n 个二进制数，对应的 2^n 个十进制数为 $0\sim 2^n-1$。我们把由 n 个命题变元构成的 2^n 个极小项进行编号，每个极小项的编号就是该极小项的成真赋值所构成的二进制数或对应的十进制数，分别记为：$m_{0000\cdots 0}$，$m_{000\cdots 001}$，$m_{000\cdots 0010}$，$\cdots$，$m_{11111\cdots 111}$ 或 m_0，m_1，m_2，$\cdots$，m_{2^n-1}。

例如，由 3 个命题变元 p,q,r 产生的所有极小项可分别记为

$m_{000}=m_0=\neg p\wedge\neg q\wedge\neg r$，　$m_{001}=m_1=\neg p\wedge\neg q\wedge r$，　$m_{010}=m_2=\neg p\wedge q\wedge\neg r$

$m_{011}=m_3=\neg p\wedge q\wedge r$，　$m_{100}=m_4=p\wedge\neg q\wedge\neg r$，　$m_{101}=m_5=p\wedge\neg q\wedge r$

$m_{110}=m_6=p\wedge q\wedge\neg r$，　$m_{111}=m_7=p\wedge q\wedge r$

又如，由 3 个命题变元 p_1,p_2,p_3 产生的所有极小项也可以分别记为

$m_{000}=m_0=\neg p_1\wedge\neg p_2\wedge\neg p_3$，　$m_{001}=m_1=\neg p_1\wedge\neg p_2\wedge p_3$

$m_{010}=m_2=\neg p_1\wedge p_2\wedge\neg p_3$，　$m_{011}=m_3=\neg p_1\wedge p_2\wedge p_3$

$m_{100}=m_4=p_1\wedge\neg p_2\wedge\neg p_3$，　$m_{101}=m_5=p_1\wedge\neg p_2\wedge p_3$

$m_{110}=m_6=p_1\wedge p_2\wedge\neg p_3$，　$m_{111}=m_7=p_1\wedge p_2\wedge p_3$

【主析取范式】定义 2.25　设 A 是一个命题公式，B 是 A 的一个析取范式，若 B 中每个简单合取式都是 A 的极小项，且 B 中的极小项互不相同，则称 B 是 A 的主析取范式。

例如，公式 $(\neg p\wedge q\wedge\neg r)\vee(\neg p\wedge\neg q\wedge\neg r)\vee(p\wedge q\wedge\neg r)$ 就是公式 $(p\vee r)\to(q\wedge\neg r)$ 的主析取范式。

【析取范式与主析取范式的区别】

析取范式的一般格式：

(简单合取式 1) $\vee$ (简单合取式 2) $\vee\cdots\vee$ (简单合取式 n)，　　$n\geqslant 1$

主析取范式的一般格式：

(极小项 1) $\vee$ (极小项 2) $\vee\cdots\vee$ (极小项 n)，　　$n\geqslant 1$

公式 A 的析取范式只要求每个析取项都是简单合取式，而 A 的主析取范式要求每个析取项都是 A 的极小项；简单合取式可以只含 A 中的一个命题变元，也可以含 A 中的多个命题变元，在一个简单合取式中，同一个命题变元可以重复出现。而公式 A 的极小项恰好含有 A 中所有互不相同的命题变元。公式 A 的主析取范式是一种“齐次形式”，若 A 含有 n 个互不相同的命题变元，则在 A 的主析取范式中，每个极小项都含有 $n-1$ 个合取联结词 $\wedge$ 和 n 个合取项。

【求公式的主析取范式的步骤】 设 A 是一个命题公式，$p_1,p_2,\cdots,p_n$ 是 A 中包含的所有互不相同的命题变元，则求 A 的主析取范式的步骤如下。

(1) 用等值演算求公式 A 的一个析取范式 $A'=B_1\vee B_2\vee\cdots\vee B_k$ $(k\geqslant 1)$。

(2) 检查 A' 中的每个 B_i $(1\leqslant i\leqslant k)$ 是否为 A 的极小项，若 B_i 是 A 的极小项，则 B_i 保留不变，若 B_i 不是 A 的极小项，则将 B_i 扩展成极小项，扩展方法如下。

若在 B_i 中没有出现变元 p_j $(1\leqslant j\leqslant n)$，则利用等值式：

$$B_i \Leftrightarrow B_i \wedge 1 \Leftrightarrow B_i \wedge (p_j \vee \neg p_j) \Leftrightarrow (B_i \wedge p_j) \vee (B_i \wedge \neg p_j)$$

将 B_i 扩展成两项 $(B_i \wedge p_j)$ 和 $(B_i \wedge \neg p_j)$ 的析取，每一项都含有 p_j；再用同样的方法继续扩展 $(B_i \wedge p_j)$ 和 $(B_i \wedge \neg p_j)$，直到将 B_i 扩展成 A 的若干个极小项的析取式。

(3) 用 $\wedge$ 的交换律、结合律以及 $\vee$ 的幂等律，将扩展后的 A' 整理成 A 的主析取范式。

注：最后求出的公式的主析取范式应该按极小项的编号从小到大排列。

例 2.28 求 $((p\vee q)\to r)\to p$ 的主析取范式。

解：公式 $((p\vee q)\to r)\to p$ 包含的所有互不相同的命题变元为 p,q,r。

因为 $((p\vee q)\to r)\to p$

$\Leftrightarrow \neg((p\vee q)\to r)\vee p$

$\Leftrightarrow \neg(\neg(p\vee q)\vee r)\vee p$

$\Leftrightarrow (\neg\neg(p\vee q)\wedge \neg r)\vee p$

$\Leftrightarrow ((p\vee q)\wedge \neg r)\vee p$

$\Leftrightarrow (p\wedge \neg r)\vee (q\wedge \neg r)\vee p$ （这是原公式的一个析取范式）

$\Leftrightarrow (p\wedge q\wedge \neg r)\vee (p\wedge \neg q\wedge \neg r)\vee (q\wedge \neg r)\vee p$ （此步开始扩展简单合取式）

$\Leftrightarrow (p\wedge q\wedge \neg r)\vee (p\wedge \neg q\wedge \neg r)\vee (p\wedge q\wedge \neg r)\vee (\neg p\wedge q\wedge \neg r)\vee p$

$\Leftrightarrow (p\wedge q\wedge \neg r)\vee (p\wedge \neg q\wedge \neg r)\vee (p\wedge q\wedge \neg r)\vee (\neg p\wedge q\wedge \neg r)\vee (p\wedge q)\vee (p\wedge \neg q)$

$\Leftrightarrow (p\wedge q\wedge \neg r)\vee (p\wedge \neg q\wedge \neg r)\vee (p\wedge q\wedge \neg r)\vee (\neg p\wedge q\wedge \neg r)$
$\quad \vee (p\wedge q\wedge r)\vee (p\wedge q\wedge \neg r)\vee (p\wedge \neg q)$

$\Leftrightarrow (p\wedge q\wedge \neg r)\vee (p\wedge \neg q\wedge \neg r)\vee (p\wedge q\wedge \neg r)\vee (\neg p\wedge q\wedge \neg r)$
$\quad \vee (p\wedge q\wedge r)\vee (p\wedge q\wedge \neg r)\vee (p\wedge \neg q\wedge r)\vee (p\wedge \neg q\wedge \neg r)$ （扩展结束）

$\Leftrightarrow m_{110}\vee m_{100}\vee m_{110}\vee m_{010}\vee m_{111}\vee m_{110}\vee m_{101}\vee m_{100}$

$\Leftrightarrow m_{110}\vee m_{100}\vee m_{010}\vee m_{111}\vee m_{101}$ （整理结束）

$\Leftrightarrow m_{010}\vee m_{100}\vee m_{101}\vee m_{110}\vee m_{111} \Leftrightarrow m_2\vee m_4\vee m_5\vee m_6\vee m_7$

$\Leftrightarrow (\neg p\wedge q\wedge \neg r)\vee (p\wedge \neg q\wedge \neg r)\vee (p\wedge \neg q\wedge r)\vee (p\wedge q\wedge \neg r)\vee (p\wedge q\wedge r)$

所以，$((p\vee q)\to r)\to p$ 的主析取范式为

$$m_{010}\vee m_{100}\vee m_{101}\vee m_{110}\vee m_{111}$$

或

$$(\neg p\wedge q\wedge \neg r)\vee (p\wedge \neg q\wedge \neg r)\vee (p\wedge \neg q\wedge r)\vee (p\wedge q\wedge \neg r)\vee (p\wedge q\wedge r)$$

【极大项】定义 2.26 设 $p_1,p_2,\cdots,p_n$ 是 n 个互不相同的命题变元，令 $p_i^{\otimes}\in\{p_i,\neg p_i\}$，则形如 $p_1^{\otimes}\vee p_2^{\otimes}\vee\cdots\vee p_n^{\otimes}$ 的简单析取式，称为由 $p_1,p_2,\cdots,p_n$ 产生的极大项。

由定义 2.26 容易看出，由 $p_1,p_2,\cdots,p_n$ 产生的极大项包含 $p_1,p_2,\cdots,p_n$ 中的每一个变元，而且在一个极大项中，每个变元出现一次且仅出现一次，极大项的第 i 项是 p_i 或 $\neg p_i$。如果变元没有下标，则按它们在字典中的顺序从左到右排列。例如，$p\vee q\vee \neg r$ 是由变元 p,q,r 产生的一个极大项。而 $p\vee q\vee r\vee p$、$q\vee p\vee r$、$p\vee q\vee \neg r\vee s$ 都不是由变元 p,q,r 产生的极大项。

由于在形如 $p_1^{\otimes}\vee p_2^{\otimes}\vee\cdots\vee p_n^{\otimes}$ 的极大项中，$p_i^{\otimes}$ 可取两个值：p_i 或 $\neg p_i$。所以，由

n 个命题变元可以产生 2^n 个极大项。每个极大项都含有 $n-1$ 个析取联结词 $\vee$ 和 n 个析取项。

例 2.29 (1)求由3个命题变元 p_1, p_2, p_3 产生的所有极大项。

(2)求由4个命题变元 p,q,r,s 产生的所有极大项。

解：(1)由 p_1, p_2, p_3 产生的所有极大项一共有8个，它们分别为

$$p_1 \vee p_2 \vee p_3, \quad p_1 \vee p_2 \vee \neg p_3, \quad p_1 \vee \neg p_2 \vee p_3, \quad p_1 \vee \neg p_2 \vee \neg p_3$$
$$\neg p_1 \vee p_2 \vee p_3, \quad \neg p_1 \vee p_2 \vee \neg p_3, \quad \neg p_1 \vee \neg p_2 \vee p_3, \quad \neg p_1 \vee \neg p_2 \vee \neg p_3$$

(2)由 p,q,r,s 产生的所有极大项一共有16个，它们分别为

$$p \vee q \vee r \vee s, \quad p \vee q \vee r \vee \neg s, \quad p \vee q \vee \neg r \vee s, \quad p \vee q \vee \neg r \vee \neg s, \quad p \vee \neg q \vee r \vee s$$
$$p \vee \neg q \vee r \vee \neg s, \quad p \vee \neg q \vee \neg r \vee s, \quad p \vee \neg q \vee \neg r \vee \neg s, \quad \neg p \vee q \vee r \vee s$$
$$\neg p \vee q \vee r \vee \neg s, \quad \neg p \vee q \vee \neg r \vee s, \quad \neg p \vee q \vee \neg r \vee \neg s, \quad \neg p \vee \neg q \vee r \vee s$$
$$\neg p \vee \neg q \vee r \vee \neg s, \quad \neg p \vee \neg q \vee \neg r \vee s, \quad \neg p \vee \neg q \vee \neg r \vee \neg s$$

【公式的极大项】定义 2.27　设 A 是一个命题公式，A 中包含的所有互不相同的命题变元为 $p_1, p_2, \cdots, p_n$，则由 $p_1, p_2, \cdots, p_n$ 产生的极大项称为公式 A 的极大项。

例如，公式 $((p \to \neg q) \wedge s) \leftrightarrow (\neg r \wedge q)$ 的所有极大项就是例 2.29 的(2)中由 p,q,r,s 产生的16个极大项。

【极大项的真值】对于每个极大项，有且只有一组成假赋值。设 $p_1^{\otimes} \vee p_2^{\otimes} \vee \cdots \vee p_n^{\otimes}$ 是由 $p_1, p_2, \cdots, p_n$ 产生的一个极大项，$p_1 = \alpha_1, p_2 = \alpha_2, \cdots, p_n = \alpha_n$ 是该极大项的一组赋值，则在这组赋值下，$p_1^{\otimes} \vee p_2^{\otimes} \vee \cdots \vee p_n^{\otimes}$ 的真值为0当且仅当：

$$\begin{cases} \alpha_i = 0, & p_i^{\otimes} = p_i \\ \alpha_i = 1, & p_i^{\otimes} = \neg p_i \end{cases}, \quad i = 1, 2, \cdots, n$$

容易看出，使极大项的真值为0的赋值是唯一的。因此，由 n 个命题变元 $p_1, p_2, \cdots, p_n$ 产生的每个极大项 $p_1^{\otimes} \vee p_2^{\otimes} \vee \cdots \vee p_n^{\otimes}$ 都与一个长为 n 的0,1序列 $\alpha_1, \alpha_2, \cdots, \alpha_n$ 一一对应。换句话说，给出一个极大项，就可确定使其真值为0的赋值；反之，给出一组赋值，就可确定在这组赋值下真值为0的极大项。下面是由3个命题变元 p,q,r 产生的所有极大项分别对应的使其真值为0的赋值：$p \vee q \vee r$，0 0 0；$p \vee q \vee \neg r$，0 0 1；$p \vee \neg q \vee r$，0 1 0；$p \vee \neg q \vee \neg r$，0 1 1；$\neg p \vee q \vee r$，1 0 0；$\neg p \vee q \vee \neg r$，1 0 1；$\neg p \vee \neg q \vee r$，1 1 0；$\neg p \vee \neg q \vee \neg r$，1 1 1。

把0,1序列看作二进制数，则长为 n 的 2^n 个0,1序列就是 2^n 个二进制数，对应的 2^n 个十进制数为 $0 \sim 2^n - 1$。我们把由 n 个命题变元构成的 2^n 个极大项进行编号，每个极大项的编号就是该极大项的成假赋值所构成的二进制数或对应的十进制数，分别记为 $M_{0000\cdots0}, M_{000\cdots001}, M_{000\cdots0010}, \cdots, M_{11111\cdots111}$ 或 $M_0, M_1, M_2, \cdots, M_{2^n-1}$。

例如，由3个命题变元 p,q,r 产生的所有极大项可分别记为

$$M_{000} = M_0 = p \vee q \vee r, \quad M_{001} = M_1 = p \vee q \vee \neg r, \quad M_{010} = M_2 = p \vee \neg q \vee r$$
$$M_{011} = M_3 = p \vee \neg q \vee \neg r, \quad M_{100} = M_4 = \neg p \vee q \vee r, \quad M_{101} = M_5 = \neg p \vee q \vee \neg r$$
$$M_{110} = M_6 = \neg p \vee \neg q \vee r, \quad M_{111} = M_7 = \neg p \vee \neg q \vee \neg r$$

又如，由3个命题变元 p_1, p_2, p_3 产生的所有极大项也可以分别记为

$M_{000}=M_0=p_1\vee p_2\vee p_3$， $M_{001}=M_1=p_1\vee p_2\vee\neg p_3$， $M_{010}=M_2=p_1\vee\neg p_2\vee p_3$

$M_{011}=M_3=p_1\vee\neg p_2\vee\neg p_3$， $M_{100}=M_4=\neg p_1\vee p_2\vee p_3$

$M_{101}=M_5=\neg p_1\vee p_2\vee\neg p_3$， $M_{110}=M_6=\neg p_1\vee\neg p_2\vee p_3$

$M_{111}=M_7=\neg p_1\vee\neg p_2\vee\neg p_3$

【主合取范式】定义 2.28 设A是一个命题公式，B是A的一个合取范式，若B中每个简单析取式都是A的极大项，且B中的极大项互不相同，则称B是A的主合取范式。

例如，公式$(\neg p\vee q\vee\neg r)\wedge(p\vee q\vee\neg r)$就是公式$(p\vee r)\to(q\vee\neg r)$的主合取范式。

【合取范式与主合取范式的区别】

合取范式的一般格式：

(简单析取式 1) $\wedge$ (简单析取式 2) $\wedge\cdots\wedge$ (简单析取式 n)， $n\geqslant 1$

主合取范式的一般格式：

(极大项 1) $\wedge$ (极大项 2) $\wedge\cdots\wedge$ (极大项 n)， $n\geqslant 1$

公式A的合取范式只要求每个合取项都是简单析取式，而A的主合取范式要求每个合取项都是A的极大项；简单析取式可以只含A中的一个命题变元，也可以含A中的多个命题变元，在一个简单析取式中，同一个命题变元可以重复出现。而公式A的极大项恰好含有A中所有互不相同的命题变元。公式A的主合取范式是一种“齐次形式”，若A含有n个互不相同的命题变元，则在A的主合取范式中，每个极大项都含有$n-1$个析取联结词$\vee$和n个析取项。

【求公式的主合取范式的步骤】设A是一个命题公式，$p_1,p_2,\cdots,p_n$是A中包含的所有互不相同的命题变元，则求A的主合取范式的步骤如下。

(1)用等值演算求公式A的一个合取范式$A'=C_1\wedge C_2\wedge\cdots\wedge C_m\ (m\geqslant 1)$。

(2)检查A'中的每个$C_i\ (1\leqslant i\leqslant m)$是否为$A$的极大项，若$C_i$是$A$的极大项，则$C_i$保留不变，若$C_i$不是$A$的极大项，则将$C_i$扩展成极大项，扩展方法如下。

若在C_i中没有出现变元$p_j\ (1\leqslant j\leqslant n)$，则利用等值式：

$$C_i\Leftrightarrow C_i\vee 0\Leftrightarrow C_i\vee(p_j\wedge\neg p_j)\Leftrightarrow(C_i\vee p_j)\wedge(C_i\vee\neg p_j)$$

将C_i扩展成两项$(C_i\vee p_j)$和$(C_i\vee\neg p_j)$的合取，每一项都含有p_j；再用同样的方法继续扩展$(C_i\vee p_j)$和$(C_i\vee\neg p_j)$，直到将C_i扩展成A的若干个极大项的合取式。

(3)用$\vee$的交换律、结合律以及$\wedge$的幂等律将扩展后的A'整理成A的主合取范式。

注：最后求出的公式的主合取范式应该按极大项的编号从小到大排列。

例 2.30 求公式$((p\vee q)\to r)\to p$的主合取范式。

解：公式$((p\vee q)\to r)\to p$包含的所有互不相同的命题变元为p,q,r。

因为$((p\vee q)\to r)\to p$

$\Leftrightarrow\neg((p\vee q)\to r)\vee p$

$\Leftrightarrow\neg(\neg(p\vee q)\vee r)\vee p$

$\Leftrightarrow(\neg\neg(p\vee q)\wedge\neg r)\vee p$

$\Leftrightarrow((p\vee q)\wedge\neg r)\vee p$

$\Leftrightarrow((p\vee q)\vee p)\wedge(\neg r\vee p)$

$\Leftrightarrow (p \vee q \vee p) \wedge (p \vee \neg r)$

$\Leftrightarrow ((p \vee p) \vee q) \wedge (p \vee \neg r)$

$\Leftrightarrow (p \vee q) \wedge (p \vee \neg r)$　(这是原公式的一个合取范式)

$\Leftrightarrow (p \vee q \vee r) \wedge (p \vee q \vee \neg r) \wedge (p \vee \neg r)$　(此步开始扩展简单析取式)

$\Leftrightarrow (p \vee q \vee r) \wedge (p \vee q \vee \neg r) \wedge (p \vee q \vee \neg r) \wedge (p \vee \neg q \vee \neg r)$ (扩展结束)

$\Leftrightarrow M_{000} \wedge M_{001} \wedge M_{001} \wedge M_{011}$

$\Leftrightarrow M_{000} \wedge M_{001} \wedge M_{011}$　(整理结束)

$\Leftrightarrow M_0 \wedge M_1 \wedge M_3$

$\Leftrightarrow (p \vee q \vee r) \wedge (p \vee q \vee \neg r) \wedge (p \vee \neg q \vee \neg r)$

所以，$((p \vee q) \to r) \to p$ 的主合取范式为

$M_{000} \wedge M_{001} \wedge M_{011}$

或

$(p \vee q \vee r) \wedge (p \vee q \vee \neg r) \wedge (p \vee \neg q \vee \neg r)$

【公式的主析取范式与真值表之间的关系】一个公式的主析取范式与该公式的真值表是一一对应的。由公式的主析取范式可直接写出公式的真值表；反之，由公式的真值表也可以写出公式的主析取范式。

(1) **由公式 A 的主析取范式写出 A 的真值表：**设 A 是含 n 个命题变元的公式，$m_{i_1} \vee m_{i_2} \vee \cdots \vee m_{i_k}$ 是 A 的主析取范式，则 $i_1, i_2, \cdots, i_k$ 所对应的 k 个 n 位二进制数就是 A 的所有成真赋值；其余的 $2^n - 1$ 个 n 位二进制数就是 A 的所有成假赋值。

例 2.31　由公式 $\neg(\neg p \vee r) \wedge (q \to p)$ 的主析取范式列出该公式的真值表。

解：(1) 求公式 $\neg(\neg p \vee r) \wedge (q \to p)$ 的主析取范式：

$\neg(\neg p \vee r) \wedge (q \to p) \Leftrightarrow \neg(\neg p \vee r) \wedge (\neg q \vee p) \Leftrightarrow (\neg\neg p \wedge \neg r) \wedge (\neg q \vee p)$

$\Leftrightarrow (p \wedge \neg r) \wedge (\neg q \vee p) \Leftrightarrow (p \wedge \neg r \wedge \neg q) \vee (p \wedge \neg r \wedge p)$

$\Leftrightarrow (p \wedge \neg q \wedge \neg r) \vee (p \wedge \neg r) \Leftrightarrow (p \wedge \neg q \wedge \neg r) \vee (p \wedge q \wedge \neg r) \vee (p \wedge \neg q \wedge \neg r)$

$\Leftrightarrow m_{100} \vee m_{110} \vee m_{100} \Leftrightarrow m_{100} \vee m_{110} \Leftrightarrow (p \wedge \neg q \wedge \neg r) \vee (p \wedge q \wedge \neg r)$

(2) 由主析取范式列出公式 $\neg(\neg p \vee r) \wedge (q \to p)$ 的真值表如表 2.21 所示。

表 2.21　$\neg(\neg p \vee r) \wedge (q \to p)$ 的真值表

p	q	r	$\neg(\neg p \vee r) \wedge (q \to p)$
0	0	0	0
0	0	1	0
0	1	0	0
0	1	1	0
1	0	0	1
1	0	1	0
1	1	0	1
1	1	1	0

(2) **由公式 A 的真值表写出 A 的主析取范式**：列出 A 的真值表，从 A 的真值表中找出 A 的所有成真赋值，分别以这些成真赋值为下标的极小项构成的析取式就是该公式的主析取范式。

例 2.32 由公式 $(p \vee \neg r) \rightarrow (q \vee r)$ 的真值表写出该公式的析取范式。

解：(1) 列出公式 $(p \vee \neg r) \rightarrow (q \vee r)$ 的真值表如表 2.22 所示。

表 2.22　$(p \vee \neg r) \rightarrow (q \vee r)$ 的真值表

p	q	r	$\neg r$	$q \vee r$	$p \vee \neg r$	$(p \vee \neg r) \rightarrow (q \vee r)$
0	0	0	1	0	1	0
0	0	1	0	1	0	1
0	1	0	1	1	1	1
0	1	1	0	1	0	1
1	0	0	1	0	1	0
1	0	1	0	1	1	1
1	1	0	1	1	1	1
1	1	1	0	1	1	1

(2) 由真值表得到公式 $(p \vee \neg r) \rightarrow (q \vee r)$ 的主析取范式为

$(p \vee \neg r) \rightarrow (q \vee r) \Leftrightarrow m_{001} \vee m_{010} \vee m_{011} \vee m_{101} \vee m_{110} \vee m_{111}$

$\Leftrightarrow (\neg p \wedge \neg q \wedge r) \vee (\neg p \wedge q \wedge \neg r) \vee (\neg p \wedge q \wedge r) \vee (p \wedge \neg q \wedge r) \vee (p \wedge q \wedge \neg r) \vee (p \wedge q \wedge r)$

【公式的主合取范式与真值表之间的关系】 一个公式的主合取范式与该公式的真值表也是一一对应的。由公式的主合取范式可以直接写出公式的真值表；反之，由公式的真值表也可以写出公式的主合取范式。

(1) **由公式 A 的主合取范式写出 A 的真值表**：设 A 是含 n 个命题变元的公式，$M_{i_1} \wedge M_{i_2} \wedge \cdots \wedge M_{i_t}$ 是 A 的主合取范式，则 $i_1, i_2, \cdots, i_t$ 所对应的 t 个 n 位二进制数就是 A 的所有成假赋值；其余的 $2^n - t$ 个 n 位二进制数就是 A 的所有成真赋值。

例 2.33　由公式 $(p \vee \neg r) \rightarrow (q \vee r)$ 的主合取范式列出该公式的真值表。

解：(1) 求公式 $(p \vee \neg r) \rightarrow (q \vee r)$ 的主合取范式：

$(p \vee \neg r) \rightarrow (q \vee r) \Leftrightarrow \neg(p \vee \neg r) \vee (q \vee r) \Leftrightarrow (\neg p \wedge \neg\neg r) \vee (q \vee r)$

$\Leftrightarrow (\neg p \wedge r) \vee (q \vee r) \Leftrightarrow (\neg p \vee q \vee r) \wedge (r \vee q \vee r) \Leftrightarrow (\neg p \vee q \vee r) \wedge (q \vee r)$

$\Leftrightarrow (\neg p \vee q \vee r) \wedge (p \vee q \vee r) \wedge (\neg p \vee q \vee r)$

$\Leftrightarrow M_{100} \wedge M_{000} \wedge M_{100} \Leftrightarrow M_{000} \wedge M_{100}$

(2) 由主合取范式列出公式 $(p \vee \neg r) \rightarrow (q \vee r)$ 的真值表如表 2.23 所示。

表 2.23　$(p \vee \neg r) \rightarrow (q \vee r)$ 的真值表

p	q	r	$(p \vee \neg r) \rightarrow (q \vee r)$
0	0	0	0
0	0	1	1
0	1	0	1
0	1	1	1

续表

p	q	r	$(p\vee\neg r)\to(q\vee r)$
1	0	0	0
1	0	1	1
1	1	0	1
1	1	1	1

(2) **由公式 A 的真值表写出 A 的主合取范式**：列出 A 的真值表，从 A 的真值表中找出 A 的所有成假赋值，分别以这些成假赋值为下标的极大项构成的合取式就是该公式的主合取范式。

例 2.34 由公式 $(p\vee\neg r)\leftrightarrow(q\vee r)$ 的真值表写出该公式的主合取范式。

解：(1) 列出公式 $(p\vee\neg r)\leftrightarrow(q\vee r)$ 的真值表如表 2.24 所示。

表 2.24 $(p\vee\neg r)\leftrightarrow(q\vee r)$ 为真值表

p	q	r	$\neg r$	$q\vee r$	$p\vee\neg r$	$(p\vee\neg r)\leftrightarrow(q\vee r)$
0	0	0	1	0	1	0
0	0	1	0	1	0	0
0	1	0	1	1	1	1
0	1	1	0	1	0	0
1	0	0	1	0	1	0
1	0	1	0	1	1	1
1	1	0	1	1	1	1
1	1	1	0	1	1	1

(2) 由真值表得到公式 $(p\vee\neg r)\leftrightarrow(q\vee r)$ 的主合取范式为

$$(p\vee\neg r)\leftrightarrow(q\vee r)\Leftrightarrow M_{000}\wedge M_{001}\wedge M_{011}\wedge M_{100}$$
$$\Leftrightarrow(p\vee q\vee r)\wedge(p\vee q\vee\neg r)\wedge(p\vee\neg q\vee\neg r)\wedge(\neg p\vee q\vee r)$$

【公式的主析取范式与主合取范式之间的关系】 主析取范式与主合取范式是一个对偶概念，主析取范式代表公式的成真赋值，主合取范式代表公式的成假赋值。若已求得公式的主析取范式，则把不出现在主析取范式中的极小项改成极大项，这些极大项构成的合取式就是公式的主合取范式。反之亦然。

因此，在公式的真值表、主析取范式和主合取范式中，只要知道其中的一个就可求出另外两个。

例 2.35 (1) 设 A 是命题公式，且 A 的主合取范式为 $M_{000}\wedge M_{010}\wedge M_{100}\wedge M_{101}\wedge M_{111}$，求 A 的主析取范式。

(2) 设 A 是命题公式，且 A 的主析取范式为

$$m_{0011}\vee m_{0101}\vee m_{0110}\vee m_{1000}\vee m_{1010}\vee m_{1011}\vee m_{1100}\vee m_{1101}\vee m_{1110}$$

求 A 的主合取范式。

解：(1) 由 A 的主合取范式知，A 包含3个互不相同的命题变元，且 A 的所有成假赋值为 $000,010,100,101,111$，由于 A 一共有 $8\ (=2^3)$ 组赋值：$000,001,010,011,100,101,110,111$，所以 A 的所有成真赋值为 $001,011,110$，从而 A 的主析取范式为 $m_{001}\vee m_{011}\vee m_{110}$。

(2) 由 A 的主析取范式知，A 包含4个互不相同的命题变元，且 A 的所有成真赋值为：$0011,0101,0110,1000,1010,1011,1100,1101,1110$，由于 A 一共有 $16\ (=2^4)$ 组赋值：$0000,0001,0010,0011,0100,0101,0110,0111,1000,1001,1010,1011,1100,1101,1110,1111$。所以 A 的所有成假赋值为 $0000,0001,0010,0100,0111,1001,1111$，从而 A 的主合取范式为 $M_{0000}\wedge M_{0001}\wedge M_{0010}\wedge M_{0100}\wedge M_{0111}\wedge M_{1001}\wedge M_{1111}$。

【用主范式判断两个公式是否等值】

(1) 设 A,B 是两个命题公式，则 $A\Leftrightarrow B$ 当且仅当 A 与 B 有相同的主析取范式。

(2) 设 A,B 是两个命题公式，则 $A\Leftrightarrow B$ 当且仅当 A 与 B 有相同的主合取范式。

例 2.36　用主范式验证下列公式组是否等值。

(1) $(p_2\wedge\neg p_3)\to p_1$ 与 $p_2\to(p_3\vee p_1)$。

(2) $(p\to\neg q)\wedge(p\to r)$ 与 $\neg p\to(\neg q\wedge r)$。

(3) $(s\to\neg r)\wedge(t\wedge\neg r)$ 与 $(s\vee t)\to(\neg r\wedge t)$。

(4) $(p\vee\neg q)\wedge(p\wedge r)$ 与 $(\neg p\vee\neg q\vee\neg r)\to(p\wedge\neg q\wedge r)$。

解：(1) 因为

$$(p_2\wedge\neg p_3)\to p_1\Leftrightarrow\neg(p_2\wedge\neg p_3)\vee p_1\Leftrightarrow(\neg p_2\vee\neg\neg p_3)\vee p_1$$
$$\Leftrightarrow\neg p_2\vee p_3\vee p_1\Leftrightarrow p_1\vee\neg p_2\vee p_3\Leftrightarrow M_{010}$$

$$p_2\to(p_3\vee p_1)\Leftrightarrow\neg p_2\vee(p_3\vee p_1)\Leftrightarrow\neg p_2\vee p_3\vee p_1\Leftrightarrow p_1\vee\neg p_2\vee p_3\Leftrightarrow M_{010}$$

所以，$(p_2\wedge\neg p_3)\to p_1\Leftrightarrow p_2\to(p_3\vee p_1)$。

(2) 因为

$(p\to\neg q)\wedge(p\to r)\Leftrightarrow(\neg p\vee\neg q)\wedge(\neg p\vee r)$

$\Leftrightarrow(\neg p\vee\neg q\vee r)\wedge(\neg p\vee\neg q\vee\neg r)\wedge(\neg p\vee q\vee r)\wedge(\neg p\vee\neg q\vee r)$

$\Leftrightarrow M_{110}\wedge M_{111}\wedge M_{100}\wedge M_{110}\Leftrightarrow M_{110}\wedge M_{111}\wedge M_{100}$

$\neg p\to(\neg q\wedge r)\Leftrightarrow\neg\neg p\vee(\neg q\wedge r)\Leftrightarrow p\vee(\neg q\wedge r)\Leftrightarrow(p\vee\neg q)\wedge(p\vee r)$

$\Leftrightarrow(p\vee\neg q\vee r)\wedge(p\vee\neg q\vee\neg r)\wedge(p\vee q\vee r)\wedge(p\vee\neg q\vee r)$

$\Leftrightarrow M_{010}\wedge M_{011}\wedge M_{000}\wedge M_{010}\Leftrightarrow M_{010}\wedge M_{011}\wedge M_{000}$

所以，$(p\to\neg q)\wedge(p\to r)$ 与 $\neg p\to(\neg q\wedge r)$ 不等值。

(3) 因为

$(s\to\neg r)\wedge(t\wedge\neg r)\Leftrightarrow(\neg s\vee\neg r)\wedge(t\wedge\neg r)\Leftrightarrow(\neg s\wedge t\wedge\neg r)\vee(\neg r\wedge t\wedge\neg r)$

$\Leftrightarrow(\neg r\wedge\neg s\wedge t)\vee(\neg r\wedge t)\Leftrightarrow(\neg r\wedge\neg s\wedge t)\vee(\neg r\wedge s\wedge t)\vee(\neg r\wedge\neg s\wedge t)$

$\Leftrightarrow m_{001}\vee m_{011}\vee m_{001}\Leftrightarrow m_{001}\vee m_{011}$

$(s\vee t)\to(\neg r\wedge t)\Leftrightarrow\neg(s\vee t)\vee(\neg r\wedge t)\Leftrightarrow(\neg s\wedge\neg t)\vee(\neg r\wedge t)$

$\Leftrightarrow(r\wedge\neg s\wedge\neg t)\vee(\neg r\wedge\neg s\wedge\neg t)\vee(\neg r\wedge s\wedge t)\vee(\neg r\wedge\neg s\wedge t)$

$\Leftrightarrow m_{100} \vee m_{000} \vee m_{011} \vee m_{001}$

所以，$(s \to \neg r) \wedge (t \wedge \neg r)$与$(s \vee t) \to (\neg r \wedge t)$不等值。

(4)因为

$(p \vee \neg q) \wedge (p \wedge r) \Leftrightarrow (p \wedge p \wedge r) \vee (\neg q \wedge p \wedge r) \Leftrightarrow (p \wedge r) \vee (p \wedge \neg q \wedge r)$

$\Leftrightarrow (p \wedge q \wedge r) \vee (p \wedge \neg q \wedge r) \vee (p \wedge \neg q \wedge r) \Leftrightarrow m_{111} \vee m_{101} \vee m_{101} \Leftrightarrow m_{111} \vee m_{101}$

$(\neg p \vee \neg q \vee \neg r) \to (p \wedge \neg q \wedge r) \Leftrightarrow \neg(\neg p \vee \neg q \vee \neg r) \vee (p \wedge \neg q \wedge r)$

$\Leftrightarrow \neg\neg(p \wedge q \wedge r) \vee (p \wedge \neg q \wedge r) \Leftrightarrow (p \wedge q \wedge r) \vee (p \wedge \neg q \wedge r) \Leftrightarrow m_{111} \vee m_{101}$

所以，$(p \vee \neg q) \wedge (p \wedge r) \Leftrightarrow (\neg p \vee \neg q \vee \neg r) \to (p \wedge \neg q \wedge r)$。

【用主析取范式判断公式的类型】设A是命题公式，则有以下结论。

(1) A是重言式当且仅当A的主析取范式包含A的所有极小项。

(2) A是矛盾式当且仅当A的主析取范式不含A的任何极小项。

(3) A是可满足式当且仅当A的主析取范式至少包含A的一个极小项。

【用主合取范式判断公式的类型】设A是命题公式，则有以下结论。

(1) A是重言式当且仅当A的主合取范式不含A的任何极大项。

(2) A是矛盾式当且仅当A的主合取范式包含A的所有极大项。

(3) A是可满足式当且仅当A的主合取范式不包含A的所有极大项。

例 2.37　用主范式判断下列公式的类型。

(1) $(p \to q) \wedge (p \leftrightarrow r)$。

(2) $((p \to q) \to (\neg q \to \neg p)) \vee r$。

(3) $p \wedge r \wedge \neg(q \to p)$。

解：(1) $(p \to q) \wedge (p \leftrightarrow r) \Leftrightarrow (\neg p \vee q) \wedge ((p \to r) \wedge (r \to p))$

$\Leftrightarrow (\neg p \vee q) \wedge ((\neg p \vee r) \wedge (\neg r \vee p)) \Leftrightarrow (\neg p \vee q) \wedge (\neg p \vee r) \wedge (p \vee \neg r)$

$\Leftrightarrow (\neg p \vee q \vee r) \wedge (\neg p \vee q \vee \neg r) \wedge (\neg p \vee q \vee r) \wedge (\neg p \vee \neg q \vee r) \wedge (p \vee q \vee \neg r) \wedge (p \vee \neg q \vee \neg r)$

$\Leftrightarrow M_{100} \wedge M_{101} \wedge M_{100} \wedge M_{110} \wedge M_{001} \wedge M_{011} \Leftrightarrow M_{100} \wedge M_{101} \wedge M_{110} \wedge M_{001} \wedge M_{011}$

$\Leftrightarrow m_{000} \vee m_{010} \vee m_{111}$

又因为公式$(p \to q) \wedge (p \leftrightarrow r)$包含 3 个互不相同的命题变元，它有$8\ (=2^3)$个极大项，而在主合取范式$M_{100} \wedge M_{101} \wedge M_{110} \wedge M_{001} \wedge M_{011}$中，只包含了 5 个极大项，所以，公式$(p \to q) \wedge (p \leftrightarrow r)$有 5 组成假赋值，有 3 组成真赋值，因此，公式$(p \to q) \wedge (p \leftrightarrow r)$是可满足式。

或者用主析取范式判定如下：因为公式$(p \to q) \wedge (p \leftrightarrow r)$包含 3 个互不相同的命题变元，它有$8\ (=2^3)$个极小项，而在主析取范式$m_{000} \vee m_{010} \vee m_{111}$中，只包含了 3 个极小项，所以，公式$(p \to q) \wedge (p \leftrightarrow r)$有 3 组成真赋值，有 5 组成假赋值，因此，公式$(p \to q) \wedge (p \leftrightarrow r)$是可满足式。

(2)因为

$((p \to q) \to (\neg q \to \neg p)) \vee r \Leftrightarrow ((\neg p \vee q) \to (\neg\neg q \vee \neg p)) \vee r \Leftrightarrow ((\neg p \vee q) \to (\neg p \vee q)) \vee r \Leftrightarrow (\neg(\neg p \vee q) \vee (\neg p \vee q)) \vee r \Leftrightarrow 1 \vee r \Leftrightarrow 1$

在此主合取范式 1 中没有包含公式的任何极大项，所以，公式$((p \to q) \to$

$(\neg q \to \neg p)) \vee r$是重言式。

(3) 因为

$$p \wedge r \wedge \neg(q \to p) \Leftrightarrow p \wedge r \wedge \neg(\neg q \vee p) \Leftrightarrow p \wedge r \wedge (\neg\neg q \wedge \neg p) \Leftrightarrow p \wedge r \wedge (q \wedge \neg p)$$
$$\Leftrightarrow p \wedge r \wedge q \wedge \neg p \Leftrightarrow (p \wedge \neg p) \wedge r \wedge q \Leftrightarrow 0 \wedge r \wedge q \Leftrightarrow 0$$

在此主析取范式0中没有包含公式的任何极小项，所以，公式$p \wedge r \wedge \neg(q \to p)$是矛盾式。

注：由以上讨论可知，若A是重言式，则A的主合取范式不含A的任何极大项，这时，A的主合取范式记为1；若A是矛盾式，则A的主析取范式不含A的任何极小项，这时，A的主析取范式记为0。

由公式的主析取范式、主合取范式与其真值表之间的一一对应关系容易证明下面的主范式存在定理。

【主范式存在定理】定理 2.5 任何命题公式都存在与其等值的主析取范式和主合取范式，并且公式的主析取范式和主合取范式是唯一的。

习 题 2.6

1. 指出下列公式中哪些是简单析取式，哪些是简单合取式，哪些既不是简单析取式也不是简单合取式。

(1) p。

(2) $\neg r$。

(3) $p \vee (\neg q \wedge \neg p \wedge \neg r)$。

(4) $p \vee \neg q \vee \neg p \to \neg r$。

(5) $m \wedge \neg q \wedge \neg m \wedge \neg r$。

(6) $m \vee \neg q \vee \neg m \vee \neg r$。

(7) $p \wedge q \wedge t \wedge \neg r$。

(8) $p \vee \neg q \vee \neg p \vee \neg r \vee s$。

(9) $(\neg p \to q) \vee (\neg q \to r) \vee (\neg p \to s)$。

(10) $(\neg p \to q) \wedge (\neg q \to r) \wedge (\neg p \to s)$。

2. 求下列公式的析取范式。

(1) $p \wedge (q \leftrightarrow r)$。

(2) $(p \wedge (q \to s)) \to r$。

(3) $(p \vee q) \to \neg s \wedge t$。

(4) $(p \leftrightarrow \neg q) \to (p \wedge q)$。

3. 求下列公式的合取范式。

(1) $p \wedge (q \leftrightarrow r)$。

(2) $(p \vee \neg q) \to \neg s \wedge t$。

(3) $(p \leftrightarrow q) \wedge (\neg s \wedge r)$。

(4) $(p \to q) \leftrightarrow r$。

4. 写出由 5 个命题变元 p_1, p_2, p_3, p_4, p_5 构成的两个极小项并指出其成真赋值。

5. 写出由 5 个命题变元 p_1, p_2, p_3, p_4, p_5 构成的两个极大项并指出其成假赋值。

6. 用真值表法求下列公式的主析取范式和主合取范式。

(1) $\neg t \to (t \vee \neg q \vee r)$。

(2) $\neg q \leftrightarrow (q \to p \vee r)$。

(3) $\neg(p \to q) \wedge q$。

(4) $p \to (p \vee q)$。

7. 用等值演算法求下列公式的主析取范式。

(1) $((p \to q) \to (p \vee \neg q)) \vee \neg p$。

(2) $(p \to (q \vee \neg r)) \to (r \to (q \wedge p))$。

(3) $(p \wedge q) \to \neg r$。

(4) $(\neg p \leftrightarrow r) \to q$。

(5) $(\neg r \vee q) \to (\neg p \wedge \neg r) \vee q$。

(6) $((p \to \neg q) \to (s \wedge \neg r)) \wedge \neg s$。

8. 用等值演算法求下列公式的主合取范式。

(1) $((p \vee r) \to (q \vee \neg r)) \wedge (r \to (q \wedge p))$。

(2) $(\neg r \vee q) \to (\neg p \wedge \neg r) \vee q$。

(3) $((\neg p \wedge q \wedge r) \to \neg s) \wedge ((s \wedge \neg r) \to p)$。

9. 用主范式判断下列公式是否等值。

(1) $(p \to q) \to (p \vee \neg r)$ 与 $(\neg p \vee q) \to (r \to p)$。

(2) $(p \to q) \wedge (r \to q)$ 与 $(p \to q) \wedge (q \to r)$。

(3) $(p \wedge q) \to (t \vee \neg r)$ 与 $\neg p \vee \neg q \vee (r \to t)$。

(4) $(\neg p \leftrightarrow r) \vee q$ 与 $(\neg p \to r) \vee q$。

(5) $(r \wedge \neg q) \vee \neg p$ 与 $(r \to q) \to \neg p$。

(6) $(p \to (\neg q \vee s)) \to (s \wedge \neg r \wedge p)$ 与 $(p \wedge \neg q \wedge s) \vee ((s \vee q) \wedge (\neg q \wedge r))$。

10. 用主范式判断下列公式的类型。

(1) $(p \leftrightarrow r) \wedge (\neg q \to p)$。

(2) $(p \to r) \wedge (p \wedge \neg r \wedge q)$。

(3) $(p \vee \neg r) \vee (p \to q) \vee ((q \wedge p) \to r)$。

(4) $(p \wedge r) \vee \neg(q \to p)$。

11. 已知公式 A 的主析取范式为 $m_{010} \vee m_{110} \vee m_{101} \vee m_{001} \vee m_{111}$，求 A 的主合取范式。

12. 已知公式 A 的主析取范式为 $m_{010} \vee m_{100} \vee m_{101} \vee m_{001}$，求 A 的成真赋值和成假赋值。

13. 已知公式 A 的主合取范式为 $M_{0101} \wedge M_{0110} \wedge M_{0011}$，求 A 的成真赋值和成假赋值。

14. 已知公式 A 的主合取范式为 $M_{010} \wedge M_{011} \wedge M_{101}$，求 A 的主析取范式。

15. 甲、乙、丙、丁四人参加英语考试之后，四人的成绩互不相同，有人问他们，谁的成绩最好，甲说："不是我"，乙说："是丁"，丙说："是乙"，丁说："不是我"。四人的回答只有一人符合实际，问谁的成绩最好。

16. 某学生要从 A、B、C 三门选修课中选修1～2门，根据学校的排课计划以及该生的实际情况，选择时必须满足以下条件。

(1)若选择 A，则必须选择 C。

(2)若选择 B，则不能选择 C。

(3)若不选择 C，则可选择 A 或 B。

请用等值演算法确定该生的所有选课方案。

2.7　命题逻辑的推理理论

【推理】推理是指从前提推出结论的思维过程。前提是事先给定的(或假定的)条件，结论是一个断言，是推理的目标。

【命题逻辑中的推理】命题逻辑中的推理是指在命题逻辑系统中从前提推出结论的过程。前提是给定的若干个命题公式，结论是一个命题公式，推理是从前提出发，应用命题逻辑中的推理规则得到结论的过程。

研究逻辑推理的目的是找到正确的推理方法。具体地说，就是要弄明白如何保证推理过程是正确的，怎样构造出正确的推理。例如，在数学中，如何判断一个定理的证明是正确的，如何构造一个正确的证明。为此，我们要在命题逻辑中给出判别正确推理的准则，以及构造正确推理的方法。

【逻辑结论】定义 2.29　若公式 $A_1 \wedge A_2 \wedge \cdots \wedge A_n \to B$ 为重言式，则称 B 是 $A_1, A_2, \cdots, A_n$ 的逻辑结论或有效结论；也称 B 可由 $A_1, A_2, \cdots, A_n$ 逻辑推出。记为

$$\{A_1, A_2, \cdots, A_n\} \models B$$

或

$$A_1 \wedge A_2 \wedge \cdots \wedge A_n \Rightarrow B$$

【形式推理】定义 2.30　由前提 $A_1, A_2, \cdots, A_n$ 出发，应用推理规则，证明 B 是 $A_1, A_2, \cdots, A_n$ 的逻辑结论，这一过程称为形式推理。

【逻辑推理(有效推理、正确推理)】定义 2.31 用形式推理方法证明 B 是 $A_1, A_2, \cdots, A_n$ 的逻辑结论，这样的推理过程称为逻辑推理，也称为有效推理或正确推理。

【形式证明】定义 2.32　在证明 B 是 $A_1, A_2, \cdots, A_n$ 的逻辑结论的形式推理中，形式推理的每一步都产生一个公式，整个推理过程产生一个公式序列，这个公式序列称为(由 $A_1, A_2, \cdots, A_n$ 到 B 的)一个形式证明。

注：形式证明就是形式推理的具体表述，是用符号(形式语言)把形式推理过程表达出来。

【数学证明与形式证明的区别】数学证明可以用文字、数学符号以及图表等辅助语言来描述推理过程；而形式证明只能用形式语言(如命题逻辑中的公式等)来描述推理过程。

【命题逻辑中常用的推理规则】在以下推理规则中，A、B、C、D 是命题公式。

(1)前提引入规则：在证明的任何步骤上，都可以引入前提，即随时都可以用已知条件。

(2) 结论引入规则：在证明的任何步骤上，已证明的结论都可以作为后续证明的前提。

(3) 置换规则：在证明的任何步骤上，命题公式中的子公式可用与之等值的子公式置换。

(4) 附加规则：$A \models A \vee B$。

(5) 化简规则：$A \wedge B \models A$。

(6) 合取引入规则：$A, B \models A \wedge B$。

(7) 假言推理规则：$A \to B, A \models B$。

(8) 拒取式规则：$A \to B, \neg B \models \neg A$。

(9) 假言三段论规则：$A \to B, B \to C \models A \to C$。

(10) 析取三段论规则：$A \vee B, \neg B \models A$。

以上是命题逻辑中最基本、最常用的推理规则。还有许多重言蕴涵式所表达的前提与其逻辑结论的关系也可以作为推理规则使用，如下面的二难推理规则。

许多推理规则不是独立的，可以用其他推理规则代替。原则上，推理规则越多，使用就越方便。但如果推理规则过多，会导致在规则的具体选用及理论证明方面增加工作量。就像人们平时做事一样，工具越多越方便。但工具太多会导致携带困难，在寻找工具及选用工具方面也会遇到麻烦。所以，选择多少条推理规则作为基本的推理规则可根据不同的应用领域而定。

【二难推理规则】 二难推理是由两个蕴涵式和一个析取式作为前提，由一个单一公式或一个析取式作为结论构成的推理。具体结构如下。

(11) 简单构成式二难推理规则：$A \to C, B \to C, A \vee B \models C$。

(12) 简单破坏式二难推理规则：$A \to B, A \to C, \neg B \vee \neg C \models \neg A$。

(13) 复杂构成式二难推理规则：$A \to C, B \to D, A \vee B \models C \vee D$。

(14) 复杂破坏式二难推理规则：$A \to C, B \to D, \neg C \vee \neg D \models \neg A \vee \neg B$。

以上的推理形式有时反映左右为难的困境，故称二难推理。传说东方朔偷饮了汉武帝的能够使人不死的酒。汉武帝要杀他，他说："如果这酒真能使人不死，那么你就杀不死我；如果这酒不能使人不死(你能杀得死我)，那么这酒就没有什么用处；这酒或者能使人不死，或者不能使人不死；所以你或者杀不死我，或者不必杀我。"这就是一个二难推理。汉武帝认为东方朔说得有理，就赦免了他。

注：上述推理规则(4)～(14)的应用方法是，在形式推理证明过程中，若前面 n 步中已经出现 $A_1, A_2, \cdots, A_n$，并且有推理规则 $A_1, A_2, \cdots, A_n \models B$ 存在，则可在第 $n+1$ 步，或者第 $n+1$ 步之后引入 B。也就是说，在形式推理证明过程中，若前面 n 步中已经证明 $A_1, A_2, \cdots, A_n$ 是真的，并且有推理规则 $A_1, A_2, \cdots, A_n \models B$ 存在，则可在第 $n+1$ 步或第 $n+1$ 之后断定 B 是真的。

【形式证明的书写格式】 证明 B 是 $A_1, A_2, \cdots, A_n$ 的逻辑结论（即证明 $A_1 \wedge A_2 \wedge \cdots \wedge A_n \Rightarrow B$）的形式推理的书写格式如下。

前提：$A_1, A_2, \cdots, A_n$。

结论：B。

证明：(1) 命题公式 1 （推理规则）

(2) 命题公式 2 （推理规则）

(3) 命题公式 3 （推理规则）

⋮

直到 B 出现，即有某个 k，使得“命题公式 k”就是 B。

例 2.38 构造下列推理的形式证明。

前提：$p \to r, q \to s, p \vee q$。

结论：$r \vee s$。

方法 1 证明：(1) $p \to r$ （前提引入规则）

(2) $q \to s$ （前提引入规则）

(3) $p \vee q$ （前提引入规则）

(4) $r \vee s$ （(1)、(2)、(3)复杂构造式二难推理规则）

所以，$r \vee s$ 是 $p \to r, q \to s, p \vee q$ 的有效结论。

方法 2 证明：(1) $p \to r$ （前提引入规则）

(2) $\neg p \vee r$ （(1)置换规则(蕴涵-析取等值式)）

(3) $(\neg p \vee r) \vee s$ （(2)附加规则）

(4) $\neg p \vee (r \vee s)$ （(3)置换规则）

(5) $q \to s$ （前提引入规则）

(6) $\neg q \vee s$ （(5)置换规则）

(7) $(\neg q \vee s) \vee r$ （(6)附加规则）

(8) $\neg q \vee (s \vee r)$ （(7)置换规则）

(9) $\neg q \vee (r \vee s)$ （(8)置换规则）

(10) $(\neg p \vee (r \vee s)) \wedge (\neg q \vee (r \vee s))$ （(4)、(9)合取引入规则）

(11) $(\neg p \wedge \neg q) \vee (r \vee s)$ （(10)置换规则）

(12) $\neg(p \vee q) \vee (r \vee s)$ （(11)置换规则）

(13) $p \vee q \to (r \vee s)$ （(12)置换规则）

(14) $p \vee q$ （前提引入规则）

(15) $r \vee s$ （(13)、(14)假言推理规则）

所以，$r \vee s$ 是 $p \to r, q \to s, p \vee q$ 的逻辑结论。

注：例 2.38 就是用形式推理方法证明了“$r \vee s$ 是 $p \to r, q \to s, p \vee q$ 的逻辑结论”。

例 2.39 构造下列推理的形式证明。

前提：$p \vee q$, $p \to \neg r$, $s \to t$, $\neg s \to r$, $\neg t$。

结论：q。

证明：(1) $s \to t$ （前提引入规则）

(2) $\neg t$ （前提引入规则）

(3) $\neg s$ （(1)、(2)拒取式规则）

(4) $\neg s \to r$　　(前提引入规则)

(5) r　　((3)、(4)假言推理规则)

(6) $\neg(\neg r)$　　((5)置换规则)

(7) $p \to \neg r$　　(前提引入规则)

(8) $\neg p$　　((6)、(7)拒取式规则)

(9) $p \vee q$　　(前提引入规则)

(10) q　　((8)、(9)析取三段论规则)

所以，q 是 $p \vee q$, $p \to \neg r$, $s \to t$, $\neg s \to r$, $\neg t$ 的逻辑结论。

注：例 2.39 就是用形式推理方法证明了“q 是 $p \vee q$, $p \to \neg r$, $s \to t$, $\neg s \to r$, $\neg t$ 的逻辑结论”。

注：(1)通过例 2.38、例 2.39 再次理解形式推理和形式证明等概念。

①推理是从前提推出结论的过程。

在例 2.38 中，推理是“从给定的前提 $\{p \to r , q \to s , p \vee q\}$ 出发，利用公认的推理规则推出预期的结论 $r \vee s$”。

在例 2.39 中，推理是“从给定的前提 $\{p \vee q , p \to \neg r , s \to t , \neg s \to r , \neg t\}$ 出发，利用公认的推理规则推出预期的结论 q”。

②形式推理的过程是从前提出发(假设前提为真)，应用命题逻辑中的推理规则一步一步推导出与预期结论越来越接近的命题，当推导出结论时，推理即告完成。

在例 2.38 中，方法 1 的形式推理过程是从 $p \to r , q \to s , p \vee q$ 出发，利用复杂构造式二难推理规则推出预期的结论 $r \vee s$ 为真。

方法 2 的形式推理过程是从 $p \to r , q \to s , p \vee q$ 出发，利用前提引入规则、置换规则、附加规则、合取引入规则、假言推理规则导出一系列命题公式，当推出预期结论 $r \vee s$ 时，推理结束。

在例 2.39 中，形式推理的过程是从 $p \vee q , p \to \neg r , s \to t , \neg s \to r , \neg t$ 出发，利用前提引入规则、拒取式规则、假言推理、置换规则、析取三段论规则，推导出结论 q。

③在形式推理过程中所产生的公式序列就称为形式证明。

在例2.38中，方法1的公式序列(1)～(4)就是一个形式证明；方法2的公式序列(1)～(15)也是一个形式证明。

在例 2.39 中，公式序列(1)～(10)也是一个形式证明。

(2)在形式推理过程中，利用推理规则证明“从前提 $A_1, A_2, \cdots, A_n$ 推出结论 B”的过程只用到两类操作：一是“引入前提”；二是“应用推理规则”。在推理过程中有五点注意事项。

①“引入前提”在推理的任何一步都可执行，引入后的前提可作为推理规则的应用对象。

②应用推理规则会产生新公式，由推理规则导出的新公式也可作为推理规则应用的对象。

③推理规则只能应用于前面步骤中已引入的前提和已推导出的结论。

④在一个形式推理中，可以多次重复应用同一条推理规则、同一个已引入的前提和

同一个已导出的结论。

⑤“引入前提”和“应用推理规则”是形式推理必须遵循的指导原则。为了便于验证推理过程是否正确，在书写形式证明的每一个步骤上都应该标注是用了哪一条推理规则。除了“前提引入规则”以外，每一条推理规则的应用都必须标明该规则的应用对象(写出被应用的公式序列号)。参看例 2.38。

(3) 从一组前提推导出一个结论有许多途径，先引入哪个前提？先应用哪条推理规则？不同的选择会产生不同的推导过程，有些推导过程很简短，有些推导过程很冗长。例如，上述的例 2.38，方法 1 的推导过程很简短，方法 2 的推导过程很冗长。因为没有一个通用的最佳推导算法，所以要多练习多积累才能提高构造形式推理的能力。

下面介绍在形式推理中常用的两个技巧：附加前提证明法和归谬法。

【附加前提证明法】

(1) 附加前提证明法的适用范围：用于证明形如 $A_1 \wedge A_2 \wedge \cdots \wedge A_n \to (A \to B)$ 的推理。

(2) 附加前提证明法的具体操作方法：将结论 $A \to B$ 中的前件 A 也作为前提之一，推出结论中的后件 B。即证明 $A_1 \wedge A_2 \wedge \cdots \wedge A_n \wedge A \to B$ 是重言式就可以了。

(3) 附加前提证明法的理论依据：因为

$$A_1 \wedge A_2 \wedge \cdots \wedge A_n \to (A \to B) \Leftrightarrow \neg(A_1 \wedge A_2 \wedge \cdots \wedge A_n) \vee (A \to B)$$

$$\Leftrightarrow \neg(A_1 \wedge A_2 \wedge \cdots \wedge A_n) \vee (\neg A \vee B) \Leftrightarrow (\neg(A_1 \wedge A_2 \wedge \cdots \wedge A_n) \vee \neg A) \vee B$$

$$\Leftrightarrow \neg(A_1 \wedge A_2 \wedge \cdots \wedge A_n \wedge A) \vee B \Leftrightarrow (A_1 \wedge A_2 \wedge \cdots \wedge A_n \wedge A) \to B)$$

所以，$A_1 \wedge A_2 \wedge \cdots \wedge A_n \to (A \to B)$ 是重言式，当且仅当 $A_1 \wedge A_2 \wedge \cdots \wedge A_n \wedge A \to B$ 是重言式。因此，要证明 $\{A_1, A_2, \cdots, A_n\} \models A \to B$，只要证明 $\{A_1, A_2, \cdots, A_n, A\} \models B$ 即可。

也就是说，要证明从前提 $\{A_1, A_2, \cdots, A_n\}$ 推出结论 $A \to B$，可以把 A 加到前提中，使新的前提变成 $A_1, A_2, \cdots, A_n, A$，而新的结论是 B。只要证明了由新前提 $A_1, A_2, \cdots, A_n, A$ 可推出新结论 B，就证明了由原前提 $A_1, A_2, \cdots, A_n$ 可推出原结论 $A \to B$。

例 2.40　构造下列推理的形式证明。

前提：$p \to (q \to r), \neg s \vee p, q$。

结论：$s \to r$。

证明：用附加前提法证明。

(1) $\neg s \vee p$　　(前提引入规则)

(2) s　　(附加前提引入)

(3) p　　((1)、(2) 析取三段论规则)

(4) $p \to (q \to r)$　　(前提引入规则)

(5) $q \to r$　　((3)、(4) 假言推理规则)

(6) q　　(前提引入规则)

(7) r　　((5)、(6) 假言推理规则)

(8) $s \to r$　　(附加前提证明法)

所以，$s \to r$ 是 $p \to (q \to r), \neg s \vee p, q$ 的逻辑结论。

【归谬法】

(1)归谬法的适用范围：用于证明形如$(A_1 \wedge A_2 \wedge \cdots \wedge A_n) \to B$的推理。

(2)归谬法的具体操作方法：将结论B的否定$\neg B$也作为前提之一进行推理，推理的目标是一个矛盾式，例如,$Q \wedge \neg Q$。一旦推出矛盾式，就可以断定$A_1 \wedge A_2 \wedge \cdots \wedge A_n \wedge \neg B$是矛盾式，从而可以断定$(A_1 \wedge A_2 \wedge \cdots \wedge A_n) \to B$是重言式。

(3)归谬法的理论依据：因为

$(A_1 \wedge A_2 \wedge \cdots \wedge A_n) \to B \Leftrightarrow \neg(A_1 \wedge A_2 \wedge \cdots \wedge A_n) \vee B$

$\Leftrightarrow \neg(A_1 \wedge A_2 \wedge \cdots \wedge A_n) \vee \neg(\neg B)$

$\Leftrightarrow \neg(A_1 \wedge A_2 \wedge \cdots \wedge A_n \wedge \neg B)$

所以，$(A_1 \wedge A_2 \wedge \cdots \wedge A_n) \to B$是重言式，当且仅当$(A_1 \wedge A_2 \wedge \cdots \wedge A_n \wedge \neg B)$是矛盾式。

因此，要证明$\{A_1, A_2, \cdots, A_n, A\} \models B$，只要证明$(A_1 \wedge A_2 \wedge \cdots \wedge A_n \wedge \neg B) \Leftrightarrow 0$即可。也就是说，要证明从前提$A_1, A_2, \cdots, A_n$推出结论$B$，只要把结论的否定加到前提中进行推理，如果在证明过程中推出矛盾式，则证明了原结论是原前提的逻辑结论。这就是通常所说的反证法。

例 2.41　构造下列推理的形式证明。

前提：$\neg r \vee q$，$p \to \neg q$，$r \wedge \neg s$。

结论：$\neg p$。

证明：用归谬法证明。

(1) $\neg(\neg p)$　　(结论的否定引入)

(2) p　　((1)置换规则(双重否定律))

(3) $p \to \neg q$　　(前提引入规则)

(4) $\neg q$　　((2)、(3)假言推理规则)

(5) $\neg r \vee q$　　(前提引入规则)

(6) $\neg r$　　((4)、(5)析取三段论规则))

(7) $r \wedge \neg s$　　(前提引入规则)

(8) r　　((7)化简规则)

(9) $r \wedge \neg r$　　((6)、(7)合取引入规则)

(10) 0　　((9)置换规则)

(11) $\neg p$　　(归谬法)

所以，$\neg p$是$\neg r \vee q$，$p \to \neg q$，$r \wedge \neg s$的逻辑结论。

注：在形式推理证明中，如果从给定的前提和结论之间看不出明显的联系，则可采用一种较为“笨拙”的方法——观察法，进行试探性推导。步骤如下。

(1)引入所有的前提，对前提中的公式应用假言推理规则、拒取式规则、析取三段论规则、化简规则、二难规则等推理规则从前提中分离出新的公式。

(2)观察这些新公式及已有的前提与结论之间有何联系，具体地说，就是观察已有的前提及新导出的公式中是否含有表示结论的公式(包括子公式)，或与表示结论的公式(包括子公式)等值的公式，或已有公式与结论之间是否存在某种蕴涵关系。

(3) 对已导出的新公式及已有的前提多次应用推理规则导出更多的新公式，这样就容易看出前提和结论之间的联系。

例 2.42　在命题逻辑系统中证明下列推理的有效性。

如果小王来，那么小张或小李至少来一人；如果小张来，则小赵不来。所以，如果小赵来了，但小李没来，则小王没来。

解： 令 p 表示"小王来了"，令 q 表示"小张来了"，令 r 表示"小李来了"，令 s 表示"小赵来了"。则推理的符号化为 $(p \to (q \vee r)) \wedge (q \to \neg s) \to ((s \wedge \neg r) \to \neg p)$。

前提：$p \to (q \vee r)$，$q \to \neg s$。

结论：$(s \wedge \neg r) \to \neg p$。

证明：
(1) $s \wedge \neg r$　　(附加前提引入)
(2) s　　((1) 化简规则)
(3) $\neg(\neg s)$　　((2) 置换规则)
(4) $q \to \neg s$　　(前提引入规则)
(5) $\neg q$　　((3)、(4) 拒取式规则)
(6) $\neg r$　　((1) 化简规则)
(7) $\neg q \wedge \neg r$　　((5)、(6) 合取引入规则)
(8) $\neg(q \vee r)$　　((7) 置换规则)
(9) $p \to (q \vee r)$　　(前提引入规则)
(10) $\neg p$　　((8)、(9) 拒取式规则)
(11) $(s \wedge \neg r) \to \neg p$　　(附加前提证明法)

所以，推理 $(p \to (q \vee r)) \wedge (q \to \neg s) \to ((s \wedge \neg r) \to \neg p)$ 是有效的。

例 2.43　在命题逻辑系统中证明下列推理是有效的。

在一次垒球联赛中，甲、乙两队比赛。如果李浩守第一垒并且黄松向乙队投球，则甲队取胜；或者甲队未取胜，或者甲队成为联赛的第一名；甲队没有成为联赛的第一名；李浩守第一垒，因此，黄松没有向乙队投球。

解： 令 p 表示"李浩守第一垒"，令 q 表示"黄松向乙队投球"，令 r 表示"甲队取胜"，令 s 表示"甲队成为联赛的第一名"，则推理的符号化为

$$((p \wedge q) \to r) \wedge (\neg r \vee s) \wedge \neg s \wedge p \to \neg q$$

前提：$(p \wedge q) \to r$，$\neg r \vee s$，$\neg s$，p。

结论：$\neg q$。

证明： 方法 1——直接证明法。

(1) $\neg s$　　(前提引入规则)
(2) $\neg r \vee s$　　(前提引入规则)
(3) $\neg r$　　((1)、(2) 析取三段论规则)
(4) $(p \wedge q) \to r$　　(前提引入规则)
(5) $\neg(p \wedge q)$　　((3)、(4) 拒取式规则)
(6) $\neg p \vee \neg q$　　((5) 置换规则)

(7) p (前提引入规则)
(8) $\neg(\neg p)$ ((7)置换规则)
(9) $\neg q \vee \neg p$ ((6)置换规则)
(10) $\neg q$ ((8)、(9)析取三段论规则置换规则)

所以，推理 $((p \wedge q) \rightarrow r) \wedge (\neg r \vee s) \wedge \neg s \wedge p \rightarrow \neg q$ 是有效的。

证明：方法 2——归谬法。

(1) $\neg(\neg q)$ (结论的否定引入)
(2) q ((1)置换规则)
(3) p (前提引入规则)
(4) $p \wedge q$ ((2)、(3)合取引入规则)
(5) $(p \wedge q) \rightarrow r$ (前提引入规则)
(6) r ((4)、(5)假言推理规则)
(7) $\neg r \vee s$ (前提引入规则)
(8) $s \vee \neg r$ ((7)置换规则)
(9) s ((6)、(8)析取三段论规则)
(10) $\neg s$ (前提引入规则)
(11) $s \wedge \neg s$ ((9)、(10)合取引入规则)
(12) 0 ((11)置换规则)
(13) $\neg q$ (归谬法)

所以，推理 $((p \wedge q) \rightarrow r) \wedge (\neg r \vee s) \wedge \neg s \wedge p \rightarrow \neg q$ 是有效的。

习 题 2.7

1. 在命题逻辑系统中构造下列推理的形式证明。

(1) 前提：$p, p \rightarrow q, q \rightarrow r$。
结论：r。

(2) 前提：$\neg s, \neg r \vee s, (p \wedge q) \rightarrow r$。
结论：$\neg p \vee \neg q$。

(3) 前提：$p \rightarrow (\neg q \vee r), s \vee t, (s \vee t) \rightarrow p$。
结论：$q \rightarrow r$。

(4) 前提：$\neg(u \wedge \neg w), \neg w \vee t, \neg t$。
结论：$\neg u$。

(5) 前提：$p \wedge q, p \rightarrow (q \rightarrow r), r \vee s \rightarrow t, w \rightarrow \neg t$。
结论：$\neg w$。

(6) 前提：$r \rightarrow \neg q, r \vee s, s \rightarrow \neg q, p \rightarrow q$。
结论：$\neg p$。

(7) 前提：$q \rightarrow \neg p, r \wedge s, r \leftrightarrow q$。
结论：$s \wedge \neg p$。

(8) 前提：$\neg(p \to q) \to \neg(r \vee s)$，$(q \to p) \vee \neg r$，$r$。

结论：$p \leftrightarrow q$。

2. 在命题逻辑系统中用推理规则证明下列推理是有效推理。

(1) 前提：$p \to (\neg q \vee r)$，$p \wedge q$。

结论：$r \vee s$。

(2) 前提：$p \to q$，$q \to \neg r$，r。

结论：$\neg p$。

(3) 前提：$(p \vee q) \to r$，p。

结论：$r \vee \neg t$。

(4) 前提：$\neg q \vee p$，$(q \to s) \wedge (s \to q)$，$t \wedge s$。

结论：$p \wedge t$。

(5) 前提：$\neg p \vee r$，$q \to s$，p，q。

结论：$r \wedge s$。

(6) 前提：$p \to (\neg q \vee r)$，$s \vee t$，$(s \vee t) \to p$。

结论：$q \to r$。

3. 在命题逻辑系统中用附加前提证明法证明下列推理是有效推理。

(1) 前提：$p \to q$。

结论：$p \to (p \wedge q)$。

(2) 前提：$t \to s$，$p \to r$，$p \wedge \neg q$。

结论：$t \to (r \wedge s)$。

(3) 前提：$p \to (\neg q \vee r)$，$s \to p$，q。

结论：$s \to r$。

(4) 前提：$(p \vee q) \to (r \wedge s)$，$(\neg s \to w) \to v$。

结论：$\neg p \vee v$。

4. 在命题逻辑系统中用归谬法证明下列推理是有效推理。

(1) 前提：$\neg t \vee \neg q$，$r \to q$，$r \wedge \neg s$。

结论：$\neg t$。

(2) 前提：$p \vee q$，$p \to r$，$\neg q \vee s$。

结论：$s \vee r$。

(3) 前提：$(t \wedge \neg q) \to r$，$\neg r \vee s$，$\neg s$，t。

结论：q。

5. 填写下列形式证明中的推理规则。

(1) 前提：$\neg(\neg t \vee q) \to r$，$r \to s$，$\neg s \wedge t$。

结论：q。

证明：(1) $\neg s \wedge t$　　　　（前提引入规则　　　）

(2) $\neg s$　　　　（　　　　　　）

(3) $r \to s$　　　　（　　　　　　）

(4) $\neg r$　　　　（(2)、(3) 拒取式规则　）

(5) $\neg(\neg t \vee q) \to r$　　(　　　　)
(6) $\neg t \vee q$　　(　　　　)
(7) t　　(　　　　)
(8) $\neg(\neg t)$　　((7)置换规则　　)
(9) $q \vee \neg t$　　(　　　　)
(10) q　　(　　　　)

(2) 前提：$p \to (q \to w), (r \vee s) \to \neg t, r, t \vee q$。

结论：$p \to w$。

证明：(1) p　　(　附加前提引入　　)
(2) $p \to (q \to w)$　　(　　　　)
(3) $q \to w$　　(　　　　)
(4) r　　(　　　　)
(5) $r \vee s$　　((4)附加规则　　)
(6) $(r \vee s) \to \neg t$　　(　　　　)
(7) $\neg t$　　((5)、(6)假言推理规则　　)
(8) $t \vee q$　　(　　　　)
(9) q　　(　　　　)
(10) w　　(　　　　)
(11) $p \to w$　　(　附加前提证明法　　)

6. 在命题逻辑系统中证明下列推理是有效推理。

(1) 如果这里有演出，则交通拥挤，如果他们按时到达，则交通不拥挤；他们按时到达了，所以这里没有演出。

(2) 甲、乙、丙、丁四人参加跑步比赛，如果甲获冠军，则乙或丙将获得亚军，如果乙获得亚军，则甲不能获得冠军，如果丁获得亚军，则丙不能获得亚军，事实是甲已获得冠军，所以丁不能获得亚军。

(3) 如果刘丽萍去华盛顿，如果赵明雄不上课，那么赵明雄一定在华盛顿接她。如果刘丽萍去美国，那么她一定去华盛顿。赵明雄不上课。所以，如果刘丽萍去美国，那么赵明雄一定在华盛顿接她。

2.8　命题逻辑的归结演绎推理

【归结演绎推理】在命题逻辑中，有一种推理方法可用算法实现，称为归结演绎推理。下面介绍该算法涉及的概念及操作步骤。

【命题逻辑中的文字】定义 2.33　原子公式及原子公式的否定称为文字。

因为只有命题常项和命题变元是原子公式，所以文字只包括命题常项、命题变元、命题常项的否定及命题变元的否定。

例如，p、$\neg q$、r、$\neg r$ 等都是文字，而 $p \wedge q$、$r \to q$、$\neg(\neg r)$ 都不是文字。

【命题逻辑中的子句】定义 2.34　一个文字或由若干个文字组成的析取式称为一个

子句。

例如，p、$\neg q$、r、$\neg r$、$p \vee \neg q \vee r \vee \neg r$ 都是子句，而 $(p \wedge q \to r) \vee \neg q$ 不是子句。

【空子句】定义 2.35　不包含任何文字的子句称为空子句，用 NIL 表示空子句。

空子句 NIL 就是一个不包含任何符号的命题公式。这类似于空集 $\varnothing$。因为没有任何一组赋值能使空子句成为真命题，所以空子句是不可满足的公式，即空子句是一个矛盾式。

注：任何一个命题公式与空子句的合取式都是矛盾式。例如，$(p \to \neg q) \wedge \text{NIL} \Leftrightarrow 0$。

【互补文字】定义 2.36　设 p 是一个原子公式，则 p 与 $\neg p$ 称为互补文字。

【子句的归结】定义 2.37　设 C_1 和 C_2 是任意的两个子句，如果 C_1 中的文字 L_1 与 C_2 中的文字 L_2 互补，那么从 C_1 和 C_2 中分别消去 L_1 和 L_2，并将两个子句余下的部分进行析取运算，构成一个新子句 C_{12}，这一过程称为对 C_1 和 C_2 进行一次归结，并称 C_{12} 为 C_1 和 C_2 的一个归结式，而 C_1 和 C_2 称为 C_{12} 的亲本子句。

例如，令 $C_1 = p \vee \neg q \vee r$，$C_2 = p \vee q \vee \neg r$，则 q 与 $\neg q$ 是一对互补文字，r 与 $\neg r$ 是另一对互补文字。

分别消去 C_1 中的 $\neg q$ 和 C_2 中的 q，并将余下的部分进行析取运算得 $C_{12} = p \vee r \vee \neg r$。这就是对 C_1 和 C_2 进行了一次归结，归结的结果 $p \vee r \vee \neg r$ 称为子句 $p \vee \neg q \vee r$ 和子句 $p \vee q \vee \neg r$ 的一个归结式，而子句 $p \vee \neg q \vee r$ 和子句 $p \vee q \vee \neg r$ 称为 $p \vee r \vee \neg r$ 的亲本子句。

分别消去 C_1 中的 r 和 C_2 中的 $\neg r$，并将余下的部分进行析取运算得 $C_{12}' = p \vee \neg q \vee q$。这就是对 C_1 和 C_2 进行了另一次归结，归结的结果 $C_{12}' = p \vee \neg q \vee q$ 也称为子句 $p \vee \neg q \vee r$ 和子句 $p \vee q \vee \neg r$ 的一个归结式，而子句 $p \vee \neg q \vee r$ 和子句 $p \vee q \vee \neg r$ 也称为 $C_{12}' = p \vee \neg q \vee q$ 的亲本子句。

注：一次归结只能对两个子句进行，每做一次归结只能消去一对互补文字。

定理 2.6　设 C_{12} 是子句 C_1 和 C_2 的一个归结式，则 C_{12} 是 $C_1 \wedge C_2$ 的逻辑结论。

证明：设 C_{12} 是子句 C_1 和 C_2 的一个归结式，不妨设在归结过程中消去的一对互补文字是 L 和 $\neg L$，因此，可以假定 $C_1 = L \vee C_1'$，$C_2 = \neg L \vee C_2'$，$C_{12} = C_1' \vee C_2'$。下面用形式推理方法证明 C_{12} 是 $C_1 \wedge C_2$ 的逻辑结论。

(1) $C_1 \wedge C_2$　　(前提引入)

(2) $L \vee C_1'$　　((1)化简规则)

(3) $\neg L \vee C_2'$　　((1)化简规则)

(4) $L \vee \neg(\neg C_1')$　　((2)置换规则(双重否定律))

(5) $\neg C_1' \to L$　　((4)置换规则(蕴涵-析取等值式))

(6) $L \to C_2'$　　((3)置换规则(蕴涵-析取等值式))

(7) $\neg C_1' \to C_2'$　　((5)、(6)假言三段论规则)

(8) $\neg(\neg C_1') \vee C_2'$　　((7)置换规则(蕴涵-析取等值式))

(9) $C_1' \vee C_2'$　　((8)置换规则(双重否定律))

由以上的形式推理知，$C_{12} = C_1' \vee C_2'$ 是 $C_1 \wedge C_2$ 的逻辑结论。

【子句集】由若干个子句组成的集合称为子句集。例如，$S=\{p,\neg r,\neg q\vee p\vee s,t\vee p\vee q\}$是一个子句集。而$S=\{p\wedge r,\neg r,\neg q\vee p\vee s\}$不是子句集。

【子句集的不可满足性】定义 2.38 设$S=\{C_1,C_2,\cdots,C_n\}$是一个子句集，其中每个$C_i\ (i=1,2,\cdots,n)$都是子句，如果$C_1\wedge C_2\wedge\cdots\wedge C_n$是矛盾式，则称子句集$S$是不可满足的。

定理 2.7 设C_1和C_2是子句集S中的两个子句，C_{12}是C_1和C_2的一个归结式，令$S_1=(S-\{C_1,C_2\})\cup\{C_{12}\}$。那么，若$S_1$是不可满足的，则$S$也是不可满足的。

证明：令$S=\{C_1,C_2,\cdots,C_n\}$，$S_1=(S-\{C_1,C_2\})\cup\{C_{12}\}=\{C_{12},C_3,C_4,\cdots,C_n\}$，由定理2.6知，$C_{12}$是$C_1\wedge C_2$的逻辑结论，即$C_1\wedge C_2\to C_{12}$是一个重言式。对公式$C_1\wedge C_2\wedge C_3\wedge C_4\wedge\cdots\wedge C_n\to C_{12}\wedge C_3\wedge C_4\wedge\cdots\wedge C_n$的任意一组赋值，如果$C_1\wedge C_2\wedge C_3\wedge C_4\wedge\cdots\wedge C_n$为真，则由化简规则得$C_1\wedge C_2$和$C_3\wedge C_4\wedge\cdots\wedge C_n$都为真，由$C_1\wedge C_2\to C_{12}$是重言式可知$C_{12}$为真，又由合取引入规则得$C_{12}\wedge C_3\wedge C_4\wedge\cdots\wedge C_n$为真，所以，$C_1\wedge C_2\wedge C_3\wedge C_4\wedge\cdots\wedge C_n\to C_{12}\wedge C_3\wedge C_4\wedge\cdots\wedge C_n$是重言式。由逆否蕴涵等值式知，$C_1\wedge C_2\wedge C_3\wedge C_4\wedge\cdots\wedge C_n\to C_{12}\wedge C_3\wedge C_4\wedge\cdots\wedge C_n$与$\neg(C_{12}\wedge C_3\wedge C_4\wedge\cdots\wedge C_n)\to\neg(C_1\wedge C_2\wedge\cdots\wedge C_n)$等值，所以，$\neg(C_{12}\wedge C_3\wedge C_4\wedge\cdots\wedge C_n)\to\neg(C_1\wedge C_2\wedge\cdots\wedge C_n)$是重言式。若$S_1$是不可满足的，则$C_{12}\wedge C_3\wedge C_4\wedge\cdots\wedge C_n$是一个矛盾式，从而$\neg(C_{12}\wedge C_3\wedge C_4\wedge\cdots\wedge C_n)$是一个重言式，根据假言推理规则可得，$\neg(C_1\wedge C_2\wedge\cdots\wedge C_n)$是一个重言式，因而，$C_1\wedge C_2\wedge\cdots\wedge C_n$是一个矛盾式，即子句集$S$是不可满足的。定理得证。

定理 2.8(归结原理) 设C_1和C_2是子句集S中的两个子句，C_{12}是C_1和C_2的一个归结式，令$S_2=S\cup\{C_{12}\}$，则S是不可满足的当且仅当S_2是不可满足的。

证明：令$S=\{C_1,C_2,\cdots,C_n\}$，由定理2.6知，C_{12}是C_1和C_2的逻辑结论，即$C_1\wedge C_2\to C_{12}$是重言式。对于公式$C_1\wedge C_2\wedge C_3\wedge C_4\wedge\cdots\wedge C_n\to C_{12}\wedge C_1\wedge C_2\wedge\cdots\wedge C_n$的任意一组赋值，如果$C_1\wedge C_2\wedge C_3\wedge C_4\wedge\cdots\wedge C_n$为真，则由化简规则得$C_1\wedge C_2$和$C_3\wedge C_4\wedge\cdots\wedge C_n$均为真，由于$C_1\wedge C_2\to C_{12}$是重言式，可知$C_{12}$为真，又由合取引入规则得$C_{12}\wedge C_1\wedge C_2\wedge\cdots\wedge C_n$为真，所以，$C_1\wedge C_2\wedge C_3\wedge\cdots\wedge C_n\to C_{12}\wedge C_1\wedge C_2\wedge\cdots\wedge C_n$是重言式。另外，对于公式$C_{12}\wedge C_1\wedge C_2\wedge\cdots\wedge C_n\to C_1\wedge C_2\wedge\cdots\wedge C_n$的任意一组赋值，如果$C_{12}\wedge C_1\wedge C_2\wedge\cdots\wedge C_n$为真，则由化简规则得$C_1\wedge C_2\wedge\cdots\wedge C_n$为真，因此，$C_{12}\wedge C_1\wedge C_2\wedge\cdots\wedge C_n\to C_1\wedge C_2\wedge\cdots\wedge C_n$也是重言式。所以，由同真-双向蕴涵等值式知，$C_{12}\wedge C_1\wedge C_2\wedge\cdots\wedge C_n\leftrightarrow C_1\wedge C_2\wedge\cdots\wedge C_n$是重言式，即$C_1\wedge C_2\wedge\cdots\wedge C_n$与$C_{12}\wedge C_1\wedge C_2\wedge\cdots\wedge C_n$是等值的，于是，$S$是不可满足的当且仅当$S_2$是不可满足的。定理证毕。

注：由定理2.8可知，要证明一个子句集$S=\{C_1,C_2,\cdots,C_n\}$是不可满足的，只要对S中可归结的一对子句C_i,C_j进行一次归结，得归结式C_{ij}，并证明子句集$S_2=S\cup\{C_{ij}\}=\{C_1,C_2,\cdots,C_n,C_{ij}\}$是不可满足的即可。换句话说，如果一个子句集$S$在归结后是不可满足的，那么该子句集在归结前也是不可满足的。因此，反复应用定理2.8，只要在某一步归结后，能得到一个归结式是空子句NIL，则可断定$S=\{C_1,C_2,\cdots,C_n\}$是不可满足的。

【用归结原理方法证明逻辑结论的步骤】用归结原理方法证明“B是$A_1,A_2,\cdots,A_n$的逻辑结论”(即证明由前提$A_1,A_2,\cdots,A_n$推结论B的推理是有效推理”)的步骤如下。

(1)分别求出$A_1,A_2,\cdots,A_n$和$\neg B$的合取范式。

(2)用逗号代替各合取范式中的合取联结词$\wedge$，分别将$A_1,A_2,\cdots,A_n$和$\neg B$的合取范式表示为子句的形式。

(3)以(2)中得到的所有子句为元素构成一个子句集S。

(4)对S进行归结，一旦得到空子句，则断定S是不可满足的，证明结束。

例 2.44 用归结原理方法证明“$t\to(r\vee s)$是$\neg p\vee r,\neg q\vee s,p\wedge q$的逻辑结论”。

证明：(1)分别求出$\neg p\vee r,\neg q\vee s,p\wedge q$和$\neg(t\to(r\vee s))$的合取范式：

$$\neg p\vee r\Leftrightarrow\neg p\vee r,\quad \neg q\vee s\Leftrightarrow\neg q\vee s,\quad p\wedge q\Leftrightarrow p\wedge q$$

$$\neg(t\to(r\vee s))\Leftrightarrow\neg(\neg t\vee(r\vee s))\Leftrightarrow\neg(\neg t\vee r\vee s)$$

$$\Leftrightarrow\neg\neg t\wedge\neg r\wedge\neg s\Leftrightarrow t\wedge\neg r\wedge\neg s$$

(2)构造子句集S。分别将$\neg p\vee r,\neg q\vee s,p\wedge q$和$\neg(t\to(r\vee s))$的合取范式中的合取联结词$\wedge$换成逗号，得子句：$\neg p\vee r$，$\neg q\vee s$，$p$，$q$，$t$，$\neg r$，$\neg s$，以这些子句为元素得子句集$S=\{\neg p\vee r,\neg q\vee s,p,q,t,\neg r,\neg s\}$。

(3)对S进行归结。

① $\neg p\vee r$ (子句引入)

② $\neg q\vee s$ (子句引入)

③ p (子句引入)

④ q (子句引入)

⑤ t (子句引入)

⑥ $\neg r$ (子句引入)

⑦ $\neg s$ (子句引入)

⑧ r (①、③归结)

⑨ NIL (⑥、⑧归结)

由归结原理知，$t\to(r\vee s)$是$\neg p\vee r,\neg q\vee s,p\wedge q$的逻辑结论。

例 2.45 用归结原理方法证明下列推理是正确的。

如果小王来，那么小张或小李至少来一人；如果小张来，则小赵就不来。所以，如果小赵来了，但小李没来，则小王没来。

证明：令p表示“小王来了”，令q表示“小张来了”，令r表示“小李来了”，令s表示“小赵来了”，则有前提：$p\to(q\vee r),q\to\neg s$。结论：$(s\wedge\neg r)\to\neg p$。

(1)分别求$p\to(q\vee r),q\to\neg s$，$\neg((s\wedge\neg r)\to\neg p)$的合取范式：

$$p\to(q\vee r)\Leftrightarrow\neg p\vee(q\vee r)\Leftrightarrow\neg p\vee q\vee r,\quad q\to\neg s\Leftrightarrow\neg q\vee\neg s$$

$$\neg((s\wedge\neg r)\to\neg p)\Leftrightarrow\neg(\neg(s\wedge\neg r)\vee\neg p)\Leftrightarrow\neg\neg(s\wedge\neg r)\wedge\neg\neg p\Leftrightarrow(s\wedge\neg r)\wedge p$$

$$\Leftrightarrow s\wedge\neg r\wedge p$$

(2)构造子句集S。分别将$p\to(q\vee r),q\to\neg s$，$\neg((s\wedge\neg r)\to\neg p)$的合取范式中的合取联结词$\wedge$换成逗号，得子句：$\neg p\vee q\vee r,\neg q\vee\neg s,s,\neg r,p$，以这些子句为元素得

子句集 $S=\{\neg p\vee q\vee r,\neg q\vee\neg s,s,\neg r,p\}$。

(3)对子句集 S 进行归结。

① $\neg p\vee q\vee r$ (子句引入)

② $\neg q\vee\neg s$ (子句引入)

③ s (子句引入)

④ $\neg r$ (子句引入)

⑤ p (子句引入)

⑥ $q\vee r$ (①、⑤归结)

⑦ $\neg q$ (②、③归结)

⑧ r (⑥、⑦归结)

⑨ NIL (④、⑧归结)

由归结原理知，推理正确。

例 2.46 用归结原理方法证明下列推理是有效的。

在一次垒球联赛中，甲、乙两队比赛。如果李浩守第一垒并且黄松向乙队投球，则甲队取胜；或者甲队未取胜，或者甲队成为联赛的第一名；甲队没有成为联赛的第一名；李浩守第一垒，因此，黄松没有向乙队投球。

证明：令 p 表示"李浩守第一垒"，令 q 表示"黄松向乙队投球"，令 r 表示"甲队取胜"，令 s 表示"甲队成为联赛的第一名"，则有前提：$(p\wedge q)\to r$，$\neg r\vee s$，$\neg s$，p。结论：$\neg q$。

(1)分别求出 $(p\wedge q)\to r$，$\neg r\vee s$，$\neg s$，p，$\neg(\neg q)$ 的合取范式：

$(p\wedge q)\to r\Leftrightarrow\neg(p\wedge q)\vee r\Leftrightarrow(\neg p\vee\neg q)\vee r\Leftrightarrow\neg p\vee\neg q\vee r$

$\neg r\vee s\Leftrightarrow\neg r\vee s$， $\neg s\Leftrightarrow\neg s$， $p\Leftrightarrow p$， $\neg(\neg q)\Leftrightarrow q$

(2)构造子句集 S。分别将 $(p\wedge q)\to r$，$\neg r\vee s$，$\neg s$，p，$\neg(\neg q)$ 的合取范式中的合取联结词 $\wedge$ 换成逗号，得子句：$\neg p\vee\neg q\vee r,\neg r\vee s,\neg s,p,q$，以这些子句为元素得子句集 $S=\{\neg p\vee\neg q\vee r,\neg r\vee s,\neg s,p,q\}$。

(3)对子句集 S 进行归结。

① $\neg p\vee\neg q\vee r$ (子句引入)

② $\neg r\vee s$ (子句引入)

③ $\neg s$ (子句引入)

④ p (子句引入)

⑤ q (子句引入)

⑥ $\neg p\vee r$ (①、⑤归结)

⑦ $\neg r$ (②、③归结)

⑧ r (④、⑥归结)

⑨ NIL (⑦、⑧归结)

由归结原理知，推理有效。

注：(1)用归结原理证明"B 是 $A_1,A_2,\cdots,A_n$ 的逻辑结论"，其实就是通过证明 $A_1\wedge A_2\wedge\cdots\wedge A_n\wedge\neg B$ 是矛盾式，由此断定 $A_1\wedge A_2\wedge\cdots\wedge A_n\to B$ 是重言式。

(2) 归结原理只能用于证明子句集的不可满足性,不能用于证明子句集的可满足性。因此，若不能从子句集 S 中归结出空子句，则只能说明该问题不宜用归结原理来证明。但不能说明“B 就不是 $A_1, A_2, \cdots, A_n$ 的逻辑结论”。

习 题 2.8

在命题逻辑系统中用归结原理方法证明下列推理是有效的。

1. 前提：$p \to q$，$\neg s \vee r$，$\neg r$，$\neg(\neg p \wedge s)$。

结论：$\neg s$。

2. 前提：$(p \vee q) \to (r \wedge s)$，$(s \vee t) \to w$。

结论：$p \to w$。

3. 前提：$p \to (q \to r)$，$\neg s \vee p$，q。

结论：$s \to r$。

4. 前提：$s \to \neg q$，$s \vee r$，$\neg r$，$p \leftrightarrow q$。

结论：$\neg p$。

5. 前提：$\neg s \vee q$，$p \to \neg q$，s。

结论：$\neg p$。

6. 前提：$\neg p \to q$，$(\neg q \vee r) \wedge \neg r$，$\neg(p \wedge \neg s)$。

结论：s。

第 3 章 谓 词 逻 辑

3.1 谓词逻辑概述

【谓词逻辑】谓词逻辑是命题逻辑的扩充，是数理逻辑的一部分。谓词逻辑包含了命题逻辑的全部内容，此外，还包含对命题中个体对象的性质和个体对象之间关系的描述及推理。在谓词逻辑中，简单命题不是最小的研究单位。简单命题分解为更小的成分：个体词和谓词，有时还分解出量词。谓词逻辑主要研究命题中涉及的全体对象与特定对象、部分对象与特定对象以及全体对象与部分对象之间的逻辑关系。

【研究谓词逻辑的意义】把命题逻辑扩充到谓词逻辑有以下三方面的意义。

(1) 增加了表达问题的能力。在命题逻辑中，命题公式不能描述命题中的个体及个体的性质，更不能体现不同命题之间的一些共同特性。

例如，用 p 表示“张三是大学生”；用 q 表示“李四是大学生”，那么很难看出命题公式 p 所描述的对象是什么；也看不出公式 q 所描述的对象李四有什么性质；更看不出 p 和 q 有什么共同特性。

但是，如果用谓词公式来表示上述两个命题，就可以看到更多的信息。令 $S(x)$ 表示“x 是大学生”，a 表示“张三”，b 表示“李四”，则上述两个命题可以分别表示为 $S(a)$ 和 $S(b)$。容易看出命题 $S(a)$ 和 $S(b)$ 所涉及的对象分别是“张三”和“李四”，其共同特性是“张三和李四都是大学生”。

(2) 增加了描述问题的范围。在命题逻辑中，用命题公式不能表达命题涉及的范围。例如，用命题公式 p 表示“我们班的每个同学都通过了英语四级考试”。显然，p 不能体现“每个同学都通过英语四级考试”这样的特性。在谓词逻辑中引进了量词，很容易描述这样的特性。

(3) 增加了推理能力。在命题逻辑中，由于不能体现个体对象及其特性，所以命题逻辑不能体现个体对象之间的推理关系。例如，有如下推理“凡是人都会死，苏格拉底是人，所以苏格拉底会死”。不难看出，这个推理符合人们的思维方式，是正确的推理。

但是，在命题逻辑中不能说明这种推理的正确性。按照命题逻辑的推理方法，令 p 表示“凡是人都会死”，q 表示“苏格拉底是人”，r 表示“苏格拉底会死”，则上述推理可以表示为：$p \wedge q \to r$。这个命题公式显然不是一个重言式，所以，不能断定 r 是 $p \wedge q$ 的逻辑结论。换句话说，在命题逻辑中，从前提“凡是人都会死且苏格拉底是人”不能推出结论“苏格拉底会死”。然而，在谓词逻辑中很容易说明这种推理是正确的。

【命题的分解】在命题逻辑中，简单命题是最小的研究单位，简单命题不再分解为更小的组成部分。然而，不再分解不等于不能分解。为了分析命题中所涉及的个体对象的特性以及个体对象之间的关系，需要将简单命题分解为更小的组成部分来讨论。我们知道，一个简单命题是一个能判断真假的陈述句，而一个能判断真假的陈述句可以分解为许多更小的组成部分，如主语、谓语、宾语、补语、定语、状语等。在谓词逻辑中，把简单命题分解为两个基本部分：一是命题所描述的主要对象；二是命题所描述的单个主要对象的性质、特征、状态、处境等特性，或多个(两个或两个以上)主要对象之间的关系。换句话说，谓词逻辑关注和讨论命题所描述的主要对象及其性质(或关系)，其他成分不在讨论范围内。例如，在谓词逻辑中，可以把命题“布朗抱着一个足球正急切地在找马克”分解为两个部分：一是主要个体对象“布朗”和“马克”； 二是主要对象之间的关系“…正在找…”，其他部分(如足球)不在讨论范围内。

【谓词逻辑的作用】在谓词逻辑中研究命题，之所以只讨论命题中的两个基本部分——主要个体对象及其性质或关系，而忽略其他部分，是由谓词逻辑的作用决定的。谓词逻辑的最大作用是为科学研究提供形式化工具，它使许多问题的研究可以在一个语法规范、意义明确、推理严谨的符号系统中进行。大部分形式语言都是用谓词公式描述的。例如，计算机程序设计语言中的语句基本上都是谓词公式。另外，要使谓词逻辑满足语法规范、意义明确、推理严谨的条件，就要求谓词公式具有简单的结构。结构复杂的系统会造成语义说明和逻辑推理上的困难，不利于应用。

人们在衡量了利弊之后，选择了组成命题的最简单的结构——个体和谓词。

【个体】个体是一个哲学概念，是指可以独立存在的对象，类似于集合的元素。在谓词逻辑中，个体是指所要讨论的某个领域中的对象。因此，在谓词逻辑中，个体也称为个体对象。

例如，在讨论实数运算时，把每一个实数作为一个个体；在讨论朋友关系时，把每一个人作为一个个体；在讨论交通工具时，把火车、汽车、马车、飞机等作为个体。

【个体论域】在具体问题中所讨论的个体通常都在某个范围内变化，该变化范围可用集合表示。表示个体所在范围的集合称为问题的个体论域，简称个体域(或论域)。

在讨论实数运算时，把实数集作为个体论域；在讨论朋友关系时，可以把全人类组成的集合作为个体论域，也可以把全中国人组成的集合作为个体论域；在讨论交通工具时，可以把所有火车作为个体论域，也可以把所有火车和所有汽车作为个体论域，还可以把所有交通工具作为个体论域。每个具体问题都必须指明该问题中的个体论域。

注：一旦选定了个体论域，所讨论的对象必须被限定在该个体论域内。用来描述个体论域之外的对象的命题被认为是没有意义的命题。与函数定义域类似，可以把个体论域看作谓词的定义域。

【全总个体域】在讨论具体问题时，如果没有指明个体论域，则默认为全总个体域。全总个体域是一个大集合，该集合包含了谓词逻辑中所涉及的所有个体。这是为了方便讨论所作出的一个约定。

【个体常量】个体域中特定的个体对象称为个体常量，通常用小写英文字母 a、b、c、d (可带下标)表示。

例如，在语句“罗兰是一个大学生”中，“罗兰”是一个个体常量；又如，在语句“格林与比尔是同学”中，“格林”和“比尔”都是个体常量。可以令 a 表示“罗兰”，b_2 表示“格林”，c_1 表示“比尔”。

如果用集合 D 表示一个个体论域，则 D 中的每一个元素都是一个个体常量。

【个体变元】在个体论域内取值的变元称为个体变元，通常用小写英文字母 x、y、z、s、t(可带下标)表示。

例如，对于语句“x是一个实数”，令实数集是个体论域，x在实数集中取值，则x是一个个体变元。又如，在语句“$x>y$”中，x和y都是个体变元，x和y的论域可以是整数集，也可以是有理数集，还可以是实数集等。在具体应用语句“$x>y$”的问题中要明确指定x和y的一个论域。

【个体词】定义 3.1 用于描述个体对象的词称为个体词。

在谓词逻辑中，个体词包括个体常量、个体变元和项(项的概念见定义 3.4)。

【谓词】定义 3.2 用于描述个体对象的性质或个体对象之间的关系的词称为谓词，通常用大写字母$P,Q,\cdots$ (可以带下标)表示。

例如，在命题“布朗是一个学生”中，“布朗”是个体词，“…是一个学生”是谓词；在语句“x与y是同学”中，x和y是个体词，“…与…是同学”是谓词。

【一元谓词】表示单个个体的性质的谓词称为一元谓词。

例如，在语句“5 是一个整数”中，“…是整数”就是一个一元谓词。又如，在语句“林肯吃过饭了”中，“…吃过饭了”也是一元谓词。

注：在谓词逻辑中，一个个体的特性、特征、状态、处境、动作等统称为性质，两个或两个以上的个体之间的联系统称为关系。

【二元谓词】表示两个个体之间的关系的谓词称为二元谓词。

例如，在语句“比尔与马奇是同学”中，“…与…是同学”是一个二元谓词。

【三元谓词】表示三个个体之间的关系的谓词称为三元谓词。

例如，在语句“武汉位于北京与广州之间”中，“…位于…与…之间”是一个三元谓词。

【n ($n>1$) 元谓词】表示n个个体之间的关系的谓词称为n元谓词。n ($n>1$) 元谓词也称为多元谓词。

注：(1)一元谓词表示性质，多元谓词表示关系。

(2)为了体现一个谓词是几元谓词，通常在表示该谓词时在大写英文字母后面用圆括号及小写英文字母同时把该谓词的元表示出来。例如，用符号表示谓词“…是一个学生”，通常是令$G(x)$表示“x是一个学生”；用符号表示谓词“…与…是同学”，通常是令$H_1(x,y)$表示“x与y是同学”；用符号表示谓词“…位于…与…之间”，通常是令$F(x,y,z)$表示“x位于y与z之间”。

这样，可以一目了然地看到谓词G、H_1、F分别是一元谓词、二元谓词和三元谓词。

【量词】定义 3.3 用于描述个体变元量化特征的词称为量词。

个体变元的量化是指对个体变元的量进行描述，量化特征是指满足谓词所述条件的个体有多少。谓词逻辑描述两种量化特征：一种是论域中的所有个体对象都满足谓词所述条件；另一种是论域中有部分个体对象满足谓词所述条件。因此，在谓词逻辑中有两种量词：全称量词和存在量词。

【全称量词】表示个体变元取遍个体论域中的每一个值的量词称为全称量词，用符号$\forall$带上一个个体变元表示。例如，$\forall x, \forall y$等都是全称量词，其中，$\forall$表示“全称”，读作“对所有的”或“对每一个”，而x, y是个体变元。例如，可用带量词的数学表达式将语句“对所有实数x，都有$x^2 \geqslant 0$”写为$\forall x(R(x) \rightarrow (x^2 > 0 \vee x^2 = 0))$，其中，$R(x)$表示“$x$是实数”。

注：符号$\forall$不能单独使用，其后必须紧跟着一个个体变元。量词$\forall x$作为一个整体看待。

【存在量词】表示个体变元在个体域中取某个值的量词称为存在量词，用符号$\exists$带上一个个体变元表示。例如，$\exists x, \exists y$都是存在量词，其中，$\exists$表示“存在”，读作“存在”。例如，可用带量词的数学表达式将语句“有的实数既不大于0，也不小于0”写为$\exists x(R(x) \wedge \neg(x > 0) \wedge \neg(x < 0))$，其中，$R(x)$表示“$x$是实数”。

注：符号$\exists$不能单独使用，其后必须紧跟着一个个体变元。量词$\exists x$作为一个整体看待。

习 题 3.1

1. 指出下列命题中哪些是简单命题？哪些是复合命题？

(1) 偶数和奇数都是整数。

(2) 有人喜欢跳舞。

(3) 朱方方与朱圆圆是姐妹。

(4) 若x是实数且$x \geqslant 0$，则x有平方根。

(5) 每个人都需要食物，计算机不需要食物，所以计算机不是人。

(6) 每个参加会议的人都会说汉语。

(7) 无理数不是循环小数。

(8) $\sqrt{3}$是无理数。

2. 指出下列命题中包含的简单命题。

(1) 有理数和无理数都是实数。

(2) 李丽媛既喜欢学习又喜欢锻炼身体。

(3) 乌鸦都是黑色的，天鹅不是黑色的，所以天鹅不是乌鸦。

(4) 有理数和无理数都是实数。虚数不是实数。因此，虚数既不是有理数，也不是无理数。

(5) 每个理科学生都要学高等数学，每个学高等数学而又勤奋的学生都能掌握微积分知识，王磊是理科生并且勤奋学习，所以王磊能掌握微积分知识。

(6) 命题公式A是重言式当且仅当A的每一组赋值都使A的真值为1。

(7) 2009年6月6日是星期一或星期三，如果是星期三，那么我有英语课，我就不能去开会。如果是星期一，我就可以去开会。

3. 指出下列命题中是否包含量词，如果包含，请说明是全称量词还是存在量词。

(1) 有理数是实数。

(2) 刘鸣是三好学生。

(3) 有人喜欢锻炼身体。

(4) 发光的东西不一定是金子。

(5) 下星期一我去出差。

(6) 不能被 2 整除的整数称为奇数。

(7) 北京有外国人。

(8) 有些实数能表示成分数。

4. 指出下列命题中的个体词和谓词。

(1) 2 是素数。

(2) 张丽丽与赵明辉是中学同学。

(3) 并不是所有汽车都比火车跑得慢。

(4) $8>3$。

(5) 无理数不能表示成分数。

3.2 谓 词 公 式

谓词逻辑系统(简称谓词逻辑)是一个形式系统。谓词逻辑中使用的语言是一种形式语言，谓词逻辑中的符号、谓词公式、推理规则、证明形式等都有严格的语法规定。例如，原子谓词公式一定是形如 $P(x_1,x_2,\cdots,x_n)$ 的公式。

【谓词逻辑中的函数】自变量和因变量都在个体论域上取值的函数称为谓词逻辑中的函数(或论域上的函数)。在谓词逻辑中，函数通常用小写英文字母 f、g、h 等(可带下标)表示。

例如，令个体域为 $D=\{1,-1,2\}$，则函数 $g(x)=x^2$，不是论域 D 上的函数,因为 $f(2)=2^2=4\notin D$；令个体域 D 为实数集，则 $g(x)=x^2$ 是论域 D 上的函数。

只有一个自变量、一个因变量的函数称为一元函数；有两个自变量、一个因变量的函数称为二元函数。一般地，有 $n(n\geqslant 1)$ 个自变量、一个因变量的函数称为 n 元函数。

设论域为 D，则一元函数的定义域为 D，值域是 D 的子集。n（$n\geqslant 2$）元函数的定义域是 n 重笛卡儿积 D^n（$D^n=D\times D\times\cdots\times D$，此式有 n 个 D）的子集，值域是 D 的子集。

例如，设个体域 D 为实数集，则 $g(x)=3x+1$，$f(x,y)=x^2+2y$，$f_1(x,y,z)=2xz-3y$ 分别是 D 上的一元函数、二元函数和三元函数。

在谓词逻辑中经常需要用函数来表示个体之间的对应关系。例如，在谓词逻辑中表示命题“马丽的父亲与苏珊的父亲是同事”。这是一个表示两个个体对象之间关系的命题，个体对象是“马丽的父亲”和“苏珊的父亲”，他们的关系是“同事关系”。怎样才能恰当地表示这个命题呢？如果令谓词 $P(x,y)$ 表示“x 和 y 是同事”；a 表示“马丽”；b 表示“马丽的父亲”；c 表示“苏珊”；d 表示“苏珊的父亲”，则原命题可以表示为：$P(b,d)$。此时，谓词公式 $P(b,d)$ 虽然表示了 b 和 d 是同事关系，但是没有反映 b 与 a 以及 d 与 c 的对应关系，而且 $P(b,d)$ 也没有反映出 a 和 c 的有关信息，这样在推理过程中会丢失许多信息。

如果定义函数 $f(x)$ ： $f(x)=x$ 的父亲，则 $f(a)=b$ ， $f(c)=d$ 。于是，原命题可表示为 $P(f(a),f(c))$ 。这样， $P(f(a),f(c))$ 既描述了命题中父女间的对应关系，又表达了马丽和苏珊的信息，还表达了 $f(a)$ 与 $f(c)$ 是同事关系。因此，用函数表达个体间的某种对应关系，可以使得某些非主要对象间接地成为谓词公式中的个体。

注： 集合 D 的 n $(n\geqslant 2)$ 重笛卡儿积 $D\times D\times\cdots\times D$ 是一个集合，记作 D^n ，$D^n=D\times D\times\cdots\times D=\{<x_1,x_2,x_3,\cdots,x_n>|x_i\in D,i=1,2,3,\cdots,n\}$ 。

例如，设 $D=\{a,b\}$ ，则 D 的 2 重笛卡儿积为

$$D^2=D\times D=\{<a,a>,<a,b>,<b,a>,<b,b>\}$$

D 的 3 重笛卡儿积为

$$D^3=D\times D\times D=\{<a,a,a>,<a,a,b>,<a,b,a>,<a,b,b>,<b,a,a>,<b,a,b>,\\ <b,b,a>,<b,b,b>\}$$

【函数与谓词的区别】 谓词逻辑中的 n（$n\geqslant 1$）元函数 $f(x_1,x_2,\cdots,x_n)$ 是 D^n 到 D 的映射，可表示为 $f(x_1,x_2,\cdots,x_n)$ ： $D^n\to D$ ，其中， D 是个体论域， D^n 是 D 的 n 重笛卡儿积。若 $a_1,a_2,\cdots,a_n$ 是 D 中的个体常量，则 $f(a_1,a_2,\cdots,a_n)$ 也是 D 中的个体常量。例如，设个体域 D 是实数集，函数 $f(x,y)=x^2+y^2+1$ ，则对任何常数 $a,b\in D$ ，$f(a,b)=a^2+b^2+1$ 也是一个常数。又如，设个体域 D 是全世界所有人组成的集合，函数 $f(x)=x$ 的父亲，则对任何常量 $a\in D$ ， $f(a)$ 也是 D 中的一个常量。

谓词逻辑中的 n（$n\geqslant 1$）元谓词 $P(x_1,x_2,\cdots,x_n)$ 用于描述个体对象 $x_1,x_2,\cdots,x_n$ 之间的关系(或性质)，可表示为 $P(x_1,x_2,\cdots,x_n)$： $D^n\to A$ ，其中， D 是个体论域， A 是由谓词公式组成的集合。例如，设个体域 D 是实数集，令谓词 $P(x,y)$ 表示“ $x>y$ ”， 则对于任何常数 $a,b\in D$ ， $P(a,b)$ 是一个谓词公式，表示“ $a>b$ ”。 又如，设个体域 D 是全世界所有人组成的集合，令谓词 $P(x,y)$ 表示“ x 与 y 是朋友”，则对任何常量 $a,b\in D$ ，$P(a,b)$ 是一个谓词公式，表示“ a 与 b 是朋友”。

简而言之，函数与谓词的共同点是： n 元函数 $f(x_1,x_2,\cdots,x_n)$ 和 n 元谓词 $P(x_1,x_2,\cdots,x_n)$ 的定义域都是 n 重笛卡儿积 D^n 。 它们的区别是：对任意 $a_1,a_2,\cdots,a_n\in D$ ，$f(a_1,a_2,\cdots,a_n)$ 是 D 中的一个个体，而 $P(a_1,a_2,\cdots,a_n)$ 是一个谓词公式。

【谓词逻辑中的项】定义 3.4 谓词逻辑中的项递归定义如下。

(1) 个体常量和个体变元都是项。

(2) 若 f 是一个 n（$n\geqslant 1$）元函数符号， $t_1,t_2,\cdots,t_n$ 是 n 个项，则 $f(t_1,t_2,\cdots,t_n)$ 也是项。

(3) 仅由(1)和(2)在有限步内产生的符号串才是项。

引入项的概念是为了规范函数在谓词公式中的应用。具体地说，就是把个体常量、个体变元和函数统一为一种形式来处理，这个统一的形式就是项，其中，函数可看成间接的个体常量或个体变元。由定义 3.4 的第(2)条知，复合函数也是项。

例如，设 a、b、c 是个体常量，x、y、z 是个体变元，f 是一个三元函数符号，g 是一个二元函数符号，则 a、b、c、x、y、z、$g(x,y)$、$f(a,b,z)$、$f(a,g(x,y),c)$ 都是项。

【原子谓词公式】定义 3.5 设 P 是一个 n $(n\geqslant 1)$ 元谓词， $t_1,t_2,\cdots,t_n$ 是项，则

$P(t_1,t_2,\cdots,t_n)$ 是一个谓词公式，称为原子谓词公式。

一个原子谓词公式 $P(t_1,t_2,\cdots,t_n)$ 包含谓词 P 和项 $t_1,t_2,\cdots,t_n$ 两部分。其中，项 $t_1,t_2,\cdots,t_n$ 可以是个体常量或个体变元，也可以是函数。由定义 3.1 知，个体常量、个体变元和项统称为个体词，所以原子谓词公式由谓词和个体词两部分构成。这两个部分是相互独立的，但两者联合使用才有意义。单独的谓词、单独的个体词、单独的项都不能构成谓词公式，而且原子谓词公式的结构必须写成 $P(x_1,x_2,\cdots,x_n)$ 的形式。

【谓词逻辑中的合式公式】定义 3.6 谓词逻辑中的合式公式定义如下。

(1) 任何一个原子谓词公式都是合式公式。

(2) 若 A 是合式公式，则 $(\neg A)$ 也是合式公式。

(3) 若 A、B 是合式公式，则 $(A\wedge B)$、$(A\vee B)$、$(A\rightarrow B)$、$(A\leftrightarrow B)$ 都是合式公式。

(4) 若 A 是合式公式，则 $(\forall xA)$、$(\exists xA)$ 也是合式公式。

(5) 只有有限次应用 (1)～(4) 构成的符号串才是合式公式。

谓词逻辑中的合式公式也称谓词公式，在不引起混淆时简称公式。例如，$P(a,y)$；$Q(x)$；$(\forall xQ(x))$；$(\exists zP(x,y))$；$((\forall xQ(x))\rightarrow P(x,y))$ 都是谓词公式。

【谓词公式中运算的优先次序】为了公式的简洁性，在书写谓词公式时最外层括号可以省略。并且规定：在谓词公式中，括号最优先，在同一个括号内，量词 $\forall x$ 和 $\exists y$ 最优先，量词与紧跟其后的公式(或子公式)优先结合。其次是逻辑联结词 $\neg,\wedge,\vee,\rightarrow,\leftrightarrow$，逻辑联结词的优先次序与命题逻辑中的优先次序相同。

利用量词和逻辑联结词与公式结合的优先次序可以适当省略公式中的一些括号。例如，公式 $(\forall xP(x,y))\vee(Q(x)\rightarrow(\exists yR(x,y)))$ 可以写成 $\forall xP(x,y)\vee(Q(x)\rightarrow\exists yR(x,y))$。

【公式的量化】在谓词公式 A 前面加上量词 $\forall x$（或 $\exists x$）得到公式 $\forall xA$（或 $\exists xA$），称为用量词 $\forall x$（或 $\exists x$）对公式 A 量化。

对公式量化时，每一次量化都是只针对一个个体变元进行的。例如，$\forall xP(x,y)$ 是对 $P(x,y)$ 中的 x 量化，而不对 y 量化；$(\exists yG(x,y))$ 是对 $G(x,y)$ 中的 y 量化，而不对 x 量化。

$\forall xA$ 的意义是：无论 x 在个体域中取什么值，把 x 的具体值代入 A 中都能使 A 为真。

$\forall yA$ 的意义是：无论 y 在个体域中取什么值，把 y 的具体值代入 A 中都能使 A 为真。

$\exists xA$ 的意义是：在个体域中有某个个体，当 x 取值为该个体时，把 x 的具体值代入 A 中能使 A 为真。

$\exists tA$ 的意义是：在个体域中有某个个体，当 t 取值为该个体时，把 t 的具体值代入 A 中能使 A 为真。

量化可以对整个公式进行，也可以对公式中的子公式进行。例如，在公式 $\forall xP(x,y)\rightarrow Q(x,y)$ 中，$P(x,y)$ 被量词 $\forall x$ 量化，$Q(x,y)$ 没有被量词 $\forall x$ 量化。在公式 $\forall x(P(x,y)\rightarrow Q(x,y))$ 中，$P(x,y)\rightarrow Q(x,y)$ 被量词 $\forall x$ 量化。

注：有时公式的量化是"形式上"的，实际上公式中的量词不起作用。例如，在公式 $\forall zP(x,y)$ 中，公式 $P(x,y)$ 被 $\forall z$ 量化，但量词 $\forall z$ 对公式 $P(x,y)$ 不起作用。公式 $\forall zP(x,y)$ 与公式 $P(x,y)$ 的功能完全一样。

【量词的辖域】在含有量词的公式中，被某个量词量化的子公式称为该量词的辖域。例如，在公式 $\forall xP(x,y)\vee\exists y(Q(x)\rightarrow R(x,y))$ 中，量词 $\forall x$ 的辖域是 $P(x,y)$，量词 $\exists y$ 的辖

域是 $Q(x) \to R(x,y)$。

【约束变元】定义 3.7 在谓词公式中，出现在量词 $\forall x$（或 $\exists x$）辖域中的变元 x 称为约束变元。

【自由变元】定义 3.8 在谓词公式中，不是约束变元的变元称为自由变元。

例如，在公式 $\forall xP(x,y) \vee \exists y(Q(x) \to R(x,y))$ 中，$P(x,y)$ 中的 x 是约束变元；$R(x,y)$ 中的 y 是约束变元；$P(x,y)$ 中的 y 是自由变元；$Q(x) \to R(x,y)$ 中的 x 是自由变元。

例 3.1 指出下列公式的约束变元、自由变元及量词的辖域。

(1) $\forall x(F(x) \to \exists yH(x,y))$。

(2) $\exists xF(x) \wedge G(x,y)$。

(3) $\forall x\forall y(R(x,y) \vee L(y,z)) \wedge \exists xH(x,y)$。

解：(1) 在公式 $\forall x(F(x) \to \exists yH(x,y))$ 中，x 和 y 都是约束变元，$\forall x$ 的辖域是 $F(x) \to \exists yH(x,y)$，$\exists y$ 的辖域是 $H(x,y)$。

(2) 在公式 $\exists xF(x) \wedge G(x,y)$ 中，$F(x)$ 中的 x 是约束变元，$G(x,y)$ 中的 x 和 y 都是自由变元；$\exists x$ 的辖域是 $F(x)$。

(3) 在公式 $\forall x\forall y(R(x,y) \vee L(y,z)) \wedge \exists xH(x,y)$ 中，$R(x,y) \vee L(y,z)$ 中的 x 和 y 都是约束变元，z 是自由变元，$H(x,y)$ 中的 x 是约束变元，y 是自由变元；$\forall x$ 的辖域是 $\forall y(R(x,y) \vee L(y,z))$，$\forall y$ 的辖域是 $R(x,y) \vee L(y,z)$，$\exists x$ 的辖域是 $H(x,y)$。

【闭公式】定义 3.9 设 A 是一个谓词公式，若 A 中没有自由变元，则称 A 为闭公式。

例如，$\exists x\forall y(F(x) \vee G(x,y))$ 是闭公式，而 $\forall x(F(x) \to G(x,y))$ 不是闭公式。

【闭公式与命题之间的关系】 谓词公式可用于表示命题，但是，并非每个谓词公式都能表示命题。有一个简单的法则判别一个谓词公式能否用于表示命题：任何一个闭公式都能表示命题；含有自由变元的公式不一定能表示命题。

例如，令论域 D 是有理数集，谓词 $R(x)$ 表示“x 是有理数”，谓词 $G(x,y)$ 表示“x 大于 y”，则公式 $R(3)$ 表示“3 是有理数”，这是一个真命题。公式 $\forall x(R(x) \to G(x,y))$ 表示“对所有 x，若 x 是有理数，则 x 大于 y”，由于 y 是自由变元，y 没有在 D 中取得确定的值，因此不能判断“x 大于 y”是真还是假，此时 $\forall x(R(x) \to G(x,y))$ 不是一个命题。公式 $\forall x(R(x) \to \exists y(R(y) \wedge G(x,y)))$ 是一个闭公式，该公式表示“对所有 x，若 x 是有理数，则存在 y，y 是有理数且 x 大于 y”，这是一个真命题。

习 题 3.2

1. 指出下列符号串中，哪些是谓词公式，哪些不是谓词公式。

(1) $p \to q \vee r$。

(2) $F(x,y) \wedge \exists zG(y,z)$。

(3) $\forall x(p \wedge q) \leftrightarrow \forall yF(y)$。

(4) $\exists xF(y,z) \to \forall yG(z)$。

(5) $\forall xG(x) \wedge \exists y\exists zF(y,z) \to \forall p(p \vee q)$。

2. 指出下列公式中的约束变元、自由变元及量词的辖域。

(1) $\exists x(F(x,y) \to \forall yH(x,y,z))$。

(2) $\forall xF(x) \to G(x,c)$。

(3) $\forall x\forall y(R(x,y) \to L(y,z)) \land \exists xH(x,y)$。

(4) $\forall xF(x) \lor \exists yG(x,y)$。

(5) $\forall x\exists yP(x,y,z) \leftrightarrow (L(y,z) \land \forall xH(x,y))$。

(6) $\forall xF(x) \lor \exists yG(x,y) \to \forall zQ(x,y,z)$。

3. 判定下列公式是否为闭公式。

(1) $\exists y\forall x(G(x,y) \to \forall zH(x,y,z)) \land \exists xM(x)$。

(2) $\forall x(F(x) \to G(x,y)) \leftrightarrow \forall yH(x,y)$。

(3) $\forall x\forall y(R(x,y) \to \exists zL(y,z)) \land \exists xH(x,y)$。

(4) $\forall x(F(x) \lor \exists yG(x,y)) \to \forall x\exists zM(x,z)$。

(5) $\forall x\forall y(R(x,y) \to \exists zL(y,z)) \leftrightarrow \exists x\exists yH(x,y)$。

(6) $\forall x(L(x,a) \lor \exists yG(x,y)) \to \forall x\exists zM(x,z) \land H(a,b)$。

3.3 用谓词公式描述实际问题

第 2 章介绍了用命题公式表示命题的方法,用命题公式表示命题称为在命题逻辑中将命题符号化。本节介绍用谓词公式表示命题的方法，称为在谓词逻辑中将命题符号化。由于在谓词逻辑中表示命题必须体现个体词和谓词两个基本部分，有时还要用量词，所以，用谓词公式表示命题比用命题公式表示命题更为复杂，也更难把握。下面的内容有助于尽快掌握用谓词公式表示命题的方法。

【谓词公式的表达能力】虽然谓词公式比命题公式有更强的表达能力，但谓词公式的表达能力也是有限的。因为原子谓词公式只有个体词和谓词两个部分，所以原子谓词公式只能描述命题中两个方面的内容：一是用个体词表示主要的个体对象；二是用谓词表示个体对象的性质或个体对象之间的关系。而且谓词的功能被简化为两类：一类是描述单个个体的性质(包括特征、状态、处境、趋向、动作等)；另一类是描述多个(两个或两个以上)个体之间的关系。

简而言之，谓词公式的描述能力有限，若遇到内容丰富多彩的命题，则必须将这些命题进行简化，以适合谓词公式的描述。

【如何选用谓词】选择谓词是用谓词公式表示命题最重要的一步，确定了谓词就很容易确定个体词了。

例如，对于命题“对所有 x，若 $x>0$，则 $x^3>0$”，可以选用两种不同的谓词公式来表示该命题。

(1) 令二元谓词 $G(x,y)$ 表示“ $x>y$ ”，函数 $f(x)=x^3$，则原命题可以表示为 $\forall x(G(x,0) \to G(f(x),0))$。如果把数学符号引进谓词逻辑的形式语言中，则原命题也可以写为 $\forall x(G(x,0) \to G(x^3,0))$。

(2) 令一元谓词 $G(x)$ 表示“ $x>0$ ”，函数 $f(x)=x^3$ ，则原命题可以表示为 $\forall x(G(x)\to G(f(x)))$ 。如果把数学符号引进谓词逻辑的形式语言中，则原命题也可以写为 $\forall x(G(x)\to G(x^3))$ 。

【选用谓词的基本原则】如果陈述句中的谓语描述单个个体的性质，则选用一元谓词。如果陈述句中的谓语描述 $n(n\geqslant 2)$ 个个体之间的关系，则选用 n 元谓词。当然，选用谓词有时与操作者对命题的理解有关，但只要谓词公式能准确表达原命题的意思，可以选择不同的谓词公式来表示同一个命题。

【如何确定个体词】在一个命题中有时会涉及多个对象，但只有其中的主要对象可作为谓词公式的个体，次要对象不能作为谓词公式的个体。因此，在谓词公式中不必描述次要对象。例如，在语句“格林手上拿着月票快步超越亨利向公共汽车冲去”中，一共涉及 4 个对象：格林、月票、亨利和公共汽车。如果把该命题看作一个简单命题，则“格林”是主要对象，可作为谓词公式的个体；“去乘公共汽车”是谓词。如果把原命题作为一个简单命题，则谓词公式只能表达信息：“格林去乘公共汽车”。

如果把上述命题看作复合命题，则原命题可表述为“格林手上拿着月票”且“格林快步超越亨利”且“格林去乘公共汽车”。此时，谓词公式所表达的信息就多得多了。

【确定主要个体对象的基本原则】如果选用一元谓词表示命题的谓语，则可确定谓语所描述的对象为主要个体对象，其他对象为次要对象；如果选用 n $(n\geqslant 2)$ 元谓词表示命题的谓语，则可确定 n 个相关的对象为主要个体对象，其他对象为次要对象。

【量词的使用】量词用于描述个体变元取值范围对命题真假的影响。但是，在谓词逻辑中只能描述两种范围：一种是个体论域中的所有个体；另一种是存在于个体论域中的某一个个体。对于其他情况，谓词公式没有能力表达。例如，对于语句“我们班一半以上的同学通过了英语四级考试”，谓词逻辑中的量词不能表示“一半以上”这种范围。只能表示“所有同学都通过了英语四级考试”或“有同学通过了英语四级考试”。这是经典谓词逻辑的局限性，若要增加表达能力，则必须对谓词逻辑进行进一步的扩充。

【选用量词的基本原则】如果一个命题描述了个体论域中的所有个体，则使用全称量词；如果命题描述个体论域中的部分个体，则使用存在量词；如果命题没有描述个体的范围，则不用量词。全称量词常与蕴涵式公式配合使用，存在量词常与合取式公式配合使用。

例如，令 $N(x)$ 表示“ x 是一个自然数”，$L(x)$ 表示“ $x<0$ ”，则命题“所有自然数都不小于 0”可以表示为 $\forall x(N(x)\to\neg L(x))$ ；而命题“存在不小于 0 的自然数”可以表示为 $\exists x(N(x)\wedge\neg L(x))$ 。

又如，令 $P(x)$ 表示“ x 是汽车”，$Q(y)$ 表示“ y 是马车”，$G(x,y)$ 表示“ x 比 y 跑得快”，则命题“所有汽车都比马车跑得快”可以表示为 $\forall x\forall y(P(x)\wedge Q(y)\to G(x,y))$ ；而命题“有的马车比有的汽车跑得快”可以表示为 $\exists y\exists x(Q(y)\wedge P(x)\wedge G(y,x))$ 。

【个体域的描述】在谓词公式中使用量词时，一定会涉及个体域。任何一个具体问题都是在一定范围内讨论的，因此，必须在命题符号化的过程中对个体域进行描述。如果具体问题中给定了个体域，则不用再描述；如果问题中没有指出具体的个体域，则默认是全总个体域。

注：常见的用谓词公式表示的命题类型。

(1) 不含量词的简单命题。

例如，①7 是素数。

②刘岩的姐姐是研究生。

③赵丽的妈妈和李阿姨是同乡。

(2) 不含量词的复合命题。

例如，①2 是素数且是偶数。

②如果杨庆和陈明都是北京大学的学生，那么杨庆与陈明是校友。

(3) 含一个量词的命题。

例如，①每个人都热爱自己的祖国。

②有些中国人喜欢穿红色衣服。

③对任意实数 x，均有 $x^2-2x+1=(x-1)^2$。

(4) 含嵌套量词的命题。

例如，①兔子比乌龟跑得快。

②每一只兔子都比某些乌龟跑得快。

③有些兔子比所有乌龟跑得快。

④有些兔子比有些乌龟跑得快。

⑤有学生选修过本校开设的每一门数学课。

⑥对任意实数 x,y，均有 $x^2-y^2=(x+y)(x-y)$。

(5) 含多个量词的命题

例如，①理科生都学数学，但是，学数学的人不一定是理科生。

②对每个实数 x，如果 x 是整数，则存在整数 y，使得 $x>y$。有些整数是偶数，有些整数是奇数，奇数都不能被 2 整除。

③有理数是有限小数或无限循环小数，无理数都是无限不循环小数，所以，有些有理数既不是有限小数也不是无限不循环小数。

(6) 含量词的复合命题。

例如，①每个偶数都能被 2 整除，6 是偶数，所以，6 能被 2 整除。

②每个参赛者都会说英语，每个既会说英语又会说德语的参赛者都参加演讲，黄林是参赛者，并且他会说德语，所以黄林参加演讲。

【用谓词公式表示命题的一般方法和步骤(即命题符号化的一般方法和步骤)】

以下分六种情形说明如何用谓词公式表示命题。

情形 1 用谓词公式表示不含量词的简单命题的方法和步骤。

(1) 找出命题中的个体(可以有多个)，并分别用不同的个体词符号表示不同的个体。

(2) 找出命题中的函数(可以有多个)，并分别用不同的函数符号表示不同的函数。

(3) 找出命题中的谓词(只有一个)，并用谓词符号表示该谓词。

(4) 按照命题语句的含义以及原子谓词公式的构成规则写出原子谓词公式。

(5) 检查第(4)步所写的原子谓词公式是否表达了原命题的内容。

例 3.2 在谓词逻辑系统中将下列命题符号化。

(1) 刘岩的姐姐是研究生。

(2) 赵丽的妈妈和李阿姨是同乡。

(3) 5 是素数。

(4) 张明和刘浩是同学。

(5) 李岚是长跑冠军。

解: (1) 令 a 表示“刘岩”,函数 $g(x)=x$ 的姐姐,$F(x)$ 表示“x 是研究生”,则原命题可表示为 $F(g(a))$。

(2) 令 a 表示“赵丽”,b 表示“李阿姨”,函数 $g(x)=x$ 的妈妈,$H(x,y)$ 表示“x 与 y 是同乡”,则原命题可表示为 $H(g(a),b)$。

(3) 令 a 表示“5”,$F(x)$ 表示“x 是素数”,则原命题可表示为 $F(a)$。

(4) 令 c 表示“张明”,d 表示“刘浩”,$G(x,y)$ 表示“x 与 y 是同学”,则原命题可表示为 $G(c,d)$。

(5) 令 a_1 表示“李岚”,$M(x)$ 表示“x 是长跑冠军”,则原命题可表示为 $M(a_1)$。

情形 2 用谓词公式表示不含量词的复合命题的方法和步骤。

(1) 找出复合命题中所有互不相同的简单命题,并按“情形 1”的方法分别用谓词公式表示这些简单命题。

(2) 找出复合命题中的逻辑联结词,并分别将它们用联结词符号表示。

(3) 按照命题语句的含义以及谓词公式的构成规则将第(1)步中得到的子公式用逻辑联结词符号连接起来,写成复合谓词公式。

(4) 检查第(3)步中所写的谓词公式是否表达了原命题的内容。

例 3.3 用谓词公式表示下列命题。

(1) 2 是素数且是偶数。

(2) 如果杨庆和陈明都是北京大学的学生,那么杨庆与陈明是校友。

(3) 除非张玲的父亲是教师,否则刘景的父亲不可能与他是同事。

解: (1) 令 a 表示“2”,$F(x)$ 表示“x 是素数”,$G(x)$ 表示“x 是偶数”,则原命题可表示为 $F(a)\wedge G(a)$。如果把数学符号引进谓词逻辑的形式语言中,则原命题也可以表示为 $F(2)\wedge G(2)$。

(分析:此命题包含两个互不相同的简单命题,即“2 是素数”“2 是偶数”;一个联结词,即“且”。)

(2) 令 a 表示“杨庆”,b 表示“陈明”,$G(x)$ 表示“x 是北京大学的学生”,$F(x,y)$ 表示“x 与 y 是校友”,则原命题可表示为

$$G(a)\wedge G(b)\rightarrow F(a,b)$$

(分析:此命题包含三个互不相同的简单命题,即“杨庆是北京大学的学生”“陈明是北京大学的学生”“杨庆与陈明是校友”;两个联结词,即“且”“如果,那么”。)

(3) 令 a 表示“张玲”,b 表示“刘景”,函数 $g(x)=x$ 的父亲,$M(x)$ 表示“x 是教

师”，$H(x,y)$ 表示“ x 与 y 是同事”，则原命题可表示为

$$\neg M(g(a)) \to \neg H(g(b), g(a))$$

（分析：此命题包含两个互不相同的简单命题，即“张玲的父亲是教师”“刘景的父亲与张玲的父亲是同事”；一个联结词，即“除非，否则非”。）

注：用谓词公式表示命题时，一定要体现个体词和谓词这两个部分。一个谓词只表示一种性质(或一种关系)。例如，在命题(1)中，若令 a 表示“2”，$F(x)$ 表示“ x 是素数且是偶数”，则原命题表示为 $F(a)$ 。这是错误的表达方式。因为，在这里用一个谓词 $F(x)$ 表示了两种性质：“ x 是素数” 和 “ x 是偶数”。

情形 3　用谓词公式表示含一个量词的命题的方法和步骤。

(1) 找出命题中的个体(只有一种)，并用一个一元谓词指明个体是什么。

(2) 找出命题中的函数(可以有多个)，并分别用不同的函数符号表示不同的函数。

(3) 找出命题中的谓词(可以有多个)，并分别用不同的谓词符号表示不同的谓词。

(4) 找出命题中的量词(只有一个)，并用量词符号表示。

(5) 找出命题中与量词相关的谓词公式，并按原命题语句的含义用联结词符号把这些谓词公式连接成一个子公式。

(6) 用量词符号与第(5)步中得到的子公式结合构成一个谓词公式。此时，第(5)步中得到的子公式是该量词的辖域。

(7) 检查第(6)步中所写的谓词公式是否表达了原命题的内容。

例 3.4　用谓词公式表示下列命题。

每个人都热爱自己的祖国。

解：令 $F(x)$ 表示“ x 是人”，$G(x)$ 表示“ x 热爱自己的祖国”，则原命题可表示为 $\forall x(F(x) \to G(x))$ 。

注：由于谓词公式表达能力有限，此命题不能用一个谓词直接表示为 $\forall x G(x)$ 。

因为公式 $\forall x G(x)$ 的含义是“任意一个个体，该个体都热爱自己的祖国”，这不是原命题“每个人都热爱自己的祖国”的含义。必须用一个一元谓词 $F(x)$ 指明原命题中的个体是“人”，然后用谓词公式 $\forall x(F(x) \to G(x))$ 才能表示原命题“每个人都热爱自己的祖国”。

事实上，原命题只强调人热爱自己的祖国，没有表述非人的那些个体对象是否热爱自己的祖国。因此，原命题可重新表述为一个与其含义相同且更适合用谓词公式表示的命题：“对于任何一个个体，如果该个体是人，那么该个体热爱自己的祖国”。这样就容易看出，公式 $\forall x(F(x) \to G(x))$ 表达了原命题的实际含义。

例 3.5　用谓词公式表示下列命题。

有些中国人喜欢穿红色衣服。

解：令 $Q(x)$ 表示“ x 是中国人”，$M(x)$ 表示“ x 喜欢穿红色衣服”，则原命题可表示为 $\exists x(Q(x) \wedge M(x))$ 。

注：(1) 此命题不能用一个谓词直接表示为 $\exists x M(x)$ ，必须用一个一元谓词 $Q(x)$ 指明个体是“中国人”，而用另一个谓词 $M(x)$ 表示“ x 喜欢穿红色衣服”。

(2) 此命题可以重述为“存在某个个体，该个体是中国人且该个体喜欢穿红色衣服”。

例 3.6 用谓词公式表示下列命题。

(1) 每个计算机系的学生都学离散数学。

(2) 有人喜欢吃苹果。

解： (1) 令 $S(x)$ 表示“x 是计算机系的学生”，$D(x)$ 表示“x 学离散数学”，则原命题可表示为 $\forall x(S(x) \to D(x))$。

(2) 令 $M(x)$ 表示“x 是人”，$P(x)$ 表示“x 喜欢吃苹果”，则原命题可表示为 $\exists x(M(x) \wedge P(x))$。

注： (1) 对命题(1)，用一元谓词 $S(x)$ 指明个体是“计算机系的学生”。

(2) 命题(1)可以重述为“对于任何一个个体，如果该个体是计算机系的学生，那么该个体学离散数学”。

(3) 对命题(2)，用一元谓词 $M(x)$ 指明个体是“人”。

(4) 命题(2)可以重述为“存在某个个体，该个体是人且该个体喜欢吃苹果”。

例 3.7 在谓词逻辑系统中将下列命题符号化。

(1) 对所有实数 x，均有 $x^2-1=(x+1)(x-1)$。

(2) 存在有理数 x，使得 $x+5>x^2+2$。

解： (1) 令 $R(x)$ 表示“x 是实数”，函数 $f(x)=x^2-1$；函数 $g(x)=(x+1)(x-1)$；$M(x,y)$ 表示“$x=y$”，则原命题可表示为

$$\forall x\,(R(x) \to M(f(x), g(x)))$$

(2) 令 $Q(x)$ 表示“x 是有理数”，函数 $f_1(x)=x+5$，$f_2(x)=x^2+2$，$G(x,y)$ 表示“$x>y$”，则原命题可表示为

$$\exists x\,(Q(x) \wedge G(f_1(x), f_2(x)))$$

注： (1) 对命题(1)，用一元谓词 $R(x)$ 指明个体是“实数”。

(2) 命题(1)中有两个函数：$f(x)=x^2-1$，$g(x)=(x+1)(x-1)$。

(3) 命题(1)可以重述为“对于任何一个个体 x，如果 x 是实数，那么 $x^2-1=(x+1)(x-1)$”。

(4) 对命题(2)，用一元谓词 $Q(x)$ 指明个体是“有理数”。

(5) 命题(2)中有两个函数：$f_1(x)=x+5$，$f_2(x)=x^2+2$。

(6) 命题(2)可以重述为“存在某个个体 x，x 是有理数且 $x+5>x^2+2$”。

例 3.8 用谓词公式表示下列命题。

(1) 整数包括偶数和奇数。

(2) 有不吃饭的人。

(3) 对任意实数 x，有 $x^2-1=(x+1)(x-1)$ 及 $(x-1)^2=x^2-2x+1$。

解： (1) 令 $Z(x)$ 表示“x 是整数”，$N(x)$ 表示“x 是偶数”，$Q(x)$ 表示“x 是奇数”，则原命题可表示为

$$\forall x(Z(x) \to (N(x) \vee Q(x)))$$

(2) 令 $M(x)$ 表示“x 是人”，$E(x)$ 表示“x 吃饭”，则原命题可表示为

$$\exists x(M(x)\wedge\neg E(x))$$

(3) 令 $R(x)$ 表示“x 是实数”，函数 $f_1(x)=x^2-1$，$f_2(x)=(x+1)(x-1)$，$g_1(x)=(x-1)^2$，$g_2(x)=x^2-2x+1$，$L(x,y)$ 表示“$x=y$”，则原命题可表示为

$$\forall x(R(x)\to(L(f_1(x),f_2(x))\wedge L(g_1(x),g_2(x))))$$

注：(1) 对命题(1)，用一元谓词 $Z(x)$ 指明个体是“整数”。

(2) 命题(1)可以重述为“对于任何一个个体，如果该个体是整数，那么该个体是偶数或者该个体是奇数”。

(3) 对命题(2)，用一元谓词 $M(x)$ 指明个体是“人”。

(4) 命题(2)可以重述为“存在某个个体，该个体是人并且该个体不吃饭”。

(5) 对命题(3)，用一元谓词 $R(x)$ 指明个体是“实数”。

(6) 命题(3)可以重述为“对于任何一个个体 x，如果 x 是实数，那么 $x^2-1=(x+1)(x-1)$ 且 $(x-1)^2=x^2-2x+1$”。

例 3.9 在谓词逻辑系统中将下列命题符号化。

对所有实数 x，均有 $x^2+3>2$。

解：方法 1 令 $R(x)$ 表示“x 是实数”，函数 $f(x)=x^2+3$，$G(x)$ 表示“$x>2$”，则原命题可表示为

$$\forall x\,(R(x)\to G(f(x))$$

方法 2 令 $R(x)$ 表示“x 是实数”，函数 $f(x)=x^2+3$，$M(x,y)$ 表示“$x>y$”，a 表示“2”，则原命题可表示为

$$\forall x\,(R(x)\to M(f(x),a))$$

注：(1) 方法 2 中，“2”是个体常量。

(2) 此命题可以重述为“对于任何一个个体 x，如果 x 是实数，那么 $x^2+3>2$”。

情形 4 用谓词公式表示含嵌套量词的命题的方法和步骤。

(1) 在命题中分别找出与各个量词有关的个体，并分别用一个一元谓词指明个体是什么。

(2) 按“情形 1”或“情形 3”的命题类型，把命题适当分解，然后用“情形 1”或“情形 3”的方法将分解出来的每一个部分都用谓词公式表示。

(3) 根据命题语句的含义，用量词符号和联结词符号按照谓词公式的构成规则，把第(2)步中得到的子公式连接成一个谓词公式。

(4) 检查第(3)步中所写的谓词公式是否表达了原命题的内容。

例 3.10 在谓词逻辑系统中将下列命题符号化。

有学生选修过本校开设的每一门数学课。

解：令 $M(x)$ 表示“x 是学生”，$E(x)$ 表示“x 是本校开设的一门数学课”，$G(x,y)$ 表示“x 选修过 y”，则原命题可表示为

$$\exists x(M(x)\wedge\forall y(E(y)\to G(x,y)))$$

注：(1) 全称量词“每”被嵌套在存在量词“有”的辖域内。

(2) 与存在量词“有”相关的个体是“学生”，用一元谓词 $M(x)$ 指明；与全称量词“每”相关的个体是“本校开设的一门数学课”，用一元谓词 $E(x)$ 指明。

例 3.11　在谓词逻辑系统中将下列命题符号化。

兔子比某些乌龟跑得快。

解：此命题可以重述为“每一只兔子都比某些乌龟跑得快”。

令 $T(x)$ 表示“x 是兔子”，$W(x)$ 表示“x 是乌龟”，$Q(x,y)$ 表示“x 比 y 跑得快”，则原命题可表示为

$$\forall x(T(x)\to\exists y(W(y)\wedge Q(x,y)))$$

注：(1) 存在量词“某些”被嵌套在全称量词“所有”的辖域内。

(2) 与全称量词“每一只”相关的个体是“兔子”，用一元谓词 $T(x)$ 指明；与存在量词“某些”相关的个体是“乌龟”，用一元谓词 $W(x)$ 指明。

例 3.12　在谓词逻辑系统中将下列命题符号化。

兔子比乌龟跑得快。

解：此命题可以重述为“凡是兔子都比所有乌龟跑得快”。

令 $F(x)$ 表示“x 是兔子”，$G(x)$ 表示“x 是乌龟”，$M(x,y)$ 表示“x 比 y 跑得快”，则原命题可表示为

$$\forall x(F(x)\to\forall y(G(y)\to M(x,y)))\ (\text{或者}\ \forall x\forall y\,(F(x)\wedge G(y)\to M(x,y)))$$

注：(1) 全称量词“所有”被嵌套在全称量词“凡是”的辖域内。

(2) 与全称量词“凡是”相关的个体是“兔子”，用一元谓词 $F(x)$ 指明；与全称量词“所有”相关的个体是“乌龟”，用一元谓词 $G(x)$ 指明。

例 3.13　用谓词公式表示下列命题。

(1) 在奥运百米赛跑中至少有两人跑得同样快。

(2) 乌鸦和燕子都是黑色的。

解：(1) 令 $F(x)$ 表示“x 是人”，$G(x,y)$ 表示“x 与 y 不相同”，$M(x,y)$ 表示“x 与 y 在奥运百米赛跑中跑得同样快”，则原命题可表示为

$$\exists x\exists y\,(F(x)\wedge F(y)\wedge G(x,y)\wedge M(x,y))$$

(2) 令 $G(x)$ 表示“x 是乌鸦”，$D(x)$ 表示“x 是燕子”，$H(x)$ 表示“x 是黑色的”，则原命题可表示为

$$\forall x\forall y\,(G(x)\wedge D(y)\to(H(x)\wedge H(y)))$$

注：(1) 命题 (1) 中，存在量词“至少有”，其中一个嵌套在另一个的辖域内，两个存在量词的个体都是“人”，用一元谓词 $F(x)$ 指明。

(2) 命题 (2) 中，有两个全称量词“所有”，其中，指定燕子数量的全称量词嵌套在指定乌鸦数量的全称量词的辖域内。与指定乌鸦数量的全称量词相关的个体就是“乌鸦”，用一元谓词 $G(x)$ 指明。与指定燕子数量的全称量词相关的个体就是“燕子”，用一元谓词 $D(x)$ 指明。

例 3.14 用谓词公式表示下列命题。

任意实数 x，均有 $(x-2)^2 \geqslant x^3+1$，并且若 x 是有理数，则存在整数 y，使得 $x^4 > y$，x 整除 y。

解： 令 $R(x)$ 表示“x 是实数”，$Q(x)$ 表示“x 是有理数”，$Z(x)$ 表示“x 是整数”，函数 $f(x)=(x-2)^2$，$g(x)=x^3+1$，$h(x)=x^4$，$L(x,y)$ 表示“$x>y$”，$M(x,y)$ 表示“$x=y$”，$P(x,y)$ 表示“x 整除 y”，则原命题可表示为

$$\forall x(R(x)\to((L(f(x),g(x))\vee M(f(x),g(x)))\wedge(Q(x)\to\exists y(Z(y)\wedge L(h(x),y)\wedge P(x,y))))$$

注： (1) 存在量词“存在”嵌套在全称量词“任意”的辖域内。

(2) 与全称量词“任意”相关的个体是“实数”，用一元谓词 $R(x)$ 指明；与存在量词“存在”相关的个体是“整数”，用一元谓词 $Z(x)$ 指明。

例 3.15 用谓词公式表示下列命题。

每个实数 x，都存在整数 y，使得“$x>y$”，且 y 整除所有偶数。

解： 令 $R(x)$ 表示“x 是实数”，$H(x)$ 表示“x 是整数”，$N(x)$表示“x 是偶数”，$L(x,y)$ 表示“$x>y$”，$Q(x,y)$ 表示“x 整除 y”，则原命题可表示为

$$\forall x(R(x)\to(\exists y(H(y)\wedge L(x,y)\wedge\forall z(N(z)\to Q(y,z))))$$

例 3.16 用谓词公式表示下列命题。

如果一个人是女性且为人父母，则此人是某人的母亲。

解： 将原命题改写成方便用谓词公式表达的形式：“对于每一个人，如果此人是女性且是某人的父亲或母亲，则此人是某人的母亲”。

令 $P(x)$ 表示“x 是人”，$W(x)$ 表示“x 是女性”，$F(x,y)$ 表示“x 是 y 的父亲”，$M(x,y)$ 表示“x 是 y 的母亲”，则原命题可表示为

$$\forall x(P(x)\wedge(W(x)\wedge\exists y(P(y)\wedge(F(x,y)\vee M(x,y)))\to\exists z(P(z)\wedge M(x,z))))$$

情形 5 用谓词公式表示含多个量词的命题的方法和步骤

(1) 找出命题中所有含一个量词的命题，并用“情形 3”的方法分别用谓词公式表示这些命题。

(2) 找出命题中所有含嵌套量词的命题，并用“情形 4”的方法分别用谓词公式表示这些命题。

(3) 找出命题中的逻辑联结词，并分别用联结词符号表示。

(4) 根据命题语句的含义，用量词符号和联结词符号按照谓词公式的构成规则，把第 (1) 步和第 (2) 步中得到的子公式连接成一个谓词公式。

(5) 检查第 (4) 步中所写的谓词公式是否表达了原命题的内容。

例 3.17 用谓词公式表示下列命题。

理科生都学数学，但是，学数学的人不一定是理科生。

解： $R(x)$ 表示“x 是理科生”，$Q(x)$表示“x 学数学”，$G(x)$ 表示“x 是人”，则原命题可表示为

$$\forall x(R(x)\to Q(x))\wedge\neg\forall x(G(x)\wedge Q(x)\to R(x))$$

例 3.18 用谓词公式表示下列命题。

对每个实数 x，如果 x 是整数，则存在整数 y，使得 $x>y$。有些整数是偶数，有些整数是奇数。奇数都不能被 2 整除。

解： $R(x)$表示“x是实数”，$Q(x)$表示“x是整数”，$L(x,y)$表示“$x>y$”，$G(x)$表示“x是偶数”，$H(x)$表示“x是奇数”，$P(x)$表示“x能被2整除”，则原命题可表示为

$$\forall x(R(x)\to(Q(x)\to\exists y(Q(y)\wedge L(x,y))))\wedge\exists t(Q(t)\wedge G(t))\wedge\exists z(Q(z)\wedge H(z))\wedge$$
$$\forall w(H(w)\to\neg P(w))$$

例 3.19 用谓词公式表示下列命题。

实数包含有理数和无理数，有理数都能表示成分数，无理数都不能表示成分数，所以，对于一个实数 x,x 是有理数当且仅当 x 能表示成分数。

解： $R(x)$表示“x是实数”，$Q(x)$表示“x是有理数”，$G(x)$表示“x是无理数”，$H(x)$表示“x能表示成分数”，则原命题可表示为

$$\forall x(R(x)\to(Q(x)\vee G(x)))\wedge\forall x(Q(x)\to H(x))\wedge\forall x(G(x)\to\neg H(x))\to\forall x(R(x)$$
$$\to(Q(x)\leftrightarrow H(x)))$$

例 3.20 用谓词公式表示下列命题。

有理数是有限小数或无限循环小数，无理数都是无限不循环小数，所以，有些有理数既不是有限小数也不是无限不循环小数。

解： $Q(x)$表示“x是有理数”，$G(x)$表示“x是无理数”，$D(x)$表示“x是有限小数”，$M(x)$表示“x是无限循环小数”，$P(x)$表示“x是无限不循环小数”，则原命题可表示为

$$\forall x(Q(x)\to D(x)\vee M(x))\wedge\forall x(G(x)\to P(x))\to\exists x(Q(x)\wedge\neg D(x)\wedge\neg P(x))$$

情形 6 用谓词公式表示含量词的复合命题的方法和步骤。

(1) 找出命题中所有不含量词的简单命题，并用“情形 1”的方法分别用谓词公式表示这些简单命题。

(2) 找出命题中所有含一个量词的命题，并用“情形 3”的方法分别用谓词公式表示这些命题。

(3) 找出命题中所有含嵌套量词的命题，并用“情形 4”的方法分别用谓词公式表示这些命题。

(4) 找出复合命题中的逻辑联结词，并分别用联结词符号表示。

(5) 根据命题语句的含义，用联结词符号按照谓词公式的构成规则，把第(1)~(3)步中得到的子公式连接成一个谓词公式。

(6) 检查第(5)步中所写的谓词公式是否表达了原命题的内容。

例 3.21 用谓词公式表示下列命题。

(1) 没有不吃饭的人。

(2) 0 是最小的自然数，但不存在最小整数。

(3) 每个偶数都能被 2 整除，6 是偶数，所以，6 能被 2 整除。

解： (1) 令 $M(x)$ 表示“x是人”，$D(x)$表示“x吃饭”，则原命题可表示为

$$\neg(\exists x(M(x)\wedge\neg D(x)))$$

(2) 令 a 表示“0”，$R(x)$ 表示“x 是自然数”，$N(x)$ 表示“x 是整数”，$L(x,y)$ 表示“$x > y$”，$M(x,y)$ 表示“$x = y$”，则原命题可表示为

$$(R(a) \wedge \forall x(R(x) \to (L(x,a) \vee M(x,a)))) \wedge \forall x(N(x) \to \exists y(N(y) \wedge L(x,y)))$$

(3) 令 $R(x)$ 表示“x 是偶数”，$M(x)$ 表示“x 能被 2 整除”，a 表示“6”，则原命题可表示为

$$\forall x(R(x) \to M(x)) \wedge R(a) \to M(a)$$

例 3.22 用谓词公式表示下列命题。

9 既是偶数又是合数，任意有理数 x, y，均有 $(x-y)^2 > 0$，且存在整数 z，使得 $x > z$。

解： 令 a 表示“9”，$D(x)$ 表示“x 是偶数”，$B(x)$ 表示“x 是合数”，$P(x)$ 表示“x 是有理数”，函数 $f(x,y) = (x-y)^2$，b 表示“0”，$N(x)$ 表示“x 是整数”，$Q(x,y)$ 表示“$x > y$”，则原命题可表示为

$$(D(a) \wedge B(a)) \wedge \forall x \forall y(P(x) \wedge P(y) \to (Q(f(x,y),b) \wedge \exists z(N(z) \wedge Q(x,z))))$$

例 3.23 用谓词公式表示下列命题。

每个参赛者都会说英语，每个既会说英语又会说德语的参赛者都参加演讲，黄林是参赛者，并且他会说德语，所以黄林参加演讲。

解： 令 $M(x)$ 表示“x 会是参赛者”，$E(x)$ 表示“x 会说英语”，$G(x)$ 表示“x 会说德语”，$H(x)$ 表示“x 参加演讲”，a 表示“黄林”，则原命题可表示为

$$\forall x(M(x) \to E(x)) \wedge \forall x(M(x) \wedge E(x) \wedge G(x) \to H(x)) \wedge M(a) \wedge G(a) \to H(a)$$

习 题 3.3

1. 在谓词逻辑系统中将下列命题符号化。

(1) 没有不需要吃饭的人。

(2) 所有无理数都是实数。

(3) 大牛与小马是同学。

(4) 高山的妹妹和刘水的哥哥都是大学生。

(5) 有人不喜欢跳舞。

(6) 所有火车都比某些汽车跑得快。

2. 用谓词公式表示下列命题。

(1) 对整数 x，若 x 不是偶数，则 x 不能被 2 整除。

(2) 对整数 x，若 x 是质数，则存在整数 y，y 是偶数且 x 整除 y。

(3) 对实数 x, y，有 $(x-y)^2 = x^2 - 2xy + y^2$。

(4) 对有理数 x, y，有 $(x-y)(x+y) = x^2 - y^2$。

(5) 三角形的内角和等于 180°。

3. 在谓词逻辑系统中将下列命题符号化。

(1) 能被 2 整除的整数，称为偶数。

(2) 不能被 2 整除的整数，称为奇数。

(3) 凡是登山运动员都适应高原气候，周兵不适应高原气候，所以周兵不是登山运动员。

(4) 有理数都能表示成分数，有些实数不能表示成分数，所以，有些实数不是有理数。

(5) 每个计算机专业的学生都学高级程序设计语言，凡是学了高级程序设计语言而又勤奋学习的学生都能编写计算机运行程序，张冰是计算机专业的学生并且勤奋学习，所以，张冰能编写计算机运行程序。

(6) 命题公式 A 是可满足式当且仅当存在 A 的一组赋值使得 A 的真值为 1 。

4. 在谓词逻辑系统中将下列命题符号化。

(1) 偶数和奇数都是整数。

(2) 有人喜欢跳舞。

(3) 朱方方与朱圆圆是姐妹。

(4) 若 x 是实数且 $x \geqslant 0$ ，则 x 有平方根。

(5) 每个人都需要食物，计算机不需要食物，所以计算机不是人。

(6) 每个参加会议的人都会说汉语。

(7) 无理数不是循环小数。

(8) $\sqrt{3}$ 是无理数。

5. 在谓词逻辑系统中将下列命题符号化。

(1) 有理数和无理数都是实数。

(2) 李丽媛既喜欢学习又喜欢锻炼身体。

(3) 乌鸦都是黑色的，天鹅不是黑色的，所以天鹅不是乌鸦。

(4) 有理数和无理数都是实数。虚数不是实数。因此，虚数既不是有理数，也不是无理数。

(5) 发光的东西不一定是金子。

(6) 北京有外国人。

(7) 并不是所有汽车都比火车跑得慢。

(8) $8 > 3$ 。

3.4 谓词公式的解释

【谓词公式的解释】谓词公式是由抽象的谓词符号、函数符号、个体词、量词和逻辑联结词等组成的表达式。对于一个谓词公式，如果不指明公式中谓词的含义、函数的含义、个体词的取值，那么这个谓词公式只是一串符号而已，不代表任何具体意义。例如，设 $T(x)$ 是一个一元谓词，$S(y,x)$ 是一个二元谓词，则 $\forall x(T(x) \to \exists y S(y,x))$ 是一个谓词公式。如果不再进一步指明 $T(x)$ ，$S(y,x)$ 的含义以及 x,y 的取值，那么公式 $\forall x(T(x) \to \exists y S(y,x))$ 只是一串符号，不代表任何具体意义。如果令 $T(x)$ 表示“x 是一个教师”，$S(y,x)$ 表示“y 是 x 的学生”，x,y 在全总个体域中取值，则谓词公式 $\forall x(T(x) \to \exists y S(y,x))$ 代表一个具体命题“每位老师至少有一名学生”。如果令 $T(x)$ 表示“x 是有理数”，$S(y,x)$ 表示“$y > x$”，x,y 在实数集中取值，则谓词公式

$\forall x(T(x) \to \exists y S(y,x))$ 代表另一个具体命题“对于每个有理数都存在比它大的实数”。

一般地，对一个谓词公式中的个体变元、个体常项指定取值范围，对公式中的谓词、函数指定具体含义，使得谓词公式代表一个具体命题，这种操作称为对谓词公式进行解释。

在谓词逻辑中对谓词公式的解释有严格的定义和规范的格式。一个解释除了说明谓词公式的具体意义，还给出了判定公式真假的一个模型(语境)。一个谓词公式经解释后就成为一个具体的命题，而且可以根据解释中给出的模型判定命题的真假。

由于一个谓词公式可能包含的元素有：谓词、函数、量词、个体常量、个体变元(自由变元和约束变元)，所以，谓词公式的解释定义如下。

定义 3.10　谓词公式的一个解释 I 包含以下几方面内容。

(1) 给定一个个体域 D。其中，D 是一个非空集合并且包含公式中所有要讨论的个体。

(2) 为公式中的谓词符号分别指定具体含义。

(3) 为公式中的个体常量分别指定 D 中的一个具体元素(也称为给个体常量赋值)。

(4) 为公式中的自由变元分别指定 D 中的一个具体元素(也称为给自由变元赋值)。

(5) 为公式中的函数符号分别指定 D 上的一个具体函数。

(6) 为公式中的一元谓词分别指定 D 的一个子集，表示一元谓词所描述的概念的外延(由概念所对应的论域 D 中的全部元素组成)。

(7) 为公式中的 n ($n \geqslant 2$) 元谓词分别指定 n 重笛卡儿积 D^n 的一个子集，表示 n 元谓词所描述的 n 元关系的外延(由 n 元关系所对应的论域 D^n 中的全部元素组成)。

注：(1) 公式中不同的个体常量符号可以赋相同的值。

(2) 公式中不同的自由变元符号可以赋相同的值。

(3) 上述第(6)、(7)条所指定的集合，在具体应用中可以保证解释后的公式成为一个命题(能判断真假的陈述句)。

(4) 第(6)、(7)条中给 n ($n \geqslant 1$) 元谓词指定的集合可以是空集。

(5) 一个谓词公式经过解释就成为了一个命题(可判断真假)。

(6) 如果一个解释 I 把公式 A 解释成真命题，则称 I 是公式 A 的成真解释；如果一个解释 I 把公式 A 解释成假命题，则称 I 是公式 A 的成假解释。

例如，对公式 $\exists x G(x)$ 给出解释 I_1 如下：个体域 $D_1 = \{$李金林，刘一铭，张立晶，赵浩翔$\}$；$G(x)$ 表示“x 是教师”；$G(x)$ 对应集合$\{$李金林，刘一铭$\}$，则 I_1 把公式 $\exists x G(x)$ 解释为“D_1 中有教师”。

该解释给出了概念“教师”的外延集合，即说明了论域 D_1 中李金林、刘一铭是教师。因此，可以判断 $\exists x G(x)$ 是一个真命题，从而 I_1 是公式 $\exists x G(x)$ 的一个解释，且 I_1 是公式 $\exists x G(x)$ 的一个成真解释。

又对公式 $\exists x G(x)$ 给出解释 I_2 如下：个体域 $D_2 = \{$李金林，刘一铭，张立晶，赵浩翔$\}$；$G(x)$ 表示“x 是教师”；$G(x)$ 对应空集 $\varnothing$。则 I_2 把公式 $\exists x G(x)$ 解释为“D_2 中有教师”，这是假命题。因为该解释给出了概念“教师”的外延集合是空集 $\varnothing$，指出了 D_2 中没有教师。所以，I_2 也是公式 $\exists x G(x)$ 的一个解释，且 I_2 是公式 $\exists x G(x)$ 的一个成假解释。

【谓词公式与解释的关系】谓词公式由一些形式符号构成。一个谓词公式可以有无穷多个解释，公式的每一个具体的解释都给出公式所代表的一个具体意义，组成一个解释的内容是应用领域中的具体内容。

例如，对谓词公式 $\exists x(F(x)\wedge\neg G(x))$，给出一个解释 I_1 如下：个体域 D_1 为实数集，$F(x)$ 表示“x 是有理数”，$G(x)$ 表示“x 是偶数”，谓词 $F(x)$ 对应的集合为“有理数集”，谓词 $G(x)$ 对应的集合为“偶数集”。则 I_1 把公式 $\exists x(F(x)\wedge\neg G(x))$ 解释为“有些有理数不是偶数”。这个解释说明原公式代表数学中的一个断言。

再看公式 $\exists x(F(x)\wedge\neg G(x))$ 的另一个解释 I_2：个体域 D_2 为全体大学教师，$F(x)$ 表示“x 是博士”，$G(x)$ 表示“x 是教授”，谓词 $F(x)$ 对应的集合为“D 中的博士全体”，谓词 $G(x)$ 对应的集合为“D 中的教授全体”，则 I_2 把公式 $\exists x(F(x)\wedge\neg G(x))$ 解释为“有些博士不是教授”。这个解释说明原公式代表大学教师的某些状况。

简而言之，解释是公式与应用领域中具体命题之间的一种对应，一个谓词公式经过解释后就成为一个应用领域中的具体命题。谓词公式是一种形式语言中的符号串，是一种没有具体意义的符号串，而解释所涉及的内容是应用领域中的具体内容。所以，解释中的内容可以用自然语言、数学语言以及其他应用领域的语言来描述，不必完全用谓词公式来描述。

【公式 $\forall xA(x)$ 的真值】定义 3.11　设 I 是一个解释，D 是 I 的个体域，则在解释 I 下，公式 $\forall xA(x)$ 的真值为 1 当且仅当对 D 中的每一个元素 b，都有 $A(b)$ 的真值为 1。

【公式 $\exists xA(x)$ 的真值】定义 3.12　设 I 是一个解释，D 是 I 的个体域，则在解释 I 下，公式 $\exists xA(x)$ 的真值为 1 当且仅当存在 D 中的某个元素 b，使得 $A(b)$ 的真值为 1。

【一般谓词公式的真值】一个谓词公式经过解释后成为一个具体命题，而命题是有真假属性的。由谓词公式的定义知，除了量词以外，公式的其他结构与命题逻辑中的公式结构相同。所以，在给定的解释下，只要能确定形如 $\forall xA(x)$ 和 $\exists xA(x)$ 公式的真值，其他形式的公式的真值与命题逻辑中确定真值的方法相同。

下面举例说明如何构造公式的解释以及解释中各部分的作用。

例 3.24　设有谓词公式 $F(a)$、$F(x)$、$G(a,y)$、$H(x,y)$、$\forall xF(x)$、$\exists x\exists yG(x,y)$，请给出一个解释 I，使得这些公式代表具体的命题。

解：定义解释 I 的各部分内容如下。

(1) 给定个体论域：D={安娜，布朗，比尔，卡特，查理，戴西，戴维，杜威 }。

(2) 指定谓词符号的具体含义：$F(x)$ 表示“x 是一个学生”；$G(x,y)$ 表示“x 与 y 是老乡”；$H(x,y)$ 表示“x 与 y 是同学”。

(3) 给个体常量赋值：令 a = 安娜。

(4) 给自由变元赋值：在 $F(x)$ 中，令 x = 布朗；在 $G(a,y)$ 中，令 y = 查理；在 $H(x,y)$ 中，令 x = 比尔，y = 杜威。

(5) 为函数符号指定具体函数：由于以上的公式都不包含函数符号，所以不需指定具体函数。

(6) 为一元谓词指定 D 的子集：令 $F(x)$ 对应的集合为 S = {安娜，比尔，卡特，查理，戴维，杜威}，S 表示论域 D 上的学生集合。

(7) 为二元谓词指定 $D\times D$ 的子集：$G(x,y)$ 对应的关系为，$R_1=\{$<比尔，卡特>，<查理，杜威>$\}$，R_1 表示论域 D 上的老乡关系；$H(x,y)$ 对应的关系为，$R_2=\{$<比尔，杜威>，<安娜，卡特>，<比尔，安娜>$\}$，R_2 表示论域 D 上的同学关系。

至此，解释 I 定义完毕。经过以上 I 的解释，题中给出的 6 个谓词公式都各自代表了具体的意义。$F(a)$ 被解释为"安娜是一个学生"，这是一个真命题，因为安娜在集合 S 中；$F(x)$ 被解释为"布朗是一个学生"，这是一个假命题，因为布朗不在集合 S 中；$G(a,y)$ 被解释为"安娜与查理是老乡"，这是一个假命题，因为<安娜，查理>不在集合 R_1 中；$H(x,y)$ 被解释为"比尔与杜威是同学"，这是一个真命题，因为<比尔，杜威>在集合 R_2 中；$\forall xF(x)$ 被解释为"论域 D 中的所有对象都是学生"，这是一个假命题，因为论域中还有布朗、戴西等不在集合 S 中；$\exists x\exists yG(x,y)$ 被解释为"论域 D 中有两个对象是老乡"，这是一个真命题，因为有<比尔,卡特>在 R_1 中。

注：(1) 在解释中对自由变元的赋值与个体常项的赋值是不同的。各公式中的自由变元可以分别在论域中任意取值。例如，$F(x)$ 中的 x 可以取 $x=$ 布朗，而 $H(x,y)$ 中的 x 可以取 $x=$ 比尔。但是，个体常项 a 只能取一个值，在 $F(a)$ 中的 a 和 $G(a,y)$ 中的 a 必须解释为论域中的同一个对象。这与程序设计语言中的变量和常量的赋值是同一个道理。

(2) 解释中给定的非空个体域划定了谓词公式讨论的范围。也就是说，谓词公式只描述个体域范围内的个体，不描述个体域外的个体。

(3) 公式的一个解释也称为公式的一个模型，无论给出的模型是否符合实际情况，公式解释后的真假值都必须按模型进行判定。同一个公式，对于给出的不同模型有可能得到不同的真假值。

例 3.25　给出公式 $\forall x(F(x)\vee M(x))$ 的一个解释。

解：给出解释 I 如下，个体域 D 为整数集；$F(x)$ 表示"x 是偶数"，$M(x)$ 表示"x 是奇数"，$F(x)$ 对应的集合为 $\{2x|x\in D\}$；$M(x)$ 对应的集合为 $\{2x+1|x\in D\}$，则 I 把公式 $\forall x(F(x)\vee M(x))$ 解释为"每个整数都是偶数或奇数"，这是真命题。

例 3.26　给出公式 $\forall x(H(x)\to\exists y(H(y)\wedge L(x,y)))$ 的一个成真解释。

解：给出解释 I 如下，个体域 D 是实数集，$H(x)$ 表示"x 是整数"，$L(x,y)$ 表示"$x>y$"，$H(x)$ 对应的集合为 $\{x|x\in D\text{且}x\text{是整数}\}$，$L(x,y)$ 对应的集合为 $\{<x,y>|x,y\in D\text{且}x>y\}$，则 I 把公式 $\forall x(H(x)\to\exists y(H(y)\wedge L(x,y)))$ 解释为"不存在最小的整数"，这是一个真命题。所以，I 是公式 $\forall x(H(x)\to\exists y(H(y)\wedge L(x,y)))$ 的一个成真解释。

例 3.27　给出公式 $\forall x(F(x)\vee M(h(x)))\wedge\exists xG(x,a)$ 的一个成真解释和一个成假解释。

解：(1) 给出解释 I_1 如下，个体域 D_1 是整数集；$a=3$；$h(x)=2x+1$；$F(x)$ 表示"x 是偶数"；$M(x)$ 表示"x 是整数"；$G(x,y)$ 表示"x 被 y 整除"；$F(x)$ 对应集合 $\{2x|x\in D_1\}$；$M(x)$ 对应集合 D_1；$G(x,y)$ 对应集合 $\{<x,y>|x,y\in D_1\text{且}x\text{被}y\text{整除}\}$。则 I_1 把公式 $\forall x(F(x)\vee M(h(x)))\wedge\exists xG(x,a)$ 解释为"每个整数 x，x 是偶数或 $2x+1$ 是整数，且存在整数 x 使得 x 被 3 整除"，这是一个真命题。所以，I_1 是公式 $\forall x(F(x)\vee M(h(x)))\wedge\exists xG(x,a)$ 的一个成真解释。

(2)给出解释 I_2 如下，个体域 D_2 是实数集；$a=3$；$h(x)=2x+1$；$F(x)$ 表示“x 是偶数”；$M(x)$ 表示“x 是整数”；$G(x,y)$ 表示“x 被 y 整除”；$F(x)$ 对应集合 $\{x|x\in D_2$ 且 x 是一个偶数$\}$；$M(x)$ 对应集合 $\{x|x\in D_2$ 且 x 是一个整数$\}$；$G(x,y)$ 对应集合 $\{<x,y>|x,y\in D_2$ 且 x 被 y 整除$\}$。则 I_2 把公式 $\forall x(F(x)\vee M(h(x)))\wedge\exists xG(x,a)$ 解释为“每个实数 x，x 是偶数或 $2x+1$ 是整数，且存在实数 x，使得 x 被 3 整除”，这是一个假命题。因为 $x=1.2$ 是实数，但 x 不是偶数，$2x+1$ 也不是整数。所以，I_2 是公式 $\forall x(F(x)\vee M(h(x)))\wedge\exists xG(x,a)$ 的一个成假解释。

例 3.28 对谓词公式 $\forall x(M(x)\wedge G(f(x),a))$ 和 $\forall x\exists yH(x,y)$，构造一个解释使得这两个公式都为真；再构造一个解释使得第一个公式为真而第二个公式为假。

解：构造第一个解释 I 如下。

(1) 个体域 $D_I=\{2x|x$ 是整数$\}$。

(2) $M(x)$ 表示“x 是一个偶数”；$G(x,y)$ 表示“x 被 y 整除”；$H(x,y)$ 表示“x 大于 y”。

(3) $f(x)=x+8$。

(4) $a=2$。

(5) 谓词 $M(x)$ 对应的集合为 D_I。

(6) 谓词 $G(x,y)$ 对应的集合为 $R_1=\{<x,y>|x,y\in D_I\wedge x$ 被 y 整除$\}$；谓词 $H(x,y)$ 对应的集合为 $R_2=\{<x,y>|x,y\in D_I\wedge(x>y)\}$。

在解释 I 下，公式 $\forall x(M(x)\wedge G(f(x),a))$ 被解释为“对每个偶数 x，x 是一个偶数且 $x+8$ 被 2 整除”。容易验证这是一个真命题。

公式 $\forall x\exists yH(x,y)$ 被解释为“对每个偶数 x，都存在偶数 y，使得 $x>y$”。不难验证这也是一个真命题。

构造第二个解释 I' 如下。

(1) 个体域 $D_{I'}=\{2x|x$ 是正整数$\}$。

(2)、(3)、(4)、(5)、(6)步分别与上述第一个解释 I 的(2)、(3)、(4)、(5)、(6)步对应相同，只需把其中的 D_I 改为 $D_{I'}$ 即可。

在解释 I' 下，公式 $\forall x(M(x)\wedge G(f(x),a))$ 被解释为“对每个正偶数 x，x 是一个偶数且 $x+8$ 被 2 整除”。容易验证这是一个真命题。

而公式 $\forall x\exists yH(x,y)$ 被 I' 解释为“对每个正偶数 x，都存在正偶数 y，使得 $x>y$”。这是一个假命题。因为 $2\in D_{I'}$，当 $x=2$ 时，不存在 $D_{I'}$ 中的任何元素 y，使得 $x>y$。

【谓词公式的类型】一个谓词公式有无穷多个解释，有的解释使公式为真，有的解释使公式为假。但也有一些公式在任何解释下都为真，而有些公式在任何解释下都为假。根据公式与解释的关系，可以把谓词公式分为三种类型：永真式、永假式和可满足式。

【永真式】定义 3.13 若公式 A 在任何解释下均为真，则称 A 为永真式。

【永假式】定义 3.14 若公式 A 在任何解释下均为假，则称 A 为永假式。

【可满足式】定义 3.15 若(至少)存在一个解释使公式 A 为真，则称 A 为可满足式。

例 3.29 判断下列公式的类型。

(1) $\forall xF(x)\to\exists xF(x)$。

(2) $\exists x(G(x)\wedge\neg G(x))$。

(3) $\forall x(P(x)\to Q(x))$。

解：(1)是永真式。理由如下：对于任意一个解释 I，设 D 是 I 的非空个体域，则 D 中至少存在一个个体 a。因为公式 $\forall xF(x)\to\exists xF(x)$ 的前件是 $\forall xF(x)$，后件是 $\exists xF(x)$，所以在解释 I 下，若 $\forall xF(x)$ 为假，由命题逻辑知，$\forall xF(x)\to\exists xF(x)$ 为真；若 $\forall xF(x)$ 为真，由定义 3.11 知，对个体域 D 中的每一个元素 x，$F(x)$ 都是真的，特别地，$F(a)$ 为真。由定义 3.12 知，$\exists xF(x)$ 为真。故 $\forall xF(x)\to\exists xF(x)$ 为真。由解释 I 的任意性，可知(1)是永真式。

(2)是永假式。用反证法证明该结论：若公式 $\exists x(G(x)\wedge\neg G(x))$ 不是永假式，则由定义 3.14 知，存在解释 I 使得 $\exists x(G(x)\wedge\neg G(x))$ 为真。设 D 是 I 的个体域，则由定义 3.12 知，存在 $a\in D$ 使得 $G(a)\wedge\neg G(a)$ 为真。这是一个矛盾，因为对任意 $x\in D$，$G(x)\wedge\neg G(x)$ 总是假的。因此，公式 $\exists x(G(x)\wedge\neg G(x))$ 没有成真解释，从而，公式 $\exists x(G(x)\wedge\neg G(x))$ 是永假式。

(3)是可满足式。构造一个解释 I 如下：令个体域 D 是实数集；$P(x)$ 表示“x 是一个整数”；$Q(x)$ 表示“x 是一个有理数”；$P(x)$ 对应集合 $\{x|\in D\text{且}x\text{是一个整数}\}$；$Q(x)$ 对应集合 $\{x|x\in D\text{且}x\text{是一个有理数}\}$，则在解释 I 下，公式 $\forall x(P(x)\to Q(x))$ 被解释为“整数都是有理数”，这是一个真命题。

再构造一个解释 I' 如下：令个体域 D 是实数集；$P(x)$ 表示“x 是一个整数”；$Q(x)$ 表示“x 是一个奇数”；$P(x)$ 对应集合 $\{x|\in D\text{且}x\text{是一个整数}\}$；$Q(x)$ 对应集合 $\{x|\in D\text{且}x\text{是一个奇数}\}$，则在解释 I' 下，公式 $\forall x(P(x)\to Q(x))$ 被解释为“整数都是奇数”，这是一个假命题。所以，(3)是可满足式，但不是永真式。

习　题　3.4

1. 对下列公式分别给出一个解释，使得这些公式代表具体命题，并用自然语言写出它们所代表的命题。

(1) $\forall xF(x,a)\vee\exists yG(y)$。

(2) $\forall x\exists yG(x,y)\to F(x,y)$。

(3) $H(x,y,b)\leftrightarrow G(x,y)$。

(4) $\forall xF(x)\wedge\exists yG(y,a)$。

2. 给出下列各公式的一个成真解释和一个成假解释。

(1) $\forall x(F(x)\wedge H(g(x),a))$。

(2) $\exists x\forall yG(x,y,a)$。

(3) $\forall x\forall y(G(x,y)\to\neg F(x,y))$。

(4) $\exists y(G(y)\wedge F(y)\wedge M(y))$。

(5) $\forall x(F(x) \vee H(x))$。

(6) $\forall x \forall y(F(x,y) \to G(y,x))$。

3. 判断下列公式的类型。

(1) $\forall xG(x) \to (\exists x \exists yF(x,y) \to \forall xG(x))$。

(2) $\neg(\forall xF(x) \to \exists yG(y)) \wedge \exists yG(y)$。

(3) $\forall xP(x) \to \exists xP(x)$。

(4) $\forall x(F(x) \to H(x))$。

(5) $\exists x(G(x) \wedge F(x))$。

(6) $\forall x \exists yG(x,y) \to \exists x \forall yG(x,y)$。

(7) $\exists x(F(x) \wedge G(x)) \to \forall yG(y)$。

(8) $(\forall xG(x) \wedge \forall yF(x,y)) \to ((\forall xG(x) \wedge \forall yF(x,y)) \vee \exists zM(x,z))$。

4. 给定解释 I 如下。

(1) 个体域 D_I 是实数集。

(2) $M(x)$ 表示“x 是偶数”；$G(x,y)$ 表示“x 被 y 整除”；$H(x,y)$ 表示“x 大于 y”。

(3) $f(x)=3x+2$。

(4) $a=2$。

写出下列公式在解释 I 下的具体含义，并指出它们的真值。

(1) $\forall x(M(x) \to \exists y(G(a,y) \wedge H(f(x),y)))$。

(2) $\exists x(M(x) \wedge \forall y(M(y) \to G(f(x),f(y))))$。

5. 给定解释 I 如下。

(1) 个体域 D_I 是全世界的人构成的集合。

(2) $F(x)$ 表示“x 是美国人”；$M(x)$ 表示“x 是中国人”；$H(x,y)$ 表示“x 与 y 有相同的国籍”；$G(x,y)$ 表示“x 与 y 是校友”；$P(x)$ 表示“x 在美国加州大学读书”。

(3) a 表示“徐明”；b 表示“珍妮”。

用自然语言写出下列公式在解释 I 下的具体含义，并指出它们的真值。

(1) $\forall x \forall y(F(x) \wedge M(y) \to \neg H(x,y))$。

(2) $\forall x \forall y(F(x) \wedge F(y) \to G(x,y))$。

(3) $P(a) \wedge P(b) \to G(a,b)$。

(4) $\forall x(P(x) \to H(x,b))$。

3.5 谓词公式的等值演算

在谓词逻辑中存在许多结构不同但功能相同的谓词公式，这类公式在问题描述、逻辑运算和逻辑推理方面都起着同样的作用，因此，有必要对这类公式的共同特点进行深入研究。

【谓词公式等值】定义 3.16 设 A、B 是两个谓词公式，若 $(A) \leftrightarrow (B)$ 是永真式，则称 A 与 B 是等值的，记为 $A \Leftrightarrow B$。$A \Leftrightarrow B$ 称为一个等值式。

由定义知，若公式 A 与 B 等值，则在任何解释下 $(A) \leftrightarrow (B)$ 均为真。公式经解释后成为具体的命题，因而有具体的真值。所以，$A \Leftrightarrow B$ 在任何解释下，A 与 B 有相同的真值。由于一个谓词公式有无穷多个解释，要验证在每个解释下 A 与 B 有相同的真值是十分困难的。因此，有必要找出一些通用方法，用于判别公式之间是否等值。

【代换实例】定义 3.17 设 B 是含命题变元 $p_1, p_2, \cdots, p_n$ 的命题公式，$A_1, A_2, \cdots, A_n$ 是任意 n 个谓词公式，在 B 中用 A_i（$1 \leqslant i \leqslant n$）处处代换 p_i，所得谓词公式 A 称为命题公式 B 的一个代换实例。

例如，谓词公式 $F(x) \to G(x)$ 和 $(\forall x \exists y G(x,y) \to F(x)) \to \forall z \forall t L(x,z,t)$ 都是命题公式 $p \to q$ 的代换实例，而 $p \to \forall x G(x)$ 不是命题公式 $p \to q$ 的代换实例。

例 3.30 设命题公式 $B = ((p \to \neg q) \vee r) \leftrightarrow (p \vee q)$，请给出 B 的 3 个代换实例。

解： (1) 取 $A_1 = \forall x F(x) \to G(x,t)$，$A_2 = \forall x \forall t M(x,t)$，$A_3 = \exists x \forall y H(x,y)$，分别用 A_1，A_2，A_3 处处代换 B 中的 p，q，r，得到 B 的一个代换实例：

$$(((\forall x F(x) \to G(x,t)) \to \neg \forall x \forall t M(x,t)) \vee \exists x \forall y H(x,y)) \leftrightarrow ((\forall x F(x) \to G(x,t)) \vee \forall x \forall t M(x,t)$$

(2) 取 $A_1 = F(x,y) \wedge \exists t G(x,t)$，$A_2 = \forall x M(x,t)$，$A_3 = A_2 = \forall x M(x,t)$，分别用 A_1，A_2，A_3 处处代换 B 中的 p，q，r，又得到 B 的一个代换实例：

$$(((F(x,y) \wedge \exists t G(x,t)) \to \neg \forall x M(x,t)) \vee \forall x M(x,t)) \leftrightarrow ((F(x,y) \wedge \exists t G(x,t)) \vee \forall x M(x,t))$$

(3) 取 $A_1 = \exists t G(x,t)$，$A_2 = \forall x M(x,t)$，$A_3 = \exists t \forall x M(x,t,y)$，分别用 A_1，A_2，A_3 处代换 B 中的 p，q，r，又得到 B 的一个代换实例：

$$((\neg \exists t G(x,t) \to \neg \forall x M(x,t)) \vee \exists t \forall x M(x,t,y)) \leftrightarrow (\neg \exists t G(x,t) \vee \forall x M(x,t))$$

注： 一个命题公式有无穷个代换实例。

定理 3.1 (1) 重言式的所有代换实例都是永真式。

(2) 矛盾式的所有代换实例都是永假式。

证明： (1) 设 B 是含命题变元 $p_1, p_2, \cdots, p_n$ 的命题公式，且 B 是一个重言式，则对 $p_1, p_2, \cdots, p_n$ 的任何一组赋值，B 的真值都是1。又设 $A_1, A_2, \cdots, A_n$ 是 n 个谓词公式，A 是在 B 中用 A_i（$1 \leqslant i \leqslant n$）处处代换 p_i 而得到的谓词公式，则对任意一个解释 I，无论 $A_1, A_2, \cdots, A_n$ 的真值是1还是0，都可以看成对 $p_1, p_2, \cdots, p_n$ 的一组赋值。因为 B 是重言式，所以对于这组赋值，B 的真值是1。而 A 是 B 的代换实例，A 与 B 只在 p_i（$1 \leqslant i \leqslant n$）不同，所以，$A$ 与 B 有相同的真值，因此，A 的真值也是1。由解释 I 的任意性知，A 是永真式。

(2) 设 B 是一个矛盾式，A 是 B 的一个代换实例，按定义 3.17，$\neg A$ 是 $\neg B$ 的一个代换实例。因为 B 是矛盾式，所以 $\neg B$ 是重言式。由第(1)条知，$\neg A$ 是永真式，从而 A 是永假式。

推论 3.1 命题逻辑中的所有等值式的代换实例都是谓词逻辑中的等值式。

注： 由推论 3.1 知，命题逻辑中的所有等值演算方法都可在谓词逻辑中沿用。

【置换规则】 设 $\Phi(A)$ 是含子公式 A 的一个谓词公式，$\Phi(B)$ 是用谓词公式 B 取代 $\Phi(A)$ 中的一些 A 或所有的 A，其余不变，而得到的谓词公式，若 $A \Leftrightarrow B$，则 $\Phi(A) \Leftrightarrow \Phi(B)$。

置换规则表明，对任何一个谓词公式，将其子公式换成与之等值的公式，其余不变，所得到的新公式与原公式等值。例如，将公式 $\forall x(P(x)\to Q(x))\wedge\exists yH(x,y)$ 中的子公式 $P(x)\to Q(x)$ 换成 $\neg P(x)\vee Q(x)$，所得到的新公式 $\forall x(\neg P(x)\vee Q(x))\wedge\exists yH(x,y)$ 与原公式等值。

【约束变元换名规则】 设 A 是一个谓词公式，$\forall xB(x)$ 是 A 的子公式，y 是未在 A 中出现过的个体变元符号，将公式 A 中的 $\forall xB(x)$ 换成 $\forall yB(y)$（即把 $\forall xB(x)$ 中的所有 x 都换成 y），公式中其余部分不变，换名后所得到的公式记为 A'，则 $A\Leftrightarrow A'$。

同样地，设 $\exists xB(x)$ 是 A 的子公式，t 是未在 A 中出现过的个体变元符号，将公式 A 中的 $\exists xB(x)$ 换为 $\exists tB(t)$（即把 $\exists xB(x)$ 中的所有 x 都换成 t），公式中其余部分不变，换名后所得到的公式记为 A'，则 $A\Leftrightarrow A'$。

注：(1) 公式变元换名的目的是明确区分公式中的各个量词及其辖域，以便进行逻辑推理或逻辑运算。

例如，对于公式 $\forall x(P(x)\to\exists x\exists yQ(x,y))$，从表面上看，$Q(x,y)$ 在 $\forall x$ 的辖域内，$Q(x,y)$ 中的 x 应该受到 $\forall x$ 的约束。实际上 $Q(x,y)$ 中的 x 与量词 $\forall x$ 无关，不受 $\forall x$ 的约束，而是受 $\exists x$ 的约束。用约束变元换名规则把 $\forall x(P(x)\to\exists x\exists yQ(x,y))$ 换名为 $\forall x(P(x)\to\exists t\exists yQ(t,y))$，就可以明显看出 $Q(t,y)$ 中的 t 不受 $\forall x$ 的约束。

(2) 约束变元的换名以量词及其辖域为操作单元，即对公式中的某个量词换名就要对量词及其辖域中出现的所有相同变元都换为同一个新的变元，而辖域以外的所有变元保持不变。

(3) 对于带嵌套量词的公式，从里层到外层进行换名。

例如，$\forall x(P(x)\to\exists x\forall t(Q(x,t)\wedge G(x,y)\leftrightarrow\forall x(M(x)\vee H(x,t))))$

$\Leftrightarrow\forall x(P(x)\to\exists x\forall t(Q(x,t)\wedge G(x,y)\leftrightarrow\forall u(M(u)\vee H(u,t))))$

$\Leftrightarrow\forall x(P(x)\to\exists w\forall t(Q(w,t)\wedge G(w,y)\leftrightarrow\forall u(M(u)\vee H(u,t))))$

公式 $\forall x(P(x)\to\exists x\forall t(Q(x,t)\wedge G(x,y)\leftrightarrow\forall x(M(x)\vee H(x,t))))$ 中的量词有三层嵌套。

【自由变元换名规则】 将谓词公式 A 中的某个自由变元处处替换成在 A 中未出现过的个体变元符号，A 的其余部分不变，替换后所得公式记为 A'，则 $A\Leftrightarrow A'$。

公式的自由变元的换名与数学中函数变量的换名类似。例如，把函数 $f(x,y)=x^2+y^2$ 换名为 $f(s,t)=s^2+t^2$，则这两个函数的功能是一样的。对公式的自由变元换名要注意确定哪些是自由变元，特别是在有多个量词嵌套的公式中，很容易把约束变元看成自由变元。

【公式变元换名的一般步骤】

(1) 确定是否需要换名。若公式中有某个个体变元符号既是约束变元又是自由变元，或某个个体变元符号被两个(或两个以上)量词约束，则公式需要换名。

(2) 为公式的个体变元换名时，对嵌套量词从最里层的量词及其辖域开始，逐步扩大范围；对非嵌套量词的换名不必考虑先后顺序。

(3) 一般情况下，完成了约束变元的换名后，自由变元就不需要换名了。所以，除了在推理中需要与另外的公式完全匹配其自由变元，不必对自由变元换名。

例 3.31 用换名规则对公式 $\forall x\forall y(R(x,y)\vee L(y,z))\wedge\exists xH(x,y)$ 的变元进行换名，使其中的约束变元和自由变元的符号互不相同。

解： $\forall x\forall y(R(x,y)\vee L(y,z))\wedge\exists xH(x,y)$

$\Leftrightarrow \forall x\forall y(R(x,y)\vee L(y,z))\wedge\exists tH(t,y)$（用 t 替换 $\exists xH(x,y)$ 中的 x）

$\Leftrightarrow \forall x\forall u(R(x,u)\vee L(u,z))\wedge\exists tH(t,y)$（用 u 替换 $\forall y(R(x,y)\vee L(y,z))$ 中的 y）

至此，公式 $\forall x\forall u(R(x,u)\vee L(u,z))\wedge\exists tH(t,y)$ 中的各约束变元和自由变元没有“重叠”出现，因此，不必再换。

注： 对公式中的变元进行换名时，一般是从“小辖域”到“大辖域”，所以操作次序应该是“从里到外”，而不是“从左到右”。原则上是先换约束变元，后换自由变元。

【量词等值式】 在谓词逻辑中，除了用上面介绍的代换实例、置换规则、换名规则等可以得到公式的等值式，还有关于量词的一些特有的等值式。

【量词消去等值式】 设个体域 $D=\{a_1,a_2,\cdots,a_n\}$ 是有限集，$A(x)$ 是任意的谓词公式，则：

(1) $\forall xA(x)\Leftrightarrow A(a_1)\wedge A(a_2)\wedge\cdots\wedge A(a_n)$。

(2) $\exists xA(x)\Leftrightarrow A(a_1)\vee A(a_2)\vee\cdots\vee A(a_n)$。

【量词变换等值式】 全称量词与存在量词有如下的等值变换关系。

(1) $\neg\forall xA(x)\Leftrightarrow\exists x\neg A(x)$。

(2) $\neg\exists xA(x)\Leftrightarrow\forall x\neg A(x)$。

其中，$A(x)$ 是任意的谓词公式。

证明： (1) 设 I 是任意一个解释，D 是 I 的个体域，在解释 I 下，若 $\neg\forall xA(x)$ 的真值为1，则 $\forall xA(x)$ 的真值为0。因为 $\forall xA(x)$ 的真值为0，按定义 3.11，在 D 中至少有一个元素 b 使得 $A(b)$ 的真值为0。于是，有 $\neg A(b)$ 的真值为1。再由定义 3.12 知 $\exists x\neg A(x)$ 的真值为1。

反之，若 $\exists x\neg A(x)$ 的真值为1，则存在 $d\in D$ 使得 $\neg A(d)$ 的真值为1。于是，$A(d)$ 的真值为0，从而 $\forall xA(x)$ 的真值为0。故 $\neg\forall xA(x)$ 的真值为1。由 I 的任意性知，$\neg\forall xA(x)\leftrightarrow\exists x\neg A(x)$ 是永真式。按定义 3.16 知 $\neg\forall xA(x)\Leftrightarrow\exists x\neg A(x)$ 成立。

同理可证第(2)条。

【量词辖域收缩与扩张等值式】 若公式 B 是量词 $\forall x$（或 $\exists x$）辖域中的一个子公式，且 x 不在 B 中出现，则量词 $\forall x$（或 $\exists x$）对 B 不产生任何影响。于是有下面的量词辖域收缩与扩张等值式。

(1) $\forall x(A(x)\vee B)\Leftrightarrow(\forall xA(x)\vee B)$。

(2) $\forall x(A(x)\wedge B)\Leftrightarrow(\forall xA(x)\wedge B)$。

(3) $\forall x(A(x)\to B)\Leftrightarrow(\exists xA(x)\to B)$。

(4) $\forall x(B\to A(x))\Leftrightarrow(B\to\forall xA(x))$。

(5) $\exists x(A(x)\vee B)\Leftrightarrow(\exists xA(x)\vee B)$。

(6) $\exists x(A(x)\wedge B)\Leftrightarrow(\exists xA(x)\wedge B)$。

(7) $\exists x(A(x)\to B)\Leftrightarrow(\forall xA(x)\to B)$。

(8) $\exists x(B\to A(x))\Leftrightarrow(B\to\exists xA(x))$。

以上各式中，$A(x)$、B 是任意的谓词公式，且 x 不在 B 中出现。

【量词分配等值式】 对任意谓词公式 $A(x)$ 和 $B(x)$，有以下结论。

(1) $\forall x(A(x)\wedge B(x))\Leftrightarrow \forall xA(x)\wedge \forall xB(x)$。

(2) $\exists x(A(x)\vee B(x))\Leftrightarrow \exists xA(x)\vee \exists xB(x)$。

注： $\forall x(A(x)\vee B(x))\Leftrightarrow \forall xA(x)\vee \forall xB(x)$ 不成立。

$\exists x(A(x)\wedge B(x))\Leftrightarrow \exists xA(x)\wedge \exists xB(x)$ 不成立。

【量词交换等值式】 对任意谓词公式 $A(x,y)$，有以下结论。

(1) $\forall x\forall yA(x,y)\Leftrightarrow \forall y\forall xA(x,y)$。

(2) $\exists x\exists yA(x,y)\Leftrightarrow \exists y\exists xA(x,y)$。

注： 全称量词与存在量词不可随意交换顺序，即 $\forall x\exists yA(x,y)\Leftrightarrow \exists y\forall xA(x,y)$ 不成立。

例 3.32 证明下列等值式，其中，$A(x)$、B 是任意的谓词公式，且 x 不在 B 中出现。

(1) $\forall x(A(x)\vee B)\Leftrightarrow (\forall xA(x)\vee B)$。

(2) $\forall x(A(x)\to B)\Leftrightarrow (\exists xA(x)\to B)$。

(3) $\exists x(A(x)\vee B)\Leftrightarrow (\exists xA(x)\vee B)$。

证明： (1) 依题意，需要证明公式 $\forall x(A(x)\vee B)\leftrightarrow (\forall xA(x)\vee B)$ 是永真式。由命题逻辑的等值式及定理 3.1 知

$$\forall x(A(x)\vee B)\leftrightarrow (\forall xA(x)\vee B)\Leftrightarrow$$
$$(\forall x(A(x)\vee B)\to (\forall xA(x)\vee B))\wedge ((\forall xA(x)\vee B)\to \forall x(A(x)\vee B))$$

所以，只要证明 $\forall x(A(x)\vee B)\to (\forall xA(x)\vee B)$ 和 $(\forall xA(x)\vee B)\to \forall x(A(x)\vee B)$ 都是永真式即可。

先证 $\forall x(A(x)\vee B)\to (\forall xA(x)\vee B)$ 是永真式。任取一个解释 I，设 D 是 I 的个体域，假定在解释 I 下，$\forall x(A(x)\vee B)$ 的真值为1，分两种情况讨论。

①在解释 I 下，B 的真值为1。这时，由附加规则，无论 $\forall xA(x)$ 的真值是1还是0，都有 $\forall xA(x)\vee B$ 的真值为1。

②在解释 I 下，B 的真值为0。这时，由 $\forall x(A(x)\vee B)$ 的真值为1知，对个体域 D 中的每一个个体 a，都有 $A(a)\vee B$ 的真值为1。因为 B 的真值为0，所以由析取三段论规则知，$A(a)$ 的真值为1。又因为对每一个 $a\in D$，都有 $A(a)$ 的真值为1，所以 $\forall xA(x)$ 的真值为1，于是由附加规则知，$\forall xA(x)\vee B$ 的真值为1。

再证 $(\forall xA(x)\vee B)\to \forall x(A(x)\vee B)$ 是永真式。任取一个解释 I，假定在解释 I 下，$\forall xA(x)\vee B$ 的真值为1，分两种情况讨论。

①在解释 I 下，B 的真值为1。这时，由附加规则知，对个体域 D 中的每一个个体 a，都有 $A(a)\vee B$ 的真值为1，于是有 $\forall x(A(x)\vee B)$ 的真值为1。

②在解释 I 下，B 的真值为0。这时，由 $\forall xA(x)\vee B$ 的真值为1及析取三段论规则知，$\forall xA(x)$ 的真值为1，即对每一个 $a\in D$，都有 $A(a)$ 的真值为1，从而由附加规则知，$A(a)\vee B$ 的真值为1，于是有 $\forall x(A(x)\vee B)$ 的真值为1。

最后，由解释 I 的任意性知，式(1)得证。

(2) $\forall x(A(x)\to B)\Leftrightarrow \forall x(\neg A(x)\vee B))$ （蕴涵-析取等值式）

$\Leftrightarrow (\forall x\neg A(x))\vee B$ （量词辖域收缩与扩张等值式）

$\Leftrightarrow (\neg\exists xA(x))\vee B$ （量词变换等值式）

$\Leftrightarrow \exists xA(x)\to B$ （蕴涵-析取等值式）

(3) 设 I 是任意一个解释，D 是 I 的非空个体域。先证在解释 I 下，$\exists x(A(x)\vee B)\to(\exists xA(x)\vee B)$ 的真值为1。假定 $\exists x(A(x)\vee B)$ 的真值为1，则存在 $a\in D$，使得 $A(a)\vee B$ 的真值为1。这时 $A(a)$ 和 B 至少有一个真值为1，若 $A(a)$ 的真值为1，则 $\exists xA(x)$ 的真值为1。由附加规则，有 $\exists xA(x)\vee B$ 的真值为1；若 B 的真值为1，则由附加规则知 $\exists xA(x)\vee B$ 的真值为1。

再证在解释 I 下，$(\exists xA(x)\vee B)\to\exists x(A(x)\vee B)$ 的真值为1。假定 $\exists xA(x)\vee B$ 的真值为1，则 $\exists xA(x)$ 和 B 至少有一个真值为1。若 $\exists xA(x)$ 的真值为1，则存在 $a\in D$ 使得 $A(a)$ 的真值为1。由附加规则，有 $A(a)\vee B$ 的真值为1。于是，有 $\exists x(A(x)\vee B)$ 的真值为1；若 B 的真值为1，因为 D 是非空集合，所以可在 D 中取一个元素 a，把 $A(x)$ 中的 x 解释为 a。这时，无论 $A(a)$ 的真值为1还是0，由附加规则，都有 $A(a)\vee B$ 的真值为1。于是，有 $\exists x(A(x)\vee B)$ 的真值为1。由解释 I 的任意性，式(3)得证。

例 3.33 设 $A(x)$、$B(x)$、$G(x,y)$ 是任意谓词公式，请说明下列“等值式”不一定成立。

(1) $\forall x(A(x)\vee B(x))\Leftrightarrow\forall xA(x)\vee\forall xB(x)$。

(2) $\exists x(A(x)\wedge B(x))\Leftrightarrow\exists xA(x)\wedge\exists xB(x)$。

(3) $\forall x\exists yG(x,y)\Leftrightarrow\exists y\forall xG(x,y)$。

解：设 $F(x)$、$M(x)$、$Q(x,y)$ 是谓词，取 $A(x)=F(x),B(x)=M(x),G(x,y)=Q(x,y)$。

构造一个解释 I 如下：个体域 D 为整数集；$F(x)$ 表示“x 是奇数”，$M(x)$ 表示“x 是偶数”，$Q(x,y)$ 表示“$x>y$”；$F(x)$ 对应集合 $\{x|x\in D$ 且 x 是奇数$\}$；$M(x)$ 对应集合 $\{x|x\in D$ 且 x 是偶数$\}$；$Q(x,y)$ 对应集合 $\{<x,y>|x,y\in D$ 且 $x>y\}$。

式(1)左边公式 $\forall x(F(x)\vee M(x))$ 被解释为“对论域 D 中的每一个元素 x，x 是奇数或者 x 是偶数”；右边公式 $\forall xF(x)\vee\forall xM(x)$ 被解释为“对论域 D 中的每一个元素 x，x 都是奇数；或者对论域 D 中的每一个元素 x，x 都是偶数”。左边为真，而右边为假，所以 $\forall x(F(x)\vee M(x))$ 与 $\forall xF(x)\vee\forall xM(x)$ 不等值。

式(2)左边公式 $\exists x(F(x)\wedge M(x))$ 被解释为“在论域 D 中存在某个 x，使得 x 既是奇数又是偶数”；右边公式 $\exists xF(x)\wedge\exists xM(x)$ 被解释为“在论域 D 中存在某个 x，使得 x 是奇数；并且在论域 D 中存在某个 x，使得 x 是偶数”。 显然，左边为假，而右边为真，所以 $\exists x(F(x)\wedge M(x))$ 与 $\exists xF(x)\wedge\exists xM(x)$ 不等值。

式(3)左边公式 $\forall x\exists yQ(x,y)$ 被解释为“对论域 D 中的每个个体 x，都存在 D 中的个体 y，使得 $x>y$”；右边公式 $\exists y\forall xQ(x,y)$ 被解释为“存在论域 D 中的某个个体 y，使得 D 中的每个个体 x 都大于这个 y”。左边为真，而右边为假，因为在整数集合中不存在 y，使得 D 中的每个个体 x 都大于这个 y。换句话说，整数集中没有最小的整数。所以 $\forall x\exists yQ(x,y)$ 与 $\exists y\forall xQ(x,y)$ 不等值。

下面介绍谓词公式等值演算的一个应用——求谓词公式的前束范式。

【谓词公式的前束范式】定义 3.18 设 A 是一个谓词公式，如果 A 具有如下形式：

$$Q_1x_1Q_2x_2\cdots Q_kx_k(B)$$

则称 A 为前束范式，其中 $Q_i(1\leqslant i\leqslant k)$ 为 $\forall$ 或 $\exists$，B 为不含量词的谓词公式。

例如，$\forall x \exists y(F(x,y) \to G(x,y))$ 是前束范式，而 $\forall x(F(x) \to \forall y(G(y) \vee H(x,y)))$ 不是前束范式。

定理 3.2（前束范式存在定理） 任何谓词公式都存在与之等值的前束范式。

定理 3.2 可以通过对公式的层数进行数学归纳法加以证明。由于证明过程比较长，这里省略。

下面给出求公式的前束范式的一般步骤，并举例说明求解过程。

【求公式的前束范式的一般步骤】

(1) 若公式中有约束变元和自由变元同名，或有重名的量词（例如，有多于一个的 $\forall x$，或有多于一个的 $\exists x$，或同时有 $\forall x$ 和 $\exists x$），则对个体变元进行换名。

(2) 用量词变换等值式把出现在量词左边的否定联结词 $\neg$ 移到量词的右边。

(3) 利用与量词有关的等值式把量词移到整个公式的左边。

(4) 可重复操作前三步，直至得到前束范式。

注： 求前束范式时，全称量词与存在量词在公式中的排列顺序不能随意调换。

例 3.34 求下列公式的前束范式。

(1) $\forall xF(x) \wedge \neg \exists xG(x)$。

(2) $\forall xF(x,y) \to \exists yG(x,y)$。

(3) $(\forall xF(x,y) \to \exists yG(y)) \to \exists xH(x,y)$。

解： (1) 方法一（没有个体变元换名的操作）：

$\forall xF(x) \wedge \neg \exists xG(x)$

$\Leftrightarrow \forall xF(x) \wedge \forall x \neg G(x)$

$\Leftrightarrow \forall x(F(x) \wedge \neg G(x))$

方法二（有个体变元换名的操作）：

$\forall xF(x) \wedge \neg \exists xG(x)$

$\Leftrightarrow \forall xF(x) \wedge \neg \exists yG(y)$

$\Leftrightarrow \forall xF(x) \wedge \forall y \neg G(y)$

$\Leftrightarrow \forall x(F(x) \wedge \forall y \neg G(y))$

$\Leftrightarrow \forall x(\forall y(F(x) \wedge \neg G(y)))$

$\Leftrightarrow \forall x \forall y(F(x) \wedge \neg G(y))$

注： 公式 $\forall x(F(x) \wedge \neg G(x))$ 与 $\forall x \forall y(F(x) \wedge \neg G(y))$ 等值。

(2) $\forall xF(x,y) \to \forall yG(x,y)$

$\Leftrightarrow \forall sF(s,y) \to \forall yG(x,y)$

$\Leftrightarrow \forall sF(s,y) \to \forall tG(x,t)$

$\Leftrightarrow \exists s(F(s,y) \to \forall tG(x,t))$

$\Leftrightarrow \exists s(\forall t(F(s,y) \to G(x,t)))$

$\Leftrightarrow \exists s \forall t(F(s,y) \to G(x,t))$

(3) $(\forall xF(x,y) \to \exists yG(y)) \to \exists xH(x,y)$

$\Leftrightarrow (\forall xF(x,y) \to \exists zG(z)) \to \exists xH(x,y)$

$\Leftrightarrow (\forall xF(x,y) \to \exists zG(z)) \to \exists tH(t,y)$

$\Leftrightarrow \exists x(F(x,y) \to \exists zG(z)) \to \exists tH(t,y)$

$\Leftrightarrow \forall x((F(x,y) \to \exists zG(z)) \to \exists tH(t,y))$

$\Leftrightarrow \forall x(\exists z(F(x,y) \to G(z)) \to \exists tH(t,y))$

$\Leftrightarrow \forall x\forall z((F(x,y) \to G(z)) \to \exists tH(t,y))$

$\Leftrightarrow \forall x\forall z\exists t((F(x,y) \to G(z)) \to H(t,y))$

习 题 3.5

1. 对下列公式的变元换名，使得在同一公式中，约束变元和自由变元不同名，且每个约束变元只出现在一个量词的辖域内。

(1) $\forall x\forall y(R(x,y,z) \to L(y,z)) \wedge \exists xH(x,y)$。

(2) $\exists x(F(x) \wedge \forall x\forall yG(x,y,z)) \to \exists zH(x,y,z)$。

(3) $\forall x\exists y(P(x,z) \to Q(y)) \leftrightarrow S(x,y)$。

(4) $\forall x\exists uP(x,u,z) \to \exists uR(x,u)$。

(5) $\forall x\forall y(P(x,y) \vee Q(y,z)) \wedge \forall yG(x,y)$。

(6) $\forall x\forall y(P(x,y) \vee Q(y,z)) \wedge \forall yG(x,y) \to \exists zF(x,y,z)$。

2. 证明下列等值式，其中，x 不在 B 中出现。

(1) $\neg\exists x(F(x) \wedge G(x)) \Leftrightarrow \forall x(F(x) \to \neg G(x))$。

(2) $\neg\forall x(M(x) \to F(x)) \Leftrightarrow \exists x(M(x) \wedge \neg F(x))$。

(3) $\exists x\exists y(F(x) \wedge G(y) \wedge \neg L(x,y)) \Leftrightarrow \neg\forall x\forall y(F(x) \wedge G(y) \to L(x,y))$。

(4) $\forall x\forall y(F(x) \wedge G(y) \to \neg H(x,y)) \Leftrightarrow \neg\exists x\exists y(F(x) \wedge G(y) \wedge H(x,y))$。

(5) $\exists x(A(x) \wedge B) \Leftrightarrow (\exists xA(x) \wedge B)$。

(6) $\exists x(A(x) \to B) \Leftrightarrow (\forall xA(x) \to B)$。

3. 确定下列各组公式是否等值，并说明理由(其中：x 不在 B 中出现)。

(1) $\forall xA(x) \to B$ 与 $\forall x(A(x) \to B)$。

(2) $\forall x(B \to A(x))$ 与 $B \to \exists xA(x)$。

4. 求下列公式的前束范式。

(1) $\forall x(F(x) \to \exists yQ(x,y)) \wedge \neg\exists xG(x)$。

(2) $\exists x(\neg\exists yF(x,y) \to (\exists zG(z,y) \to M(x)))$。

(3) $(\forall xF(x,y) \to \exists xG(x,y)) \vee \forall xH(x,y)$。

(4) $\forall xM(x) \to \exists x(\forall zG(x,z,y) \vee \forall zH(x,y,z))$。

(5) $\forall x(Q(x) \to G(x,z,y)) \to (\forall yP(y) \wedge \exists zH(y,z))$。

(6) $\forall x(H(x) \leftrightarrow \exists yQ(x,y)) \vee \neg\exists xG(x)$。

5. 设个体域为 $D=\{2,0,-1\}$，消去下列公式中的量词。

(1) $\forall x(\exists yP(x,y) \to \exists yQ(y))$。

(2) $\forall xF(x) \to \exists xG(x)$。

(3) $\exists yQ(x) \wedge \forall zM(z)$。

(4) $(\exists x M(x) \vee \forall x G(x)) \to G(0)$。

(5) $\forall x Q(x,2) \vee \forall y G(-1,y)$。

3.6　谓词逻辑的自然演绎推理

【推理】 推理(也称逻辑推理)是人类的一种复杂的思维活动，是指从前提推出结论的思维过程。前提是事先给定的(或假定的)条件，结论是一个断言，是推理的目标。

在 2.7 节，我们学习了命题逻辑中判别正确推理的准则，以及构造正确推理的方法。

本节学习谓词逻辑中判别正确推理的准则，以及构造正确推理的方法。

【谓词逻辑的自然演绎推理】 谓词逻辑中的自然演绎推理是运用谓词逻辑中的推理规则由前提条件推出结论的过程。前提是给定的若干个谓词公式，结论是一个谓词公式。

自然演绎推理接近人们的思维习惯，使用很方便。数学定理的证明基本上都是采用自然演绎推理的方法进行推导的。

【逻辑结论】定义 3.19　若公式 $A_1 \wedge A_2 \wedge \cdots \wedge A_n \to B$ 为永真式，则称 B 是 $A_1, A_2, \cdots, A_n$ 的逻辑结论或有效结论；也称 B 可由 $A_1, A_2, \cdots, A_n$ 逻辑推出。记为

$$\{A_1, A_2, \cdots, A_n\} \models B$$

或

$$A_1 \wedge A_2 \wedge \cdots \wedge A_n \Rightarrow B$$

【形式推理】定义 3.20　由前提 $A_1, A_2, \cdots, A_n$ 出发，应用推理规则，证明 B 是 $A_1, A_2, \cdots, A_n$ 的逻辑结论，这一过程称为形式推理。

【逻辑推理(有效推理、正确推理)】定义 3.21　用形式推理方法证明 B 是 $A_1, A_2, \cdots, A_n$ 的逻辑结论，这样的推理过程称为逻辑推理，也称为有效推理或正确推理。

【形式证明】定义 3.22　在证明 B 是 $A_1, A_2, \cdots, A_n$ 的逻辑结论的形式推理中，形式推理的每一步都产生一个公式，整个推理过程产生一个公式序列，这个公式序列称为(由 $A_1, A_2, \cdots, A_n$ 到 B 的)一个形式证明。

【形式推理证明的书写格式】

前提：$A_1, A_2, \cdots, A_n$。

结论：B。

证明：(1) 谓词公式 1 (推理规则)

(2) 谓词公式 2 (推理规则)

$\vdots$

直到 B 出现，即有某个 k，使得“谓词公式 $k = B$”。

1. 几个重要的推理定律

下面的等值式和永真蕴涵式称为推理定律，它们可作为推理的依据。

(1) $\forall x A(x) \Leftrightarrow \neg \exists x \neg A(x)$。

(2) $\exists x A(x) \Leftrightarrow \neg \forall x \neg A(x)$。

(3) $\exists x(A(x)\wedge B(x))\Rightarrow \exists xA(x)\wedge \exists xB(x)$。

(4) $\forall xA(x)\vee \forall xB(x)\Rightarrow \forall x(A(x)\vee B(x))$。

(5) $\forall x(A(x)\to B(x))\Rightarrow \forall xA(x)\to \forall xB(x)$。

(6) $\exists x(A(x)\to B(x))\Rightarrow \exists xA(x)\to \exists xB(x)$。

2. 谓词逻辑中常用的推理规则

谓词逻辑中常用的推理规则包括以下内容。

(1) 命题逻辑中的所有推理规则。

(2) 推理定律(如上述的推理定律(1)～(6))。

(3) 全称量词消去(universal instantiation，UI)规则。

① $\forall xA(x)\Rightarrow A(y)$，其中，$A(x)$ 是谓词公式，x 是 $A(x)$ 中的自由变元，y 是 $A(x)$ 中未出现过的个体变元。

② $\forall xA(x)\Rightarrow A(c)$，其中，$A(x)$ 是谓词公式，x 是 $A(x)$ 中的自由变元，c 是论域中任意一个个体常项。

(4) 全称量词引入(universal generalization，UG)规则。

$A(y)\Rightarrow \forall xA(x)$，其中，$A(y)$ 是谓词公式，y 是 $A(y)$ 中的自由变元，y 在论域中取任何值时，$A(y)$ 均为真。取代 y 的 x 不能是 $A(y)$ 中的约束变元。

(5) 存在量词消去(existential instantiation，EI)规则。

$\exists xA(x)\Rightarrow A(c)$，其中，$A(x)$ 是谓词公式，c 在 $A(x)$ 中未出现过，且 c 是论域中某个特定的个体常项。

(6) 存在量词引入(existential generalization，EG)规则。

$A(c)\Rightarrow \exists xA(x)$，其中，$A(c)$ 是谓词公式，c 是论域中某个特定的个体常项。替换 c 的 x 在 $A(c)$ 中未出现过，且在 $\exists xA(x)$ 中，x 必须处处替换 c。

注： 在规则(3)～(6)中的限制条件不能缺少。

例如，对规则(3)中的① $\forall xA(x)\Rightarrow A(y)$。如果缺少“$y$ 是 $A(x)$ 中未出现过的个体变元”这个条件，就有可能导致推理 $\forall xA(x)\Rightarrow A(y)$ 不正确。

这里举一个例子加以说明。令 $A(x)=\exists yF(x,y)$，则 $\forall xA(x)=\forall x(\exists yF(x,y))$，$A(y)=\exists yF(y,y)$。

给定解释 I，论域 D 为实数集，$F(x,y)$ 表示“$x>y$”，则 $\forall xA(x)=\forall x(\exists yF(x,y))$ 表示“对任意实数 x，存在实数 y，使得 $x>y$”这是真命题；但 $A(y)=\exists yF(y,y)$ 表示“存在实数 y，有 $y>y$”这是假命题。因此，在解释 I 下，$\forall x(\exists yF(x,y))\to \exists yF(y,y)$ 是假命题。也就是说，由 $\forall xA(x)$ 为真不能推出 $A(y)$ 为真，这说明如果没有上述的限制条件，则形如 $\forall xA(x)\Rightarrow A(y)$ 的推理就不一定成立。

例 3.35 用自然演绎推理证明下面的逻辑蕴涵关系。

前提：$\forall x(F(x)\to G(x))$，$\exists x(F(x)\wedge H(x))$。

结论：$\exists x(G(x)\wedge H(x))$。

证明：(1) $\exists x(F(x)\wedge H(x))$ (前提引入规则)

(2) $F(c)\wedge H(c)$ ((1)EI 规则)

(3) $F(c)$　　((2)化简规则)

(4) $H(c)$　　((2)化简规则)

(5) $\forall x(F(x) \to G(x))$　　(前提引入规则)

(6) $F(c) \to G(c)$　　((5) UI 规则(取与(2)相同的 c))

(7) $G(c)$　　((3)、(6)假言推理规则)

(8) $G(c) \wedge H(c)$　　((4)、(7)合取引入规则)

(9) $\exists x(G(x) \wedge H(x))$　　((8) EG 规则)

注：在形式推理证明过程中，对前提的引用次序是有讲究的。对于例 3.35，若如下进行证明，则是一个错误的证明过程。

(1) $\forall x(F(x) \to G(x))$　　(前提引入规则)

(2) $F(c) \to G(c)$　　((1) UI 规则)

(3) $\exists x(F(x) \wedge H(x))$　　(前提引入规则)

(4) $F(c) \wedge H(c)$　　((3) EI 规则)

(5) $F(c)$　　((4)化简规则)

(6) $H(c)$　　((4)化简规则)

(7) $G(c)$　　((2)、(5)假言推理规则)

(8) $G(c) \wedge H(c)$　　((6)、(7)合取引入规则)

(9) $\exists x(G(x) \wedge H(x))$　　((8) EG 规则)

在证明过程中，要先引入公式 $\exists x(F(x) \wedge H(x))$，用 EI 规则得到 $F(c) \wedge H(c)$。然后，再引入 $\forall x(F(x) \to G(x))$，用 UI 规则得到 $F(c) \to G(c)$。这样才能对 $F(c)$ 和 $F(c) \to G(c)$ 应用假言推理规则得到 $G(c)$。若先引入 $\forall x(F(x) \to G(x))$，应用 UI 规则得到 $F(c) \to G(c)$。然后，再引用 $\exists x(F(x) \wedge H(x))$，应用 EI 规则得到 $F(c) \wedge H(c)$，那么就不能对 $F(c)$ 和 $F(c) \to G(c)$ 应用假言推理规则得到 $G(c)$。理由如下。

(1) 先引入 $\exists x(F(x) \wedge H(x))$，应用 EI 规则，得到 $F(c) \wedge H(c)$，其中 c 是个体域中某个特定的个体常量。再引入 $\forall x(F(x) \to G(x))$，对公式 $\forall x(F(x) \to G(x))$ 应用 UI 规则。由 UI 规则，可以选择个体域中任意一个个体常量代入 $F(x) \to G(x)$，这时，可以选上面用过的那个 c 代入得 $F(c) \to G(c)$。这样，$F(c)$ 中的 c 与 $F(c) \to G(c)$ 的 c 相同，从而可以对 $F(c)$ 和 $F(c) \to G(c)$ 应用假言推理规则得到 $G(c)$。

(2) 若先引入 $\forall x(F(x) \to G(x))$，应用 UI 规则，得到 $F(c) \to G(c)$，其中 c 是个体域中任意一个个体常量。再引入 $\exists x(F(x) \wedge H(x))$，应用 EI 规则。由 EI 规则，只能将个体域中某个特定的个体常量(不能任选)代入公式 $F(x) \wedge H(x)$。因为代入 $F(x) \wedge H(x)$ 的常量不能任选，所以，不能选前面用过的 c 代入 $F(x) \wedge H(x)$ 中，因此，由 EI 规则得到的不一定是 $F(c) \wedge H(c)$，而可能是 $F(a) \wedge H(a)$ 且 $a \neq c$，这样就不能对 $F(a)$ 和 $F(c) \to G(c)$ 应用假言推理规则而得到 $G(c)$。

例 3.36　用形式证明法证明下列推理是正确的。

学会成员都有高级职称并且是专家，有些成员是青年人，所以有些成员是青年专家。

解：令 $F(x)$ 表示“x 是学会成员”；$G(x)$ 表示“x 有高级职称”；$H(x)$ 表示“x 是专家”；$R(x)$ 表示“x 是青年人”，则上述推理可表示如下。

前提：$\forall x(F(x) \to G(x) \wedge H(x))$，$\exists x(F(x) \wedge R(x))$。

结论：$\exists x(F(x) \wedge R(x) \wedge H(x))$。

证明：(1) $\exists x(F(x) \wedge R(x))$ （前提引入规则）

(2) $F(c) \wedge R(c)$ （(1) EI 规则）

(3) $\forall x(F(x) \to G(x) \wedge H(x))$ （前提引入规则）

(4) $F(c) \to G(c) \wedge H(c)$ （(3) UI 规则(取与(2)相同的 c)）

(5) $F(c)$ （(2)化简规则）

(6) $G(c) \wedge H(c)$ （(4)、(5)假言推理规则）

(7) $H(c)$ （(6)化简规则）

(8) $F(c) \wedge R(c) \wedge H(c)$ （(2)、(7)合取引入规则）

(9) $\exists x(F(x) \wedge R(x) \wedge H(x))$ （(8) EG 规则）

在命题逻辑系统中，推理的形式证明有两个常用的技巧：附加前提证明法和归谬法。这两个技巧在谓词逻辑的形式推理证明中仍然适用。

例 3.37 在谓词逻辑系统中用附加前提证明法证明下列推理是正确的。

前提：$\forall x(M(x) \vee H(x)), \forall x(H(x) \to \neg Q(x))$。

结论：$\exists xQ(x) \to \exists xM(x)$。

证明：(1) $\exists xQ(x)$ （附加前提引入）

(2) $Q(c)$ （(1)EI 规则）

(3) $\neg\neg Q(c)$ （(2)置换规则）

(4) $\forall x(H(x) \to \neg Q(x))$ （前提引入规则）

(5) $H(c) \to \neg Q(c)$ （(4)UI 规则）

(6) $\neg H(c)$ （(3)、(5)拒取式规则）

(7) ($\forall x(M(x) \vee H(x))$ （前提引入规则）

(8) $M(c) \vee H(c)$ （(7)UI 规则）

(9) $M(c)$ （(6)、(8)析取三段论规则）

(10) $\exists xM(x)$ （(9)EG 规则）

(11) $\exists xQ(x) \to \exists xM(x)$ （附加前提证明法）

例 3.38 在谓词逻辑系统中用归谬法证明下列推理是正确的。

前提：$\forall x(R(x) \vee H(x)), \neg\exists xH(x)$。

结论：$\exists xR(x)$。

证明：(1) $\neg\exists xR(x)$ （结论的否定引入）

(2) $\forall x(\neg R(x))$ （(1)置换规则）

(3) $\neg R(c)$ （(2)UI 规则）

(4) $\neg\exists xH(x)$ （前提引入规则）

(5) $\forall x(\neg H(x))$ （(4)置换规则）

(6) $\neg H(c)$ （(5)UI 规则)）

(7) $\forall x(R(x) \vee H(x))$ （前提引入规则）

(8) $R(c) \vee H(c)$ （(7)UI 规则）

(9) $R(c)$　　((6)、(8)析取三段论规则)

(10) $\neg R(c) \wedge R(c)$　　((3)、(9)合取引入规则)

(11) 0　　((10)置换规则))

(12) $\exists x R(x)$　　(归谬法)

习　题　3.6

1. 在谓词逻辑系统中用自然演绎推理证明下列逻辑蕴涵关系。

(1) 前提：$\forall x(M(x) \to G(x))$，$\exists x M(x)$。

结论：$\exists x G(x)$。

(2) 前提：$\forall x(\neg F(x) \to B(x)), \neg\forall x B(x)$。

结论：$\exists x F(x)$。

(3) 前提：$\exists x Q(x) \to \forall y((Q(y) \vee G(y)) \to R(y)), \exists x Q(x)$。

结论：$\exists x R(x)$。

(4) 前提：$\forall x(F(x) \to (G(y) \wedge R(x))), \exists x F(x)$。

结论：$\exists x(F(x) \wedge R(x))$。

(5) 前提：$\forall x(W(x) \to G(x)), \forall x(R(x) \to \neg G(x))$。

结论：$\forall x(R(x) \to \neg W(x))$。

(6) 前提：$\forall x(F(x) \vee G(x)), \forall x \neg G(x)$。

结论：$\exists x F(x)$。

(7) 前提：$\forall x(P(x) \to (G(a) \vee R(x))), \forall x(P(x) \to \neg R(x)), \exists x P(x)$。

结论：$\exists x G(x)$。

(8) 前提：$\forall x(\neg(P(x) \wedge \neg Q(x)) \to Q(x)), \forall x(P(x) \to R(x)), \exists x \neg R(x)$。

结论：$\exists x Q(x)$。

2. 在谓词逻辑系统中用附加前提证明法证明下列推理是有效推理。

(1) 前提：$\forall x(G(x) \to M(x))$。

结论：$\forall x G(x) \to \forall x M(x)$。

(2) 前提：$\forall x(M(x) \vee G(x))$，$\exists x F(x)$。

结论：$\neg\forall x M(x) \to \exists x G(x)$。

(3) 前提：$\forall x(P(x) \to R(x)), \forall x(Q(x) \to R(x)), \forall x(S(x) \to \neg R(x))$。

结论：$\forall x S(x) \to \forall x(\neg P(x) \wedge \neg Q(x))$。

3. 在谓词逻辑系统中用归谬法证明下列推理是有效推理。

(1) 前提：$\forall x F(x), \exists x(F(x) \to R(x))$。

结论：$\exists x R(x)$。

(2) 前提：$\neg\exists x(\neg F(x) \wedge H(x)), \forall x(G(x) \to H(x)), \forall x G(x)$。

结论：$\forall x F(x)$。

(3) 前提：$\forall x(\neg M(x) \to Q(x)), \forall x(Q(x) \to \neg R(x))$，$\exists x R(x)$。

结论：$\exists x M(x)$。

4. 填写下列证明过程中的推理规则。

前提：$\forall x(P(x) \wedge G(x))$，$\exists x(P(x) \to R(x))$，$\forall x(R(x) \to H(x))$。

结论：$\exists x(G(x) \wedge H(x))$。

证明：(1) $\exists x(P(x) \to R(x))$ （ 前提引入规则 ）

(2) $P(c) \to R(c)$ （ (1) EI 规则 ）

(3) $\forall x(P(x) \wedge G(x))$ （ ）

(4) $P(c) \wedge G(c)$ （ ）

(5) $P(c)$ （ ）

(6) $\forall x(R(x) \to H(x))$ （ ）

(7) $R(c) \to H(c)$ （ ）

(8) $R(c)$ （ ）

(9) $H(c)$ （ ）

(10) $G(c)$ （ ）

(11) $G(c) \wedge H(c)$ （ ）

(12) $\exists x(G(x) \wedge H(x))$ （ ）

5. 判断下列证明过程是否正确，如果不正确，请加以改正。

(1) 前提：$\forall x(P(x) \to G(x))$，$\exists x(P(x) \vee R(x))$，$\forall x(\neg R(x))$。

结论：$\exists x G(x)$。

证明：① $\forall x(\neg R(x))$ （前提引入规则）

② $\neg R(c)$ （①UI 规则）

③ $\exists x(P(x) \vee R(x))$ （前提引入规则）

④ $P(c) \vee R(c)$ （③EI 规则）

⑤ $P(c)$ （②、④析取三段论规则）

⑥ $\forall x(P(x) \to G(x))$ （前提引入规则）

⑦ $P(c) \to G(c)$ （⑥UI 规则）

⑧ $G(c)$ （⑤、⑦假言推理规则）

⑨ $\exists x G(x)$ （⑧EG 规则）

(2) 前提：$\forall x(P(x) \to \neg G(x))$，$\exists x(P(x) \wedge R(x))$。

结论：$\exists x(\neg G(x))$。

证明：① $\exists x(P(x) \wedge R(x))$ （前提引入规则）

② $P(c) \wedge R(c)$ （①UI 规则）

③ $\forall x(P(x) \to \neg G(x))$ （前提引入规则）

④ $P(c) \to \neg G(c)$ （③EI 规则）

⑤ $P(c)$ （②合取引入规则）

⑥ $\neg G(c)$ （④、⑤假言三段论规则）

⑦ $\exists x(\neg G(x))$ （⑥UG 规则）

(3) 前提：$\exists x R(x) \to \forall x(M(x) \wedge G(x))$，$\neg\exists x(M(x) \wedge G(x))$。

结论：$\exists x(\neg R(x))$。

证明：① $\exists xR(x) \to \forall x(M(x) \wedge G(x))$　（前提引入规则）

② $R(c) \to (M(c) \wedge G(c))$　（①EI 规则，UI 规则）

③ $\neg\exists x(M(x) \wedge G(x))$　（前提引入规则）

④ $\neg(M(c) \wedge G(c))$　（③EI 规则）

⑤ $\neg R(c)$　（②、④拒取式规则）

⑥ $\exists x\neg R(x)$　（⑤UG 规则）

6. 在谓词逻辑系统中用自然演绎推理证明下列推理是有效推理。

(1)所有偶数都能被 2 整除，8 是偶数，所以 8 能被 2 整除。

(2)所有计算机系的学生都要学计算机组成原理，这些学生中有计算机系的学生和数学系的学生，所以这些学生中有些要学计算机组成原理。

(3)每个自然数不是奇数就是偶数；每个偶数都能被 2 整除；不是每个自然数都能被 2 整除，因此有的自然数是奇数。

(4)每个科学工作者都是刻苦钻研的人；每个刻苦钻研而又聪明的人在他的事业中都获得成功；张三是科学工作者，并且是个聪明人，所以张三在他的事业中将获得成功。

第4章 集 合 论

4.1 集合的基本概念

集合是每一门科学、每一门学科都涉及的概念，是各学科所共有的最基本的概念。集合用于描述研究领域的对象以及这些对象的性质和关系。集合论是研究集合的性质、集合的运算、集合间的关系以及集合的应用等有关集合内在规律的理论。

集合论为表示各种研究对象提供了数学模型。各种对象之间的结合、分离、联系、作用等性质可以通过集合的运算、对应等操作来表示。集合是一个抽象的数学概念，它提供的模型是一种通用模型，适用于各种问题的描述。

【集合】定义 4.1 由一些确定的可相互区分的对象组成的集体(collection)称为一个集合。

所谓确定的对象是指，组成集合的对象是确定的，即对于一个给定的集合A和任意给定的一个对象b，可以确定b是否属于A；可相互区分的对象是指，组成集合的对象是可相互区分的。

例如，所有实数组成的集体是一个集合。因为，对于任意给定的一个对象，可以确定该对象是否为一个实数，而且一个实数与另一个实数是可相互区分的。又如，所有学生组成的集体也是一个集合。因为，对于任意给定的一个对象，可以确定该对象是否为一个学生，且一个学生和另一个学生之间是可相互区分的。

但是，所有高个子学生组成的集体不能构成一个集合，因为“高个子学生”不是一个确定的对象。又如，所有空气组成的集体不是一个集合，因为一些空气与另一些空气之间是不能区分的。

【集合的元素】 构成集合的对象称为集合的元素(element)，也称为集合的成员(member)。集合的元素与集合之间的关系是一种隶属关系。设A是一个集合，b是A的元素，则说b属于A，记为$b \in A$。若b不是A的元素，则说b不属于A，记为$b \notin A$。

【集合的标记】 花括号$\{\}$是表示集合的一个标记，在描述集合的元素时要把元素写在花括号中。

例如，$\{a,b,c,d,e\}$、{张三，李四，王五}和$\{x|x$是一个自然数$\}$都表示集合。

【集合的名称】 为了书写和操作上的方便，可以给集合指定一个名称，称为集合名。例如，令$A=\{a,b,c,d,e\}$，$B=$ {张三，李四，王五}，$\mathbb{N}=\{x|x$是一个自然数$\}$，则A、B、$\mathbb{N}$分别是上述三个集合的名称，分别代表三个集合。在数学中，有几个约定的集合名称：

$\mathbb{N}$表示由全体自然数组成的集合。

$\mathbb{Z}$表示由全体整数组成的集合。

$\mathbb{Q}$表示由全体有理数组成的集合。

$\mathbb{R}$表示由全体实数组成的集合。

【集合的表示方法】 表示一个集合实际上是描述集合的所有元素。通常有两种表示集合的方法。

(1) 枚举法：在花括号内列出集合的所有元素，元素间用逗号隔开，如：

$A=\{a,b,c,d\}$，$A=\{2,4,6,\cdots,100\}$，$A=\{3,6,9,12,15,\cdots\}$，$A=\{a_1,a_2,a_3,\cdots\}$

只有当集合的元素有规律可循时，才可以用省略号。

(2) 属性描述法：在花括号内写出集合元素所具有的特殊属性，列出的属性要足以区别那些不是集合元素的对象。属性描述法的一般形式为$B=\{x|P(x)\}$，其中$P(x)$是一个描述集合元素属性的语句，B的元素是使语句$P(x)$成真的所有对象。或者说，B是由所有满足条件$P(x)$的对象x构成的集合。

例如，$A=\{x|x\text{是偶数}\}$，$B=\{x|x\in\mathbb{Z}\wedge 3<x\leqslant 6\}$都是用属性描述法表示的集合。

注： (1) 在选择描述集合元素的属性时，要尽量减少罗列属性的项数，所列属性以能区别不是该集合的对象为宜。例如，对于集合$A=\{2,4,6,\cdots,100\}$，可用属性描述法表示为$A=\{x|0<x\wedge x<102\wedge x\text{是偶数}\}$或$A=\{x|2\leqslant x\leqslant 100\text{且}x\text{是偶数}\}$或$A=\{x|x\text{是整数且}x\text{不是奇数且}x\text{被2整除且}x\text{大于等于2且}x\text{小于等于100}\}$。容易看出，最后一种表示中的"$x$不是奇数"与"$x$被2整除"两种属性是重复的，可删去其中之一。

(2) 在描述集合元素的属性时，可用自然语言、数学符号、逻辑符号，也可以混合使用这些语言和符号。

【集合的本质特征】 前面介绍的有关集合的概念让我们对集合有了初步的了解，但要给出严格的集合定义是困难的，因为集合的形式和内容太过广泛，任何简洁的语言都无法概括集合的所有特征。真正能反映集合本质特征的要素是集合的元素，也就是所谓的外延原则：一个集合由其元素完全确定。这个原则包含三个方面的内容。

(1) 如果一个集合的元素确定了，那么这个集合就确定了，不可能出现相同的元素构成不同的集合。

这与英语单词的构成不同，在英语中就有相同字母构成不同单词的情况。例如，stop(停止)、spot(点)、post(邮政)都是由o、p、s、t四个字母组成的。也就是说，英语单词不是由英文字母完全确定的，还与字母的排列顺序有关。

(2) 集合的实质内容是元素，与集合的表示形式无关。一个集合可以有许多种表示方法，但只要两个集合的元素完全相同，这两个集合就是同一个集合。

例如，$\{2,-2\}$与$\{x|x^2-4=0\}$是同一个集合。

(3) 一个集合中的各元素之间是彼此相异的，并且没有次序关系。$\{3,4,4,4,5\}$不是集合的规范表示，$\{3,4,5\}$或$\{3,5,4\}$才是集合的规范表示，并且$\{3,4,5\}$和$\{3,5,4\}$表示同一个集合。

【集合不能作为本身的元素】 任何确定的对象都可以作为某个集合的元素，特别地，任何一个集合都可以作为某个集合的元素。但是有规定，任何集合都不能作为本身的元素，即对任何的集合A，都不能有$A\in A$。因为，如果允许集合A可以作为自身的元素，将会引起矛盾。假定有$A\in A$，则有$A=\{A,\cdots\}$，其中，省略号表示A以外的其他元素。

把 $A=\{A,\cdots\}$ 代入 $\{A,\cdots\}$，得 $A=\{\{A,\cdots\},\cdots\}$。从右边表示的集合看，$A\notin A$。这与 $A\in A$ 矛盾。

【集合之间的包含关系】定义 4.2 设 A、B 是两个集合，如果 B 中的每一个元素都是 A 中的元素，则称 B 被 A 包含，也称 A 包含 B，记为 $B\subseteq A$。若 B 不能被 A 包含，则记为 $B\nsubseteq A$。

由定义 4.2 知，$B\subseteq A$ 当且仅当 $\forall x(x\in B\rightarrow x\in A)$。为了方便，用记号 $\Leftrightarrow$ 表示"当且仅当"。于是有 $B\subseteq A\Leftrightarrow\forall x(x\in B\rightarrow x\in A)$。

例如，设 $A=\{x|x\text{是偶数}\}$，$B=\{x|x\text{是整数}\}$，则 $A\subseteq B$，且 $B\nsubseteq A$。

【子集合】定义 4.3 设 A、B 是两个集合，若 $B\subseteq A$，则称 B 是 A 的子集合，简称 B 是 A 的子集。若 $B\subseteq A$ 且 $A\nsubseteq B$，则称 B 为 A 的真子集，记为 $B\subset A$。若 B 不是 A 的真子集，则记为 $B\not\subset A$。

例如，设 $A=\{1,2,3\}$，$B=\{1,2,3,a,c\}$，则 $A\subset B$。

【集合相等】定义 4.4 设 A、B 是两个集合，若 $A\subseteq B$ 且 $B\subseteq A$，则称 A 与 B 相等，记为 $A=B$。

由定义 4.3 和定义 4.4 知，$A=B\Leftrightarrow A\subseteq B\wedge B\subseteq A$。

例如，设 $A=\{1,2,3\}$，$B=\{x|0<x<4,\text{且}x\text{是整数}\}$，则 $A=B$。

【空集】定义 4.5 不含任何对象的集体也是一个集合，称为空集，记为 $\varnothing$。

空集是集合论中的一个重要概念，在集合运算中空集是不可或缺的。

定理 4.1 空集是一切集合的子集。

证明：设 A 是任意一个集合，则 $\forall x(x\in\varnothing\rightarrow x\in A)$ 是永真式。因为，对任何一个对象 x，$x\in\varnothing$ 总是假的，所以在任何解释下，$x\in\varnothing\rightarrow x\in A$ 总是真的。由子集的定义知，$\varnothing$ 是 A 的子集。

推论 4.1 空集是唯一的。

证明：设 $\varnothing_1$ 和 $\varnothing_2$ 都是空集，因为 $\varnothing_1$ 是空集，由定理 4.1 有 $\varnothing_1\subseteq\varnothing_2$。又因 $\varnothing_2$ 也是空集，由定理 4.1 有 $\varnothing_2\subseteq\varnothing_1$，即 $\varnothing_1\subseteq\varnothing_2\wedge\varnothing_2\subseteq\varnothing_1$ 成立，再由集合相等的定义知 $\varnothing_1=\varnothing_2$。

【幂集合】定义 4.6 设 A 是一个集合，由 A 的全体子集构成的集合，称为 A 的幂集合，简称 A 的幂集，记作 $P(A)$，即 $P(A)=\{x|x\subseteq A\}$。

例 4.1 设 $A=\{a,b,c\}$，求 A 的幂集合 $P(A)$。

解：$P(A)=\{\varnothing,\{a\},\{b\},\{c\},\{a,b\},\{a,c\},\{b,c\},\{a,b,c\}\}$。

【全集】 在一个具体问题中，如果所涉及的集合都是同一个"大集合"的子集，则称这个"大集合"为全集，记为 U。

例如，假设在解决某个问题时，用到的所有集合为 $A=\{c,d,2,3\}$，$B=\{a,b,1,2,3,4\}$，$C=\{6,2,8\}$，则全集可以取 $U=\{c,d,2,3,a,b,1,4,6,8\}$，也可以取 $U=\{c,d,2,3,a,b,1,4,6,8,0,9,h\}$，还可以取 $U=\{c,d,2,3,a,b,1,4,6,8,10\}$ 等。

全集是一个相对概念，不同的问题可以取不同的集合作为全集，也可以取相同的集合作为全集，这要根据所研究的问题的需要而定。例如，在研究实数上的函数时，可取实数集为全集；在研究有理数的运算时，也可以取实数集为全集；在讨论某地区的人口结构时，可取全世界所有的人组成的集合为全集。

注：全集是把某个范围内的对象放在一起组成一个集合，而不是把所有对象都放在一起组成一个大集合。事实上，如果把所有的对象都放在一起组成一个集合将会引起矛盾。例如，把所有集合放在一起组成一个大集合，即令 $A=\{x|x$ 是一个集合$\}$，那么如果 A 是一个集合，就会引起 $A\in A$ 的问题。这就是集合论中著名的罗素悖论(Russell paradox)。

习 题 4.1

1. 用枚举法表示下列集合。

(1) 大于 2 且小于 10 的全体素数的集合。

(2) 自然数中所有 3 的倍数组成的集合。

(3) $\{x|x\in\mathbb{R}\wedge(x^2-1=0)\}$。

(4) $\{x|x\in\mathbb{R}\wedge(x^2-3x-10=0)\}$。

(5) $\{x|x\in\mathbb{Z}\wedge(3<x<10)\}$。

2. 用属性描述法表示下列集合。

(1) 5 的整倍数的集合。

(2) $\{10,12,14,16,\cdots,100\}$。

(3) 6 的正因数构成的集合。

(4) 直线 $y=-6x+1$ 上的点的集合。

(5) $\{3,5,7,11,13,17,19\}$。

3. 确定下列结论是否正确。

(1) $b\in\{\{b\},a\}$。

(2) $\{b\}\in\{\{b\},b,c\}$。

(3) $\{a\}\subseteq\{\{a\},2\}$。

(4) $\{a\}\subseteq\{\{a\},a,1\}$。

(5) $\varnothing\in\{\varnothing\}$。

(6) $\varnothing\subseteq\{\varnothing\}$。

(7) $\varnothing\subseteq\varnothing$。

4. 求下列集合的幂集。

(1) $A=\varnothing$。

(2) $A=\{1,2,3\}$。

(3) $A=\{\varnothing,\{\varnothing\}\}$。

(4) $A=\{a,b,\{c,d\}\}$。

(5) $A=\{a,b\}\cup\{c,d\}$。

4.2 集合运算

集合是描述论域中的对象的一种数学模型，人们对论域中某些对象进行的具体操作，在数学上的体现就是集合的运算。例如，对两组对象进行合并、分离、选择等操作，在其数学模型中就表现为对集合的运算。本节介绍几种最基本的集合运算，一些复杂的集合运算可通过基本运算复合而成。

【集合的交运算】定义 4.7 设 A、B 是两个集合，由 A 和 B 的公共元素组成的集合称为 A 与 B 的交集，记为 $A\cap B$。求两个集合的交集称为集合的交运算。

由定义知，$A\cap B=\{x|x\in A\wedge x\in B\}$。

例 4.2 设 $A=\{1,2,3,4,5\}$，$B=\{x|x\in\mathbb{Z}\wedge(x^2-4=0)\}$，求 $A\cap B$。

解： 因为 $B=\{-2,2\}$，所以 $A\cap B=\{1,2,3,4,5\}\cap\{-2,2\}=\{2\}$。

【集合的并运算】定义 4.8 设 A、B 是两个集合，由 A 的元素或 B 的元素组成的集合称为 A 与 B 的并集，记为 $A\cup B$。求两个集合的并集称为集合的并运算。

由定义知，$A\cup B=\{x|x\in A\vee x\in B\}$。

例 4.3 设 $A=\{1,2,3,4,5\}$，$B=\{1,3,5,a,b,c\}$，求 $A\cup B$。

解： $A\cup B=\{1,2,3,4,5\}\cup\{1,3,5,a,b,c\}=\{1,2,3,4,5,a,b,c\}$。

【集合的差运算】定义 4.9 设 A、B 是两个集合，由属于 A 但不属于 B 的元素组成的集合称为 A 与 B 的差集，记为 $A-B$。求两个集合的差集称为集合的差运算。

由定义知，$A-B=\{x|x\in A\wedge x\notin B\}$。

例 4.4 设 $A=\{1,2,3,4,5\}$，$B=\{1,3,5,a,b,c\}$，求 $A-B$，$B-A$。

解： $A-B=\{1,2,3,4,5\}-\{1,3,5,a,b,c\}=\{2,4\}$。

$B-A=\{1,3,5,a,b,c\}-\{1,2,3,4,5\}=\{a,b,c\}$。

【集合的补运算】定义 4.10 设 U 是全集，A 是 U 的一个子集，由属于 U 但不属于 A 的元素组成的集合称为 A 的补集，记为 $\overline{A}$。求一个集合的补集称为集合的求补运算，简称为集合的补运算。

由定义知，$\overline{A}=\{x|x\in U\wedge x\notin A\}=U-A$。

例 4.5 设全集 $U=\mathbb{Z}$ 是所有整数组成的集合，$A=\{2x|x\in\mathbb{Z}\}$ 是所有偶数组成的集合，$B=\{x|(x\in\mathbb{Z})\wedge(-5\leqslant x<8)\}$，求 A、B 的补集 $\overline{A}$、$\overline{B}$。

解： $\overline{A}=U-A=\{2x+1|x\in\mathbb{Z}\}$ 是所有奇数组成的集合。

$\overline{B}=\{x|(x\in\mathbb{Z})\wedge((x\leqslant -6)\vee(x\geqslant 8))\}$。

例 4.6 设全集 $U=\{a,b,c,2,6,8,9\}$，$A=\{a,6,9\}$，$B=\{a,c,2,6,8\}$，求 $\overline{A}$、$\overline{B}$、$\overline{A\cap B}$、$\overline{A\cup B}$。

解： $\overline{A}=U-A=\{a,b,c,2,6,8,9\}-\{a,6,9\}=\{b,c,2,8\}$

$\overline{B}=U-B=\{a,b,c,2,6,8,9\}-\{a,c,2,6,8\}=\{b,9\}$

$A\cap B=\{a,6,9\}\cap\{a,c,2,6,8\}=\{a,6\}$

$\overline{A \cap B} = U - (A \cap B) = \{a,b,c,2,6,8,9\} - \{a,6\} = \{b,c,2,8,9\}$

$A \cup B = \{a,6,9\} \cup \{a,c,2,6,8\} = \{a,c,2,6,8,9\}$

$\overline{A \cup B} = U - (A \cup B) = \{a,b,c,2,6,8,9\} - \{a,c,2,6,8,9\} = \{b\}$

【集合的对称差运算】定义 4.11 设 A、B 是两个集合，令 $A \oplus B = (A - B) \cup (B - A)$，则 $A \oplus B$ 称为 A 与 B 的对称差。求两个集合的对称差称为集合的对称差运算。

例 4.7 设 $A = \{1,2,3,4,5\}$，$B = \{1,3,5,a,b,c\}$，求 $A \oplus B$。

解：
$$\begin{aligned} A \oplus B &= (A - B) \cup (B - A) \\ &= (\{1,2,3,4,5\} - \{1,3,5,a,b,c\}) \cup (\{1,3,5,a,b,c\} - \{1,2,3,4,5\}) \\ &= \{2,4\} \cup \{a,b,c\} \\ &= \{2,4,a,b,c\} \end{aligned}$$

由于集合的交运算、并运算满足结合律，所以可以多个集合进行交运算、并运算，并且在多个集合进行交运算、并运算时可以任意排列参与运算的集合。但是，在大批量集合进行交运算、并运算时，要列出所有参与运算的集合依次进行交运算、并运算，则在书写和表达方面都是一件烦琐的事情。例如，设宇宙大学有 300 个班级，每个班级是一个集合，令 B 是宇宙大学全体学生组成的集合，则 B 等于宇宙大学所有班级的并集。如果列出所有班级依次进行并运算求出 B，则在书写和表达方面都将十分麻烦。用集合的广义交运算和广义并运算来解决这类问题就变得很简单。

【集合的广义交运算】定义 4.12 设 A 是一个集合且 A 的每一个元素都是集合，则由 A 的所有元素的公共元素组成的集合称为 A 的广义交集，简称 A 的广义交，记作 $\bigcap A$。求一个集合的广义交称为集合的广义交运算。

由定义 4.12 知，$\bigcap A = \{x | \forall y(y \in A \to x \in y)\}$。

例 4.8 设 $A = \{\{1,2,3,a\},\{a,b,c\},\{1,4,5,a,c\}\}$，求 A 的广义交 $\bigcap A$。

解： $\bigcap A = \{1,2,3,a\} \cap \{a,b,c\} \cap \{1,4,5,a,c\} = \{a\}$。

注： (1) 当集合 A 中的元素有编号时，即 $A = \{A_1, A_2, \cdots, A_n\}$，或 $A = \{A_1, A_2, A_3, \cdots\}$，则 A 的广义交可写成 $\bigcap A = \bigcap_{i=1}^{n} A_i$，或 $\bigcap A = \bigcap_{i=1}^{\infty} A_i$。

(2) 若 A 中的某个元素不是集合，则 A 的广义交运算没有意义。

例如，设 $A = \{\{1,2,3\},\{1,2,a,b\},2,3\}$，其中，$A$ 中的元素 2 和 3 是普通意义下的数字，不代表集合，则 $\bigcap A$ 没有意义。特别要注意，在这里 $\bigcap A \neq \{1,2\}$，$\bigcap A$ 也不是空集。

【集合的广义并运算】定义 4.13 设 A 是一个集合且 A 的每一个元素都是集合，则由 A 的元素的元素组成的集合称为 A 的广义并集，简称 A 的广义并，记作 $\bigcup A$。求一个集合的广义并称为集合的广义并运算。

由定义 4.13 知，$\bigcup A = \{x | \exists y(y \in A \wedge x \in y)\}$。

例 4.9 设 $A = \{\{1,2,3\},\{a,b\},\{1,4,5,a,c\},\{\{a,b,c\},2,3\}\}$，求 A 的广义并 $\bigcup A$。

解：
$$\begin{aligned} \bigcup A &= \{1,2,3\} \cup \{a,b\} \cup \{1,4,5,a,c\} \cup \{\{a,b,c\},2,3\} \\ &= \{1,2,3,a,b,4,5,c,\{a,b,c\}\} \end{aligned}$$

注： (1) 当集合 A 中的元素有编号时，即 $A = \{A_1, A_2, \cdots, A_n\}$，或 $A = \{A_1, A_2, A_3, \cdots\}$，

则 A 的广义并可写为 $\bigcup A=\bigcup_{i=1}^{n}A_i$，或 $\bigcup A=\bigcup_{i=1}^{\infty}A_i$。

(2)若 A 中的某个元素不是集合，则 A 的广义并运算没有意义。

例如，设 $A=\{\{1,2,3\},\{a,b\},2,3\}$，其中，$A$ 中的元素 2 和 3 是普通意义下的数字，不代表集合，则 $\bigcup A$ 没有意义。特别要注意，在这里 $\bigcup A\neq\{1,2,3,a,b\}$。

例 4.10　设宇宙大学有 300 个班级，每个班级是一个集合，分别记为 $A_1,A_2,A_3,\cdots,A_{300}$，令 B 是宇宙大学全体学生组成的集合，$A=\{A_1,A_2,A_3,\cdots,A_{300}\}$，则 $B=\bigcup A$。

【集合运算的优先次序】集合的多种运算混合使用时，为了减少括号的书写，使表达式简洁清晰，规定集合运算的优先次序为：$\bar{}\,,\cap,\cup,-,\oplus,\bigcap,\bigcup$。

例如，$A-B\cap C$ 表示 $A-(B\cap C)$，而 $\bigcup_{i=1}^{n}A_i\cap B$ 表示 $\bigcup_{i=1}^{n}(A_i\cap B)$。若要表示 $\bigcup_{i=1}^{n}A_i$ 与 B 的交运算，应该写成 $(\bigcup_{i=1}^{n}A_i)\cap B$，或 $B\cap(\bigcup_{i=1}^{n}A_i)$。

注意区分集合通常的交、并运算符 ($\cap$、$\cup$) 与广义交、广义并运算符 ($\bigcap$、$\bigcup$) 的书写形式。

【集合运算的基本定律】下列是常用的集合运算恒等式，其中 A、B、C 是任意集合，U 是全集，$\varnothing$ 是空集。

(1)双重求补律：

$$\overline{\overline{A}}=A$$

(2)结合律：

$$(A\cap B)\cap C=A\cap(B\cap C)$$

$$(A\cup B)\cup C=A\cup(B\cup C)$$

(3)交换律：

$$A\cap B=B\cap A,\quad A\cup B=B\cup A$$

(4)分配律：

$$A\cap(B\cup C)=(A\cap B)\cup(A\cap C)$$

$$(B\cup C)\cap A=(B\cap A)\cup(C\cap A)$$

$$A\cup(B\cap C)=(A\cup B)\cap(A\cup C)$$

$$(B\cap C)\cup A=(B\cup A)\cap(C\cup A)$$

(5)德 · 摩根律：

$$A-(B\cup C)=(A-B)\cap(A-C)$$

$$A-(B\cap C)=(A-B)\cup(A-C)$$

$$\overline{A\cup B}=\overline{A}\cap\overline{B}$$

$$\overline{A\cap B}=\overline{A}\cup\overline{B}$$

$$\overline{\phi}=U$$

$$\overline{U}=\phi$$

(6)幂等律：

$$A \cap A = A;\quad A \cup A = A$$

(7)同一律：

$$A \cup \phi = A;\quad A \cap U = A$$

(8)零律：

$$A \cup U = U;\quad A \cap \phi = \phi$$

(9)排中律：

$$A \cup \overline{A} = U$$

(10)矛盾律：

$$A \cap \overline{A} = \phi$$

(11)吸收律：

$$A \cup (A \cap B) = A;\quad A \cap (A \cup B) = A$$

上述基本定律(1)～(5)可用集合相等的定义证明。

例 4.11 **证明** $A \cap (B \cup C) = (A \cap B) \cup (A \cap C)$。

证明：(1)证 $A \cap (B \cup C) \subseteq (A \cap B) \cup (A \cap C)$。

任意 x，若 $x \in A \cap (B \cup C)$，则由交运算的定义知 $x \in A$，且 $x \in B \cup C$。又由并运算的定义知 $x \in A$，且"$x \in B$，或 $x \in C$"。即"$x \in A$，$x \in B$"或"$x \in A$，$x \in C$"。由交运算的定义知 $x \in A \cap B$ 或 $x \in A \cap C$。由并运算的定义知 $x \in (A \cap B) \cup (A \cap C)$。由子集的定义知 $A \cap (B \cup C) \subseteq (A \cap B) \cup (A \cap C)$。

(2)证 $(A \cap B) \cup (A \cap C) \subseteq A \cap (B \cup C)$。

任意 x，若 $x \in (A \cap B) \cup (A \cap C)$，则由并运算的定义知 $x \in (A \cap B)$ 或 $x \in (A \cap C)$。由交运算的定义知"$x \in A$ 且 $x \in B$"或"$x \in A$ 且 $x \in C$"。所以，$x \in A$，且"$x \in B$ 或 $x \in C$"。由并运算的定义知 $x \in A$，且 $x \in B \cup C$。由交运算的定义知 $x \in A \cap (B \cup C)$。由子集的定义知 $(A \cap B) \cup (A \cap C) \subseteq A \cap (B \cup C)$。

综合第(1)步和第(2)步，由集合相等的定义知 $A \cap (B \cup C) = (A \cap B) \cup (A \cap C)$。

上述证明过程可以简洁表达如下。

(1)证 $A \cap (B \cup C) \subseteq (A \cap B) \cup (A \cap C)$。

任意 x：

$x \in A \cap (B \cup C)$

$\Rightarrow (x \in A) \wedge (x \in B \cup C)$　　(交运算定义)

$\Rightarrow (x \in A) \wedge (x \in B \vee x \in C)$　　(并运算定义)

$\Rightarrow (x \in A \wedge x \in B) \vee (x \in A \wedge x \in C)$　　(分配律)

$\Rightarrow (x \in A \cap B) \vee (x \in A \cap C)$　　(交运算定义)

$\Rightarrow x \in (A \cap B) \cup (A \cap C)$　　(并运算定义)

$\Rightarrow A \cap (B \cup C) \subseteq (A \cap B) \cup (A \cap C)$　　(子集定义)

(2)证 $(A \cap B) \cup (A \cap C) \subseteq A \cap (B \cup C)$

任意 x：

$x \in (A \cap B) \cup (A \cap C)$

$\Rightarrow (x \in A \cap B) \vee (x \in A \cap C)$ （并运算定义）

$\Rightarrow (x \in A \wedge x \in B) \vee (x \in A \wedge x \in C)$ （交运算定义）

$\Rightarrow (x \in A) \wedge (x \in B \vee x \in C)$ （分配律）

$\Rightarrow (x \in A) \wedge (x \in B \cup C)$ （并运算定义）

$\Rightarrow x \in A \cap (B \cup C)$ （交运算定义）

$\Rightarrow (A \cap B) \cup (A \cap C) \subseteq A \cap (B \cup C)$ （子集定义）

综合第(1)步和第(2)步，由集合相等的定义知 $A \cap (B \cup C) = (A \cap B) \cup (A \cap C)$。

定理 4.2 设 A、B 是集合，若 $B \subseteq A$，则 $A \cup B = A$，$A \cap B = B$，$\overline{A} \subseteq \overline{B}$ 成立。

证明：(1) 证 $A \cup B = A$（用集合相等的定义证明，即证明等号左右两边相互包含）。

①任取 $x \in A \cup B$，由集合并运算定义知，$x \in A \vee x \in B$。由题设 $B \subseteq A$，即对任意 x，若 $x \in B$，则 $x \in A$。所以，无论是 $x \in A$，还是 $x \in B$，都有 $x \in A$。 由 x 的任意性知，$A \cup B \subseteq A$。

②由集合包含的定义及集合并运算的定义知，$A \subseteq A \cup B$。

综合①和②，由集合相等的定义知，$A \cup B = A$。

(2) 证 $A \cap B = B$（用集合相等的定义证明，即证明等号左右两边相互包含）。

①由集合交运算的定义知，$A \cap B \subseteq B$。

②任取 $x \in B$，由题设 $B \subseteq A$，即对任意 x，若 $x \in B$，则 $x \in A$。所以，对 B 中任何 x，都有 $x \in B \wedge x \in A$，由集合交运算的定义知，$x \in B \cap A$，由 x 的任意性知，$B \subseteq A \cap B$。

综合①和②知，$A \cap B = B$。

(3) 证 $\overline{A} \subseteq \overline{B}$。

任取 $x \in \overline{A}$，按补集的定义有 $x \in U \wedge x \notin A$。根据题设 $B \subseteq A$，即对任意 x，若 $x \in B$，则 $x \in A$。因此，由 $x \notin A$ 可推出 $x \notin B$。注意到 U 是全集，所以有 $x \in U$。由此推出，对 $\overline{A}$ 中的每一个 x，都有 $x \in U \wedge x \notin B$，即对任意 $x \in \overline{A}$，都有 $x \in \overline{B}$。由集合包含的定义知 $\overline{A} \subseteq \overline{B}$。

推论 4.2 设 A、B 是集合，U 是全集，$\varnothing$ 是空集，则下列等式成立：

幂等律：

$$A \cap A = A, \quad A \cup A = A$$

同一律：

$$A \cup \varnothing = A, \quad A \cap U = A$$

零律：

$$A \cup U = U, \quad A \cap \varnothing = \varnothing$$

排中律：

$$A \cup \overline{A} = U$$

矛盾律：

$$A \cap \overline{A} = \varnothing$$

注意：集合的运算本质上是集合之间的一种对应。两个集合 A 与 B 的交、并、差、补运算，就是把 A 和 B 分别对应到它们的交集 $A\cap B$、并集 $A\cup B$、差集 $A-B$、补集 $\overline{A}$ 和 $\overline{B}$ 上。

习 题 4.2

1. 设全集 $U=\{1,2,3,\cdots,10\}$，$A=\{1,2,3,4,5\}$，$B=\{x|x\in\mathbb{N}\wedge(3<x^2<60)\}$，求 $\overline{A}$，$A\cup\overline{B}$，$A\cap B$，$A-B$，$A\oplus B$。

2. 设 $A=\{a,b,c,\{u,v\}\}$，$B=\{a,u,v\}$，求 $A\cup B$，$A\cap B$，$A-B$，$B-A$。

3. 设 $A=\{\{\varphi,a,b,c,1\},\{1,a,b\},\{1,3,5\},\{\{1,2,c\},1,2,3\}\}$，求 $\bigcup A$，$\bigcap A$。

4. 设 A、B、C、D 是自然数集 $\mathbb{N}$ 的子集且 $A=\{x|x\leqslant 18\}$，$B=\{x|x<10\}$，$C=\{x|x=2k+1\wedge k\in\mathbb{N}\}$，$D=\{x|x=2k\wedge k\in\mathbb{N}\}$，请用 A、B、C、D 以及集合的运算表示下列集合。

(1) $\{1,3,5,7,9\}$。

(2) $\{10,12,14,16,18\}$。

(3) $\{x\mid x\geqslant 18且x是奇数\}$。

(4) $\{x\mid x\leqslant 9且x是偶数\}\bigcup\{x\mid x\geqslant 11且x是奇数\}$。

5. 设 A、B、C、D 是集合，用集合恒等式证明下列等式。

(1) $(A-B)-C=(A-C)-(B-C)$。

(2) $(A\cup B)\cup(B-A)=A\cup B$。

(3) $(A-B)\cap(C-D)=(A\cap C)-(B\cup D)$。

(4) $A-(B-C)=(A-B)\cup(A\cap C)$。

(5) $(A-B)-C=A-(B\cup C)$。

(6) $A\cap(B-A)=\varnothing$。

(7) $(A-B)\cap(A\cap B)=\varnothing$。

4.3 集合的包含关系与恒等关系

就两个集合相交和包含关系而言，存在多种情形。例如，集合 A 和 B 可以不相交，也可以相交但相互没有包含关系，也可以有包含关系。集合之间有多种运算，集合运算的结果之间也存在着多种关系，特别是包含关系与相等关系。本节介绍一些典型的集合包含关系和相等关系，并介绍集合包含与相等的证明方法。

【表示集合关系的文氏图】集合之间的关系及有关运算结果可以用文氏(John Venn)图来描述。图 4.1 中的矩形表示全集，椭圆表示全集中的子集，阴影部分表示集合运算结果，椭圆的位置表示两个集合间相交、包含等状态。

【证明集合包含关系的一般方法】集合包含关系的证明是研究集合运算规律以及集合之间各种关系的重要内容之一。许多集合恒等式都是通过证明集合的包含关系而得到证明的。设 A、B 是两个集合，假定 $A\subseteq B$，下面介绍证明 $A\subseteq B$ 的一般方法，分三种类型讨论。

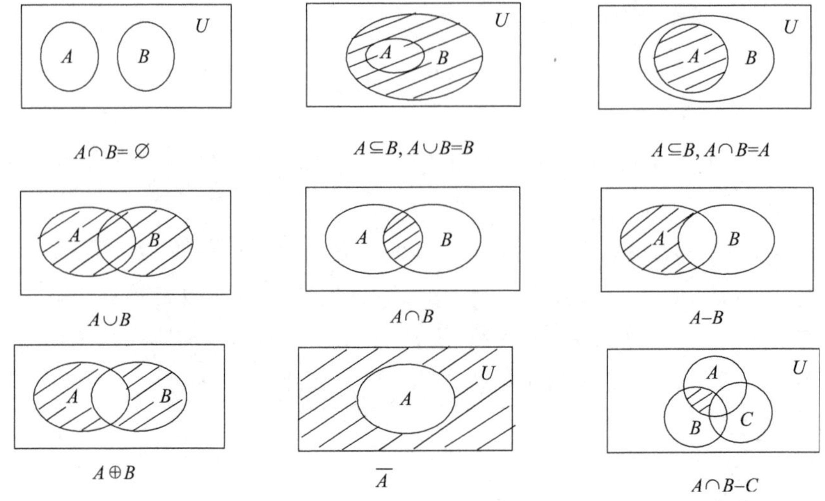

图 4.1　表示集合关系的文氏图

(1) 如果 A 和 B 的元素用枚举法列出，则简单比较两个集合的元素即可证明 $A\subseteq B$。

(2) 如果 A 和 B 用属性表示法表示，不妨设 $A=\{x|P(x)\}, B=\{x|Q(x)\}$，按集合包含的定义，$A\subseteq B$ 当且仅当 $\forall x(x\in A\to x\in B)$。所以，只要证明 $\forall x(x\in A\to x\in B)$，即可证得 $A\subseteq B$。证明步骤如下。

①任取 $x\in A$。因为 $x\in A$，所以 $P(x)$ 成立。

②以 $P(x)$ 所述的条件为基础，把 $P(x)$ 中的属性分解为一些更小的属性单位。

③利用已掌握的专业知识及 x 所具有的属性，推导出 $Q(x)$ 成立，从而证明了 $x\in B$。

(3) 如果 A (或 B) 是某些集合的运算结果，如 $A=C\oplus D$，则证明 $A\subseteq B$ 的步骤如下。

①任取 $x\in A$，把 $x\in A$ 转化为 $x\in C$ 和 $x\in D$ 的描述。

②如果没有具体给出 C 和 D 的元素属性描述，则根据 $x\in C$ 和 $x\in D$ 的情况验证 $x\in B$ 的条件。

③如果给出了 C 和 D 的元素属性描述，则按上述类型(2)，对 C 和 D 中的属性进行分解，然后推导出 $x\in B$。

例 4.12　设 $A=\{x|x\in\mathbb{R}\wedge\exists y(y\in\mathbb{R}\wedge x=y^2)\wedge 2\,|\,x\}$, $B=\{x|x$ 是自然数$\}$，证明 $A\subseteq B$，其中 $\mathbb{R}$ 是实数集，“$2\,|\,x$”表示“x 被 2 整除”。

证明：(1) 任取 $x\in A$，由 A 中元素的属性知，$x\in\mathbb{R}\wedge\exists y(y\in\mathbb{R}\wedge x=y^2)\wedge 2\,|\,x$ 成立。

(2) 将 x 的属性分解为：x 是一个实数且 x 可表示为某个实数的平方且 x 被 2 整除。

(3) 根据 x 具有的性质及相关的数学知识推导出 $x\in B$：因为 x 是一个实数且 x 可表示为某个实数的平方，所以 x 是一个非负实数。又因为 x 被 2 整除，所以 x 是一个偶数。由此可知，x 是一个非负偶数。因而，x 是一个自然数，故 $x\in B$。

由 x 的任意性知，$A\subseteq B$。

【证明集合相等的常用方法】证明两个集合 A 和 B 相等，常用方法有三种。

(1)证明 $A \subseteq B$ 且 $B \subseteq A$。这是最一般的方法。

(2) 任取 x，证明 $x \in A \Leftrightarrow x \in B$。

(3)用已知恒等式证明。

例 4.13　设 A、B、C 是集合，证明 $A-(B \cup C)=(A-B) \cap (A-C)$。

证明：题中没有给出集合 A、B、C 的元素属性描述，属于集合运算恒等式的类型。

(1)证　$A-(B \cup C) \subseteq (A-B) \cap (A-C)$。

任取 $x \in A-(B \cup C)$，由差运算的定义知，$x \in A$ 且 $x \notin (B \cup C)$，即 $x \in A$ 且 $\neg(x \in B \vee x \in C)$ (这里把对集合 $A-(B \cup C)$ 的元素的描述分解为对集合 A、B 和 C 的元素的描述)。由德・摩根律知 $x \in A$ 且 $(\neg(x \in B) \wedge \neg(x \in C))$，即 $x \in A$ 且($x \notin B$ 且 $x \notin C$)。由幂等律和结合律知($x \in A$ 且 $x \notin B$)且($x \in A$ 且 $x \notin C$)。由差运算的定义知 $x \in (A-B)$ 且 $x \in (A-C)$。由交运算的定义知 $x \in (A-B) \cap (A-C)$。由子集的定义知，$A-(B \cup C) \subseteq (A-B) \cap (A-C)$。

(2)证 $(A-B) \cap (A-C) \subseteq A-(B \cup C)$。

任取 $x \in (A-B) \cap (A-C)$，由交运算定义知，$(x \in A-B) \wedge (x \in A-C)$。由差运算定义知 $(x \in A \wedge x \notin B) \wedge (x \in A \wedge x \notin C)$。由结合律知 $(x \in A \wedge x \in A) \wedge (x \notin B \wedge x \notin C)$。由幂等律及德・摩根律知，$(x \in A) \wedge (\neg(x \in B \vee x \in C))$。由并运算定义知 $(x \in A) \wedge \neg(x \in (B \cup C))$，即 $(x \in A) \wedge (x \notin (B \cup C))$。由差运算定义知 $x \in A-(B \cup C)$。由子集的定义知 $(A-B) \cup (A-C) \subseteq A-(B \cap C)$。

综合(1)和(2)，由集合相等的定义知，$A-(B \cup C)=(A-B) \cap (A-C)$。

上述证明过程可以简洁表达如下。

(1)证　$A-(B \cup C) \subseteq (A-B) \cap (A-C)$。

任意 x：

$x \in A-(B \cup C)$

$\Rightarrow (x \in A) \wedge (x \notin B \cup C)$　　(差运算定义)

$\Rightarrow (x \in A) \wedge \neg(x \in B \cup C)$　　(符号$\notin$的含义)

$\Rightarrow (x \in A) \wedge \neg(x \in B \vee x \in C)$　　(并运算定义)

$\Rightarrow (x \in A) \wedge (\neg(x \in B) \wedge \neg(x \in C))$　　(德・摩根律)

$\Rightarrow (x \in A) \wedge (x \notin B \wedge x \notin C)$　　(符号$\notin$的含义)

$\Rightarrow (x \in A \wedge x \in A) \wedge (x \notin B \wedge x \notin C)$　　(幂等律)

$\Rightarrow (x \in A \wedge x \notin B) \wedge (x \in A \wedge x \notin C)$　　(交换律、结合律)

$\Rightarrow (x \in A-B) \wedge (x \in A-C)$　　(差运算定义)

$\Rightarrow x \in (A-B) \cap (A-C)$　　(交运算定义)

$\Rightarrow A-(B \cup C) \subseteq (A-B) \cap (A-C)$　　(子集定义)

(2)证 $(A-B) \cap (A-C) \subseteq A-(B \cup C)$。

任意 x：

$x \in (A-B) \cap (A-C)$

$\Rightarrow (x \in A-B) \wedge (x \in A-C)$　　(交运算定义)

$\Rightarrow (x \in A \wedge x \notin B) \wedge (x \in A \wedge x \notin C)$　　(差运算定义)

$\Rightarrow (x \in A \wedge x \in A) \wedge (x \notin B \wedge x \notin C)$ （交换律，结合律）

$\Rightarrow x \in A \wedge (x \notin B \wedge x \notin C)$ （幂等律）

$\Rightarrow x \in A \wedge (\neg(x \in B) \wedge \neg(x \in C))$ （符号$\notin$的含义）

$\Rightarrow x \in A \wedge \neg(x \in B \vee x \in C)$ （德·摩根律）

$\Rightarrow x \in A \wedge \neg(x \in B \cup C)$ （并运算定义）

$\Rightarrow x \in A \wedge x \notin B \cup C$ （符号$\notin$的含义）

$\Rightarrow x \in A - (B \cup C)$ （差运算定义）

$\Rightarrow (A \cap B) \cup (A \cap C) \subseteq A \cap (B \cup C)$ （子集定义）

综合(1)和(2)，由集合相等的定义知，$A - (B \cup C) = (A - B) \cap (A - C)$。

例 4.14 设A、B是集合，证明：$A - B = A \cap \overline{B}$。

证明：(1)证$A - B \subseteq A \cap \overline{B}$。

任意x：

$x \in A - B \Rightarrow x \in A \wedge x \notin B$ （差运算定义）

$\Rightarrow x \in A \wedge \neg(x \in B)$ （符号$\notin$的含义）

$\Rightarrow x \in A \wedge x \in \overline{B}$ （补集定义）

$\Rightarrow x \in A \cap \overline{B}$ （交运算定义）

$\Rightarrow A - B \subseteq A \cap \overline{B}$ （子集定义）

(2)证$A \cap \overline{B} \subseteq A - B$。

任意x：

$x \in A \cap \overline{B} \Rightarrow x \in A \wedge x \in \overline{B}$ （交运算定义）

$\Rightarrow x \in A \wedge x \notin B$ （补集定义）

$\Rightarrow x \in A - B$ （差运算定义）

$\Rightarrow A \cap \overline{B} \subseteq A - B$ （子集定义）

综合(1)和(2)，由集合相等的定义知，$A - B = A \cap \overline{B}$。

例 4.15 设A、B是集合，证明：$(A - B) \cup B = A \cup B$。

证明：(1)证$(A - B) \cup B \subseteq A \cup B$。

因为$A - B \subseteq A$，所以$A - B \subseteq A \cup B$。又因为$B \subseteq A \cup B$，所以$(A - B) \cup B \subseteq A \cup B$。

(2)证$A \cup B \subseteq (A - B) \cup B$。

任取$x \in A \cup B$，则由并运算定义知$x \in A$或$x \in B$。分两种情况讨论。

①若$x \in B$，这时有$x \in (A - B) \cup B$。

②若$x \notin B$，这时必有$x \in A$，由差运算定义知，$x \in A - B$，从而$x \in (A - B) \cup B$。由x的任意性，有$A \cup B \subseteq (A - B) \cup B$。

综合(1)和(2)，由集合相等的定义知，$(A - B) \cup B = A \cup B$。

例 4.16 设A、B是集合，证明$A \oplus B = A \cup B - A \cap B$。

证明：任意x：

$x \in A \oplus B \Leftrightarrow x \in (A - B) \cup (B - A)$ （对称差运算定义）

$\Leftrightarrow x \in (A - B) \vee x \in (B - A)$ （并运算定义）

$\Leftrightarrow (x \in A \wedge x \notin B) \vee (x \in B \wedge x \notin A)$ （差运算定义）

$\Leftrightarrow (x \in A \wedge \neg(x \in B)) \vee (x \in B \wedge \neg(x \in A))$　　（符号 $\notin$ 的含义）

$\Leftrightarrow ((x \in A \wedge \neg(x \in B)) \vee x \in B) \wedge$

$((x \in A \wedge \neg(x \in B)) \vee \neg(x \in A))$　　（左分配律）

$\Leftrightarrow (x \in A \vee x \in B) \wedge (\neg(x \in B) \vee x \in B) \wedge$

$(x \in A \vee \neg(x \in A)) \wedge (\neg(x \in B) \vee \neg(x \in A))$　　（右分配律）

$\Leftrightarrow (x \in A \vee x \in B) \wedge 1 \wedge 1 \wedge (\neg(x \in B) \vee \neg(x \in A))$　　（排中律）

$\Leftrightarrow (x \in A \vee x \in B) \wedge (\neg(x \in B) \vee \neg(x \in A))$　　（同一律）

$\Leftrightarrow (x \in A \vee x \in B) \wedge \neg(x \in B \wedge x \in A)$　　（德 · 摩根律）

$\Leftrightarrow (x \in A \cup B) \wedge (\neg(x \in B \cap A))$　　（交运算）

$\Leftrightarrow (x \in A \cup B) \wedge (x \notin B \cap A)$　　（符号 $\notin$ 的含义）

$\Leftrightarrow x \in (A \cup B - B \cap A)$　　（差运算定义）

所以，$A \oplus B = A \cup B - A \cap B$。

例 4.17　设 A、B、C 是集合，证明 $A-(B-C)=(A-B)\cup(A\cap C)$。

证明： 因为

$A-(B-C)=A-(B\cap\overline{C})$　　（例 4.14 的结果）

$=A\cap\overline{B\cap\overline{C}}$　　（例 4.14 的结果）

$=A\cap(\overline{B}\cup\overline{\overline{C}})$　　（德 · 摩根律）

$=A\cap(\overline{B}\cup C)$　　（双重求补律）

$=(A\cap\overline{B})\cup(A\cap C)$　　（分配律）

$=(A-B)\cup(A\cap C)$　　（例 4.14 的结果）

所以，$A-(B-C)=(A-B)\cup(A\cap C)$

习　题　4.3

1. 设 A、B、C 是集合，指出下列结论是否正确。

(1) 若 $A\subseteq B$ 且 $B\in C$，则 $A\in C$。

(2) 若 $A\in B$ 且 $B\in C$，则 $A\in C$。

(3) 若 $A\subseteq B$ 且 $B\in C$，则 $A\subseteq C$。

(4) 若 $A\in B$ 且 $B\in C$，则 $A\subseteq C$。

(5) 若 $A\in B$ 且 $B\subseteq C$，则 $A\subseteq C$。

(6) 若 $A\in B$ 且 $B\subseteq C$，则 $A\in C$。

(7) 若 $A\subseteq B$ 且 $B\subseteq C$，则 $A\in C$。

(8) 若 $A\subseteq B$ 且 $B\subseteq C$，则 $A\subseteq C$。

2. 设 A、B、C 是集合，用集合相等的定义证明下列等式。

(1) $A\cup(B-A)=A\cup B$。

(2) $(A-B)\cup(A\cap B)=A$。

(3) $A\cup(\overline{A}\cap B)=A\cup B$。

(4) $A \cap (\overline{A} \cup B) = A \cap B$。

3. 设 A、B 是集合，证明以下结论。

(1) $P(A) \cap P(B) = P(A \cap B)$。

(2) $P(A) \cup P(B) \subseteq P(A \cup B)$，但 $P(A \cup B) \subseteq P(A) \cup P(B)$ 不一定成立。

(3) 若 $P(A) \subseteq P(B)$，则 $A \subseteq B$。

4. 设 A、B、C 是集合，指出下列等式成立的充分必要条件。

(1) $(A-B) \cup (A-C) = A$。

(2) $(A-B) \cup (A-C) = \varnothing$。

(3) $(A-B) \cap (A-C) = \varnothing$。

(4) $(A-B) \cap (A-C) = A$。

4.4　有穷集合的计数

集合计数在计算机科学中有着广泛应用。在分析算法的时间复杂性和空间复杂性的过程中需要对相关集合进行计数。在估算事件样本空间的规模以及事件发生的概率时也需要对相关集合进行计数。还有许多组合问题都涉及集合的计数。

【有穷集】定义 4.14　设 A 是一个集合，若 A 仅含有限个元素，则称 A 为有穷集或有限集。特别地，空集 $\varnothing$ 也是有穷集。

【无穷集】定义 4.15　包含无穷多个元素的集合称为无穷集。

【有穷集合的基数】设 A 是一个有穷集，则 A 的元素个数等于某个自然数 n，这个自然数 n 称为集合 A 的基数，记为 $|A|$，即 $|A| = n$。

例如，设 $A = \{2,3,a,b,c,d\}$，则 $|A| = 6$。特别地，$|\varnothing| = 0$。

【幂集合的基数】设 $A = \{a_1, a_2, \cdots, a_n\}$ 是含有 n 个元素的集合，$P(A) = \{x | x \subseteq A\}$ 是 A 的幂集合，那么 $P(A)$ 有多少个元素呢？

定理 4.3　设 A 是一个有限集，$P(A) = \{x | x \subseteq A\}$ 是 A 的幂集合，则 $|P(A)| = 2^{|A|}$。

证明：因为 A 是有限集，不妨设 $|A| = n$，$A = \{a_1, a_2, \cdots, a_n\}$。将 A 的子集分为 $n+1$ 类。

第 0 类：不含任何元素的子集，有且只有空集 $\varnothing$，这类子集有 C_n^0 个。

第 1 类：含 1 个元素的子集，这类子集有 C_n^1 个。

第 2 类：含 2 个元素的子集，这类子集有 C_n^2 个。

⋮

第 i 类：含 i 个元素的子集，这类子集有 C_n^i 个。

⋮

第 n 类：含 n 个元素的子集，这类子集有 C_n^n 个。

A 的所有子集，一共有 $C_n^0 + C_n^1 + C_n^2 + \cdots + C_n^n$ 个。

由二项式定理知，$C_n^0 + C_n^1 + C_n^2 + \cdots + C_n^n = 2^n = 2^{|A|}$。

附注：(1) $C_n^k = \dfrac{n!}{k!(n-k)!}$ 是从 n 个元素中，取 k 个元素的所有组合数。

(2) 二项式定理：对任意正整数 n，有

$$(x+y)^n = C_n^0 x^n y^0 + C_n^1 x^{n-1} y^1 + C_n^2 x^{n-2} y^2 + \cdots + C_n^n x^0 y^n$$

特别地，令 $x=1, y=1$ 得 $2^n = C_n^0 + C_n^1 + C_n^2 + \cdots + C_n^n$。

例 4.18 设 $A=\{a,b,c,d\}$，求 A 的幂集合 $P(A)$ 及 $|P(A)|$。

解： $P(A)=\{\varnothing,\{a\},\{b\},\{c\},\{d\},\{a,b\},\{a,c\},\{a,d\},\{b,c\},\{b,d\},\{c,d\}, \{a,b,c\},\{a,b,d\}, \{a,c,d\},\{b,c,d\},\{a,b,c,d\}\}$

$|P(A)| = 2^4 = 16$。

注意：在例 4.18 中，第 0 组的子集个数为 $C_4^0=1$；第 1 组的子集个数为 $C_4^1=4$；第 2 组的子集个数为 $C_4^2=6$；第 3 组的子集个数为 $C_4^3=4$；第 4 组的子集个数为 $C_4^4=1$；一共有：

$$C_4^0 + C_4^1 + C_4^2 + C_4^3 + C_4^4 = 1+4+6+4+1 = 16 = 2^4 \text{（个）}$$

【包含排除原理】在有穷集合的计数中有一个重要的方法，称为包含排除原理（the principle of inclusion-exclusion），也称为容斥原理。包含排除原理的思想方法是，在计算多个集合的并集的元素个数时，先累加各集合的基数，再减去重复计算的部分。

【包含排除原理的简单形式】设 A、B 是两个有穷集，则 $|A\cup B| = |A| + |B| - |A\cap B|$。这是包含排除原理的简单形式。具体地说，先把 A 和 B 的基数累加得 $|A|+|B|$，然后再减去重复的部分 $|A\cap B|$ 就得到 $|A\cup B|$。

证明：(1) 若 $A\cap B=\varnothing$，则 $|A\cup B| = |A|+|B|$，且 $|A\cap B|=0$。

此时有 $|A\cup B| = |A|+|B|-0$，即 $|A\cup B| = |A|+|B|-|A\cap B|$，结论成立。

(2) 若 $A\cap B\neq\varnothing$，则 $A\cup B = A\cup(B-(A\cap B))$，且 $A\cap(B-(A\cap B))=\varnothing$。

所以，

$$\begin{aligned}|A\cup B| &= |A\cup(B-(A\cap B))| \\ &= |A| + |B-(A\cap B)| \\ &= |A| + (|B| - |A\cap B|) \\ &= |A| + |B| - |A\cap B|\end{aligned}$$

此时有 $|A\cup B| = |A|+|B|-|A\cap B|$，结论成立。

综合 (1) 和 (2) 知，对任意有限集 A、B，有 $|A\cup B| = |A|+|B|-|A\cap B|$。

例 4.19 设 $A=\{a,b,c,d,e\}$，$B=\{d,e,f\}$，求 $|A\cup B|$。

解：方法 1 直接求。

因为 $A\cup B=\{a,b,c,d,e\}\cup\{d,e,f\}=\{a,b,c,d,e,f\}$，所以 $|A\cup B|=6$。

方法 2 用包含排除原理求。

因为，$A\cap B=\{d,e\}$，$|A|=5$，$|B|=3$，$|A\cap B|=2$。

所以，$|A\cup B| = |A|+|B|-|A\cap B| = 5+3-2=6$。画图说明，见图 4.2。

【应用于三个集合的包含排除原理】设 A、B、C 是三个有穷集，则

$$|A\cup B\cup C| = |A|+|B|+|C|-|A\cap B|-|A\cap C|-|B\cap C|+|A\cap B\cap C|$$

证明： $|A\cup B\cup C|=|(A\cup B)\cup C|$

$=|A\cup B|+|C|-|(A\cup B)\cap C|$

$=|A|+|B|-|A\cap B|+|C|-|(A\cap C)\cup(B\cap C)|$

$=|A|+|B|-|A\cap B|+|C|-[|A\cap C|+|B\cap C|-|(A\cap C)\cap(B\cap C)|]$

$=|A|+|B|+|C|-|A\cap B|-|A\cap C|-|B\cap C|+|A\cap B\cap C|$

例 4.20　设 $A=\{a,b,c,d,e\}$，$B=\{c,e,f,g\}$，$C=\{d,e,g,h\}$，求 $|A\cup B\cup C|$。

解： 方法 1　直接求。

因为，$A\cup B\cup C=\{a,b,c,d,e\}\cup\{c,e,f,g\}\cup\{d,e,g,h\}=\{a,b,c,d,e,f,g,h\}$。

所以，$|A\cup B\cup C|=8$。

方法 2　用包含排除原理求。

因为，$|A|=5$，$|B|=4$，$|C|=4$，$|A\cap B|=|\{c,e\}|=2$，$|A\cap C|=|\{d,e\}|=2$，$|B\cap C|=|\{e,g\}|=2$，$|A\cap B\cap C|=|\{e\}|=1$，所以：

$$|A\cup B\cup C|=|A|+|B|+|C|-|A\cap B|-|A\cap C|-|B\cap C|+|A\cap B\cap C|$$
$$=5+4+4-2-2-2+1=8$$

画图说明，见图 4.3。

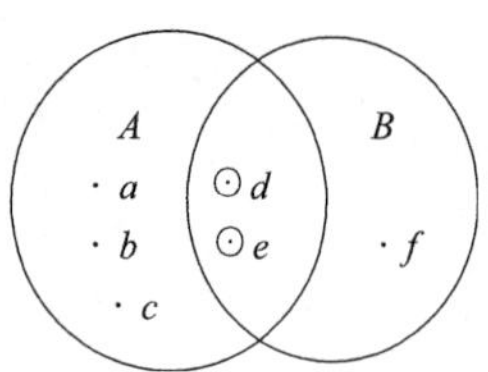

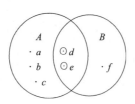

图 4.2　A、B 并、交示意图

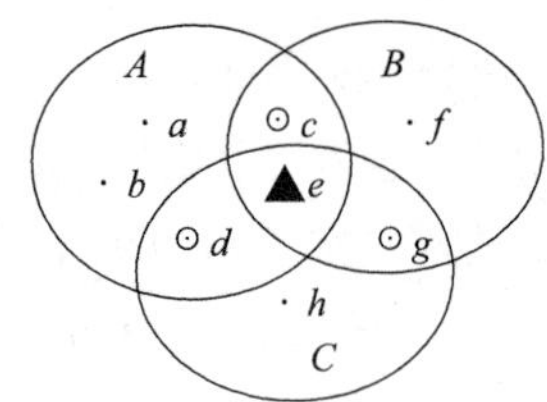

图 4.3　A、B、C 并、交示意图

【包含排除原理的一般形式】 对于 n 个有穷集合 $A_1, A_2, \cdots, A_n$，有

$$|A_1\cup A_2\cup\cdots\cup A_n|=\sum_{i=1}^{n}|A_i|-\sum_{1\leqslant i<j\leqslant n}|A_i\cap A_j|+\sum_{1\leqslant i<j<k\leqslant n}|A_i\cap A_j\cap A_k|$$
$$-\cdots+(-1)^{n-1}|A_1\cap A_2\cap\cdots\cap A_n|$$

此结论用数学归纳法证明，这里省略。

例 4.21　求 1~1000 的被 5 整除，或被 6 整除或被 8 整除的整数个数。

解： 令 $S=\{x|1\leqslant x\leqslant 1000且x是整数\}$，$A=\{x|x\in S 且 x 被 5 整除\}$；$B=\{x|x\in S 且 x 被 6 整除\}$；$C=\{x|x\in S 且 x 被 8 整除\}$，则 $|A\cup B\cup C|$ 即为所求。

因为，$|A|=\left[\dfrac{1000}{5}\right]=200$，$|B|=\left[\dfrac{1000}{6}\right]=166$，$|C|=\left[\dfrac{1000}{8}\right]=125$，$|A\cap B|=\left[\dfrac{1000}{30}\right]=33$，

$|A\cap C|=\left[\dfrac{1000}{40}\right]=25$，$|B\cap C|=\left[\dfrac{1000}{24}\right]=41$，$|A\cap B\cap C|=\left[\dfrac{1000}{120}\right]=8$。

所以：

$$|A\cup B\cup C|=|A|+|B|+|C|-(|A\cap B|+|A\cap C|+|B\cap C|)+|A\cap B\cap C|$$
$$=200+166+125-(33+25+41)+8=400$$

【包含排除原理的补集形式】有些问题直接应用包含排除原理求解有困难，此时，可以考虑换一种解题思路：定义与问题性质对立的n个集合$A_1,A_2,\cdots,A_n$，将问题化为求$|\overline{A}_1\cap\overline{A}_2\cap\cdots\cap\overline{A}_n|$，其中，$\overline{A}_i=S-A_i$表示$A_i\ (i=1,2,\cdots,n)$的补集，$S$表示全集。由包含排除原理的一般形式可以推出包含排除原理的补集形式。

(1) 设A、B是两个有穷集，且$A\subseteq S,B\subseteq S$，则有

$$|\overline{A}\cap\overline{B}|=|S|-(|A|+|B|)+|A\cap B|$$

(2) 设A、B、C是三个有穷集，且$A\subseteq S$，$B\subseteq S$，$C\subseteq S$，则有

$$|\overline{A}\cap\overline{B}\cap\overline{C}|=|S|-(|A|+|B|+|C|)+(|A\cap B|+|A\cap C|+|B\cap C|)-|A\cap B\cap C|$$

(3) 设$A_1,A_2,\cdots,A_n\ (n\geqslant 2)$是有穷集，且$A_i\subseteq S\ (i=1,2,\cdots,n)$，则有

$$|\overline{A}_1\cap\overline{A}_2\cap\cdots\cap\overline{A}_n|=|S|-\sum_{i=1}^{n}|A_i|+\sum_{1\leqslant i<j\leqslant n}|A_i\cap A_j|-\sum_{1\leqslant i<j<k\leqslant n}|A_i\cap A_j\cap A_k|$$
$$+\cdots+(-1)^n|A_1\cap A_2\cap\cdots\cap A_n|$$

事实上：

$$|\overline{A}\cap\overline{B}|=|\overline{A\cup B}|=|S-(A\cup B)|=|S|-|A\cup B|$$
$$=|S|-(|A|+|B|-|A\cap B|)=|S|-(|A|+|B|)+|A\cap B|$$

$$|\overline{A}\cap\overline{B}\cap\overline{C}|=|\overline{A\cup B\cup C}|=|S-(A\cup B\cup C)|=|S|-|A\cup B\cup C|$$
$$=|S|-(|A|+|B|+|C|-|A\cap B|-|A\cap C|-|B\cap C|+|A\cap B\cap C|)$$
$$=|S|-(|A|+|B|+|C|)+(|A\cap B|+|A\cap C|+|B\cap C|)-|A\cap B\cap C|$$

$$|\overline{A}_1\cap\overline{A}_2\cap\cdots\cap\overline{A}_n|=|\overline{A_1\cup A_2\cup\cdots\cup A_n}|=|S-(A_1\cup A_2\cup\cdots\cup A_n)|$$
$$=|S|-|A_1\cup A_2\cup\cdots\cup A_n|$$

$$=|S|-\left\{\sum_{i=1}^{n}|A_i|-\sum_{1\leqslant i<j\leqslant n}|A_i\cap A_j|+\sum_{1\leqslant i<j<k\leqslant n}|A_i\cap A_j\cap A_k|-\cdots+(-1)^{n-1}|A_1\cap\cdots\cap A_n|\right\}$$

$$=|S|-\sum_{i=1}^{n}|A_i|+\sum_{1\leqslant i<j\leqslant n}|A_i\cap A_j|-\sum_{1\leqslant i<j<k\leqslant n}|A_i\cap A_j\cap A_k|+\cdots+(-1)^n|A_1\cap\cdots\cap A_n|$$

例 4.22 求由a,b,c,d四个字符组成的n位符号串中，每个字符至少出现一次的符号串的个数。

解：用包含排除原理的补集形式求解此题。

令$S=\{x|x$是由a,b,c,d四个字符组成的n位符号串$\}$，$A=\{x|x\in S$且a不在x中出现$\}$，$B=\{x|x\in S$且b不在x中出现$\}$，$C=\{x|x\in S$且c不在x中出现$\}$，$D=\{x|x\in S$且d不在x中出现$\}$，则$\overline{A}\cap\overline{B}\cap\overline{C}\cap\overline{D}=\{x|x\in S$且$a,b,c,d$都在$x$中至少出现一次$\}$，因此$|\overline{A}\cap\overline{B}\cap\overline{C}\cap\overline{D}|$即为所求。

因为在S中的每个元素x中，a、b、c、d可重复出现，所以$|S|=4^n$；在A中的每个

元素x中，b、c、d可重复出现，但a不能出现，所以$|A|=3^n$，同理，$|B|=|C|=|D|=3^n$。

又因为在$A\cap B$中的每个元素x中，c、d可重复出现，但a、b不能出现，所以$|A\cap B|=2^n$，同理：

$$|A\cap C|=|A\cap D|=|B\cap C|=|B\cap D|=|C\cap D|=2^n$$

$$|A\cap B\cap C|=|A\cap B\cap D|=|A\cap C\cap D|=|B\cap C\cap D|=1$$

$$|A\cap B\cap C\cap D|=0$$

由包含排除原理的补集形式，所求符号串个数为

$$\begin{aligned}&|\bar{A}\cap\bar{B}\cap\bar{C}\cap\bar{D}|\\&=|S|-(|A|+|B|+|C|+|D|)+(|A\cap B|+|A\cap C|+|A\cap D|+|B\cap C|+|B\cap D|+|C\cap D|)-\\&(|A\cap B\cap C|+|A\cap B\cap D|+|A\cap C\cap D|+|B\cap C\cap D|)+|A\cap B\cap C\cap D|\\&=4^n-4\times 3^n+6\times 2^n-4\end{aligned}$$

【鸽笼原理】 把$n+1$只鸽子放到n个笼子中，至少有一个笼子装有两只或两只以上的鸽子。

证明：(反证法)设每个鸽笼至多装有1只鸽子，则n个鸽笼至多装有n只鸽子，这与n个鸽笼装有$n+1$只鸽子矛盾，证毕。

例 4.23 13 个人中必然有两人的属相相同。

证明：设置 12 个盒子，分别贴上 12 个互不相同的生肖图案作为标签。将 13 个人按照各自的生肖装入贴有相应生肖标签的盒子中(例如，张三属“虎”，则将张三装入贴“虎”标签的盒子中)，由鸽笼原理知，至少有一只盒子中至少有两个人，在此盒中任取两个人，则这两人属相相同。

例 4.24 抽屉放着 10 双手套，从中任取 11 只，其中至少有两只是成双的。

证明：设置 10 个盒子，分别贴上标签 1,2,3，…，10。

将 10 双手套分别标号为$(1,a),(1,b),(2,a),(2,b),\cdots,(10,a),(10,b)$。

从这 20 只手套中任意取 11 只，并将这 11 只手套按照各自标号的第一个数字装入贴有相同数字标签的盒子中(例如，将$(3,a),(3,b)$装入 3 号盒，将$(8,a)$装入 8 号盒)。

由鸽笼原理知，至少有一只盒子中装有两只或两只以上的手套，在此盒中任取两只手套，则这两只手套是成双的。

命题 4.1 设$a_1,a_2,\cdots,a_n,a_{n+1}$都是不大于$n$的正整数，则必存在$i,j$使得$a_i=a_j$，其中，$1\leqslant i<j\leqslant n+1$。

证明：设置n个盒子，将它们分别编号为$1,2,\cdots,n$，把$a_1,a_2,\cdots,a_n,a_{n+1}$分别按其数值放入编号与其数值相等的盒子中(例如，若$a_1=8$，则将a_1放入 8 号盒)。因为$1\leqslant a_i\leqslant n\,(i=1,2,\cdots,n+1)$，所以$n+1$个数$a_1,a_2,\cdots,a_n,a_{n+1}$全部被放入$n$个盒子中。由鸽笼原理知，至少有一个盒子中装有两个或两个以上的数，不妨设第k个盒子中有两个数a_i和a_j，则有$a_i=a_j=k$。

命题 4.2 设$A=\{a_1,a_2,\cdots,a_n\}$是一个集合，$A_0,A_1,\cdots,A_{2^n}$都是A的子集，则必存在i,j使得$A_i=A_j$，其中，$0\leqslant i<j\leqslant 2^n$。

证明：设置 2^n 个盒子，将 A 的所有 2^n 个不同的子集 $B_0,B_1,\cdots,B_{2^n-1}$ 作为标签分别贴在这 2^n 个盒子上。将 $A_0,A_1,\cdots,A_{2^n}$ 分别放入标签与其相同的盒子中(例如，若 $A_1=\{a_2,a_5\}$，$B_4=\{a_2,a_5\}$，则将 A_1 放入标签为 B_4 的盒子中)。因为 $A_i\subseteq A$ $(0\leqslant i\leqslant 2^n)$，所以 2^n+1 个 A 的子集 $A_0,A_1,\cdots,A_{2^n}$ 全部被放入 2^n 个盒子中。由鸽笼原理知，至少有一个盒子中装有两个或两个以上的这种子集。不妨设标签为 B_k 的盒子中至少有两个子集，在 B_k 中任取两个子集 A_i 和 A_j，则 $A_i=A_j=B_k$。

习 题 4.4

1. 设 A、B 是集合且 $|A|=3$，$|P(B)|=64$，$|P(A\cup B)|=256$，求 $|B|$、$|A\cap B|$、$|A-B|$、$|A\oplus B|$。

2. 某校有 120 名学生参加数学竞赛，竞赛试题共有甲、乙、丙三题．竞赛结果为：12 名学生三题全对；20 名学生只做对了甲题和乙题；16 名学生做对了甲题和丙题；28 名学生做对了乙题和丙题；48 名学生做对了甲题；56 名学生做对了乙题；16 名学生三题都做错了。试求出做对了丙题的学生人数。

3. 求 2~2000 的被 3 整除，或被 5 整除，或被 6 整除的整数个数。

4. 证明在边长为 1 的正方形内任取 5 点，则其中至少有两点，它们之间的距离不超过 $\dfrac{\sqrt{2}}{2}$。

5. 从 1~200 的所有整数中任取 101 个，则这 101 个整数中至少有一对数，其中的一个能被另一个整除。

4.5 二 元 关 系

前面已经介绍过，集合用于表示论域中的对象，元素是集合的基本单元。在应用领域中，集合的某些元素之间有着特殊的关系，需要对这些关系进行描述。例如，在研究人类社会时，可令 M 表示由所有人组成的集合，那么人是 M 的元素，是 M 的基本单元。在人类社会中，有“夫妻关系”“朋友关系”“同学关系”等，有时需要对这些关系进行特别说明。把每一对夫妻作为一个单元，即集合 M 中两个特殊的元素作为一个单元，这些单元放在一起也构成一个集合，而且这样的集合描述了 M 的元素之间的夫妻关系。

简而言之，关系是表示各种对象之间的特殊联系的数学模型。关系是一种特殊的集合，所以，对关系的一般性质的研究放在集合论的框架内进行。

【有序对】定义 4.16 由两个对象 x 和 y 组成的有序二元组称为一个有序对，简称序对，记为 $<x,y>$。其中 x 是有序对 $<x,y>$ 的第一元素，y 是有序对 $<x,y>$ 的第二元素。

例如，$<2,3>,<3,2>,<\{a,2\},c>,<<4,d>,6>,<8,8>$ 都是有序对。

注：(1) 在有序对 $<x,y>$ 中允许 $x=y$，即 $<x,x>$ 也是一个有序对。

(2) 有序对中的两个元素 x 和 y 是有次序的，若 $x \neq y$，则 $<x,y> \neq <y,x>$。

(3) $<x,y>=<u,v>$ 当且仅当 $x=u$ 且 $y=v$。

(4) $<x,y>$ 与 $\{x,y\}$ 代表不同的含义：$<x,y>$ 表示由 x 在前 y 在后这样两个元素组成的一个单元，$<x,y>$ 的构成与 x 和 y 的排列次序有关；而 $\{x,y\}$ 表示由 x 和 y 两个元素组成的一个集合，$\{x,y\}$ 的构成与 x 和 y 的排列次序无关。例如，$<2,3> \neq <3,2>$，而 $\{2,3\}=\{3,2\}$。

【有序 n 元组】定义 4.17　由 n 个对象 $x_1,x_2,\cdots,x_n$ 组成的有序组称为有序 n 元组，记为 $<x_1,x_2,\cdots,x_n>$。

构成有序 n 元组的元素可以是任何对象。例如，$<a,b,c>$，$<<a,b>,<c,d>,a>$ 都是合法的有序三元组。

【笛卡儿积】定义 4.18　设 A、B 是两个集合，令 $A\times B=\{<x,y> \mid x\in A, y\in B\}$，则称 $A\times B$ 是 A 与 B 的笛卡儿积，也叫卡氏积(Cartesian product)。

两个集合 A 与 B 的笛卡儿积就是由 A 的元素在前，B 的元素在后组成的所有有序对构成的集合。例如，令 $A=\{a,b\}$，$B=\{0,1,2\}$，则有

$$A\times B=\{<a,0>,<a,1>,<a,2>,<b,0>,<b,1>,<b,2>\}$$

$$B\times A=\{<0,a>,<0,b>,<1,a>,<1,b>,<2,a>,<2,b>\}$$

【笛卡儿积的性质】因为两个集合 A 与 B 的笛卡儿积也是一个集合，所以，笛卡儿积是集合上的一种运算，并且笛卡儿积运算有如下性质。

(1) 任意一个集合与空集的笛卡儿积是空集：$\varnothing\times A=A\times\varnothing=\varnothing$。

(2) 笛卡儿积不满足交换律：当 $A\neq B$，且 A、B 都不是空集时，有 $A\times B\neq B\times A$。

(3) 笛卡儿积不满足结合律：若 A、B、C 都是非空集合，则 $(A\times B)\times C\neq A\times(B\times C)$。

(4) 笛卡儿积对交、并运算满足分配律：设 A、B、C 是任意三个集合，则有

$$A\times(B\cup C)=(A\times B)\cup(A\times C)$$

$$(B\cup C)\times A=(B\times A)\cup(C\times A)$$

$$A\times(B\cap C)=(A\times B)\cap(A\times C)$$

$$(B\cap C)\times A=(B\times A)\cap(C\times A)$$

(5) 若 $A\subseteq C$，且 $B\subseteq D$，则 $A\times B\subseteq C\times D$。

例 4.25　证明 $A\times(B\cup C)=(A\times B)\cup(A\times C)$。

证明：先证 $A\times(B\cup C)\subseteq(A\times B)\cup(A\times C)$。任取 $z\in A\times(B\cup C)$，不妨设 $z=<x,y>$，其中 $x\in A, y\in B\cup C$。按并运算定义，有 $x\in A$ 且($y\in B$ 或 $y\in C$)。由此推出($x\in A$ 且 $y\in B$)或($x\in A$ 且 $y\in C$)。由笛卡儿积的定义，有 $<x,y>\in A\times B$ 或 $<x,y>\in A\times C$，即 $z\in(A\times B)\cup(A\times C)$。由 z 的任意性，有 $A\times(B\cup C)\subseteq(A\times B)\cup(A\times C)$。

再证 $(A\times B)\cup(A\times C)\subseteq A\times(B\cup C)$。任取 $z\in(A\times B)\cup(A\times C)$，即 $z\in A\times B$ 或 $z\in A\times C$。不妨设 $z=<x,y>$，则有 $<x,y>\in A\times B$ 或 $<x,y>\in A\times C$。由笛卡儿积的定义知，($x\in A$ 且 $y\in B$)或($x\in A$ 且 $y\in C$)。由此推出 $x\in A$ 且($y\in B$ 或 $y\in C$)。按笛卡儿积的定义，有 $<x,y>\in A\times(B\cup C)$，即有 $z\in A\times(B\cup C)$。由 z 的任意性，有 $(A\times B)\cup(A\times C)\subseteq A\times(B\cup C)$。

由集合相等的定义有 $A\times(B\cup C)=(A\times B)\cup(A\times C)$。

例 4.26 设 $A=\{a,b,c\}$，$B=\{x,y\}$，求 $A\times P(B)$。

解：$P(B)=\{\varnothing,\{x\},\{y\},\{x,y\}\}$

$$\begin{aligned}A\times P(B)&=\{a,b,c\}\times\{\varnothing,\{x\},\{y\},\{x,y\}\}\\&=\{<a,\varnothing>,<a,\{x\}>,<a,\{y\}>,<a,\{x,y\}>,<b,\varnothing>,<b,\{x\}>,\\&\quad<b,\{y\}>,<b,\{x,y\}>,<c,\varnothing>,<c,\{x\}>,<c,\{y\}>,<c,\{x,y\}>\}\end{aligned}$$

【n重笛卡儿积】定义 4.19 设 $A_1,A_2,\cdots,A_n$ 是 n 个集合，令

$$A_1\times A_2\times\cdots\times A_n=\{<x_1,x_2,\cdots,x_n>\mid x_i\in A_i,1\leqslant i\leqslant n\}$$

则 $A_1\times A_2\times\cdots\times A_n$ 称为 $A_1,A_2,\cdots,A_n$ 的 n 重笛卡儿积。

例 4.27 设 $A=\{a,b,c\}$，$B=\{x,y\}$，$C=\{u,v\}$，求 3 重笛卡儿积 $A\times B\times C$。

解：
$$\begin{aligned}A\times B\times C=\{&<a,x,u>,<a,x,v>,<a,y,u>,<a,y,v>,<b,x,u>,<b,x,v>,\\&<b,y,u>,<b,y,v>,<c,x,u>,<c,x,v>,<c,y,u>,<c,y,v>\}\end{aligned}$$

【二元关系】定义 4.20 设 R 是一个集合，若 R 中的元素都是有序对，则称 R 为一个二元关系。对于一个二元关系 R，若 $<x,y>\in R$，则可记为 xRy，读作 x 与 y 有关系 R。

若 $<x,y>\notin R$，则可记为 $x\not R y$，读作 x 与 y 没有关系 R。

例如，令 $R=\{<a,b>,<b,b>,<c,2>\}$，则 R 是一个二元关系；$R=\{<<2,a>,\{t,h\}>,<3,6>,<c,d>\}$ 也是一个二元关系；但是 $R=\{<2,a>,<3,6>,c\}$ 不是二元关系，因为 c 不是有序对。

又如，对于二元关系 $R=\{<a,b>,<b,b>,<c,2>\}$，有 aRb（a 与 b 有关系 R），bRb（b 与 b 有关系 R），$cR2$（c 与 2 有关系 R）。但是，$b\not R a$（b 与 a 没有关系 R），$2\not R 6$（2 与 6 没有关系 R）。

注：(1) 由于本书讨论的关系大部分是二元关系，所以经常把"二元关系"简称为"关系"。

(2) 空集也是一个关系，称为空关系。

【集合 A 上的二元关系】定义 4.21 设 A、B 是两个集合，R 是 $A\times B$ 的一个子集，即 $R\subseteq A\times B$，则称 R 是 A 到 B 的一个二元关系。特别地，若 $R\subseteq A\times A$，则称 R 是 A 上的二元关系。

例如，设 $A=\{a,b,c\}$，$B=\{1,2,3\}$，$R_1=\{<a,3>,<b,1>\}$，$R_2=\{<a,a>,<b,c>\}$，$R_3=\{<1,a>,<3,b>\}$，$R_4=\{<1,2>,<3,2>,<1,3>\}$，$R_5=\{<a,b>,<b,2>,<c,3>\}$，则 R_1 是 A 到 B 的二元关系，因为 $R_1\subseteq A\times B$；R_2 是 A 上的二元关系，因为 $R_2\subseteq A\times A$；R_3 是 B 到 A 的二元关系，因为 $R_3\subseteq B\times A$；R_4 是 B 上的二元关系，因为 $R_4\subseteq B\times B$；而 R_5 只是一个二元关系，它既不是 A 到 B 的二元关系，也不是 B 到 A 的二元关系，也不是 A 上的二元关系，也不是 B 上的二元关系。

【几个特殊的关系】 设 A 是一个集合，令

$E_A=A\times A=\{<x,y>\mid x\in A\wedge y\in A\}$，$I_A=\{<x,x>\mid x\in A\}$，$\varnothing$ 为空集

则称 E_A 为 A 上的全域关系；I_A 为 A 上的恒等关系；$\varnothing$ 为 A 上的空关系。

例 4.28 设 $A=\{2,4,6\}$，分别写出 A 上的全域关系、恒等关系、小于关系和整除关系。

解：全域关系：

$$
\begin{aligned}
E_A &= A\times A=\{2,4,6\}\times\{2,4,6\}\\
&=\{<2,2>,<2,4>,<2,6>,<4,2>,<4,4>,<4,6>,<6,2>,<6,4>,<6,6>\}
\end{aligned}
$$

恒等关系：

$$I_A=\{<x,x>|x\in A\}=\{<2,2>,<4,4>,<6,6>\}$$

小于关系：

$$L_A=\{<x,y>|x\in A\wedge y\in A\wedge x<y\}=\{<2,4>,<2,6>,<4,6>\}$$

整除关系：

$$D_A=\{<x,y>|x\in A,y\in A\wedge x|y\}=\{<2,2>,<2,4>,<2,6>,<4,4>,<6,6>\}$$

【关系的表示方法】关系有多种表示方法，最常用的方法有三种：集合表示法、关系矩阵表示法和关系图表示法。

【关系的集合表示法】关系是由有序对组成的集合，所以集合的表示方法，如枚举法、属性描述法，都可用来表示关系。例 4.28 中就是用集合表示法来描述关系 E_A、I_A、L_A、D_A 的。

【关系的矩阵表示法】关系是用于描述对象之间的某种联系，只要指出哪些元素之间有联系，哪些元素之间没有联系就刻画了关系的特性。一种特殊矩阵可以用来表示关系。

设 $A=\{a_1,a_2,\cdots,a_n\}$ 是一个有限集，R 是 A 上的一个关系，令

$$r_{ij}=\begin{cases}1, & <a_i,a_j>\in R\\ 0, & <a_i,a_j>\notin R\end{cases},\qquad i,j=1,2,\cdots,n$$

则矩阵

$$(r_{ij})_{n\times n}=\begin{pmatrix} r_{11} & r_{12} & \cdots & r_{1n}\\ r_{21} & r_{22} & \cdots & r_{2n}\\ \vdots & \vdots & & \vdots\\ r_{n1} & r_{n2} & \cdots & r_{nn}\end{pmatrix}$$

称为 R 的关系矩阵，记为 M_R。

例如，设 $A=\{1,2,3,4\}$，$R=\{<1,1>,<1,2>,<2,3>,<2,4>,<4,2>\}$，则 R 的关系矩阵为

$$M_R=(r_{ij})_{4\times4}=\begin{pmatrix}1&1&0&0\\0&0&1&1\\0&0&0&0\\0&1&0&0\end{pmatrix}$$

容易看出，集合 $A=\{a_1,a_2,\cdots,a_n\}$ 上的关系 R 的关系矩阵 M_R 是以 0,1 为元素的 n 行 n

列矩阵，M_R 中的元素 $r_{ij}=1$ 表示 a_i 与 a_j 有关系 R，即 $<a_i,a_j>\in R$；$r_{ij}=0$ 表示 a_i 与 a_j 没有关系 R，即 $<a_i,a_j>\notin R$。

一个关系 R 与其关系矩阵 M_R 是一一对应的。已知一个关系 R 就可以写出它的关系矩阵 M_R。反之，已知一个关系 R 的关系矩阵 M_R，可以写出关系 R 的所有元素。

总之，n 元集合上的任何一个关系，对应唯一一个以0,1为元素的 n 行 n 列矩阵；反之，任何一个以0,1为元素的 n 行 n 列矩阵都代表 n 元集合上的某个关系。

注：矩阵法只能表示有限集合上的关系；用矩阵法表示集合上的关系时，必须先对集合上的元素进行编号。

【关系的图表示法】有限集合 $A=\{a_1,a_2,\cdots,a_n\}$ 上的关系 R 也可以用图来表示。把 A 中的元素 a_i 看作节点，用一个圆点表示，如果 $<a_i,a_j>\in R$，则画一条从 a_i 到 a_j 的有向边，这样得到的图称为 R 的关系图。

例如，设 $A=\{1,2,3,4\}$，$R=\{<1,1>,<1,2>,<2,3>,<2,4>,<3,2>\}$，则 R 的关系图如图4.4所示。

例 4.29　设 $A=\{a,b,c,d\}$，R 是 A 上的二元关系，R 的关系矩阵为

$$M_R=\begin{pmatrix}0&1&1&0\\0&0&1&0\\0&0&0&1\\1&0&0&0\end{pmatrix}$$

写出关系 R 的集合表示和关系图。

解：关系 R 的集合表示为 $R=\{<a,b>,<a,c>,<b,c>,<c,d>,<d,a>\}$。

R 的关系图如图4.5所示。

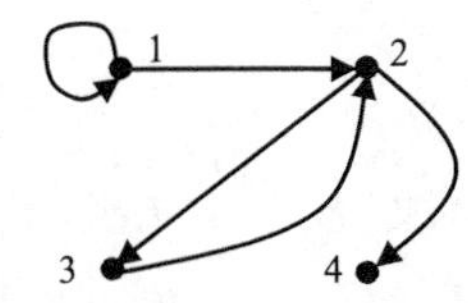

图4.4　R 的关系图(一)

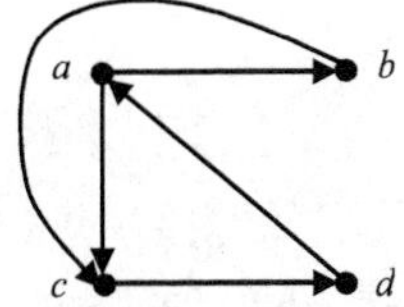

图4.5　R 的关系图(二)

【三种表示法的特点】

(1)集合表示法是一种较为抽象的表示法，这种表示法带有大量信息，关系的许多性质都可以通过集合的性质表达出来，而且集合表示法可以表示任意集合(有限集或无限集)上的关系，但集合运算在计算机上不易操作。

(2)矩阵表示法在计算机上容易操作，但关系矩阵包含的信息太少，关系的许多性质不能在关系矩阵中表达出来，且矩阵法只能表示有限集合上的关系。

(3)关系图直观易懂，在解决实际问题时用于建立关系的数学模型较为方便，但在计算机上不易操作、不易修改。关系图法也只能表示有限集合上的关系。

三种表示方法各有优缺点，解决实际问题时，视具体情况选用，计算机上只能处理有限集上的关系。

【关系的定义域、值域和域】定义 4.22 设 R 是一个二元关系，令

$$\text{dom}\,R=\{x|\exists y(<x,y>\in R)\},\ \text{ran}\,R=\{y|\exists x(<x,y>\in R)\},\ \text{fld}\,R=\text{dom}\,R\cup\text{ran}\,R$$

则称 dom$R$ 为 R 的定义域；称 ran$R$ 为 R 的值域；称 fld$R$ 为 R 的域。

注： 定义域 dom$R$ 是由 R 中所有序对的第一元素构成的集合；值域 ran$R$ 是由 R 中所有序对的第二元素构成的集合；域 fld$R$ 是由 R 中所有序对的第一元素和第二元素构成的集合。

例 4.30 设 $R=\{<a,1>,<a,2>,<b,1>,<c,2>,<1,1>\}$，求 dom$R$ 、 ran$R$ 和 fld$R$ 。

解： $\text{dom}R=\{a,b,c,1\}$， $\text{ran}R=\{1,2\}$， $\text{fld}R=\text{dom}R\cup\text{ran}R=\{a,b,c,1,2\}$。

容易看出，对任何关系 R，都有 $R\subseteq\text{dom}R\times\text{ran}R$。 因而有结论：$R$ 是一个二元关系当且仅当存在集合 A,B 使得 $R\subseteq A\times B$。

【关系在集合上的限制】定义 4.23 设 R 是一个关系， A 是一个集合，令

$$R\restriction A=\{<x,y>|<x,y>\in R\wedge x\in A\}$$

则称 $R\restriction A$ 为 R 在 A 上的限制。

注： (1) 定义 4.23 中的“ $R\restriction A$ ”是一个整体符号。关系 R 在集合 A 上的限制是 R 的一个子集，这个子集中的每个有序对的第一元素都在 A 中。这里的 R 是任意一个关系，A 是任意一个集合，并没有要求 $R\subseteq A\times B$ 或 $R\subseteq A\times A$。

(2) 若 $\text{dom}R\cap A=\varnothing$，则 $R\restriction A=\varnothing$。

例如，对于例 4.30 中的关系 R，$R\restriction\{a\}=\{<a,1>,<a,2>\}$；$R\restriction\{2,d,5\}=\varnothing$；$R\restriction\{a,b,1,3,d\}=\{<a,1>,<a,2>,<b,1>,<1,1>\}$。

【集合的元素在关系下的像】定义 4.24 设 R 是一个关系，β 是某个集合的一个元素，令 $R(\beta)=\{y|<\beta,y>\in R\}$，则 $R(\beta)$ 称为元素 β 在 R 下的像。

例如，对于例 4.30 中的关系 R， $R(a)=\{1,2\}$； $R(b)=\{1\}$； $R(c)=\{2\}$； $R(1)=\{1\}$；$R(d)=\varnothing$； $R(2)=\varnothing$。

【集合在关系下的像】定义 4.25 设 R 是一个关系， A 是一个集合，令

$$R[A]=\text{ran}\,(R\restriction A)=\{y|<x,y>\in R\wedge x\in A\}$$

则 $R[A]$ 称为 A 在 R 下的像。

集合 A 在关系 R 下的像 $R[A]$ 是 ran$R$ 的一个子集，$R[A]$ 等于 A 中每个元素在 R 下的像的并集。

例 4.31 设 $R=\{<a,1>,<a,2>,<b,1>,<c,2>,<1,1>,<a,3>,<b,t>,<1,d>\}$，$A_1=\{a,b,c\}$，$A_2=\{a,c,4,5\}$， $A_3=\{b\}$，求 $R[A_1]$， $R[A_2]$， $R[A_3]$。

解： $R[A_1]=R(a)\cup R(b)\cup R(c)=\{1,2,3\}\cup\{1,t\}\cup\{2\}=\{1,2,3,t\}$

$R[A_2]=R(a)\cup R(c)\cup R(4)\cup R(5)=\{1,2,3\}\cup\{2\}\cup\varnothing\cup\varnothing=\{1,2,3\}$

$R[A_3]=R(b)=\{1,t\}$

【关系的逆】定义 4.26 设 R 是一个关系，令 $R^{-1}=\{<x,y>|<y,x>\in R\}$，则称 R^{-1} 为 R 的逆关系，简称为 R 的逆。求一个关系的逆关系称为关系的逆运算。

关系 R 的逆 R^{-1} 也是一个关系，所以求关系的逆是关系的一种运算。 R^{-1} 中的元素是将 R 中的序对调换次序而得的，即把 R 中的每个序对的第一元素换成第二元素，同时

将第二元素换成第一元素。

对于例 4.30 中的关系 R，$R^{-1}=\{<1,a>,<2,a>,<1,b>,<2,c>,<1,1>\}$。

【关系的复合】定义 4.27 设 R、S 是两个关系，令 $R\circ S=\{<x,z>\mid\exists y\ (<x,y>\in R\wedge <y,z>\in S)\}$，则 $R\circ S$ 称为 R 与 S 的复合(或称为 R 与 S 的合成)。求两个关系的复合称为关系的复合运算。

关系 R 与 S 的复合 $R\circ S$ 也是一个关系，所以关系的复合是关系的一种运算。$R\circ S$ 中的任何一个序对 $<x,z>$ 都是由 R 中某个序对的第一元素 x 与 S 中的某个序对的第二元素 z 组合而成的，并且要求 x 与 z 之间有一个“过渡的中间元素” y，使得 $<x,y>\in R$ 且 $<y,z>\in S$。

例如，设 $R=\{<a,b>,<a,c>,<b,d>\}$，$S=\{<a,d>,<b,e>\}$，则 $R\circ S=\{<a,e>\}$，$S\circ R=\varnothing$。

容易看出，若 $R\subseteq A\times B$，$S\subseteq C\times D$，则 $R\circ S\subseteq A\times D$。

特别地，$R\circ S\subseteq \mathrm{dom}R\times \mathrm{ran}S$。

【求关系的复合关系的方法】 对给出的关系 R 和 S，求 $R\circ S$ 的步骤如下。

(1) 取 R 的一个序对 $<x,y>$。

(2) 找出所有的 $<y,z>\in S$。

(3) 若不存在 $<y,z>\in S$，则从 R 中删除 $<x,y>$，然后，检查 R 是否为空，若 R 不空，则转到第(1)步；若 R 为空，则算法结束。

(4) 若存在 $<y,z>\in S$，则将 x 分别与所有这样的 z 组成序对 $<x,z>$ 放入 $R\circ S$ 中，并从 R 中删除 $<x,y>$，然后，检查 R 是否为空，若 R 不空，则转到第(1)步，若 R 为空，则算法结束。

例 4.32 设 $R=\{<a,c>,<b,1>,<c,2>,<c,a>\}$，$S=\{<1,2>,<1,5>,<2,c>,<a,c>\}$，求 $R\circ S$、$S\circ R$。

解： $R\circ S=\{<a,c>,<b,1>,<c,2>,<c,a>\}\circ\{<1,2>,<1,5>,<2,c>,<a,c>\}$

(1) 取 $<a,c>\in R$，在 S 中没有以 c 为第一元素的有序对，在 R 中删除 $<a,c>$，检查 R 是否为空，此时 R 不空。

(2) 取 $<b,1>\in R$，在 S 中有以 1 为第一元素的有序对 $<1,2>,<1,5>\in S$，将 $<b,2>,<b,5>$ 放入 $R\circ S$ 中，在 R 中删除 $<b,1>$，检查 R 是否为空，此时 R 不空。

(3) 取 $<c,2>\in R$，在 S 中有以 2 为第一元素的有序对 $<2,c>\in S$，将 $<c,c>$ 放入 $R\circ S$ 中，在 R 中删除 $<c,2>$，检查 R 是否为空，此时 R 不空。

(4) 取 $<c,a>\in R$，在 S 中有以 a 为第一元素的有序对 $<a,c>\in S$，将 $<c,c>$ 放入 $R\circ S$ 中，在 R 中删除 $<c,a>$，检查 R 是否为空，此时 R 已成为空集。

所以：

$$R\circ S=\{<b,2>,<b,5>,<c,c>\}$$

$S\circ R=\{<1,2>,<1,5>,<2,c>,<a,c>\}\circ\{<a,c>,<b,1>,<c,2>,<c,a>\}$

(1) 取 $<1,2>\in S$，在 R 中没有以 2 为第一元素的有序对，在 S 中删除 $<1,2>$，检查 S 是否为空，此时 S 不空。

(2) 取$<1,5>\in S$，在R中没有以5为第一元素的有序对，在S中删除$<1,5>$，检查S是否为空，此时S不空。

(3) 取$<2,c>\in S$，在R中有以c为第一元素的有序对$<c,2>,<c,a>\in R$，将$<2,2>,<2,a>$放入$S\circ R$中,在S中删除$<2,c>$，检查S是否为空，此时S不空。

(4) 取$<a,c>\in S$，在R中有以c为第一元素的有序对$<c,2>,<c,a>\in R$，将$<a,2>,<a,a>$放入$S\circ R$中，在S中删除$<a,c>$，检查S是否为空，此时S已成为空集。

所以，$S\circ R=\{<2,2>,<2,a>,<a,2>,<a,a>\}$。

例 4.33　设$R=\{<a,c>,<b,1>,<b,c>,<c,2>,<d,a>\}$，$S=\{<1,2>,<2,c>,<a,c>\}$，求$R\circ S^{-1}$。

解：$S^{-1}=\{<2,1>,<c,2>,<c,a>\}$

$R\circ S^{-1}=\{<a,c>,<b,1>,<b,c>,<c,2>,<d,a>\}\circ\{<2,1>,<c,2>,<c,a>\}$

(1) 取$<a,c>\in R$，对应有$<c,2>,<c,a>\in S^{-1}$，将$<a,2>,<a,a>$放入$R\circ S^{-1}$中，在R中删除$<a,c>$。

(2) 取$<b,1>\in R$，在S^{-1}中没有以1为第一元素的有序对，在R中删除$<b,1>$。

(3) 取$<b,c>\in R$，对应有$<c,2>,<c,a>\in S^{-1}$，将$<b,2>,<b,a>$放入$R\circ S^{-1}$中，在R中删除$<b,c>$。

(4) 取$<c,2>\in R$，对应有$<2,1>\in S^{-1}$，将$<c,1>$放入$R\circ S^{-1}$中，在R中删除$<c,2>$。

(5) 取$<d,a>\in R$，在S^{-1}中没有以a为第一元素的有序对，在R中删除$<d,a>$。

至此，R已成为空集。所以，$R\circ S^{-1}=\{<a,2>,<a,a>,<b,2>,<b,a>,<c,1>\}$。

【关系的运算】关系是一个集合，可以对关系进行所有的集合运算，如交、并、差、补、对称差和笛卡儿积等运算。此外，还可以对关系进行关系特有的复合运算、逆运算等。

定理 4.4　设F、G、H是任意的关系，则下面的结论成立。

(1) $(F^{-1})^{-1}=F$。

(2) $\mathrm{dom}F^{-1}=\mathrm{ran}F$，　$\mathrm{ran}F^{-1}=\mathrm{dom}F$。

(3) $(F\circ G)^{-1}=G^{-1}\circ F^{-1}$。

(4) $(F\circ G)\circ H=F\circ(G\circ H)$。

(5) $F\circ(G\cup H)=(F\circ G)\cup(F\circ H)$。

(6) $(G\cup H)\circ F=(G\circ F)\cup(H\circ F)$。

(7) $F\circ(G\cap H)\subseteq(F\circ G)\cap(F\circ H)$。

(8) $(G\cap H)\circ F\subseteq(G\circ F)\cap(H\circ F)$。

证明：这里，只证明第(4)条和第(5)条，其余留给读者自己证明。因为关系的元素都是序对，所以在证明关系的性质时，可以直接把关系的元素写成序对的形式。即对于任意的$z\in R$，可以默认z是一个序对，不妨设$z=<x,y>$(也可以用别的序对来表示z，如$<u,v>$等)，所以可直接写成对任意的$<x,y>\in R$。

(4) 任意$<x,y>$，$<x,y>\in(F\circ G)\circ H\Leftrightarrow\exists v(<x,v>\in(F\circ G)\wedge<v,y>\in H)$

$\Leftrightarrow\exists v(\exists u(<x,u>\in F\wedge<u,v>\in G)\wedge<v,y>\in H)$

$\Leftrightarrow \exists v \exists u((<x,u>\in F \wedge <u,v>\in G) \wedge <v,y>\in H)$

$\Leftrightarrow \exists v \exists u(<x,u>\in F \wedge <u,v>\in G \wedge <v,y>\in H)$

$\Leftrightarrow \exists v \exists u(<x,u>\in F \wedge (<u,v>\in G \wedge <v,y>\in H))$

$\Leftrightarrow \exists u \exists v(<x,u>\in F \wedge (<u,v>\in G \wedge <v,y>\in H))$

$\Leftrightarrow \exists u(<x,u>\in F \wedge \exists v(<u,v>\in G \wedge <v,y>\in H))$

$\Leftrightarrow \exists u(<x,u>\in F \wedge <u,y>\in G \circ H)$

$\Leftrightarrow <x,y>\in F \circ (G \circ H)$

(5)这里采用两边包含的证明方法。

先证$F \circ (G \cup H) \subseteq (F \circ G) \cup (F \circ H)$。

任意$<x,y>$，$<x,y>\in F \circ (G \cup H)$，则存在$u$使得$<x,u>\in F$且$<u,y>\in G \cup H$，即存在$u$使得$<x,u>\in F$且（$<u,y>\in G$或$<u,y>\in H$），即存在$u$使得((<$x,u$>$\in F$且$<u,y>\in G$）或（$<x,u>\in F$且$<u,y>\in H$））。从而，存在$u$使得（$<x,u>\in F$且$<u,y>\in G$）或存在$u$使得（$<x,u>\in F$且$<u,y>\in H$），即$<x,y>\in F \circ G$或$<x,y>\in F \circ H$。按集合并运算的定义，有$<x,y>\in (F \circ G) \cup (F \circ H)$。由$<x,y>$的任意性，有$F \circ (G \cup H) \subseteq (F \circ G) \cup (F \circ H)$。

再证$(F \circ G) \cup (F \circ H) \subseteq F \circ (G \cup H)$。

任意$<x,y>$，$<x,y>\in (F \circ G) \cup (F \circ H)$，则$<x,y>\in F \circ G$或$<x,y>\in F \circ H$，按关系复合的定义得

$(\exists u_1(<x,u_1>\in F \wedge <u_1,y>\in G)) \vee (\exists u_2(<x,u_2>\in F \wedge <u_2,y>\in H))$

若$\exists u_1(<x,u_1>\in F \wedge <u_1,y>\in G)$，则由$G \subseteq G \cup H$知，$\exists u_1(<x,u_1>\in F \wedge <u_1,y>\in G \cup H)$，按关系复合的定义得，$<x,y>\in F \circ (G \cup H)$。

若$\exists u_2(<x,u_2>\in F \wedge <u_2,y>\in H)$，则由$H \subseteq G \cup H$知，$\exists u_2(<x,u_2>\in F \wedge <u_2,y>\in G \cup H)$，按关系复合的定义得，$<x,y>\in F \circ (G \cup H)$。

所以，无论何种情况都有$<x,y>\in F \circ (G \cup H)$。由$<x,y>$的任意性得，$(F \circ G) \cup (F \circ H) \subseteq F \circ (G \cup H)$。

最后，由集合相等的定义得$F \circ (G \cup H) = (F \circ G) \cup (F \circ H)$。

注：定理中的(7)和(8)只是包含关系，等式不一定成立。

例如，令$F=\{<1,2>,<1,4>\}$，$G=\{<2,3>,<2,5>\}$，$H=\{<4,3>,<2,5>\}$，则$G \cap H=\{<2,5>\}$，$F \circ (G \cap H)=\{<1,5>\}$；而$F \circ G=\{<1,3>,<1,5>\}$，$F \circ H=\{<1,5>,<1,3>\}$，$F \circ G \cap F \circ H=\{<1,3>,<1,5>\}$；显然，$F \circ (G \cap H) \neq (F \circ G) \cap (F \circ H)$。

定理 4.5 设R是关系，A、B是集合，则有如下结论。

(1) $R \upharpoonright (A \cup B) = R \upharpoonright A \cup R \upharpoonright B$。

(2) $R[A \cup B] = R[A] \cup R[B]$。

(3) $R \upharpoonright (A \cap B) = R \upharpoonright A \cap R \upharpoonright B$。

(4) $R[A \cap B] \subseteq R[A] \cap R[B]$。

证明：只证第(1)条和第(4)条，其余留给读者自己证明。

(1)对于任意的$<x,y>$：

$<x,y>\in R\restriction(A\cup B)\Leftrightarrow<x,y>\in R\wedge x\in A\cup B$

$\Leftrightarrow<x,y>\in R\wedge(x\in A\vee x\in B)$

$\Leftrightarrow(<x,y>\in R\wedge x\in A)\vee(<x,y>\in R\wedge x\in B)$

$\Leftrightarrow(<x,y>\in R\restriction A)\vee(<x,y>\in R\restriction B)$

$\Leftrightarrow<x,y>R\restriction A\cup R\restriction B$

所以，$R\restriction(A\cup B)=R\restriction A\cup R\restriction B$。

(4) 对于 $R[A\cap B]$ 中任意的 y：

$y\in R[A\cap B]\Leftrightarrow\exists x(<x,y>\in R\wedge x\in A\cap B)$

$\Leftrightarrow\exists x(<x,y>\in R\wedge x\in A\wedge x\in B)$

$\Leftrightarrow\exists x((<x,y>\in R\wedge x\in A)\wedge(<x,y>\in R\wedge x\in B))$

$\Rightarrow\exists x(<x,y>\in R\wedge x\in A)\wedge\exists x(<x,y>\in R\wedge x\in B)$

$\Leftrightarrow y\in R[A]\wedge y\in R[B]$

$\Leftrightarrow y\in R[A]\cap R[B]$

所以，$R[A\cap B]\subseteq R[A]\cap R[B]$。

【关系 R 的 n 次幂】定义 4.28　设 R 是集合 A 上的二元关系，有如下定义。

(1) $R^0=\{<x,x>|x\in A\}=I_A$。

(2) $R^{n+1}=R^n\circ R$（n 为非负数）。

集合 A 上的恒等关系 I_A 在关系的复合运算中类似于代数系统中的单位元(见第 5 章)，对集合 A 上的任意一个关系 R，都有 $R\circ I_A=I_A\circ R=R$。就像实数乘法运算中的 1，对任意实数 x，都有 $x\cdot 1=1\cdot x=x$。在实数的乘法运算中，规定 $a^0=1$（$a\neq 0$），在这里，规定 $R^0=I_A$。

定理 4.6　设 R 是 A 上的二元关系，m、n 是任意自然数，则有如下结论。

(1) $R^m\circ R^n=R^{m+n}$。

(2) $(R^m)^n=R^{m\cdot n}$。

证明：只证第(1)条，把第(2)条留给读者自己证明。

用数学归纳法证明。先固定 m，对 n 用归纳法，然后再对 m 用归纳法。

对任何取定的 m，当 $n=0$ 时，$R^m\circ R^0=R^m\circ I_A=R^m=R^{m+0}=R^{m+n}$ 成立。

假定 $n=k$ 时结论成立，即 $R^m\circ R^n=R^{m+n}$ 成立，考虑 $n=k+1$ 的情况：

$$R^m\circ R^{k+1}=R^m\circ(R^k\circ R)=(R^m\circ R^k)\circ R$$

由归纳假设：

$$(R^m\circ R^k)\circ R=R^{m+k}\circ R=R^{m+k+1}$$

由归纳原理，对任意的自然数 n 和固定的自然数 m，都有 $R^m\circ R^n=R^{m+n}$。

接下来，对 m 用数学归纳法。前面已证，对固定的 m 和任意的 n，结论成立。特别地，对 $m=0$ 和 $m=1$，结论成立。

假定 $m=k$ 时结论成立，考虑 $m=k+1$ 的情况：因为

$$R^{k+1}\circ R^n=(R^k\circ R)\circ R^n=R^k\circ(R\circ R^n)$$

且因为$m=1$时结论成立，即$R\circ R^n=R^{1+n}$，所以$R^k\circ(R\circ R^n)=R^k\circ R^{n+1}$。

由归纳假设，有$R^k\circ R^{n+1}=R^{k+n+1}=R^{m+n}$，所以$R^{k+1}\circ R^n=R^{k+1+n}$。

由归纳原理，对任意的自然数m和n，都有$R^m\circ R^n=R^{m+n}$。

定理 4.7 设A是任意一个集合，R是A上的二元关系，则对任意自然数n，都有$R^n\subseteq A\times A$。

证明：对n用数学归纳法。当$n=0$时，$R^0=I_A=\{<x,x>|x\in A\}\subseteq A\times A$。

假定$n=k$时结论成立，即$R^k\subseteq A\times A$，于是，$\mathrm{dom}R^k\subseteq A$。考虑$n=k+1$的情况：

$$R^{k+1}=R^k\circ R\subseteq \mathrm{dom}R^k\times A\subseteq A\times A$$

由归纳原理知，对任意自然数n，都有$R^n\subseteq A\times A$。

定理 4.8 设$A=\{a_1,a_2,\cdots,a_n\}$是一个有穷集合，R是A上的二元关系，令$H(R)=\{R^0,R^1,\cdots,R^{2^{n^2}}\}$，则必存在自然数$s,t$，$0\leqslant s<t\leqslant 2^{n^2}$，使得$R^s=R^t$。并且对任意自然数$k$，都有$R^k\in H(R)$。

证明：因为$|A\times A|=n^2$，所以$A\times A$有2^{n^2}个不同的子集。由定理 4.7 知，对任意自然数k，有$R^k\subseteq A\times A$，所以，$H(R)$中的每个元素都是$A\times A$的子集。由于$H(R)$有$2^{n^2}+1$个元素，根据鸽笼原理，$H(R)$中必有两个元素相同。不妨设$R^s=R^t$，其中，$0\leqslant s<t\leqslant 2^{n^2}$。

设k是一个自然数，当$k\leqslant 2^{n^2}$时，显然有$R^k\in H(R)$。讨论$k>2^{n^2}$的情况：令$k=m_1t+r_1$，其中，$r_1<t$，则有

$$R^k=R^{m_1t}\circ R^{r_1}=(R^t)^{m_1}\circ R^{r_1}=(R^s)^{m_1}\circ R^{r_1}=R^{m_1s+r_1}$$

因为$s<t$，所以$m_1s+r_1<m_1t+r_1=k$。若$m_1s+r_1\leqslant 2^{n^2}$，则有$R^{m_1s+r_1}\in H(R)$；若$m_1s+r_1>2^{n^2}$，则令$m_1s+r_1=m_2t+r_2$，其中，$r_2<t$，于是有

$$R^k=R^{m_1s+r_1}=R^{m_2t+r_2}=(R^t)^{m_2}\circ R^{r_2}=(R^s)^{m_2}\circ R^{r_2}=R^{m_2s+r_2}$$

因为$s<t$，所以$m_2<m_1$。若$m_2s+r_2\leqslant 2^{n^2}$，则有$R^{m_1s+r_1}\in H(R)$，若$m_2s+r_2>2^{n^2}$，则令$m_2s+r_2=m_3t+r_3$，类似前面的证明，有$R^k=R^{m_2s+r_2}=R^{m_3s+r_3}$，且$m_3<m_2$。重复以上步骤，直至存在某个$l$，使得$m_ls+r_l\leqslant 2^{n^2}$。最后，有$R^k=R^{m_ls+r_l}\in H(R)$。

下面介绍二元关系的性质。

在应用领域中，有时需要系统中对象之间的关系具有某些特殊的性质，如自反性、对称性、传递性等。研究二元关系的性质可以为实现这些要求提供有效的手段。

在讨论关系的性质时，约定：任何一个二元关系R都看成某个集合A上的二元关系，若没有具体给出集合A，则默认$A=\mathrm{fld}R$。因为对任何关系R，都有$R\subseteq \mathrm{fld}R\times\mathrm{fld}R$。

【关系的自反性】定义 4.29 设R是集合A上的二元关系，若条件$\forall x(x\in A\to <x,x>\in R)$成立，则称$R$在$A$上具有自反性(也称$R$在$A$上是自反的)。在论域$A$确定的情况下，简称$R$是自反的。

关系R的自反性与其论域A有关，同样的关系R，在论域A上是自反的，但在另一个论域A'上可能不是自反的。

例如，令$R=\{<a,a>,<a,b>,<b,b>,<c,a>,<c,c>\}$，$A=\{a,b,c\}$，$A'=\{a,b,c,d,e\}$，

则 R 是集合 A 上的关系，且 R 在 A 上是自反的；R 也是集合 A' 上的关系，但 R 在 A' 上不是自反的，因为 $d \in A'$，但 $<d,d> \notin R$。

【关系的反自反性】定义 4.30 设 R 是集合 A 上的二元关系，若条件 $\forall x(x \in A \to <x,x> \notin R)$ 成立，则称 R 在 A 上具有反自反性(也称 R 在 A 上是反自反的)。在论域 A 确定的情况下，简称 R 是反自反的。

关系的反自反性是指论域中的任何对象都不能与自身有此关系。例如，实数中的小于关系是反自反的，即每个实数都不能小于自身。

注：若一个关系不是自反的，它也不一定就是反自反的，反之亦然。

例如，令 $A=\{1,2,3,4,5\}$，$R=\{<1,1>,<2,2>,<3,5>\}$，则 R 既不是自反的，也不是反自反的。

【关系的对称性】定义 4.31 设 R 是集合 A 上的二元关系，若条件 $\forall x \forall y(<x,y> \in R \to <y,x> \in R)$ 成立，则称 R 在 A 上具有对称性(也称 R 在 A 上是对称的)，简称 R 是对称的。

生活中有许多对称关系，如“同学关系”“朋友关系”“同事关系”等。但集合论中的对称关系要以条件 $<x,y> \in R \to <y,x> \in R$ 为依据。注意，空集 $\varnothing$ 也是一个具有对称性的关系。

简单地说，对称关系要求其元素 $<x,y>$ 和 $<y,x>$ 在关系中成对出现。例如，令 $R=\{<a,b>,<b,a>,<a,u>,<u,a>\}$，$S=\{<a,b>,<b,a>,<u,v>,<v,b>\}$，则 R 是对称关系，但 S 不是对称关系。

【关系的反对称性】定义 4.32 设 R 是集合 A 上的二元关系，若条件 $\forall x \forall y(<x,y> \in R \wedge <y,x> \in R \to x=y)$ 成立，则称 R 在 A 上具有反对称性(也称 R 在 A 上是反对称的)，简称 R 是反对称的。

关系的反对称性说明，对于 A 中的任何两个不同的元素 x 和 y，$<x,y>$ 和 $<y,x>$ 不能同时出现在 R 中，但不排除 $<x,x>$，$<y,y>$ 这种两个元素相同的序对在 R 中出现。例如，令 $R=\{<x,x>,<y,u>,<x,u>,<u,v>\}$，则 R 是反对称的。

注：若一个关系不是对称的，它不一定就是反对称的，反之亦然。

例如，令 $A=\{1,2,3,4,5\}$，$R=\{<2,4>,<4,2>,<3,5>\}$，则 R 既不是对称的，也不是反对称的。

【关系的传递性】定义 4.33 设 R 是集合 A 上的二元关系，若条件 $\forall x \forall y \forall z(<x,y> \in R \wedge <y,z> \in R \to <x,z> \in R)$ 成立，则称 R 在 A 上具有传递性(也称 R 在 A 上是传递的)，简称 R 是传递的。

关系的传递性要求：只要有传递条件“$<x,y> \in R \wedge <y,z> \in R$”，就一定有传递结果“$<x,z> \in R$”；如果没有传递条件“$<x,y> \in R \wedge <y,z> \in R$”，则不必考虑“传递结果“$<x,z> \in R$”。

换句话说，如果“x 与 y 有关系且 y 与 z 也有关系”，则“x 与 z 必定有关系”；如果“x 与 y 有关系，而 y 与 z 没有关系”，或“x 与 y 没有关系，而 y 与 z 有关系”，或“x 与 y 没有关系，而 y 与 z 也没有关系”，则“x 与 z 可以有关系也可以没有关系”。

例如，令 $A=\{a,b,c\}$，$R=\{<a,b>,<c,b>\}$，则 R 是 A 上的一个传递关系。如果令 $R'=\{<a,b>,<b,c>\}$，则 R' 不是 A 上的传递关系。因为传递条件 $<a,b>\in R'\wedge <b,c>\in R'$ 存在，但传递结果 $<a,c>\in R'$ 不成立。

实数之间的“小于关系”“大于关系”“整除关系”等都是数学中常见的传递关系。

【关系性质的判别原则】定理 4.9　设 R 是集合 A 上的二元关系，则有如下结论。

(1) R 在 A 上是自反的当且仅当 $I_A\subseteq R$。

(2) R 在 A 上是反自反的当且仅当 $R\cap I_A=\varnothing$。

(3) R 在 A 上是对称的当且仅当 $R=R^{-1}$。

(4) R 在 A 上是反对称的当且仅当 $R\cap R^{-1}\subseteq I_A$。

(5) R 在 A 上是传递的当且仅当 $R\circ R\subseteq R$。

证明：第(1)条，假定 R 在 A 上是自反的，任取 $<x,x>\in I_A$，可知 $x\in A$。按自反性的定义，有 $\forall x(x\in A\to <x,x>\in R)$。因此，$<x,x>\in R$。于是，有 $I_A\subseteq R$。反之，假定 $I_A\subseteq R$，对任意的 $x\in A$，因为 $<x,x>\in I_A$，所以 $<x,x>\in R$。按自反性的定义知，R 在 A 上是自反的。

第(3)条，假定 R 在 A 上是对称的，则对任意的 $<x,y>$，有

$$<x,y>\in R\Leftrightarrow <y,x>\in R \text{（由 } R \text{ 的对称性）}$$

$$\Leftrightarrow <x,y>\in R^{-1}$$

所以，$R=R^{-1}$。反之，假定 $R=R^{-1}$，则对任意的 $<x,y>\in R$，有 $<x,y>\in R^{-1}$。因而有 $<y,x>\in (R^{-1})^{-1}$。而 $(R^{-1})^{-1}=R$，所以 $<y,x>\in R$。由此可知，R 在 A 上是对称的。

第(5)条，假定 R 在 A 上是传递的，任取 $<x,z>\in R\circ R$，按关系复合的定义，存在 $y\in A$ 使得 $<x,y>\in R\wedge <y,z>\in R$。由 R 的传递性知，$<x,z>\in R$，所以 $R\circ R\subseteq R$。反之，假定 $R\circ R\subseteq R$，对任意的 $<x,y>\in R$ 和 $<y,z>\in R$，由定义知，$<x,z>\in R\circ R$。因为 $R\circ R\subseteq R$，所以 $<x,z>\in R$。由此得知，R 在 A 上是传递的。

第(2)条和第(4)条留给读者自己证明。

【关系运算与关系的性质】设 R、R_1、R_2 是集合 A 上的关系，则 R^{-1}、$R_1\cap R_2$、$R\subseteq R'$、$R_1\circ R_2$、R' 都是 A 上的关系。问题是：如果 R、R_1、R_2 都有某种性质(如自反性、对称性、传递性等)，那么 R^{-1}、$R_1\cap R_2$、$R_1\cup R_2$、$R_1\circ R_2$、R_1-R_2 是否能保持这种性质呢？表 4.1 列出了关系运算保持关系性质的情况。表中的“√”表示运算保持对应的性质，表中的“×”表示运算不一定能保持对应的性质。

表 4.1　关系运算保持关系性质状况表

关系运算	自反	反自反	对称	反对称	传递
R^{-1}	√	√	√	√	√
$R_1\cap R_2$	√	√	√	√	√
$R_1\cup R_2$	√	√	√	×	×
R_1-R_2	×	√	√	√	×
$R_1\circ R_2$	√	×	×	×	×

对于保持性质的运算不难给出一般的证明，对于不保持性质的运算都可以给出反例。下面给出一个证明和两个反例，其余情况读者自己证明或举反例说明。

(1) 设 R_1、R_2 都是集合 A 上的传递关系，证明 $R_1 \cap R_2$ 也是集合 A 上的传递关系。

证明： 对任意的 $x,y,z \in A$，若 $<x,y> \in R_1 \cap R_2$ 且 $<y,z> \in R_1 \cap R_2$，则有 $<x,y> \in R_1$，$<x,y> \in R_2$，$<y,z> \in R_1$，$<y,z> \in R_2$。因为 R_1、R_2 都是传递的，由 $<x,y> \in R_1$，$<y,z> \in R_1$ 知，$<x,z> \in R_1$；由 $<x,y> \in R_2$，$<y,z> \in R_2$ 知，$<x,z> \in R_2$。从而有 $<x,z> \in R_1 \cap R_2$，故 $R_1 \cap R_2$ 是传递的。

(2) 设 $R_1 = \{<a,b>\}$，$R_2 = \{<b,a>\}$，则 R_1 和 R_2 都是反对称的且是传递的，但 $R_1 \cup R_2 = \{<a,b>,<b,a>\}$ 不是反对称的，也不是传递的。

(3) 令 $R_1 = \{<a,b>,<b,a>\}$，$R_2 = \{<b,c>,<c,b>,<a,b>,<b,a>\}$，则 R_1 和 R_2 都是反自反的且是对称的，但 $R_1 \circ R_2 = \{<a,c>,<a,a>,<b,b>\}$ 不是反自反的，也不是对称的。

【关系的闭包】 前面介绍了关系的 5 种性质，即自反性、反自反性、对称性、反对称性和传递性。许多关系都不具备这样的性质。在实际应用中，有时需要把没有某种性质的关系扩展为具有这种性质的关系。而且要求在扩展过程中添加尽可能少的元素。

【关系的自反闭包】定义 4.34　设 R 是集合 A 上的二元关系，则 R 的自反闭包 R' 也是 A 上的关系，且满足下列条件。

(1) $R \subseteq R'$。

(2) R' 是自反的。

(3) 对于 A 上的任意一个二元关系 R''，若 $R \subseteq R''$ 且 R'' 是自反的，则 $R' \subseteq R''$。

用 $r(R)$ 表示 R 的自反闭包。通俗地说，$r(R)$ 是 A 上包含 R 的最小的自反关系。

从定义 4.34 容易看出，要把一个给定的关系扩充成其自反闭包，只需添加自反关系"必不可少"的那些元素即可。由定理 4.9 知，I_A 的元素是 A 上自反关系必不可少的元素，所以，在 R 中添加 I_A 就得到 R 的自反闭包 $r(R)$，即 $r(R) = R \cup I_A$。

例如，令 $A = \{a,b,c\}$，$R = \{<a,b>,<c,b>,<c,c>\}$，则 $r(R) = \{<a,b>,<c,b>,<c,c>,<a,a>,<b,b>\}$。

【关系的对称闭包】定义 4.35　设 R 是集合 A 上的二元关系，则 R 的对称闭包 R' 也是 A 上的关系，且满足下列条件。

(1) $R \subseteq R'$。

(2) R' 是对称的。

(3) 对于 A 上的任意一个二元关系 R''，若 $R \subseteq R''$ 且 R'' 是对称的，则 $R \subseteq R''$。

用 $s(R)$ 表示 R 的对称闭包。$s(R)$ 是 A 上包含 R 的最小的对称关系。

与自反闭包类似，要把一个给定的关系扩充成其对称闭包，只需添加对称关系"必不可少"的那些元素即可。由定理 4.9 知，R^{-1} 的元素是 A 上对称关系 R 必不可少的元素，所以，在 R 中添加 R^{-1} 就得到 R 的对称闭包，即 $s(R) = R \cup R^{-1}$。

例如，令 $A = \{a,b,c\}$，$R = \{<a,b>,<c,b>,<c,c>\}$，则 $s(R) = \{<a,b>,<c,b>,<c,c>,<b,a>,<b,c>\}$。

【关系的传递闭包】定义 4.36　设 R 是集合 A 上的二元关系，则 R 的传递闭包 R' 也

是 A 上的关系，且满足下列条件。

(1) $R \subseteq R'$。

(2) R' 是传递的。

(3) 对于 A 上的任意一个二元关系 R''，若 $R \subseteq R''$ 且 R'' 是传递的，则 $R' \subseteq R''$。

用 $t(R)$ 表示 R 的传递闭包。$t(R)$ 是 A 上包含 R 的最小的传递关系。

把一个给定的关系扩充成其传递闭包稍微复杂一些。下面的定理 4.10 是求关系的闭包的基本方法。

定理 4.10 设 R 是集合 A 上的二元关系，则有如下结论。

(1) $r(R) = R \cup I_A$。

(2) $s(R) = R \cup R^{-1}$。

(3) $t(R) = R \cup R^2 \cup R^3 \cup \cdots$。

证明：(1) 按自反闭包的定义，有 $R \subseteq r(R)$。又因为 $r(R)$ 是自反的，即对每一个 $x \in A$，都有 $<x,x> \in r(R)$，所以 $I_A \subseteq r(R)$。于是，有 $R \cup I_A \subseteq r(R)$。

反之，因为 $I_A \subseteq R \cup I_A$，所以 $R \cup I_A$ 是自反的，即 $R \cup I_A$ 是包含 R 的自反关系。按自反闭包的定义，有 $r(R) \subseteq R \cup I_A$。由集合相等的定义知，$r(R) = R \cup I_A$。

(2) 因为 $(R \cup R^{-1})^{-1} = R^{-1} \cup (R^{-1})^{-1} = R \cup R^{-1}$，由定理 4.9 知，$R \cup R^{-1}$ 是一个对称关系。又因为 $R \subseteq R \cup R^{-1}$，由对称闭包的定义知，$s(R) \subseteq R \cup R^{-1}$。

另外，对任何的 $<x,y> \in R^{-1}$，有 $<y,x> \in R$。因为 $R \subseteq s(R)$，所以 $<y,x> \in s(R)$。又因为 $s(R)$ 是对称的，因此 $<x,y> \in s(R)$。于是，有 $R^{-1} \subseteq s(R)$。由集合相等的定义，有 $s(R) = R \cup R^{-1}$。

(3) 先证 $t(R) \supseteq R \cup R^2 \cup R^3 \cup \cdots$。由 $t(R)$ 的定义，$R \subseteq t(R)$ 是显然的。

对于任意的 $<x,y> \in R \circ R$，存在 $z \in A$ 使得 $<x,z> \in R \wedge <z,y> \in R$。因为 $R \subseteq t(R)$，所以 $<x,z> \in t(R) \wedge <z,y> t(R)$。又因为 $t(R)$ 是传递的，所以 $<x,y> \in t(R)$。于是，有 $R \circ R \subseteq t(R)$。

下面用数学归纳法证明，对任意自然数 n，$R^n \subseteq t(R)$。假定 $n=k$ 时，结论成立，即 $R^k \subseteq t(R)$。考虑 $n=k+1$ 的情况：因为 $R^{n+1} = R^k \circ R$，对任意 $<x,y> \in R^{k+1}$，都有 $<x,y> \in R^k \circ R$。因此，存在 $z \in A$，使得 $<x,z> \in R^k \wedge <z,y> \in R$。由归纳假设 $R^k \subseteq t(R)$，可知 $<x,z> \in t(R) \wedge <z,y> t(R)$。又因为 $t(R)$ 是传递的，所以 $<x,y> \in t(R)$。于是，有 $R^{k+1} \subseteq t(R)$。由归纳原理，对任意自然数 n，有 $R^n \subseteq t(R)$。从而，有 $t(R) \supseteq R \cup R^2 \cup R^3 \cup \cdots$。

再证 $t(R) \subseteq R \cup R^2 \cup R^3 \cup \cdots$。按传递闭包的定义，只需证明 $R \cup R^2 \cup R^3 \cup \cdots$ 是传递关系即可。对任何的 $<x,y> \in R \cup R^2 \cup R^3 \cup \cdots$ 和 $<y,z> \in R \cup R^2 \cup R^3 \cup \cdots$，必存在正整数 i,j，使得 $<x,y> \in R^i$ 且 $<y,z> \in R^j$。因此，$<x,z> \in R^i \circ R^j = R^{i+j}$。于是，有 $<x,z> \in R \cup R^2 \cup R^3 \cup \cdots$。所以，$R \cup R^2 \cup R^3 \cup \cdots$ 是传递的。因为 $t(R)$ 是包含 R 的最小的传递关系，所以 $t(R) \subseteq R \cup R^2 \cup R^3 \cup \cdots$。

综上所述，有 $t(R) = R \cup R^2 \cup R^3 \cup \cdots$。

例 4.34 设 $R=\{<a,c>,<b,1>,<b,c>,<c,2>,<d,a>\}$，求 $t(R)$。

解：
$$
\begin{aligned}
R^2 &= R\circ R\\
&=\{<a,c>,<b,1>,<b,c>,<c,2>,<d,a>\}\\
&\circ\{<a,c>,<b,1>,<b,c>,<c,2>,<d,a>\}\\
&=\{<a,2>,<b,2>,<d,c>\}
\end{aligned}
$$

$$
\begin{aligned}
R^3 &= R^2\circ R=\{<a,2>,<b,2>,<d,c>\}\circ\{<a,c>,<b,1>,<b,c>,<c,2>,<d,a>\}\\
&=\{<d,2>\}
\end{aligned}
$$

$$R^4 = R^3\circ R=\{<d,2>\}\circ\{<a,c>,<b,1>,<b,c>,<c,2>,<d,a>\}=\varnothing$$

所以：

$$
\begin{aligned}
t(R) &= R\cup R^2\cup R^3\\
&=\{<a,c>,<b,1>,<b,c>,<c,2>,<d,a>\}\cup\{<a,2>,<b,2>,<d,c>\}\cup\{<d,2>\}\\
&=\{<a,c>,<b,1>,<b,c>,<c,2>,<d,a>,<a,2>,<b,2>,<d,c>,<d,2>\}
\end{aligned}
$$

当 A 是有限集时，求 A 上的二元关系的闭包，还可以用关系矩阵来求。

【布尔矩阵】定义 4.37 以 0,1 为元素构成的矩阵称为布尔矩阵。

例如，关系矩阵就是布尔矩阵，关系矩阵的元素都是由 0 和 1 组成的。

又如 $\begin{pmatrix}1&1&0&1&1\\0&0&1&0&0\\1&0&0&1&1\end{pmatrix}$ 也是布尔矩阵，但 $\begin{pmatrix}1&2&0&1&1\\0&0&1&0&0\\1&0&0&3&1\end{pmatrix}$ 不是布尔矩阵。

【布尔运算】定义 4.38 设 $A=\{0,1\}$ 是由 0 和 1 两个元素构成的集合，在 A 上分别定义两个运算如下。

布尔加法：$0+0=0$；$0+1=1$；$1+0=1$；$1+1=1$。

布尔乘法：$0\times0=0$；$0\times1=0$；$1\times0=0$；$1\times1=1$。

布尔加法和布尔乘法统称为布尔运算，简称布尔加和布尔乘。布尔加运算也称为逻辑加运算，对应命题逻辑的析取运算。布尔乘运算也称为逻辑乘运算，对应命题逻辑的合取运算。

【布尔矩阵的加法】 设 $M=(r_{ij})_{h\times l}$、$N=(s_{ij})_{h\times l}$ 是两个 $h\times l$（h 行 l 列）的布尔矩阵，即

$$M=(r_{ij})_{h\times l}=\begin{pmatrix}r_{11}&r_{12}&\cdots&r_{1l}\\r_{21}&r_{22}&\cdots&r_{2l}\\\vdots&\vdots&&\vdots\\r_{h1}&r_{h2}&\cdots&r_{hl}\end{pmatrix},\quad N=(s_{ij})_{h\times l}=\begin{pmatrix}s_{11}&s_{12}&\cdots&s_{1l}\\s_{21}&s_{22}&\cdots&s_{2l}\\\vdots&\vdots&&\vdots\\s_{h1}&s_{h2}&\cdots&s_{hl}\end{pmatrix}$$

则 M 和 N 的(布尔)加法运算定义为

$$M+N=(r_{ij}+s_{ij})_{h\times l}=\begin{pmatrix}r_{11}+s_{11}&r_{12}+s_{12}&\cdots&r_{1l}+s_{1l}\\r_{21}+s_{21}&r_{22}+s_{22}&\cdots&r_{2l}+s_{2l}\\\vdots&\vdots&&\vdots\\r_{h1}+s_{h1}&r_{h2}+s_{h2}&\cdots&r_{hl}+s_{hl}\end{pmatrix}$$

其中，对应元素的相加 $(r_{ij}+s_{ij})$ 是布尔加运算。

例如，令 $M=\begin{pmatrix}1&1&0&1\\0&0&1&0\\1&1&0&0\end{pmatrix}$，$N=\begin{pmatrix}1&1&1&0\\1&0&1&0\\1&1&0&1\end{pmatrix}$，则有

$$M+N=\begin{pmatrix}1&1&0&1\\0&0&1&0\\1&1&0&0\end{pmatrix}+\begin{pmatrix}1&1&1&0\\1&0&1&0\\1&1&0&1\end{pmatrix}$$

$$=\begin{pmatrix}1+1&1+1&0+1&1+0\\0+1&0+0&1+1&0+0\\1+1&1+1&0+0&0+1\end{pmatrix}=\begin{pmatrix}1&1&1&1\\1&0&1&0\\1&1&0&1\end{pmatrix}$$

又令 $M'=\begin{pmatrix}1&1&0&0\\0&0&0&1\\1&0&0&0\\0&0&1&0\end{pmatrix}$，$N'=\begin{pmatrix}1&0&0&0\\0&1&0&1\\0&0&1&1\\0&0&0&1\end{pmatrix}$，则

$$M'+N'=\begin{pmatrix}1&1&0&0\\0&1&0&1\\1&0&1&1\\0&0&1&1\end{pmatrix}$$

注：两个矩阵相加，要求参与运算的两个矩阵的行数和列数相同，否则没有意义。

例如，令 $M=\begin{pmatrix}1&1&0&1\\0&0&1&0\\1&1&0&0\end{pmatrix}$，$N=\begin{pmatrix}1&0&1&1\\0&0&1&0\end{pmatrix}$，那么 $M+N$ 无意义。

【布尔矩阵的乘法】设 $M=(r_{ij})_{h\times l}$、$N=(s_{ij})_{l\times k}$ 是两个布尔矩阵，则有

$$M=(r_{ij})_{h\times l}=\begin{pmatrix}r_{11}&r_{12}&\cdots&r_{1l}\\r_{21}&r_{22}&\cdots&r_{2l}\\\vdots&\vdots&&\vdots\\r_{h1}&r_{h2}&\cdots&r_{hl}\end{pmatrix},\quad N=(s_{ij})_{l\times k}=\begin{pmatrix}s_{11}&s_{12}&\cdots&s_{1k}\\s_{21}&s_{22}&\cdots&s_{2k}\\\vdots&\vdots&&\vdots\\s_{l1}&s_{l2}&\cdots&s_{lk}\end{pmatrix}$$

则 M 与 N 的布尔乘运算定义为

$$M\times N=(t_{ij})_{h\times k}=\begin{pmatrix}t_{11}&t_{12}&\cdots&t_{1k}\\t_{21}&t_{22}&\cdots&t_{2k}\\\vdots&\vdots&&\vdots\\t_{h1}&t_{h2}&\cdots&t_{hk}\end{pmatrix}$$

其中，$t_{11}=r_{11}s_{11}+r_{12}s_{21}+\cdots+r_{1k}s_{k1}$（用 M 的第1行与 N 的第1列对应位置的元素相乘再相加）；$t_{12}=r_{11}s_{12}+r_{12}s_{22}+\cdots+r_{1k}s_{k2}$（用 M 的第 1 行与 N 的第 2 列对应位置的元素相乘再相加）；$t_{ij}=r_{i1}s_{1j}+r_{i2}s_{2j}+\cdots+r_{ik}s_{kj}$（用 M 的第 i 行与 N 的第 j 列对应位置的元素相乘再相加）。在这里，元素之间的相乘是布尔乘，元素之间的相加是布尔加。

例如，令 $M=\begin{pmatrix}1&1&0&1\\0&0&1&0\\1&1&0&0\end{pmatrix}$，$N=\begin{pmatrix}1&0\\0&1\\1&1\\1&0\end{pmatrix}$，则有

$$M\times N=\begin{pmatrix}1&1&0&1\\0&0&1&0\\1&1&0&0\end{pmatrix}\times\begin{pmatrix}1&0\\0&1\\1&1\\1&0\end{pmatrix}$$

$$=\begin{pmatrix}1\times1+1\times0+0\times1+1\times1 & 1\times0+1\times1+0\times1+1\times0\\0\times1+0\times0+1\times1+0\times1 & 0\times0+0\times1+1\times1+0\times0\\1\times1+1\times0+0\times1+0\times1 & 1\times0+1\times1+0\times1+0\times0\end{pmatrix}$$

$$=\begin{pmatrix}1+0+0+1 & 0+1+0+0\\0+0+1+0 & 0+0+1+0\\1+0+0+0 & 0+1+0+0\end{pmatrix}=\begin{pmatrix}1&1\\1&1\\1&1\end{pmatrix}$$

又令 $M'=\begin{pmatrix}1&1&0&0\\0&0&0&1\\1&0&0&0\\0&0&1&0\end{pmatrix}$，$N'=\begin{pmatrix}1&0&0&0\\0&1&0&1\\0&0&1&1\\0&0&0&1\end{pmatrix}$，则有

$$M'\times N'=\begin{pmatrix}1&1&0&0\\0&0&0&1\\1&0&0&0\\0&0&1&0\end{pmatrix}\times\begin{pmatrix}1&0&0&0\\0&1&0&1\\0&0&1&1\\0&0&0&1\end{pmatrix}=\begin{pmatrix}1&1&0&1\\0&0&0&1\\1&0&0&0\\0&0&1&1\end{pmatrix}$$

注： 两个矩阵相乘，要求左边矩阵的列数与右边矩阵的行数相同，否则没有意义。

例如，令 $M=\begin{pmatrix}1&1&0&1\\0&0&1&0\\1&1&0&0\end{pmatrix}$，$N=\begin{pmatrix}1&1&0\\1&0&0\\0&1&0\end{pmatrix}$，那么 $M\times N$ 无意义。

【关系矩阵的加法运算】 关系矩阵的加法运算按矩阵的布尔加运算进行。

【关系矩阵的乘法运算】 关系矩阵的乘法运算按矩阵的布尔乘运算进行。

下面的定理 4.11 反映了关系矩阵的加法运算、乘法运算分别对应于关系的并运算、交运算。

定理 4.11 设 R 和 S 是集合 $A=\{a_1,a_2,\cdots,a_n\}$ 上的关系，若 $M=(r_{ij})_{n\times n}$ 是 R 的关系矩阵，$N=(s_{ij})_{n\times n}$ 是 S 的关系矩阵，则 $M+N$ 是 $R\cup S$ 的关系矩阵，$M\times N$ 是 $R\circ S$ 的关系矩阵。

证明： 先证 $M+N$ 是 $R\cup S$ 的关系矩阵。因为

$$r_{ij}+s_{ij}=0\Leftrightarrow r_{ij}=0\wedge s_{ij}=0\Leftrightarrow <a_i,a_j>\notin R\wedge <a_i,a_j>\notin S\Leftrightarrow <a_i,a_j>\notin R\cup S$$

$$r_{ij}+s_{ij}=1\Leftrightarrow r_{ij}=1\vee s_{ij}=1\Leftrightarrow <a_i,a_j>\in R\vee <a_i,a_j>\in S\Leftrightarrow <a_i,a_j>\in R\cup S$$

所以，按关系矩阵的定义知，$M+N$ 是 $R\cup S$ 的关系矩阵。

再证明$M \times N$是$R \circ S$的关系矩阵。从$M \times N$的定义知，$t_{11} = r_{11}s_{11} + r_{12}s_{21} + \cdots + r_{1n}s_{n1}$，分两种情况讨论。

(1) 若$t_{11} = 0$，则有$r_{11} \times s_{11} = 0$，$r_{12} \times s_{21} = 0$，…，$r_{1n} \times s_{n1} = 0$，这说明，$<a_1,a_1> \in R \wedge <a_1,a_1> \in S$，$<a_1,a_2> \in R \wedge <a_2,a_1> \in S$，…，$<a_1,a_n> \in R \wedge <a_n,a_1> \in S$都不成立。因为已经列举了$A$的所有元素，所以可以断言：不存在$y \in A$，使得$<a_1,y> \in R \wedge <y,a_1> \in S$。因此，$<a_1,a_1> \notin R \circ S$。反之，若$<a_1,a_1> \notin R \circ S$，则不存在$y \in A$，使得$<a_1,y> \in R \wedge <y,a_1> \in S$。于是$<a_1,a_1> \in R \wedge <a_1,a_1> \in S$，$<a_1,a_2> \in R \wedge <a_2,a_1> \in S$，…，$<a_1,a_n> \in R \wedge <a_n,a_1> \in S$都不成立。因此，有$r_{11} \times s_{11} = 0$，$r_{12} \times s_{21} = 0$，…，$r_{1n} \times s_{n1} = 0$。从而，有$t_{11} = r_{11} \times s_{11} + r_{12} \times s_{21} + \cdots + r_{1n} \times s_{n1} = 0$。

(2) 若$t_{11} = 1$，则存在i $(1 \leqslant i \leqslant n)$，使得$r_{1i}s_{i1} = 1$。于是有$<a_1,a_i> \in R \wedge <a_i,a_1> \in S$。由关系复合的定义知，$<a_1,a_1> \in R \circ S$。反之，若$<a_1,a_1> \in R \circ S$，则存在$y \in A$，使得$<a_1,y> \in R \wedge <y,a_1> \in S$。不妨设$y = a_i$，于是有$<a_1,a_i> \in R \wedge <a_i,a_1> \in S$。由关系矩阵元素的特点知，$r_{1i} = 1 \wedge s_{i1} = 1$。因此，$r_{1i} \times s_{i1} = 1$。从而有$t_{11} = r_{11} \times s_{11} + r_{12} \times s_{21} + \cdots + r_{1n} \times s_{n1} = 1$。

综上所述，$t_{11} = 0$当且仅当$<a_1,a_1> \notin R \circ S$；$t_{11} = 1$当且仅当$<a_1,a_1> \in R \circ S$。

把对t_{11}的论证推广到$M \times N$中任意的元素$t_{ij} = r_{i1} \times s_{1j} + r_{i2} \times s_{2j} + \cdots + r_{in} \times s_{nj}$，不难证明：$t_{ij} = 0$当且仅当$<a_i,a_j> \notin R \circ S$；$t_{ij} = 1$当且仅当$<a_i,a_j> \in R \circ S$。由此可知，$M \times N$是$R \circ S$的关系矩阵。

根据定理4.11，可用关系矩阵求关系的自反闭包、对称闭包和传递闭包。

【用关系矩阵求关系的闭包】利用关系矩阵求关系的闭包是一种快捷的方法，而且方便在计算机上操作。设R是集合A上的二元关系，M是R的关系矩阵，M^{T}表示M的转置矩阵，M_r、M_s、M_t分别表示$r(R)$、$s(R)$、$t(R)$的关系矩阵，E表示单位矩阵(主对角线上的元素全为1，其余元素全为0)。则由定理4.10和定理4.11，有下面的结论。

(1) R的自反闭包$r(R)$所对应的关系矩阵为$M_r = M + E$。

(2) R的对称闭包$s(R)$所对应的关系矩阵为$M_s = M + M^{\mathrm{T}}$。

(3) R的传递闭包$t(R)$所对应的关系矩阵为$M_t = M + M^2 + M^3 + \cdots$。

其中，$E = \begin{pmatrix} 1 & 0 & 0 & \cdots & 0 \\ 0 & 1 & 0 & \cdots & 0 \\ \vdots & \vdots & \vdots & & \vdots \\ 0 & 0 & 0 & 1 & 0 \\ 0 & 0 & 0 & \cdots & 1 \end{pmatrix}$($n$行$n$列)，是$I_A$所对应的关系矩阵；$M^{\mathrm{T}}$是$R^{-1}$所对应的关系矩阵；$M^i$ $(i = 1,2,3,\cdots)$是R^i所对应的关系矩阵。

例4.35 设$A = \{a,b,c,d\}$，$R = \{<a,b>,<b,a>,<b,c>,<c,d>,<d,b>\}$，求$r(R)$、$s(R)$、$t(R)$。

解：因为$|A| = 4$，所以恒等关系I_A的关系矩阵为

$$E=\begin{pmatrix}1&0&0&0\\0&1&0&0\\0&0&1&0\\0&0&0&1\end{pmatrix}$$

对 A 的元素进行编号，令 $x_1=a$, $x_2=b$, $x_3=c$, $x_4=d$ ，则 $R=\{<x_1,x_2>,<x_2,x_1>,<x_2,x_3>,<x_3,x_4>,<x_4,x_2>\}$ 。由 R 的元素可得 R 的关系矩阵为

$$M=\begin{pmatrix}0&1&0&0\\1&0&1&0\\0&0&0&1\\0&1&0&0\end{pmatrix}$$

由 $M_R=M+E=\begin{pmatrix}0&1&0&0\\1&0&1&0\\0&0&0&1\\0&1&0&0\end{pmatrix}+\begin{pmatrix}1&0&0&0\\0&1&0&0\\0&0&1&0\\0&0&0&1\end{pmatrix}=\begin{pmatrix}1&1&0&0\\1&1&1&0\\0&0&1&1\\0&1&0&1\end{pmatrix}$，得

$$r(R)=\{<a,a>,<a,b>,<b,a>,<b,b>,<b,c>,<c,c>,<c,d>,<d,b>,<d,d>\}$$

因为:

$$M^{\mathrm{T}}=\begin{pmatrix}0&1&0&0\\1&0&0&1\\0&1&0&0\\0&0&1&0\end{pmatrix}$$

$$M_s=M+M^{\mathrm{T}}=\begin{pmatrix}0&1&0&0\\1&0&1&0\\0&0&0&1\\0&1&0&0\end{pmatrix}+\begin{pmatrix}0&1&0&0\\1&0&0&1\\0&1&0&0\\0&0&1&0\end{pmatrix}=\begin{pmatrix}0&1&0&0\\1&0&1&1\\0&1&0&1\\0&1&1&0\end{pmatrix}$$

所以:

$$s(R)=\{<a,b>,<b,a>,<b,c>,<b,d>,<c,b>,<c,d>,<d,b>,<d,c>\}$$

因为:

$$M^2=\begin{pmatrix}0&1&0&0\\1&0&1&0\\0&0&0&1\\0&1&0&0\end{pmatrix}\times\begin{pmatrix}0&1&0&0\\1&0&1&0\\0&0&0&1\\0&1&0&0\end{pmatrix}=\begin{pmatrix}1&0&1&0\\0&1&0&1\\0&1&0&0\\1&0&1&0\end{pmatrix}$$

$$M^3=M^2\cdot M=\begin{pmatrix}1&0&1&0\\0&1&0&1\\0&1&0&0\\1&0&1&0\end{pmatrix}\times\begin{pmatrix}0&1&0&0\\1&0&1&0\\0&0&0&1\\0&1&0&0\end{pmatrix}=\begin{pmatrix}0&1&0&1\\1&1&1&0\\1&0&1&0\\0&1&0&1\end{pmatrix}$$

$$M+M^2+M^3=\begin{pmatrix}0&1&0&0\\1&0&1&0\\0&0&0&1\\0&1&0&0\end{pmatrix}+\begin{pmatrix}1&0&1&0\\0&1&0&1\\0&1&0&0\\1&0&1&0\end{pmatrix}+\begin{pmatrix}0&1&0&1\\1&1&1&0\\1&0&1&0\\0&1&0&1\end{pmatrix}=\begin{pmatrix}1&1&1&1\\1&1&1&1\\1&1&1&1\\1&1&1&1\end{pmatrix}$$

由 $M_t=M+M^2+M^3+\cdots$，可得

$$M_t=M+M^2+M^3=\begin{pmatrix}1&1&1&1\\1&1&1&1\\1&1&1&1\\1&1&1&1\end{pmatrix}$$

所以：

$$\begin{aligned}t(R)&=A\times A\\&=\{<a,a>,<a,b>,<a,c>,<a,d>,<b,a>,<b,b>,<b,c>,<b,d>,\\&\quad<c,a>,<c,b>,<c,c>,<c,d>,<d,a>,<d,b>,<d,c>,<d,d>\}\end{aligned}$$

【用关系矩阵求传递闭包的 Warshall 算法】在给出 Warshall 算法的具体步骤之前，首先证明 Warshall 算法的正确性。

***定理 4.12** 设 R 是集合 $A=\{a_1,a_2,\cdots,a_n\}$ 上的关系，$M=(r_{ij})$ 是 R 的关系矩阵，令 $R_0=R$，$R_1=R_0\cup(R_0\circ R_0\restriction\{a_1\})$，$R_2=R_1\cup(R_1\circ R_1\restriction\{a_2\})$，…，$R_{k+1}=R_k\cup(R_k\circ R_k\restriction\{a_{k+1}\})$，$k=0,1,2,\cdots,n-1$

则 $R_n=t(R)$。

证明：先证 $R_n\subseteq t(R)$。 证明的思路是，对 k 应用数学归纳法证明：对任何的自然数 k，有 $R_k\subseteq R\cup R^2\cup\cdots\cup R^{2^k}\subseteq t(R)$。从而有 $R_n\subseteq t(R)$。

当 $k=1$ 时：

$$R_1=R\cup(R\circ R\restriction\{a_1\})\subseteq R\cup(R\circ R)=R\cup R^2\subseteq t(R)$$

结论成立。

当 $k=2$ 时：

$$\begin{aligned}R_2&=R_1\cup(R_1\circ R_1\restriction\{a_2\})\subseteq R_1\cup(R_1\circ R_1)\\&\subseteq(R\cup R^2)\cup(R\cup R^2)^2\subseteq R\cup R^2\cup R^3\cup R^4\subseteq t(R)\end{aligned}$$

结论成立。

假定 $k=t$ 时，结论成立，即 $R_t\subseteq R\cup R^2\cup R^3\cup\cdots\cup R^{2^t}\subseteq t(R)$ 成立。考虑 R_{t+1} 的情况：

$$\begin{aligned}R_{t+1}&=R_t\cup(R_t\circ R_t\restriction\{a_{t+1}\})\subseteq R_t\cup(R_t\circ R_t)=R_t\cup R_t^2\\&\subseteq(R\cup R^2\cup\cdots\cup R^{2^t})\cup(R\cup R^2\cup\cdots\cup R^{2^t})^2\subseteq R\cup R^2\cup\cdots\cup R^{2^{t+1}}\subseteq t(R)\end{aligned}$$

由归纳法原理，对任何的自然数 k，都有 $R_k\subseteq R\bigcup R^2\cup\cdots\cup R^{2^k}\subseteq t(R)$。从而，有 $R_n\subseteq R\cup R^2\cup\cdots\cup R^{2^n}\subseteq t(R)$。

接下来证明 R_n 是传递的，从而证明 $t(R)\subseteq R_n$，分三步进行。

(1) 对任意的 $<x,y>\in R_n$ 和 $<y,z>\in R_n$，在 R 中找一条从 x 到 z 的传递链 $<x,d_1>,<d_1,d_2>,<d_2,d_3>,\cdots,<d_m,z>$，使得 $d_1,d_2,d_3,\cdots,d_m$ 互不相同。

对于 $<x,y>\in R_n$，由前面的证明知，$R_n\subseteq t(R)=R\cup R^2\cup\cdots$。所以存在 i，使得

$<x,y>\in R^i$。由 $R^i=R^{i-1}\circ R$ 知，存在 $b_{i-1}\in A$，使得 $<x,b_{i-1}>R^{i-1}$ 且 $<b_{i-1},y>\in R$。同理，存在 $b_{i-2}\in A$，使得 $<x,b_{i-2}>R^{i-2}$ 且 $<b_{i-2},b_{i-1}>\in R$，…，存在 $b_1\in A$，使得 $<x,b_1>R^1$ 且 $<b_1,b_2>\in R$。于是，得到了一条传递链 $<x,b_1>,<b_1,b_2>,<b_2,b_3>,\cdots,<b_{i-2},b_{i-1}>,<b_{i-1},y>$，这些序对都在 R 中。

同理，对于 $<y,z>\in R_n$，存在 $c_1,c_2,\cdots,c_{j-1}$，使得 $<y,c_1>,<c_1,c_2>,\cdots,<c_{j-1},z>$ 都在 R 中。这样，在 R 中就存在一条从 x 经过 y 到 z 的传递链 $<x,b_1>,<b_1,b_2>,\cdots,<b_{i-2},b_{i-1}>,<b_{i-1},y>,<y,c_1>,<c_1,c_2>,\cdots,<c_{j-1},z>$。可以从这条传递链中选择一条从 x 到 z 的传递链 $<x,d_1>,<d_1,d_2>,<d_2,d_3>,\cdots,<d_m,z>$，使得 $d_1,d_2,d_3,\cdots,d_m$ 互不相同(删去两个相同元素之间的传递链即可)。

(2) 令 $x=d_0,z=d_{m+1}$，利用 $R_1\subseteq R_2\subseteq\cdots\subseteq R_n$ 的性质证明：对所有的 $i\ (1\leqslant i\leqslant m)$，$<d_{i-1},d_{i+1}>\in R_n$。从而证明了 $<x,z>\in R_n$。

因为 $d_1,d_2,d_3,\cdots,d_m\in\{a_1,a_2,\cdots,a_n\}$，设 $d_1=a_{i_1},d_2=a_{i_2},\cdots,d_m=a_{i_m}$。找出 $\{a_{i_1},a_{i_2},\cdots,a_{i_m}\}$ 中下标最小的元素，不妨设为 a_{i_l}。令 $x=d_0=a_{i_0},z=d_{m+1}=a_{i_{m+1}}$，因为 $<a_{i_{l-1}},a_{i_l}>\in R\wedge<a_{i_l},a_{i_{l+1}}>\in R$，而 $R\subseteq R_{l-1}$，所以 $<a_{i_{l-1}},a_{i_l}>\in R_{l-1}\wedge<a_{i_l},a_{i_{l+1}}>\in R_{l-1}$。由 $R_l=R_{l-1}\cup(R_{l-1}\circ R_{l-1}\upharpoonright\{a_l\})$ 知，$<a_{i_{l-1}},a_{i_{l+1}}>\in R_l$。这样，得到 R_l 中的一条长为 $m-1$ 的传递链 $<x,a_{i_1}>,<a_{i_1},a_{i_2}>,\cdots,<a_{i_{l-1}},a_{i_{l+1}}>,<a_{i_{l+1}},a_{i_{l+2}}>,\cdots,<a_{i_m},z>$。

重复以上步骤，找出 $\{a_{i_1},a_{i_2},\cdots,a_{i_{l-1}},a_{i_{l+1}},\cdots,a_{i_m}\}$ 中下标最小的元素，不妨设为 a_{i_p}。类似上面的分析可知，$<a_{i_{p-1}},a_{i_{p+1}}>\in R_p$。这样，得到 R_p 中一条长为 $m-2$ 的传递链 $<x,a_{i_1}>,<a_{i_1},a_{i_2}>,\cdots,<a_{i_{l-1}},a_{i_{l+1}}>,<a_{i_{l+1}},a_{i_{l+2}}>,\cdots,<a_{i_{p-1}},a_{i_{p+1}}>,<a_{i_{p+1}},a_{i_{p+2}}>,\cdots,<a_{i_m},z>$。

重复以上步骤 m 次，可得 $<a_0,a_{m+1}>\in R_g$，其中，$g=\max\{i_1,i_2,\cdots,i_m\}$。又因为 $g\leqslant n$ 且 $R_g\subseteq R_n$，所以 $<a_0,a_{m+1}>\in R_n$，即 $<x,z>\in R_n$。因此，R_n 是传递的。

(3) 因为 R_n 是传递的且 $R\subseteq R_n$，由 $t(R)$ 的定义，有 $t(R)\subseteq R_n$。

由以上两方面的证明可知，$t(R)=R_n$。

【求 R_n 的关系矩阵的算法】由定理 4.12 知 $t(R)=R_n$。因此，只要求出 R_n 的关系矩阵，即可得到 R_n，从而得到 R 的传递闭包 $t(R)$。Warshall 给出了一个求 R_n 的关系矩阵的简单算法，称为 Warshall 算法。

设 R 是集合 $A=\{a_1,a_2,\cdots,a_n\}$ 上的关系，$M=(r_{ij})$ 是 R 的关系矩阵，令

$R_0=R$，$R_1=R_0\cup(R_0\circ R_0\upharpoonright\{a_1\})$，$R_2=R_1\cup(R_1\circ R_1\upharpoonright\{a_2\})$，…，$R_{k+1}=R_k\cup(R_k\circ R_k\upharpoonright\{a_{k+1}\})$，$k=0,1,2,\cdots,n-1$

则 $R_n=t(R)$。

下面是 Warshall 算法的具体操作步骤。

用 M_k 表示 R_k 的关系矩阵，可知 $M_0=M=(r_{ij})$；因为 $R_1=R_0\cup(R_0\circ R_0\upharpoonright\{a_1\})$，而 $(R_0\circ R_0\upharpoonright\{a_1\})$ 的关系矩阵为

$$\begin{pmatrix} r_{11} & r_{12} & \cdots & r_{1n} \\ r_{21} & r_{22} & \cdots & r_{2n} \\ \vdots & \vdots & & \vdots \\ r_{n1} & r_{n2} & \cdots & r_{nn} \end{pmatrix}\times\begin{pmatrix} r_{11} & r_{12} & \cdots & r_{1n} \\ 0 & 0 & \cdots & 0 \\ \vdots & \vdots & & \vdots \\ 0 & 0 & \cdots & 0 \end{pmatrix}=\begin{pmatrix} r_{11}\times r_{11} & r_{11}\times r_{12} & \cdots & r_{11}\times r_{1n} \\ r_{21}\times r_{11} & r_{21}\times r_{12} & \cdots & r_{21}\times r_{1n} \\ \vdots & \vdots & & \vdots \\ r_{n1}\times r_{11} & r_{n1}\times r_{12} & \cdots & r_{n1}\times r_{1n} \end{pmatrix}$$

所以：

$$M_1=\begin{pmatrix} r_{11} & r_{12} & \cdots & r_{1n} \\ r_{21} & r_{22} & \cdots & r_{2n} \\ \vdots & \vdots & & \vdots \\ r_{n1} & r_{n2} & \cdots & r_{nn} \end{pmatrix}+\begin{pmatrix} r_{11}\times r_{11} & r_{11}\times r_{12} & \cdots & r_{11}\times r_{1n} \\ r_{21}\times r_{11} & r_{21}\times r_{12} & \cdots & r_{21}\times r_{1n} \\ \vdots & \vdots & & \vdots \\ r_{n1}\times r_{11} & r_{n1}\times r_{12} & \cdots & r_{n1}\times r_{1n} \end{pmatrix}$$

一般地，用 $M_k[i,j]$ 表示关系矩阵 M_k 的第 i 行第 j 列的元素。因为

$$R_{k+1}=R_k\cup(R_k\circ R_k\restriction\{a_{k+1}\})$$

而 $R_k\circ R_k\restriction\{a_{k+1}\}$ 的关系矩阵为

$$\begin{pmatrix} M_k[1,1] & M_k[1,2] & \cdots & M_k[1,n] \\ M_k[2,1] & M_k[2,2] & \cdots & M_k[2,n] \\ \vdots & \vdots & & \vdots \\ M_k[n,1] & M_k[n,2] & \cdots & M_k[n,n] \end{pmatrix}\times\begin{pmatrix} 0 & 0 & \cdots & 0 \\ \vdots & \vdots & & \vdots \\ 0 & 0 & \cdots & 0 \\ M_k[k+1,1] & M_k[k+1,2] & \cdots & M_k[k+1,n] \\ 0 & 0 & \cdots & 0 \\ \vdots & \vdots & & \vdots \\ 0 & 0 & \cdots & 0 \end{pmatrix}$$

$$=\begin{pmatrix} M_k[1,k+1]\times M_k[k+1,1] & M_k[1,k+1]\times M_k[k+1,2] & \cdots & M_k[1,k+1]\times M_k[k+1,n] \\ M_k[2,k+1]\times M_k[k+1,1] & M_k[2,k+1]\times M_k[k+1,2] & \cdots & M_k[2,k+1]\times M_k[k+1,n] \\ \vdots & \vdots & & \vdots \\ M_k[n,k+1]\times M_k[k+1,1] & M_k[n,k+1]\times M_k[k+1,2] & \cdots & M_k[n,k+1]\times M_k[k+1,n] \end{pmatrix}$$

所以，R_{k+1} 的关系矩阵为

$$M_{k+1}=\begin{pmatrix} M_k[1,1] & M_k[1,2] & \cdots & M_k[1,n] \\ M_k[2,1] & M_k[2,2] & \cdots & M_k[2,n] \\ \vdots & \vdots & & \vdots \\ M_k[n,1] & M_k[n,2] & \cdots & M_k[n,n] \end{pmatrix}$$

$$+\begin{pmatrix} M_k[1,k+1]\times M_k[k+1,1] & M_k[1,k+1]\times M_k[k+1,2] & \cdots & M_k[1,k+1]\times M_k[k+1,n] \\ M_k[2,k+1]\times M_k[k+1,1] & M_k[2,k+1]\times M_k[k+1,2] & \cdots & M_k[2,k+1]\times M_k[k+1,n] \\ \vdots & \vdots & & \vdots \\ M_k[n,k+1]\times M_k[k+1,1] & M_k[n,k+1]\times M_k[k+1,2] & \cdots & M_k[n,k+1]\times M_k[k+1,n] \end{pmatrix}$$

由以上矩阵运算可知，在求得 R_k 后，则

$$M_{k+1}[i,j]=M_k[i,j]+M_k[i,k+1]\times M_k[k+1,j]$$

最后，Warshall 算法的伪代码如下。

输入：M（R 的关系矩阵）。

输出：M_t（$t(R)$ 的关系矩阵）。

```
BEGIN
Mt ← M ;
For  k=0  to  n−1
   For  i=1   to  n
```

For $j=1$ to n

$M_t[i,j] \leftarrow M_t[i,j] + M_t[i,k+1] \times M_t[k+1,j]$；

END

例 4.36 设 $A=\{1,2,3\}$，$R=\{<1,2>,<2,3>,<3,2>\}$，用 Warshall 算法求 R 的传递闭包 $t(R)$。

解：因为 $|A|=3$,所以 $t(R)$ 的关系矩阵为 M_3。

因为：

$$M_0=\begin{pmatrix}0&1&0\\0&0&1\\0&1&0\end{pmatrix}$$

$$M_1=M_0+M_0\times\begin{pmatrix}0&1&0\\0&0&0\\0&0&0\end{pmatrix}$$

$$=\begin{pmatrix}0&1&0\\0&0&1\\0&1&0\end{pmatrix}+\begin{pmatrix}0&1&0\\0&0&1\\0&1&0\end{pmatrix}\times\begin{pmatrix}0&1&0\\0&0&0\\0&0&0\end{pmatrix}$$

$$=\begin{pmatrix}0&1&0\\0&0&1\\0&1&0\end{pmatrix}+\begin{pmatrix}0&0&0\\0&0&0\\0&0&0\end{pmatrix}=\begin{pmatrix}0&1&0\\0&0&1\\0&1&0\end{pmatrix}$$

$$M_2=M_1+M_1\times\begin{pmatrix}0&0&0\\0&0&1\\0&0&0\end{pmatrix}$$

$$=\begin{pmatrix}0&1&0\\0&0&1\\0&1&0\end{pmatrix}+\begin{pmatrix}0&1&0\\0&0&1\\0&1&0\end{pmatrix}\times\begin{pmatrix}0&0&0\\0&0&1\\0&0&0\end{pmatrix}$$

$$=\begin{pmatrix}0&1&0\\0&0&1\\0&1&0\end{pmatrix}+\begin{pmatrix}0&0&1\\0&0&0\\0&0&1\end{pmatrix}=\begin{pmatrix}0&1&1\\0&0&1\\0&1&1\end{pmatrix}$$

$$M_3=M_2+M_2\times\begin{pmatrix}0&0&0\\0&0&0\\0&1&1\end{pmatrix}$$

$$=\begin{pmatrix}0&1&1\\0&0&1\\0&1&1\end{pmatrix}+\begin{pmatrix}0&1&1\\0&0&1\\0&1&1\end{pmatrix}\times\begin{pmatrix}0&0&0\\0&0&0\\0&1&1\end{pmatrix}$$

$$=\begin{pmatrix}0&1&1\\0&0&1\\0&1&1\end{pmatrix}+\begin{pmatrix}0&1&1\\0&1&1\\0&1&1\end{pmatrix}=\begin{pmatrix}0&1&1\\0&1&1\\0&1&1\end{pmatrix}$$

所以，$t(R)=\{<1,2>,<1,3>,<2,2>,<2,3>,<3,2>,<3,3>\}$。

例 4.37 设 $A=\{a_1,a_2,a_3,a_4\}$，$R=\{<a_1,a_3>,<a_2,a_1>,<a_2,a_3>,<a_3,a_4>,<a_2,a_4>\}$，用 Warshall 算法求 R 的传递闭包 $t(R)$。

解：因为 $|A|=4$，所以 $t(R)$ 的关系矩阵为 M_4。

因为：$M_0=\begin{pmatrix}0&0&1&0\\1&0&1&1\\0&0&0&1\\0&0&0&0\end{pmatrix}$

$$M_1=M_0+M_0\times\begin{pmatrix}0&0&1&0\\0&0&0&0\\0&0&0&0\\0&0&0&0\end{pmatrix}$$

$$=\begin{pmatrix}0&0&1&0\\1&0&1&1\\0&0&0&1\\0&0&0&0\end{pmatrix}+\begin{pmatrix}0&0&1&0\\1&0&1&1\\0&0&0&1\\0&0&0&0\end{pmatrix}\times\begin{pmatrix}0&0&1&0\\0&0&0&0\\0&0&0&0\\0&0&0&0\end{pmatrix}$$

$$=\begin{pmatrix}0&0&1&0\\1&0&1&1\\0&0&0&1\\0&0&0&0\end{pmatrix}+\begin{pmatrix}0&0&0&0\\0&0&1&0\\0&0&0&0\\0&0&0&0\end{pmatrix}=\begin{pmatrix}0&0&1&0\\1&0&1&1\\0&0&0&1\\0&0&0&0\end{pmatrix}$$

$$M_2=M_1+M_1\times\begin{pmatrix}0&0&0&0\\1&0&1&1\\0&0&0&0\\0&0&0&0\end{pmatrix}$$

$$=\begin{pmatrix}0&0&1&0\\1&0&1&1\\0&0&0&1\\0&0&0&0\end{pmatrix}+\begin{pmatrix}0&0&1&0\\1&0&1&1\\0&0&0&1\\0&0&0&0\end{pmatrix}\times\begin{pmatrix}0&0&0&0\\1&0&1&1\\0&0&0&0\\0&0&0&0\end{pmatrix}$$

$$=\begin{pmatrix}0&0&1&0\\1&0&1&1\\0&0&0&1\\0&0&0&0\end{pmatrix}+\begin{pmatrix}0&0&0&0\\0&0&0&0\\0&0&0&0\\0&0&0&0\end{pmatrix}=\begin{pmatrix}0&0&1&0\\1&0&1&1\\0&0&0&1\\0&0&0&0\end{pmatrix}$$

$$M_3 = M_2 + M_2 \times \begin{pmatrix} 0 & 0 & 0 & 0 \\ 0 & 0 & 0 & 0 \\ 0 & 0 & 0 & 1 \\ 0 & 0 & 0 & 0 \end{pmatrix}$$

$$= \begin{pmatrix} 0 & 0 & 1 & 0 \\ 1 & 0 & 1 & 1 \\ 0 & 0 & 0 & 1 \\ 0 & 0 & 0 & 0 \end{pmatrix} + \begin{pmatrix} 0 & 0 & 1 & 0 \\ 1 & 0 & 1 & 1 \\ 0 & 0 & 0 & 1 \\ 0 & 0 & 0 & 0 \end{pmatrix} \times \begin{pmatrix} 0 & 0 & 0 & 0 \\ 0 & 0 & 0 & 0 \\ 0 & 0 & 0 & 1 \\ 0 & 0 & 0 & 0 \end{pmatrix}$$

$$= \begin{pmatrix} 0 & 0 & 1 & 0 \\ 1 & 0 & 1 & 1 \\ 0 & 0 & 0 & 1 \\ 0 & 0 & 0 & 0 \end{pmatrix} + \begin{pmatrix} 0 & 0 & 0 & 1 \\ 0 & 0 & 0 & 1 \\ 0 & 0 & 0 & 0 \\ 0 & 0 & 0 & 0 \end{pmatrix} = \begin{pmatrix} 0 & 0 & 1 & 1 \\ 1 & 0 & 1 & 1 \\ 0 & 0 & 0 & 1 \\ 0 & 0 & 0 & 0 \end{pmatrix}$$

$$M_4 = M_3 + M_3 \times \begin{pmatrix} 0 & 0 & 0 & 0 \\ 0 & 0 & 0 & 0 \\ 0 & 0 & 0 & 0 \\ 0 & 0 & 0 & 0 \end{pmatrix}$$

$$= \begin{pmatrix} 0 & 0 & 1 & 1 \\ 1 & 0 & 1 & 1 \\ 0 & 0 & 0 & 1 \\ 0 & 0 & 0 & 0 \end{pmatrix} + \begin{pmatrix} 0 & 0 & 1 & 1 \\ 1 & 0 & 1 & 1 \\ 0 & 0 & 0 & 1 \\ 0 & 0 & 0 & 0 \end{pmatrix} \times \begin{pmatrix} 0 & 0 & 0 & 0 \\ 0 & 0 & 0 & 0 \\ 0 & 0 & 0 & 0 \\ 0 & 0 & 0 & 0 \end{pmatrix}$$

$$= \begin{pmatrix} 0 & 0 & 1 & 1 \\ 1 & 0 & 1 & 1 \\ 0 & 0 & 0 & 1 \\ 0 & 0 & 0 & 0 \end{pmatrix} + \begin{pmatrix} 0 & 0 & 0 & 0 \\ 0 & 0 & 0 & 0 \\ 0 & 0 & 0 & 0 \\ 0 & 0 & 0 & 0 \end{pmatrix} = \begin{pmatrix} 0 & 0 & 1 & 1 \\ 1 & 0 & 1 & 1 \\ 0 & 0 & 0 & 1 \\ 0 & 0 & 0 & 0 \end{pmatrix}$$

所以，$t(R) = \{<a,c>,<a,d>,<b,a>,<b,c>,<b,d>,<c,d>\}$。

例 4.38　设 $A = \{a,b,c,d\}$，$R = \{<a,b>,<b,a>,<b,c>,<c,d>,<d,b>\}$，用 Warshall 算法求 R 的传递闭包 $t(R)$。

解：因为 $|A| = 4$,所以 $t(R)$ 的关系矩阵为 M_4。

因为：

$$M_0 = \begin{pmatrix} 0 & 1 & 0 & 0 \\ 1 & 0 & 1 & 0 \\ 0 & 0 & 0 & 1 \\ 0 & 1 & 0 & 0 \end{pmatrix}$$

$$M_1 = M_0 + M_0 \times \begin{pmatrix} 0 & 1 & 0 & 0 \\ 0 & 0 & 0 & 0 \\ 0 & 0 & 0 & 0 \\ 0 & 0 & 0 & 0 \end{pmatrix}$$

$$=\begin{pmatrix}0&1&0&0\\1&0&1&0\\0&0&0&1\\0&1&0&0\end{pmatrix}+\begin{pmatrix}0&1&0&0\\1&0&1&0\\0&0&0&1\\0&1&0&0\end{pmatrix}\times\begin{pmatrix}0&1&0&0\\0&0&0&0\\0&0&0&0\\0&0&0&0\end{pmatrix}$$

$$=\begin{pmatrix}0&1&0&0\\1&0&1&0\\0&0&0&1\\0&1&0&0\end{pmatrix}+\begin{pmatrix}0&0&0&0\\0&1&0&0\\0&0&0&0\\0&0&0&0\end{pmatrix}=\begin{pmatrix}0&1&0&0\\1&1&1&0\\0&0&0&1\\0&1&0&0\end{pmatrix}$$

$$M_2=M_1+M_1\times\begin{pmatrix}0&0&0&0\\1&1&1&0\\0&0&0&0\\0&0&0&0\end{pmatrix}$$

$$=\begin{pmatrix}0&1&0&0\\1&1&1&0\\0&0&0&1\\0&1&0&0\end{pmatrix}+\begin{pmatrix}0&1&0&0\\1&1&1&0\\0&0&0&1\\0&1&0&0\end{pmatrix}\times\begin{pmatrix}0&0&0&0\\1&1&1&0\\0&0&0&0\\0&0&0&0\end{pmatrix}$$

$$=\begin{pmatrix}0&1&0&0\\1&1&1&0\\0&0&0&1\\0&1&0&0\end{pmatrix}+\begin{pmatrix}1&1&1&0\\1&1&1&0\\0&0&0&0\\1&1&1&0\end{pmatrix}=\begin{pmatrix}1&1&1&0\\1&1&1&0\\0&0&0&1\\1&1&1&0\end{pmatrix}$$

$$M_3=M_2+M_2\times\begin{pmatrix}0&0&0&0\\0&0&0&0\\0&0&0&1\\0&0&0&0\end{pmatrix}$$

$$=\begin{pmatrix}1&1&1&0\\1&1&1&0\\0&0&0&1\\1&1&1&0\end{pmatrix}+\begin{pmatrix}1&1&1&0\\1&1&1&0\\0&0&0&1\\1&1&1&0\end{pmatrix}\times\begin{pmatrix}0&0&0&0\\0&0&0&0\\0&0&0&1\\0&0&0&0\end{pmatrix}$$

$$=\begin{pmatrix}1&1&1&0\\1&1&1&0\\0&0&0&1\\1&1&1&0\end{pmatrix}+\begin{pmatrix}0&0&0&1\\0&0&0&1\\0&0&0&0\\0&0&0&1\end{pmatrix}=\begin{pmatrix}1&1&1&1\\1&1&1&1\\0&0&0&1\\1&1&1&1\end{pmatrix}$$

$$M_4=M_3+M_3\times\begin{pmatrix}0&0&0&0\\0&0&0&0\\0&0&0&0\\1&1&1&1\end{pmatrix}$$

$$=\begin{pmatrix}1&1&1&1\\1&1&1&1\\0&0&0&1\\1&1&1&1\end{pmatrix}+\begin{pmatrix}1&1&1&1\\1&1&1&1\\0&0&0&1\\1&1&1&1\end{pmatrix}\times\begin{pmatrix}0&0&0&0\\0&0&0&0\\0&0&0&0\\1&1&1&1\end{pmatrix}$$

$$=\begin{pmatrix}1&1&1&1\\1&1&1&1\\0&0&0&1\\1&1&1&1\end{pmatrix}+\begin{pmatrix}1&1&1&1\\1&1&1&1\\1&1&1&1\\1&1&1&1\end{pmatrix}=\begin{pmatrix}1&1&1&1\\1&1&1&1\\1&1&1&1\\1&1&1&1\end{pmatrix}$$

所以：

$$\begin{aligned}t(R)&=A\times A\\&=\{<a,a>,<a,b>,<a,c>,<a,d>,<b,a>,<b,b>,<b,c>,<b,d>,\\&<c,a>,<c,b>,<c,c>,<c,d>,<d,a>,<d,b>,<d,c>,<d,d>\}\end{aligned}$$

【等价关系】定义 4.39　设 R 是集合 A 上的二元关系，若 R 是自反的、对称的和传递的，则称 R 为 A 上的等价关系。

对于等价关系 R，若 $<x,y>\in R$，则称 x 与 y 等价，记为 xRy，或记为 $x\sim y$。

例 4.39　设 $A=\{1,2,\cdots,8\}$，$R=\{<x,y>|x,y\in A\wedge x\equiv y(\mathrm{mod}\,3)\}$，证明 R 是 A 上的等价关系。其中，“$x\equiv y\ (\mathrm{mod}\ 3)$”表示“$x-y$ 可被 3 整除”，读作：x 与 y 模 3 相等。

证明：(1) 对任意的 $x\in A$，有 $x-x=0$，因而有 $x\equiv x\ (\mathrm{mod}\,3)$，所以 $<x,x>\in R$，即 R 是自反的。

(2) 若 $<x,y>\in R$，则有 $x\equiv y(\mathrm{mod}\,3)$，即 $x-y$ 被 3 整除。而 $y-x=-(x-y)$，所以 $y-x$ 也被 3 整除。因而有 $<y,x>\in R$，所以 R 是对称的。

(3) 设 $<x,y>,<y,z>\in R$，由 R 的定义知，$x-y$ 被 3 整除，$y-z$ 也被 3 整除，从而存在整数 m 和 k，使得 $x-y=3m$，$y-z=3k$。于是有

$$x-z=(x-y)+(y-z)=3m+3k=3(m+k)$$

即 $x-z$ 能被 3 整除，所以 $<x,z>\in R$。因此，R 是传递的。

由等价关系的定义知，R 是 A 上的等价关系。

【等价类】定义 4.40　设 R 是非空集合 A 上的等价关系，对任意的 $x\in A$，令

$$[x]_R=\{y|y\in A\wedge <x,y>\in R\}$$

则称 $[x]_R$ 为 x 关于 R 的等价类，在不引起混淆的情况下，简记为 $[x]$。

在例 4.39 中，$A=\{1,2,\cdots,8\}$，$R=\{<x,y>|x,y\in A\wedge x\equiv y\ (\mathrm{mod}\,3)\}$。$R$ 的具体元素为

$$\begin{aligned}R=\{&<1,1>,<1,4>,<1,7>,<2,2>,<2,5>,<2,8>,<3,3>,<3,6>,<4,1>,<4,4>,<4,7>,\\&<5,2>,<5,5>,<5,8>,<6,3>,<6,6>,<7,1>,<7,4>,<7,7>,<8,2>,<8,5>,<8,8>\}\end{aligned}$$

R 的等价类为

$[1]_R=[4]_R=[7]_R=\{1,4,7\}$，　$[2]_R=[5]_R=[8]_R=\{2,5,8\}$，　$[3]_R=[6]_R=\{3,6\}$

【等价类的性质】定理 4.13　设 R 是非空集合 A 上的等价关系，则对任意的 $x,y\in A$，下面的结论成立。

(1) $[x] \neq \varnothing$ 且 $[x] \subseteq A$。

(2) 若 $<x, y> \in R$，则 $[x] = [y]$。

(3) 若 $<x, y> \notin R$，则 $[x] \cap [y] = \varnothing$。

(4) $\bigcup_{x \in A} [x] = A$。

证明：(1) 因为 R 是自反的，所以 $x \in [x]$，故 $[x] \neq \varnothing$。由等价类的定义知，$[x] \subseteq A$。

(2) 假定 $<x, y> \in R$，因为 R 是对称的，所以 $<y, x> \in R$。任取 $a \in [x]$，由 $[x]$ 的定义可知 $<x, a> \in R$。又因为 R 是传递的，所以 $<y, a> \in R$。按 $[y]$ 的定义，有 $a \in [y]$。因此，$[x] \subseteq [y]$。同理可证，$[y] \subseteq [x]$。所以 $[x] = [y]$。

(3) 用反证法。设 $x, y \in A$，且 $<x, y> \notin R$。若 $[x] \cap [y] \neq \varnothing$，则存在 a 使得 $a \in [x] \cap [y]$，即 $a \in [x]$ 且 $a \in [y]$。由 $a \in [x]$ 知，$<x, a> \in R$。由 $a \in [y]$ 知，$<y, a> \in R$。因为 R 是对称的，所以 $<a, y> \in R$。又因为 R 是传递的，所以 $<x, y> \in R$。这与 $<x, y> \notin R$ 矛盾。

(4) 对每一个 $x \in A$，由第(1)条结论有 $[x] \subseteq A$。所以，$\bigcup_{x \in A} [x] \subseteq A$。反之，对任意的 $\bigcup_{x \in A} [x] = A$，因为 $x \in [x]$，所以 $x \in \bigcup_{x \in A} [x]$。由 x 的任意性，有 $A \subseteq \bigcup_{x \in A} [x]$。因而有 $\bigcup_{x \in A} [x] = A$。

【集合的划分】定义 4.41 设 A 是一个非空集合，子集族 $\pi \subseteq P(A)$，如果 π 满足以下条件：

(1) $\varnothing \notin \pi$。

(2) π 中的元素两两不相交。

(3) π 中的所有元素的并集等于 A，即 $\bigcup \pi = A$。

则称 π 为 A 的一个划分，π 中的元素称为 A 的划分块。

例 4.40 设 $A = \{a, b, c, d\}$，给定 A 的 5 个子集族如下：

$$\pi_1 = \{\{a,b,c\},\{d\}\}, \quad \pi_2 = \{\{a,b\},\{c\},\{d\}\}, \quad \pi_3 = \{\{a\},\{a,b,c,d\}\}$$

$$\pi_4 = \{\{a,b\},\{c\}\}, \quad \pi_5 = \{\varnothing,\{a,b\},\{c,d\}\}$$

问哪些子集族是 A 的划分，哪些不是？

解：π_1 和 π_2 是 A 的划分；π_3、π_4、π_5 都不是 A 的划分，因为 π_3 中有元素相交：

$$\{a\} \cap \{a,b,c,d\} = \{a\} \neq \varnothing, \quad \bigcup \pi_4 = \{a,b\} \cup \{c\} = \{a,b,c\} \neq A, \quad \varnothing \in \pi_5$$

【集合上的等价关系导出集合的划分】 设 R 是非空集合 A 上的等价关系，令 $\pi = \{[x]_R \mid x \in A\}$，则由定理 4.13 知，$\pi = \{[x]_R \mid x \in A\}$ 是 A 的一个划分。这个划分 π 称为由等价关系 R 导出的划分。

非空集合上的每一个等价关系都可以导出该集合的一个划分。在例 4.39 中，由等价关系 $R = \{<x, y> \mid x, y \in A \wedge x \equiv y \pmod 3\}$ 得

$$\begin{aligned}\{[x]_R \mid x \in A\} &= \{[1]_R,[2]_R,[3]_R,[4]_R,[5]_R,[6]_R,[7]_R,[8]_R\} \\ &= \{[1]_R,[2]_R,[3]_R\} = \{\{1,4,7\},\{2,5,8\},\{3,6\}\}\end{aligned}$$

是集合 $A = \{1, 2, \cdots, 8\}$ 的一个划分，子集族 $\{\{1,4,7\},\{2,5,8\},\{3,6\}\}$ 是由等价关系 R 导出的 A 的划分。

【集合的划分导出集合上的等价关系】 设 π 是非空集合 A 上的一个划分，定义 A 上的一个关系 R 如下：对 A 中任何的元素 x,y，$<x,y>\in R$ 当且仅当 x 和 y 在 π 的同一个划分块中，即 $R=\{<x,y>|x,y\in A\wedge\exists S(S\in\pi\wedge x\in S\wedge y\in S)\}$。

特别地，若 $\pi=\{S_1,S_2,\cdots,S_t\}$，则 $R=(S_1\times S_1)\cup(S_2\times S_2)\cup\cdots\cup(S_t\times S_t)$。容易证明这样定义的关系是一个等价关系。

(1) 对任意的 $x\in A$，由 $\bigcup\pi=A$ 知，x 与 x 必在 π 的同一个划分块中，所以 $<x,x>\in R$。故 R 是自反的。

(2) 对 A 中任何的元素 x,y，若 $<x,y>\in R$，则 x 和 y 在 π 的同一个划分块中。从而 y 和 x 也在 π 的同一个划分块中。由此推出 $<y,x>\in R$。所以，R 是对称的。

(3) 若 $<x,y>\in R\wedge<y,z>\in R$，则 x 和 y 在 π 的同一个划分块中且 y 和 z 在 π 的同一个划分块中。不妨设 x 和 y 所在的划分块为 S_1，y 和 z 所在的划分块为 S_2，则 $y\in S_1\cap S_2$，即 $S_1\cap S_2\neq\varnothing$。若 $S_1\neq S_2$，则由划分的定义知 $S_1\cap S_2=\varnothing$。这与 $S_1\cap S_2\neq\varnothing$ 矛盾，所以 $S_1=S_2$。从而，x 和 z 也在 π 的同一个划分块中。因此，R 是传递的。

综上所述，R 是一个等价关系。按上述方法定义的等价关系称为由集合的划分 π 导出的等价关系。

【已知等价关系求集合划分】 已知 R 是非空集合 A 上的等价关系，则由 R 导出的划分为 $\pi=\{[x]_R|x\in A\}$，即列出 R 所有不同的等价类即可，每个等价类是一个划分块。

【已知集合划分求等价关系】 已知 $\pi=\{A_1,A_2,\cdots,A_n\}$ 是非空集合 A 上的一个划分，则由 π 导出的等价关系为 $R=(A_1\times A_1)\cup(A_2\times A_2)\cup\cdots\cup(A_n\times A_n)$。

例 4.41 设 $\mathbb{Z}$ 是所有整数组成的集合，n 是一个大于 1 的正整数，定义

$$R=\{<x,y>|x,y\in\mathbb{Z}\wedge x\equiv y\ (\mathrm{mod}\ n)\}$$

其中，“$x\equiv y\ (\mathrm{mod}\ n)$”表示“$x-y$ 可被 n 整除(或 x 除以 n 所得的余数与 y 除以 n 所得的余数相同)”，“$x\equiv y\ (\mathrm{mod}\ n)$” 读作“$x$ 与 y 模 n 相等”。证明 R 是等价关系，并求由 R 导出的 $\mathbb{Z}$ 的划分。R 也称为模 n 同余等价关系。

证明： 只要将例 4.39 的证明过程中的 3 改为 n 即可。

由 R 导出的 $\mathbb{Z}$ 的划分为

$$\{[0],[1],[2],\cdots,[n-1]\}$$

其中，$[0]=\{nk|k\in\mathbb{Z}\}$，$[1]=\{nk+1|k\in\mathbb{Z}\}$，…，$[n-1]=\{nk+(n-1)|k\in\mathbb{Z}\}$。这些等价类称为模 n 的同余类。

容易看出，对于 $m\geqslant n$，若 $m\equiv i\ (\mathrm{mod}\ n)$，则 $[m]=[i]$。

习 题 4.5

1. 设 $A=\{\varnothing,a\}$，$B=\{1,2,a\}$，求 $A\times A$、$A\times B$、$B\times A$。
2. 设 $A=\{\varnothing,a\}$，求 $P(A)\times A$。
3. 设 A、B、C、D 是集合，证明：$(A\cap B)\times(C\cap D)=(A\times C)\cap(B\times D)$。
4. 设 A、B 是集合，且 $A\cap B\neq\varnothing$，证明：

(1) $(A\cap B)\times(A\cap B)=(A\times A)\cap(B\times B)$。

(2) $(A\cap B)\times(A\cap B)=(A\times B)\cap(B\times A)$。

(3) $(A\cup B)\times(A\cup B)\subseteq(A\times A)\cup(B\times B)$。

(4) $(A\cap B)\times(A\cup B)\subseteq(A\times A)\cup(B\times B)$。

5. 设 $A=\{\varnothing,a,c,d\}$， $B=\{1,2,a\}$，要求：

(1) 写出两个从 A 到 B 的关系。

(2) 写出两个从 B 到 A 的关系。

(3) 写出两个 A 上的关系。

(4) 写出两个 B 上的关系。

6. 设 A 是集合，且 $|A|=m$，问 A 上有多少个互不相同的二元关系。

7. 设集合 A=$\{1,2,3,4,5,6\}$，R 是 A 上的关系且 $R=\{<x,y>|x,y\text{是偶数}\}$，请用枚举法表示 R。

8. 设集合 $A=\{1,2,3,4,5,6,7,8\}$， R_1 是 A 上的关系且 $R_1=\{<x,y>|\ x\equiv y(\bmod 4)\}$，请用枚举法表示 R_1。

9. 设集合 $A=\{1,2,3,4,5\}$，关系 $R_2=\{<x,y>|x,y\in A\text{且}x\geqslant y\}$，请用枚举法表示 R_2。

10. 设集合 A=\{张林，赵强，刘红\}，请用枚举法写出 A 上的恒等关系和全域关系。

11. 设集合 $A=\{2,3,4,5,6,7,8\}$，R_1、R_2 是 A 上的关系且 $R_1=\{<x,y>|\ x\equiv y(\bmod 3)\}$，$R_2=\{<x,y>|x\text{整除}y\}$，求 $R_1\cap R_2$、 $R_1\cup R_2$。

12. 设集合 $A=\{-3,0,3,6,7\}$，R 是 A 上的小于关系，请写出 R 的关系矩阵。

13. 设集合 $A=\{x,y,z,k\}$， $R=\{<x,x>,<x,y>,<k,y>,<k,k>,<y,k>\}$，请写出 R 的关系矩阵，并画出 R 的关系图。

14. 设 $R=\{<1,1>,<2,2>,<b,1>,<1,2>,<1,b>,<2,a>\}$，求$R^{-1}$、$R^{-1}\cup R$、$\operatorname{dom}R$、$\operatorname{ran}R$、$\operatorname{fld}R$。

15. 设 $R=\{<1,a>,<2,2>,<b,1>\}$， $S=\{<a,2>,<b,a>,<a,1>,<2,1>,<1,1>\}$，求 $R\circ R$、$S\circ R$、$S^{-1}\circ R$、$(S\circ R)\circ S$。

16. 设 $H=\{a,b,c,d\}$， F,G 是 H 上的关系，且

$F=\{<a,b>,<a,c>,<b,b>,<b,d>\}$

$G=\{<a,d>,<a,c>,<b,a>,<b,d>,<c,b>\}$

(1) 求 $F\circ G$、$F^2\circ G$、G^3。

(2) 写出 F、G 的关系矩阵。

(3) 画出 F、G 的关系图。

17. 设集合 $A=\{1,2,3,4,5,6,7,8\}$，确定下列关系是否具有自反性、反自反性、对称性、反对称性和传递性。

(1) $R_1=\{<x,y>|x,y\in A\text{且}x-y\text{是偶数}\}$。

(2) $R_2=\{<x,y>|x,y\in A\text{且}x+y\text{是偶数}\}$。

(3) $R_3=\{<x,y>|x,y\in A\text{且}x-y=1\}$。

(4) $R_4 = \{<x,y> | x,y \in A 且 x > y\}$。

(5) $R_5 = \{<x,y> | x,y \in A 且 x \neq y\}$。

(6) $R_6 = \{<x,y> | x,y \in A 且 x = y\}$。

18. 设集合 $A = \{3,5,7,9\}$，求 A 上的 3 种二元关系使它们分别具有自反性、对称性及传递性中的两个性质且只具有两个性质。

19. 设集合 $A = \{1,2,a,b,c\}$，关系 $R = \{<a,2>,<b,1>,<b,c>,<c,2>,<a,b>\}$，求 $r(R)$、$s(R)$、$t(R)$。

20. 设集合 $A = \{1,2,3,4\}$，关系 $R = \{<2,1>,<2,2>,<2,3>,<3,2>,<3,3>,<4,2>\}$，求 $r(R)$、$s(R)$、$t(R)$。

21. 设集合 $A = \{x_1, x_2, \cdots, x_5\}$，$R$ 的关系矩阵如下：

$$M_R = \begin{pmatrix} 1 & 0 & 0 & 1 & 1 \\ 0 & 0 & 1 & 0 & 1 \\ 1 & 1 & 1 & 0 & 0 \\ 0 & 1 & 1 & 0 & 0 \\ 0 & 0 & 1 & 0 & 1 \end{pmatrix}$$

求 $r(R)$ 和 $s(R)$ 的关系矩阵。

22. 设集合 $A = \{a,b,c,d\}$，R 是 A 上的关系，R 的矩阵为

$$M_R = \begin{pmatrix} 1 & 0 & 0 & 1 \\ 1 & 1 & 0 & 0 \\ 0 & 0 & 1 & 0 \\ 1 & 0 & 1 & 0 \end{pmatrix}$$

求 R 的传递闭包 $t(R)$。

23. 设集合 $A = \{a,2,c,6\}$，R 是 A 上的关系，R 的矩阵为

$$M_R = \begin{pmatrix} 1 & 0 & 0 & 1 \\ 1 & 1 & 0 & 0 \\ 0 & 0 & 1 & 0 \\ 1 & 0 & 1 & 0 \end{pmatrix}$$

请用 Warshall 算法求传递闭包 $t(R)$。

24. 设集合 $A = \{a,b,c,d,e\}$，R 是 A 上的关系，R 的矩阵为

$$M_R = \begin{pmatrix} 1 & 0 & 0 & 1 & 1 \\ 0 & 0 & 1 & 0 & 1 \\ 1 & 1 & 1 & 0 & 0 \\ 0 & 1 & 1 & 0 & 0 \\ 0 & 0 & 1 & 0 & 1 \end{pmatrix}$$

请用 Warshall 算法求传递闭包 $t(R)$。

25. 设集合 $A = \{a,b,c,d,e,f,g\}$，确定下列子集族是否是 A 的划分。

(1) $\tau_1=\{\varnothing,\{a,b,\ c\},\{d\},\{e,f,g\}\}$。

(2) $\tau_2=\{\{a,b\},\{c\},\{d,e,f\}\}$。

(3) $\tau_3=\{\{a,b,c\},\{a,b,c,d\},\{e,f\},\{g\}\}$。

(4) $\tau_4=\{\{a,b\},\{c\},\{d,e,f,g\}\}$。

(5) $\tau_5=\{\{a,b\},\{c,d\},\{e\},\{f,g,h\}\}$。

(6) $\tau_6=\{\{a,\{e,f,g\}\},\{b,c,d\}\}$。

(7) $\tau_7=\{\{a\},\{e,f,g\},\{b,c,d\},\{h\}\}$。

(8) $\tau_8=\{\{a,b,c,d,e,f,g\}\}$。

26. 设集合 A 的一个划分为 $\{\{2\},\{1,3\},\{4,5\}\}$，请写出该划分对应的等价关系 R。

27. 若 R 和 S 都是集合 A 上的等价关系，求证 $R\bigcap S$ 也是 A 上的等价关系。

28. 设 R 是集合 A 上的关系且 R 是反自反的和传递的，证明：R 是反对称的。

29. 设 R、S 都是集合 B 上的传递关系，问 $R\cap S$、$R\cup S$ 是 B 上的传递关系吗？为什么？

30. 设集合 $M=\{1,2,3,4,5,6,7,8\}$，$R\{<x,y>|(x,y\in A)\wedge(x+y=8)\}$，问关系 R 具有哪些性质？

31. 设 R 是 A 上的关系，R^{-1} 是 R 的逆关系，证明：

(1)若 R 是自反的，则 R^{-1} 也是自反的。

(2)若 R 是对称的，则 R^{-1} 也是对称的。

(3)若 R 是传递的，则 R^{-1} 也是传递的。

(4)若 R 是反自反的，则 R^{-1} 也是反自反的。

(5)若 R 是反对称的，则 R^{-1} 也是反对称的。

32. 设集合 $A=\{1,2,3,4,5,6,7,8\}$，求下列等价关系所对应的划分。

(1) $R=\{<x,y>\,|x,y\in A\wedge x\equiv y(\mathrm{mod}\,6)\}$。

(2) $R=\{<x,x>\,|x\in A\}$。

4.6 函数与映射

函数是一种特殊的关系，有着广泛的应用。

【函数的定义】定义 4.42 设 F 是一个二元关系，若对任意的 $x\in\mathrm{dom}F$，都存在唯一的 $y\in\mathrm{ran}F$，使得 $<x,y>\in F$，则称 F 是一个函数，$<x,y>\in F$ 也记为 xFy。

【函数值】定义 4.43 设 F 是一个函数，若 xFy 成立，则称 y 是函数 F 在 x 处的函数值。函数值 y 也记为 $F(x)$，即 $y=F(x)$。

【从 A 到 B 的函数】定义 4.44 设 A、B 是集合，f 是函数，若 $\mathrm{dom}f=A$ 且 $\mathrm{ran}f\subseteq B$，则称 f 是从 A 到 B 的函数，记作 $f:A\to B$。

例如，设 $A=\{a,b,c\}$，$B=\{1,2\}$，$R=\{<a,1>,<b,2>,<c,2>\}$，则 R 是 A 到 B 的一个函数。又如，设 $A=\{1,2,3\}$，$B=\{2,4,6\}$，$f=\{<1,2>,<2,4>,<3,2>\}$，则 f 是 A 到 B 的一个函数。因为 $\mathrm{ran}f\subseteq\mathbb{N}$，所以，$f$ 也是 A 到自然数集 $\mathbb{N}$ 的一个函数。同理，f 也

是 A 到实数集 $\mathbb{R}$ 的一个函数。但 f 不是 $\mathbb{N}$ 到 $\mathbb{N}$ 的函数。

【函数的像】定义 4.45 设函数 $f:A\to B$，$A_1\subseteq A$，$B_1\subseteq B$，则有如下定义。

(1) $f(A_1)=\{f(x)|x\in A_1\}$ 称为集合 A_1 在函数 f 下的像。

(2) $f^{-1}(B_1)=\{x|x\in A\wedge f(x)\in B_1\}$ 称为集合 B_1 在 f 下的原像。

例如，设 $\mathbb{N}$ 是自然数集，函数 $f:\mathbb{N}\to\mathbb{N}$，且

$$f(x)=\begin{cases}\dfrac{x}{2}, & x\text{为偶数}\\ x+1, & x\text{为奇数}\end{cases}$$

令 $A=\{0,1\}$，$B=\{2\}$，则

$$f(A)=f(\{0,1\})=\{f(0),f(1)\}=\{0,2\}, \quad f^{-1}(B)=f^{-1}(\{2\})=\{1,4\}$$

【映射的概念】定义 4.46 设 f 是 A 到 B 的二元关系，若 $\mathrm{dom}f=A$，且对任意的 $x\in A$，都存在唯一的 $y\in\mathrm{ran}f$，使得 $<x,y>\in f$，则称 f 是 A 到 B 的一个映射，记为 $f:A\to B$。

注：映射的定义与函数的定义相同，一个函数也称为一个映射。反之，一个映射也称为一个函数。映射和函数是内容一样而名称不同的两个概念。函数常用于表示数的对应关系，我们看到的函数通常可以用解析式来描述；而映射则用于表示集合元素的对应关系，映射通常用一种对应法则来描述。例如，设 $f=\{<x,x^2+1>|x\in\mathbb{N}\}$，则 f 是 $\mathbb{N}$ 到 $\mathbb{N}$ 的一个映射，也是 $\mathbb{N}$ 到 $\mathbb{N}$ 的一个函数。但人们通常称 f 为一个函数，f 的定义域上的元素与函数值之间的关系可用一个简单的解析式描述：$f(x)=x^2+1$，$x\in\mathbb{N}$。又如，设 $A=\{b,c\}$，$B=\{1,2\}$，则 $g=\{<b,1>,<c,2>\}$ 是 A 到 B 的一个函数，也是 A 到 B 的一个映射。但人们通常把 g 称为一个映射，g 中的序对列出了映射的对应法则。

【满射、单射和双射】定义 4.47 设有映射(或函数) $f:A\to B$，有如下定义。

(1) 若 $\mathrm{ran}f=B$，则称 f 是满射(或者说“f 是满射的”)。

(2) 对于 $\forall x_1,x_2\in A$，若 $x_1\neq x_2$，就有 $f(x_1)\neq f(x_2)$，则称 f 是单射(或者说“f 是单射的”)。

(3) 若 f 既是满射的又是单射的，则称 f 是双射(或一一映射，或一一对应)。

例 4.42 设 $A_1=\{a,b,c,d,e\}$，$B_1=\{1,2,3,4,5\}$，$R_1=\{<a,2>,<b,2>,<c,3>,<d,4>,<d,5>\}$ 如图 4.6 所示。

$A_2=\{a,b,c,d,e\}$，$B_2=\{1,2,3\}$，$R_2=\{<a,1>,<b,2>,<c,3>,<d,3>,<e,3>\}$，如图 4.7 所示。

$A_3=\{b,c,d\}$，$B_3=\{1,2,3,4,5\}$，$R_3=\{<b,3>,<c,1>,<d,5>\}$，如图 4.8 所示。

$A_4=\{a,b,c,d,e\}$，$B_4=\{1,2,3,4,5\}$，$R_4=\{<a,3>,<b,1>,<c,2>,<d,4>,<e,5>\}$，如图 4.9 所示。

则 R_1 是 A_1 到 B_1 的一个关系，但 R_1 不是映射；R_2 是 A_2 到 B_2 的一个满射，但 R_2 不是单射；R_3 是 A_3 到 B_3 的一个单射，但 R_3 不是满射；R_4 是 A_4 到 B_4 的一个双射。

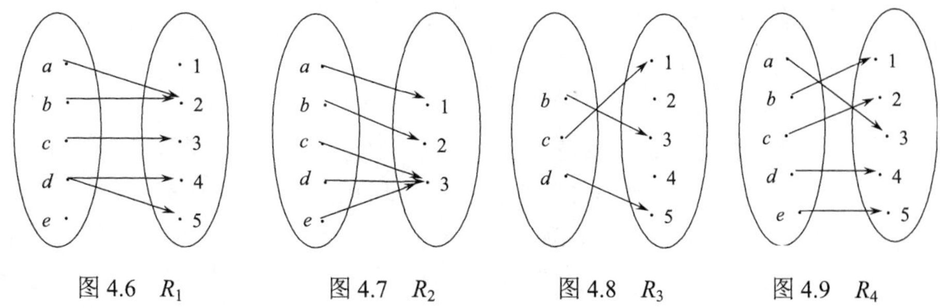

图 4.6 R_1　　图 4.7 R_2　　图 4.8 R_3　　图 4.9 R_4

定理 4.14 设 $f:A\to B$，$g:C\to D$ 是两个函数，且 $\mathrm{ran}f\subseteq C$，则 f 与 g 的复合 $f\circ g$ 是 A 到 D 的一个函数。

证明：因为 f 和 g 都是关系，由关系复合运算的定义知，$f\circ g$ 也是一个关系，又由 $\mathrm{ran}f\subseteq C$ 知 $\mathrm{dom}(f\circ g)=A$，$\mathrm{ran}(f\circ g)\subseteq D$。所以，只需证明：对任意的 $x\in\mathrm{dom}(f\circ g)$，都存在唯一的 $z\in\mathrm{ran}(f\circ g)$，使得 $<x,z>\in f\circ g$ 即可。

用反证法：对任意的 $x\in\mathrm{dom}(f\circ g)$，若存在 $z_1\neq z_2$，使得 $<x,z_1>\in f\circ g$ 且 $<x,z_2>\in f\circ g$，则存在 y_1 和 y_2，使得 $<x,y_1>\in f\wedge<y_1,z_1>\in g$ 且 $<x,y_2>\in f\wedge<y_2,z_2>\in g$。如果 $y_1=y_2$，则有 $<y_1,z_1>\in g\wedge<y_1,z_2>\in g$，这与 g 是函数矛盾；如果 $y_1\neq y_2$，则有 $<x,y_1>\in f\wedge<x,y_2>\in f$，这与 f 是函数矛盾。所以 $z_1=z_2$。

【复合函数】定义 4.48 设 $f:A\to B$，$g:C\to D$ 是两个函数，且 $\mathrm{ran}f\subseteq C$，则称 $f\circ g$ 为 f 与 g 的复合函数。

例如，设 $\mathbb{Z}$ 是整数集，D 是非零有理数集，$f=\{<x,x^2+1>|x\in\mathbb{N}\}$，$g=\{<x,2x-\frac{1}{x}+1>|x\in D\}$，则 f 是 $\mathbb{N}$ 到 $\mathbb{N}$ 的一个函数，g 是 D 到 D 的一个函数，且 f 与 g 的复合函数 $f\circ g=\{<x,2(x^2+1)-\frac{1}{x^2+1}+1>|x\in\mathbb{N}\}$ 是 $\mathbb{N}$ 到 D 的一个函数。

定理 4.15 设 f、g 是函数，且 $\mathrm{ran}f\cap\mathrm{dom}g\neq\varnothing$，则 $f\circ g$ 也是函数，且满足如下两条。

(1) $\mathrm{dom}(f\circ g)=\{x|x\in\mathrm{dom}f\wedge f(x)\in\mathrm{dom}g\}$。

(2) $\forall x\in\mathrm{dom}(f\circ g)$，有 $f\circ g(x)=g(f(x))$。

证明：设 f 是 A 到 B 的函数，g 是 C 到 D 的函数，则 $\mathrm{dom}f=A$ 且 $\mathrm{ran}f\subseteq B$，$\mathrm{dom}g=C$ 且 $\mathrm{ran}g\subseteq D$。

(1) 因为 $\mathrm{ran}f\cap\mathrm{dom}g\neq\varnothing$，所以 $f\circ g=\{<x,z>|\exists y(<x,y>\in f\wedge<y,z>\in g)\}\neq\varnothing$，且 $x\in\mathrm{dom}(f\circ g)\Rightarrow\exists z(<x,z>\in f\circ g)\Rightarrow\exists z(\exists y(<x,y>\in f\wedge<y,z>\in g))$。又因为 x 的像是唯一的，即 $y=f(x)$，所以 $x\in\mathrm{dom}f\wedge f(x)\in\mathrm{dom}g$。反之，若 $x\in\mathrm{dom}f\wedge f(x)\in\mathrm{dom}g$，则由 $x\in\mathrm{dom}f$ 知，$<x,f(x)>\in f$。由 $f(x)\in\mathrm{dom}g$ 知，$<f(x),g(f(x))>\in g$。于是，按关系复合的定义，有 $<x,g(f(x))>\in f\circ g$。所以 $x\in\mathrm{dom}(f\circ g)$。

综上所述，$\mathrm{dom}(f\circ g)=\{x|x\in\mathrm{dom}f\wedge f(x)\in\mathrm{dom}g\}$。

(2) 设 $x\in\mathrm{dom}(f\circ g)$，则存在 $z\in D$，使得 $<x,z>\in f\circ g$。从而存在 y，使得 $<x,y>\in f$ 且 $<y,z>\in g$。因为 f 是函数，使得 $<x,y>\in f$ 的 y 是唯一的，即 $y=f(x)$。

又因为 g 是函数，使得 $<y,z>\in g$ 的 z 是唯一的，即 $z=g(y)$。所以，$z=g(f(x))$。另外，$<x,z>\in f\circ g$ 且 $f\circ g$ 是函数，因此，$z=f\circ g(x)$。于是，有 $f\circ g(x)=g(f(x))$。

【$f\circ g(x)$ 与 $g(f(x))$ 的区别】 从定理 4.15 看到，对于函数 f 和 g，$f\circ g(x)=g(f(x))$。虽然 $f\circ g(x)$ 与 $g(f(x))$ 是同一个元素，但它们表达的含义有一定的区别：$f\circ g(x)$ 表示函数 $f\circ g$（作为一个整体）在 x 处的函数值；而 $g(f(x))$ 表示函数 g 在 $f(x)$ 处的函数值，同时 $f(x)$ 是函数 f 在 x 处的函数值。$f\circ g(x)$ 表达的信息是 $<x,f\circ g(x)>\in f\circ g$；而 $g(f(x))$ 表达的信息是 $<f(x),g(f(x))>\in g$ 且 $<x,f(x)>\in f$。

【复合函数的性质】定理 4.16 设函数 $f:A\to B$，$g:B\to C$，有如下性质。

(1) 如果 $f:A\to B$，$g:B\to C$ 都是满射，则 $f\circ g:A\to C$ 也是满射。

(2) 如果 $f:A\to B$，$g:B\to C$ 都是单射，则 $f\circ g:A\to C$ 也是单射。

(3) 如果 $f:A\to B$，$g:B\to C$ 都是双射，则 $f\circ g:A\to C$ 也是双射。

证明： (1) $\operatorname{ran}(f\circ g)\subseteq C$ 是显然的，所以，只要证明 $C\subseteq\operatorname{ran}(f\circ g)$ 即可。任取 $z\in C$，因为 $g:B\to C$ 是满射，所以存在 $y\in B$，使得 $g(y)=z$。又因为 $f:A\to B$ 是满射，所以存在 $x\in A$，使得 $f(x)=y$。从而有 $<x,y>\in f\wedge<y,z>\in g$，即 $<x,z>\in f\circ g$，故 $z\in\operatorname{ran}(f\circ g)$。由 z 的任意性知，$C\subseteq\operatorname{ran}(f\circ g)$。于是有 $\operatorname{ran}(f\circ g)=C$，根据满射的定义知，$f\circ g$ 是满射。

(2) 任取 $x_1,x_2\in A$，若 $x_1\neq x_2$，则由 $f:A\to B$ 是单射，得 $f(x_1)\neq f(x_2)$。又因为 $g:B\to C$ 也是单射，所以 $g(f(x_1))\neq g(f(x_2))$。由定理 4.15 知，$f\circ g(x_1)=g(f(x_1))$，$f\circ g(x_2)=g(f(x_2))$。因此，有 $f\circ g(x_1)\neq f\circ g(x_2)$，所以 $f\circ g$ 是单射。

(3) 由定理 4.16 的第 (1) 条、第 (2) 条知，若 f 和 g 都是双射，则 $f\circ g$ 是双射。

【函数的逆】 大家已经知道，关系的逆仍然是关系。但是，函数的逆不一定是函数。一个关系能成为一个函数，必须满足一个关键条件：定义域中的任何元素有唯一的一个像在值域中。所以，若一个函数的逆也是一个函数，则这个函数一定是单射。

定理 4.17 若 $f:A\to B$ 是一个单射函数，则 f^{-1} 是从 $\operatorname{ran}f$ 到 A 的一个函数。

证明： 由 f^{-1} 的定义知，f^{-1} 是 $\operatorname{ran}f$ 到 A 的一个关系。任取 $\operatorname{ran}f$ 中的一个元素 y，若存在 $x_1,x_2\in A$，使得 $x_1\neq x_2\wedge<y,x_1>\in f^{-1}\wedge<y,x_2>\in f^{-1}$，则有 $<x_1,y>\in f\wedge<x_2,y>\in f$，这与 f 是单射函数矛盾。因而，对 $\operatorname{ran}f$ 中任何的元素 y，有唯一的 x，使得 $<y,x>\in f^{-1}$。所以，f^{-1} 是一个函数。又因为 $\operatorname{dom}f^{-1}=\operatorname{ran}f$，所以 f^{-1} 是从 $ranf$ 到 A 的一个函数。

定理 4.18 设 $f:A\to B$ 是一个双射函数，则 f^{-1} 是从 B 到 A 的一个双射函数，且 $f^{-1}\circ f=I_B$，$f\circ f^{-1}=I_A$。

证明： 由定理 4.17 知，f^{-1} 是一个函数。

先用反证法证明 f^{-1} 是单射。若 f^{-1} 不是单射的，则存在 B 中的两个元素 y_1,y_2 及 A 中的元素 x，使得 $y_1\neq y_2\wedge<y_1,x>\in f^{-1}\wedge<y_2,x>\in f^{-1}$。于是，有 $<x,y_1>\in f\wedge<x,y_2>\in f$，这与 f 是函数矛盾。

再证明 f^{-1} 是满射。任取 A 中的一个元素 x，因为 $\operatorname{dom}f=A$，所以存在 $y\in B$，使得 $<x,y>\in f$。于是有 $<y,x>\in f^{-1}$，即 $x\in\operatorname{ran}f^{-1}$。因此，$A\subseteq\operatorname{ran}f^{-1}$。而 $\operatorname{ran}f^{-1}\subseteq A$

显然的，所以 $A=\mathrm{ran}f^{-1}$。故 f^{-1} 是满射。

综上所述，f^{-1} 是一个双射。

现在证明 $f^{-1}\circ f=I_B$。对任意的 $y\in B$，有 $<y,f^{-1}(y)>\in f^{-1}$，因而有 $<f^{-1}(y),y>\in f$。因为 f 是函数，所以 $f(f^{-1}(y))=y$。由定理 4.15 知，$f^{-1}\circ f(y)=f(f^{-1}(y))=y$。由 y 的任意性知，$f^{-1}\circ f=I_B$。同理可证：$f\circ f^{-1}=I_A$。

【反函数】定义 4.49 设 $f:A\to B$ 是一个双射函数，则 $f^{-1}:B\to A$ 称为 f 的反函数。

【反函数存在的条件】 设 $f:A\to B$ 是一个单射函数，则 f 是从 A 到 $\mathrm{ran}f$ 的双射函数，所以 $f^{-1}:\mathrm{ran}f\to A$ 是 f 的反函数。于是，反函数存在的条件可叙述为：函数 f 的反函数存在当且仅当 f 是一个单射函数。

数学中常见的函数，如 $f(x)=\sin x$、$g(x)=x^2$ 等，它们的反函数都必须在“单值”区域内讨论。例如，可以在区间 $[0,\frac{\pi}{2}]$ 内讨论 $f(x)=\sin x$ 的反函数，但不能在区间 $[0,2\pi]$ 内讨论 $f(x)=\sin x$ 的反函数。又如，可以在区间 $[0,+\infty)$ 内讨论 $g(x)=x^2$ 的反函数，而不能在区间 $[-6,6]$ 内讨论 $g(x)=x^2$ 的反函数。如果一个函数不是“单值”的，则在“多值”区域内其反函数不存在。

习 题 4.6

1. 下列关系是否构成函数？如果是，请求出它们的定义域和值域。如果不是，请说明理由。

(1) $\{<a,b>|a,b\text{是自然数且}a+b<6\}$。

(2) $\{<x,y>|x,y\text{是自然数且}y=x+1\}$。

(3) $\{<a,b>,<a,c>,<b,a>,<c,c>,<a,1>,<b,1>\}$。

(4) $\{<a,b>,<b,c>,<1,a>,<c,c>,<1,2>,<2,2>\}$。

(5) $\{<a,a>,<b,b>,<1,a>,<c,c>,<2,a>,<3,1>\}$。

(6) $\{<a,1>,<b,1>,<1,1>,<c,1>,<2,1>,<3,2>\}$。

2. 设 $\mathbb{N}$、$\mathbb{Z}$ 分别是自然数集和整数集，确定下列函数中哪个是单射，哪个是满射，哪个是双射。

(1) $f:\mathbb{N}\to\mathbb{N}$，$f(x)=x+1$

(2) $f:\mathbb{N}\to\mathbb{N}$，$f(x)=x\ (\mathrm{mod}\,4)$。

(3) $f:\mathbb{N}\to\{1,2,3\}$，$f(x)=\begin{cases}1, 3x & (x\in\mathbb{N})\\ 2, 3x+1 & (x\in\mathbb{N})\\ 3, 3x+2 & (x\in\mathbb{N})\end{cases}$。

(4) $f:\mathbb{Z}\to\mathbb{Z}$，$f(x)=x+1$。

(5) $f:\mathbb{Z}\to\mathbb{Z}$，$f(x)=3|x|-1$。

(6) $f:\mathbb{Z}\to\mathbb{Z}$，$f(x)=2x+1$。

3. 设$\mathbb{R}$是实数集，函数$f(x)=x+3$，$g(x)=2x+1$ $(x\in\mathbb{R})$，求g^{-1}、$f\circ g$、$f\circ f$。

4. 设集合$A=\{a,b,c,d\}$，$B=\{2,4,6,8,9\}$，确定下列关系是否是从A到B的函数。

(1) $\{<a,2>,<b,2>,<c,2>,<d,6>\}$。

(2) $\{<a,2>,<a,6>,<c,2>,<d,6>,<b,8>\}$。

(3) $\{<a,2>,<c,2>,<d,6>\}$。

(4) $\{<a,1>,<b,4>,<c,2>,<d,6>\}$。

(5) $\{<a,2>,<b,2>,<c,2>,<d,6>,<e,9>\}$。

(6) $\{<a,2>,<b,4>,<c,8>,<d,6>,<d,9>\}$。

5. 设$X=\{1,2,3\}$，$Y=\{a,c,d\}$，要求：

(1) 指出从X到Y共有多少个映射。

(2) 写出两个从X到Y的映射，但不是满射。

(3) 写出两个从X到Y的单射。

(4) 写出两个从X到Y的双射。

6. 证明：如果$f:A\to B$和$g:B\to C$都是映射，且$f\circ g$是单射，则f也是单射。

7. 证明：如果$f:A\to B$和$g:B\to C$都是映射，且$f\circ g$是满射，则g也是满射。

第5章 代数系统

代数系统是一种抽象的数学结构，它反映了集合上元素之间运算(或对应)的性质、运算之间的联系以及运算的结构等。代数系统可作为具有同类结构的任何实际问题的数学模型。代数系统属于抽象代数(abstract algebra)的内容，其研究对象是集合上的抽象运算以及运算的性质和结构，这些运算性质可应用于各个具体的学科和研究领域。例如，二元运算结合律的性质可应用于实数的加法运算、乘法运算，也可应用于集合的交运算、并运算，还可应用于命题中的合取运算、析取运算等。代数系统是数学建模的通用工具之一，在计算机科学中有广泛的应用。

5.1 代数运算

【二元运算】定义 5.1 设S是一个集合，f是$S\times S$到S的一个映射(或称函数)，则称f为S上的一个二元运算。

由定义 5.1 知，若f为S上的一个二元运算，则对任意的$<x,y>\in S\times S$，都有唯一的$z\in S$，使得$<<x,y>,z>\in f$。因为f是映射，所以对于$<<x,y>,z>\in f$，可写成$f(<x,y>)=z$或$f(x,y)=z$。

从另一个角度考虑二元运算：让集合S中的任意两个元素x,y进行结合，x与y结合的结果对应S中唯一的一个元素z。例如，在整数集合$\mathbb{Z}$中，让$\mathbb{Z}$中的任意两个数x,y以“相加”的方式进行结合。例如，2与3结合对应5；3与6结合对应9；x与y结合对应$x+y$。这种结合及对应就是$\mathbb{Z}$上的一个二元运算(即加法运算)。也可以在$\mathbb{Z}$上定义另一种结合方式：让$\mathbb{Z}$中的任意两个数x,y以“相乘”的方式进行结合。例如，2与3结合对应6；3与6结合对应18；x与y结合对应$x\times y$。这是$\mathbb{Z}$上的另一个二元运算(即乘法运算)。于是，可以把集合S上的二元运算理解为：S中两个元素的结合对应S中(唯一)的一个元素。

因此，只要规定了S中任意两个元素结合在S中(唯一)的对应结果，就定义了S上的一个二元运算。

例如，令$S=\{0,1\}$，$f:S\times S\to S$定义如下：$f(<0,0>)=0$，$f(<0,1>)=1$，$f(<1,0>)=1$，$f(<1,1>)=1$。则f是S上的一个二元运算，这个运算就是集合$\{0,1\}$上的布尔加法。又如，在实数集$\mathbb{R}$上规定：$g(<x,y>)=x+y$，则g是$\mathbb{R}$上的一个二元运算，这个运算就是实数集上的普通加法。

【二元运算的两个特点】之所以把$S\times S$到S的一个映射称为集合S上的二元运算，是因为这样的映射有其独特的性质和广泛的应用。二元运算有两个重要的性质。

(1)运算的有效性。S中任何两个元素都可以进行运算，而且运算结果是唯一的，这种性质称为运算的有效性。

(2) 运算的封闭性。S 中任何两个元素运算的结果仍在 S 中，这种性质称为运算的封闭性。

因此，当验证集合上的对应是否成为一个二元运算时，要注意“有效性”和“封闭性”。

例 5.1　指出下面给出的集合及对应是否构成二元运算。

(1) 自然数集合 $\mathbb{N}$ 上的加法。

(2) 自然数集合 $\mathbb{N}$ 上的减法。

(3) 整数集合 $\mathbb{Z}$ 上的减法。

(4) 整数集合 $\mathbb{Z}$ 上的乘法。

(5) 非零有理数集合 $\mathbb{Q}-\{0\}$ 上的加法。

(6) 非零有理数集合 $\mathbb{Q}-\{0\}$ 上的除法。

(7) 实数集合 $\mathbb{R}$ 上的除法。

解： (1) 集合 $\mathbb{N}$ 上的加法是 $\mathbb{N}$ 上的二元运算。因为加法运算在 $\mathbb{N}$ 上满足有效性和封闭性。

(2) 集合 $\mathbb{N}$ 上的减法不是 $\mathbb{N}$ 上的二元运算，因为减法在 $\mathbb{N}$ 上不满足封闭性，如 $2-3=-1$，而 $-1\notin\mathbb{N}$。

(3) 集合 $\mathbb{Z}$ 上的减法是 $\mathbb{Z}$ 上的二元运算。因为减法运算在 $\mathbb{Z}$ 上满足有效性和封闭性。

(4) 集合 $\mathbb{Z}$ 上的乘法是 $\mathbb{Z}$ 上的二元运算。因为乘法运算在 $\mathbb{Z}$ 上满足有效性和封闭性。

(5) 集合 $\mathbb{Q}-\{0\}$ 上的加法不是 $\mathbb{Q}-\{0\}$ 上的二元运算，因为加法在 $\mathbb{Q}-\{0\}$ 上不满足封闭性，例如，$5+(-5)=0$，而 $0\notin\mathbb{Q}-\{0\}$。

(6) 集合 $\mathbb{Q}-\{0\}$ 上的除法是 $\mathbb{Q}-\{0\}$ 上的二元运算。因为除法运算在 $\mathbb{Q}-\{0\}$ 上满足有效性和封闭性。

(7) 集合 $\mathbb{R}$ 上的除法不是 $\mathbb{R}$ 上的二元运算，因为 $\mathbb{R}$ 上的除法不满足有效性，$2\div 0$ 没有意义。

例 5.2　设 $M_n(\mathbb{R})$ 是由全体以实数为元素的 $n\,(n\geqslant 2)$ 阶矩阵组成的集合，则矩阵的加法是 $M_n(\mathbb{R})$ 上的二元运算；矩阵的乘法也是 $M_n(\mathbb{R})$ 上的二元运算。

【二元运算的算符】 设 $f:S\times S\to S$ 是 S 上的二元运算，则称 f 为一个算符。一个抽象的二元运算的算符通常用符号 $\circ,*,\bullet,\oplus,\cdots$ 等表示。由二元运算的定义知，若 f 是 S 上的二元运算，则对任意的 $x,y\in S$，都存在 $z\in S$，使得 $f(<x,y>)=z$。通常，把二元运算结果 $f(<x,y>)=z$ 写作 $xfy=z$。如果用算符 $\circ$ 表示运算 f，则运算结果可以表示为 $x\circ y=z$。即把二元运算的算符写在参与运算的两个元素之间。

因此，在使用运算符的情况下，集合 S 上的二元运算 $\circ$ 的有效性和封闭性可以叙述为：对任意的 $x,y\in S$，$x\circ y$ 有意义，且 $x\circ y\in S$。

算符 $\circ,*,\bullet,\oplus,\cdots$ 用于表示抽象的运算，在实际应用中，特定的二元运算通常有特定的算符。例如，实数的加法、减法、乘法、除法运算分别用算符 $+$、$-$、$\times$、$\div$ 表示；集合的交运算、并运算的算符分别为 $\cap$、$\cup$ 等。

【n 元运算】定义 5.2　设 S 是一个集合，映射 $f:S^n\to S$ 称为 S 上的一个 n 元运算，

其中，n 为正整数。

与二元运算类似，S 上的 n 元运算可以理解为：S 中任意 n 个元素的结合都分别对应 S 中(唯一)的一个元素。即集合 S 上的一元运算就是 S 中的每个元素分别对应 S 中唯一的一个元素；S 上的二元运算就是 S 中的任何两个元素的结合都分别对应 S 中唯一的一个元素；S 上的三元运算就是 S 中的任何三个元素的结合都分别对应 S 中唯一的一个元素等。

例如，实数集合 $\mathbb{R}$ 上“取相反数”的运算是 $\mathbb{R}$ 上的一元运算，即对每个 $x\in\mathbb{R}$，x 对应 $-x$。

对任意 $x,y,z\in\mathbb{R}$，令 $F(x,y,z)=xy+z$，则 f 是 $\mathbb{R}$ 上的三元运算。

【n 元运算的算符】 在实际应用中，一些 n $(n\geqslant 1)$ 元运算也有特定的算符。

例如，求集合的补集的运算是幂集上的一元运算，用算符 $^{-}$ 表示，即 $\forall A\in P(S)$，$A\to\overline{A}$；求矩阵的转置是集合 $M_n(\mathbb{R})$ 上的一元运算，用算符 T 表示，即 $\forall A\in M_n(\mathbb{R})$，$A\to A^{\mathrm{T}}$。求绝对值运算是实数集上的一元运算，用 $|\ |$ 表示，即 $\forall x\in\mathbb{R}$，$x\to|x|$。

一般地，多元运算(三元或三元以上)没有特定的算符，通常用函数符号表示。

【代数运算】 集合 S 上的 $n\,(n\geqslant 1)$ 元运算统称为 S 上的代数运算。

【运算表】 有限集上的一元运算和二元运算可以用一张表来描述。用于表示代数运算的对应关系的表称为运算表。

例 5.3　设集合 $A=\{-2,-1,1,2,6\}$，则 A 上的绝对值运算的运算表如表 5.1 所示。

表 5.1　绝对值运算表

$\|\ \|$	$\|x\|$
–2	2
–1	1
1	1
2	2
6	6

例 5.4　设 $S=\{a,b,c\}$，$\circ$ 是 S 上的二元运算，其对应法则如下：$a\circ a=a$，$a\circ b=b\circ a=c$，$a\circ c=c\circ a=b$，$b\circ b=b$，$b\circ c=c\circ b=a$，$c\circ c=c$，则 $\circ$ 的运算表如表 5.2 所示。

例 5.5　设 $S=\{x,y\}$，则集合的交运算 $\cap$ 是幂集 $P(S)$ 上的二元运算，$\cap$ 的运算表如表 5.3 所示。

表 5.2　例 5.4 的 $\circ$ 运算表

$\circ$	a	b	c
a	a	c	b
b	c	b	a
c	b	a	c

表 5.3　例 5.5 的 ∩ 运算表

$\cap$	$\varnothing$	$\{x\}$	$\{y\}$	$\{x,y\}$
$\varnothing$	$\varnothing$	$\varnothing$	$\varnothing$	$\varnothing$
$\{x\}$	$\varnothing$	$\{x\}$	$\varnothing$	$\{x\}$
$\{y\}$	$\varnothing$	$\varnothing$	$\{y\}$	$\{y\}$
$\{x,y\}$	$\varnothing$	$\{x\}$	$\{y\}$	$\{x,y\}$

例 5.6　设 $Z_2=\{0,1\}$，定义 Z_2 上的运算 $\oplus_2$、$\otimes_2$ 分别为：对任意 $i,j\in Z_2$，$i\oplus_2 j=(i+j)\,(\text{mod }2)$；$i\otimes_2 j=(i\times j)\,(\text{mod }2)$。则运算 $\oplus_2$、$\otimes_2$ 的运算表分别见表 5.4、表 5.5。其中，“$x\,(\text{mod }2)$” 表示“x 除以 2 所得的余数”。$\oplus_2$、$\otimes_2$ 分别称为模 2 加法和模 2 乘法。

表 5.4　$\oplus_2$ 的运算表

$\oplus_2$	0	1
0	0	1
1	1	0

表 5.5　$\oplus_2$ 的运算表

$\otimes_2$	0	1
0	0	0
1	0	1

一般地，有以下情形。

例 5.7　设 $Z_n=\{0,1,2,\cdots,n-1\}$，定义 Z_n 上的模 n 加法运算 $\oplus_n$ 和模 n 乘法运算 $\otimes_n$ 分别为：对任意 $i,j\in Z_n$，$i\oplus_n j=(i+j)\,(\text{mod }n)$；$i\otimes_n j=(i\times j)\,(\text{mod }n)$，则运算 $\oplus_n$、$\otimes_6$ 的运算表分别见表 5.6、表 5.7。

表 5.6　$\oplus_n$ 的运算表

$\oplus_n$	0	1	2	$\cdots$	$n-3$	$n-2$	$n-1$
0	0	1	2	$\cdots$	$n-3$	$n-2$	$n-1$
1	1	2	3	$\cdots$	$n-2$	$n-1$	0
2	2	3	4	$\cdots$	$n-1$	0	1
$\vdots$	$\vdots$	$\vdots$	$\vdots$		$\vdots$	$\vdots$	$\vdots$
$n-1$	$n-1$	0	1	$\cdots$	$n-4$	$n-3$	$n-2$

表 5.7　$\otimes_6$ 的运算表

$\otimes_6$	0	1	2	3	4	5
0	0	0	0	0	0	0
1	0	1	2	3	4	5
2	0	2	4	0	2	4
3	0	3	0	3	0	3
4	0	4	2	0	4	2
5	0	5	4	3	2	1

习　题　5.1

1. 设集合 $S=\{1,2,3,\cdots,20\}$，确定下列运算$\circ$是否是 S 上的二元运算。

(1) $x\circ y=\min\{x,y\}$。

(2) $x\circ y=\max\{x,y\}$。

(3) $x\circ y=\gcd(x,y)$（x 与 y 的最大公约数）。

(4) $x\circ y=\operatorname{lcm}(x,y)$（$x$ 与 y 的最小公倍数）。

(5) $x\circ y=$ x 的正因子个数。

(6) $x\circ y=x+y$（“$+$”是数的普通加法）。

2. 设 $\mathbb{Z}$ 是整数集，确定下列运算是否在 $\mathbb{Z}$ 上封闭。

(1) 整数的普通加法。

(2) 整数的普通减法。

(3) 整数的普通乘法。

(4) 整数的普通除法。

3. 设 $\mathbb{R}$ 是实数集，确定下列运算是否是 $\mathbb{R}$ 上的运算。

(1) 实数的普通加法。

(2) 实数的普通减法。

(3) 实数的普通乘法。

(4) 实数的普通除法。

4. 设 $M_n(\mathbb{R})$ 是全体 n 阶实矩阵构成的集合，确定下列运算是否是 $M_n(\mathbb{R})$ 上的运算。

(1) 矩阵的加法。

(2) 矩阵的减法。

(3) 矩阵的乘法。

(4) 矩阵的转置。

(5) 矩阵的求逆运算。

5. 设 $\mathbb{N}$ 是自然数集，确定下列运算是否是 $\mathbb{N}$ 上的运算。

(1) 开平方运算。

(2) $a*b=a^b$。

(3) $g(a)=2a$ 。

(4) $a*b=(a-b)^3$（“－”是数的普通减法）。

(5) $f(a,b,c)=a-b+c$（“＋”“－”分别是数的普通加法和普通减法）。

(6) $h(a,b,c,d)=(a+b+c)\div d$（“＋”“÷”分别是数的普通加法和普通除法）。

5.2 代 数 系 统

【代数系统】定义 5.3 设 $f_1,f_2,\cdots,f_k$ 分别是集合 S 上的 $n_1,n_2,\cdots,n_k$ 元代数运算，则由集合 S 及运算 $f_1,f_2,\cdots,f_k$ 共同组成的结构 $<S,f_1,f_2,\cdots,f_k>$ 称为一个代数系统(或代数结构)，简称代数。

实数集与其上的加法和乘法构成一个代数系统 $<\mathbb{R},+,\times>$；非零有理数集与其上的除法也构成一个代数系统 $<\mathbb{Q}-\{0\},\div>$；设 A 是一个集合，$P(A)$ 是 A 的幂集合，则 $<P(A),-,\cap,\cup>$ 是一个代数系统。

代数运算有一些独特的性质称为运算律，如交换律、结合律、分配律等。

【结合律】定义 5.4 设 $<S,\circ>$ 是一个代数系统，$\circ$ 是 S 上的二元运算，如果对 S 中任意元素 x,y,z，都有 $(x\circ y)\circ z=x\circ(y\circ z)$，则称运算 $\circ$ 在代数系统 $<S,\circ>$ 中满足结合律。

运算 $\circ$ 在代数系统 $<S,\circ>$ 中满足结合律也称为运算 $\circ$ 在代数系统 $<S,\circ>$ 中是可结合的，或称 $\circ$ 在 S 上是可结合的。在明确代数系统的情况下，有时可采用一些简略的说法。例如，可以将“有理数集上的加法运算在 $<Q,+>$ 中满足结合律”说成“有理数集上的加法满足结合律”；可以将“有理数集上的减法在 $<Q,->$ 中不满足结合律”说成“有理数集上的减法不满足结合律”。

【交换律】定义 5.5 设 $<S,\circ>$ 是一个代数系统，$\circ$ 是 S 上的二元运算，如果对 S 中任意元素 x,y，都有 $x\circ y=y\circ x$，则称运算 $\circ$ 在代数系统 $<S,\circ>$ 中满足交换律，或者称运算 $\circ$ 在 S 上满足交换律，或者称 $\circ$ 在 S 上是可交换的。

例如，实数集上的加法运算在 $<R,+>$ 中满足交换律，减法在 $<R,->$ 中不满足交换律。

【分配律】定义 5.6 设 $<S,*,\circ>$ 是一个代数系统，$*$ 和 $\circ$ 是 S 上的二元运算，如果对 S 中任意元素 x,y,z，都有

$$x*(y\circ z)=(x*y)\circ(x*z),\qquad (y\circ z)*x=(y*x)\circ(z*x)$$

则称运算 $*$ 对 $\circ$ 在代数系统 $<S,*,\circ>$ 中满足分配律，或者称运算 $*$ 对 $\circ$ 在 $<S,*,\circ>$ 上满足分配律，或者称 $*$ 对 $\circ$ 在 S 上是可分配的。

例如，实数集上的乘法运算 $\times$ 对加法运算 $+$ 在 $<R,\times,+>$ 中满足分配律；在 $<P(A),\cap,\cup>$ 中，交运算 $\cap$ 对并运算 $\cup$ 是可分配的，并运算 $\cup$ 对交运算 $\cap$ 也是可分配的。

【幂等律】定义 5.7 设 $<S,\circ>$ 是一个代数系统，$\circ$ 是 S 上的二元运算，如果对 S 中任意元素 x，都有 $x\circ x=x$，则称运算 $\circ$ 在 S 上满足幂等律。

在 $<P(A),\cap,\cup>$ 中，$\cap$ 和 $\cup$ 都满足幂等律。

【吸收律】定义 5.8 设$<S,*,\circ>$是一个代数系统，$*$和$\circ$是S上两个可交换的二元运算，如果对S中任意元素x,y，都有$x*(x\circ y)=x$，$x\circ(x*y)=x$，则称运算$*$和$\circ$在$<S,*,\circ>$中满足吸收律。

在$<P(A),\cap,\cup>$中，$\cap$和$\cup$满足吸收律。

代数系统中有一些元素具有特殊的性质，如单位元、逆元、零元等。

【左单位元】定义 5.9 设$<S,\circ>$是一个代数系统，$\circ$是S上的二元运算，若存在元素$e_l\in S$，使得对任意元素$x\in S$，都有$e_l\circ x=x$，则称e_l为$<S,\circ>$中关于$\circ$的一个左单位元。

例 5.8 设A是集合，则空集$\varnothing$是代数系统$<P(A),\cup>$上的一个左单位元。

证明： 因为$\varnothing\in P(A)$，且对任意$x\in P(A)$，有$\varnothing\cup x=x$，所以，$\varnothing$是代数系统$<P(A),\cup>$上的一个左单位元。

例 5.9 设A是集合，则A是代数系统$<P(A),\cap>$上的一个左单位元。

证明： 因为$A\in P(A)$，且对任意$x\in P(A)$，有$A\cap x=x$，所以，A是代数系统$<P(A),\cap>$上的一个左单位元。

例 5.10 设S是由所有形如$\begin{pmatrix} a & b \\ 0 & 0 \end{pmatrix}$的矩阵组成的集合，其中$a$、$b$是实数，$\circ$是矩阵乘法，则$\begin{pmatrix} 1 & 0 \\ 0 & 0 \end{pmatrix}$是代数系统$<S,\circ>$中的一个左单位元。

证明： 因为$\begin{pmatrix} 1 & 0 \\ 0 & 0 \end{pmatrix}\in S$，且对$S$中任意元素$\begin{pmatrix} a & b \\ 0 & 0 \end{pmatrix}$，都有$\begin{pmatrix} 1 & 0 \\ 0 & 0 \end{pmatrix}\circ\begin{pmatrix} a & b \\ 0 & 0 \end{pmatrix}=\begin{pmatrix} a & b \\ 0 & 0 \end{pmatrix}$，所以$\begin{pmatrix} 1 & 0 \\ 0 & 0 \end{pmatrix}$是$<S,\circ>$的一个左单位元。

【右单位元】定义 5.10 设$<S,\circ>$是一个代数系统，$\circ$是S上的二元运算，若存在元素$e_r\in S$使得对任意元素$x\in S$，都有$x\circ e_r=x$，则称e_r为$<S,\circ>$中关于$\circ$的一个右单位元。

例 5.11 设A是集合，则空集$\varnothing$是代数系统$<P(A),\cup>$上的一个右单位元。

证明： 因为$\varnothing\in P(A)$，且对任意$x\in P(A)$，有$x\cup\varnothing=x$，所以，$\varnothing$是代数系统$<P(A),\cup>$上的一个右单位元。

例 5.12 设A是集合，则A是代数系统$<P(A),\cap>$上的一个右单位元。

证明： 因为$A\in P(A)$，且对任意$x\in P(A)$，有$x\cap A=x$，所以，A是代数系统$<P(A),\cap>$上的一个右单位元。

例 5.13 设S是由所有形如$\begin{pmatrix} 0 & a \\ 0 & b \end{pmatrix}$的矩阵组成的集合，其中$a$、$b$是实数，$\circ$是矩阵乘法，则$\begin{pmatrix} 0 & 0 \\ 0 & 1 \end{pmatrix}$是代数系统$<S,\circ>$中的一个右单位元。

证明： 因为$\begin{pmatrix} 0 & 0 \\ 0 & 1 \end{pmatrix}\in S$，且对$S$中任意元素$\begin{pmatrix} 0 & a \\ 0 & b \end{pmatrix}$，都有$\begin{pmatrix} 0 & a \\ 0 & b \end{pmatrix}\circ\begin{pmatrix} 0 & 0 \\ 0 & 1 \end{pmatrix}=\begin{pmatrix} 0 & a \\ 0 & b \end{pmatrix}$，

所以$\begin{pmatrix}0 & 0\\0 & 1\end{pmatrix}$是$<S,\circ>$的一个右单位元。

【单位元】定义 5.11　设$<S,\circ>$是一个代数系统，$\circ$是S上的二元运算，若e既是$<S,\circ>$的左单位元又是$<S,\circ>$的右单位元，则称e是$<S,\circ>$的单位元，也称为幺元。

0 是代数系统$<\mathbb{Z},+>$中的单位元；1是代数系统$<\mathbb{R},\times>$中的单位元。由例 5.8、例 5.11 知，$\varnothing$是$<P(A),\cup>$的单位元。由例 5.9、例 5.12 知，A是$<P(A),\cap>$的单位元。在例 5.10 中，$\begin{pmatrix}1 & 0\\0 & 0\end{pmatrix}$是代数系统$<S,\circ>$中的左单位元，但不是右单位元。在例 5.13 中，$\begin{pmatrix}0 & 0\\0 & 1\end{pmatrix}$是代数系统$<S,\circ>$中的右单位元，但不是左单位元。

【单位元的唯一性】定理 5.1　设$<S,\circ>$是一个代数系统，$\circ$是S上的二元运算，e_l和e_r分别是$<S,\circ>$的左单位元和右单位元，则有$e_l=e_r$；把e_l（或e_r）记为e，则e是$<S,\circ>$中唯一的单位元。

证明：因为e_l是$<S,\circ>$的左单位元，而e_r是S的元素，所以$e_l\circ e_r=e_r$；另外，因为e_r是$<S,\circ>$的右单位元，而e_l是S的元素，所以，有$e_l\circ e_r=e_l$，从而有$e_l\circ e_r=e_r=e_l$。把e_l（或e_r）记为e，则e既是$<S,\circ>$的左单位元也是右单位元。因此，e是$<S,\circ>$的单位元。

若$<S,\circ>$中还有另一个单位元e'，则由单位元的性质，有$e=e\circ e'$。另外，因为e是$<S,\circ>$的单位元，所以，有$e\circ e'=e'$。从而有$e'=e\circ e'=e$，故e是$<S,\circ>$中唯一的单位元。

定理 5.1 说明，在一个代数系统中，若左单位元和右单位元同时存在，则左单位元与右单位元相等，它就是该代数系统中唯一的单位元。

【左零元】定义 5.12　设$<S,\circ>$是一个代数系统，$\circ$是S上的二元运算，若存在元素$\theta_l\in S$使得对任意的$x\in S$，都有$\theta_l\circ x=\theta_l$，则称θ_l为$<S,\circ>$中关于$\circ$的一个左零元。

例 5.14　设A是集合，则空集$\varnothing$是代数系统$<P(A),\cap>$上的一个左零元。

证明：因为$\varnothing\in P(A)$，且对任意$x\in P(A)$，有$\varnothing\cap x=\varnothing$，所以，$\varnothing$是代数系统$<P(A),\cap>$上的一个左零元。

例 5.15　设A是集合，则A是代数系统$<P(A),\cup>$上的一个左零元。

证明：因为$A\in P(A)$，且对任意$x\in P(A)$，有$A\cup x=A$，所以，A是代数系统$<P(A),\cup>$上的一个左零元。

例 5.16　设S是由所有形如$\begin{pmatrix}0 & a\\0 & 1\end{pmatrix}$的矩阵组成的集合，其中$a$是实数，$\circ$是矩阵乘法，则$\begin{pmatrix}0 & 0\\0 & 1\end{pmatrix}$是代数系统$<S,\circ>$中的一个左零元。

证明：因为$\begin{pmatrix}0 & 0\\0 & 1\end{pmatrix}\in S$，且对$S$中任意元素$\begin{pmatrix}0 & a\\0 & 1\end{pmatrix}$，都有$\begin{pmatrix}0 & 0\\0 & 1\end{pmatrix}\circ\begin{pmatrix}0 & a\\0 & 1\end{pmatrix}=\begin{pmatrix}0 & 0\\0 & 1\end{pmatrix}$，

所以$\begin{pmatrix}0 & 0\\0 & 1\end{pmatrix}$是$<S,\circ>$的一个左零元。

【右零元】定义 5.13 设$<S,\circ>$是一个代数系统，$\circ$是S上的二元运算，若存在元素$\theta_r \in S$使得对任意的$x \in S$，都有$x \circ \theta_r = \theta_r$，则称$\theta_r$为$<S,\circ>$中关于$\circ$的一个右零元。

例 5.17 设A是集合，则空集$\varnothing$是代数系统$<P(A),\cap>$上的一个右零元。

证明：因为$\varnothing \in P(A)$，且对任意$x \in P(A)$，有$x \cap \varnothing = \varnothing$，所以，$\varnothing$是代数系统$<P(A),\cap>$上的一个右零元。

例 5.18 设A是集合，则A是代数系统$<P(A),\cup>$上的一个右零元。

证明：因为$A \in P(A)$，且对任意$x \in P(A)$，有$x \cup A = A$，所以，A是代数系统$<P(A),\cup>$上的一个右零元。

例 5.19 设S是由所有形如$\begin{pmatrix}1 & a\\0 & 0\end{pmatrix}$的矩阵组成的集合，其中$a$是实数，$\circ$是矩阵乘法，则$\begin{pmatrix}1 & 0\\0 & 0\end{pmatrix}$是代数系统$<S,\circ>$中的一个右零元。

证明：因为$\begin{pmatrix}1 & 0\\0 & 0\end{pmatrix} \in S$，且对$S$中任意元素$\begin{pmatrix}1 & a\\0 & 0\end{pmatrix}$，都有$\begin{pmatrix}1 & a\\0 & 0\end{pmatrix} \circ \begin{pmatrix}1 & 0\\0 & 0\end{pmatrix} = \begin{pmatrix}1 & 0\\0 & 0\end{pmatrix}$，所以$\begin{pmatrix}1 & 0\\0 & 0\end{pmatrix}$是$<S,\circ>$的一个右零元。

【零元】定义 5.14 设$<S,\circ>$是一个代数系统，$\circ$是S上的二元运算，若θ既是$<S,\circ>$的左零元又是$<S,\circ>$的右零元，则称θ为$<S,\circ>$的零元。

0是代数系统$<R,\times>$中的零元。在$<R,+>$中没有零元。在例 5.16 中，$\begin{pmatrix}0 & 0\\0 & 1\end{pmatrix}$是左零元，但不是右零元。在例 5.19 中，$\begin{pmatrix}1 & 0\\0 & 0\end{pmatrix}$是右零元，但不是左零元。由例 5.14、例 5.17 知，空集$\varnothing$是代数系统$<P(A),\cap>$上的一个零元。由例 5.15、例 5.18 知，A是代数系统$<P(A),\cup>$上的一个零元。

【零元的唯一性】定理 5.2 设$<S,\circ>$是一个代数系统，$\circ$是S上的二元运算，θ_l和θ_r分别是$<S,\circ>$的左零元和右零元，则有$\theta_l = \theta_r$；把θ_l（或θ_r）记为θ，则θ是$<S,\circ>$中唯一的零元。

证明：因为θ_l是左零元，所以，$\theta_l \circ \theta_r = \theta_l$，又因为$\theta_r$是右零元，所以，$\theta_l \circ \theta_r = \theta_r$. 从而有$\theta_l = \theta_l \circ \theta_r = \theta_r$。把$\theta_l$（或$\theta_r$）记为$\theta$，则$\theta$既是$<S,\circ>$的左零元也是右零元。因此，$\theta$是$<S,\circ>$的零元。

若$<S,\circ>$还有另一个零元θ'，则由零元的性质有$\theta' = \theta' \circ \theta = \theta$。所以，$<S,\circ>$中的零元是唯一的。

【左逆元】定义 5.15 设$<S,\circ>$是一个代数系统，$\circ$是S上的二元运算，e是$<S,\circ>$的单位元，对于$x \in S$，若存在y_l使得$y_l \circ x = e$，则称y_l为x在$<S,\circ>$中关于$\circ$的一个左逆元。

例 5.20 设 $\mathbb{Z}$ 是整数集，则在代数系统 $<\mathbb{Z},\times>$ 中，元素 1 的左逆元是 1，其中："×"是整数的普通乘法。

解： $<\mathbb{Z},\times>$ 有单位元 $e=1$；对于元素 $1\in\mathbb{Z}$，因为 $1\times1=1$，所以 1 是 1 的左逆元。

注： 在 $<\mathbb{Z},\times>$ 中，除了 1 以外，其余元素都没有左逆元。

例 5.21 设 $\mathbb{R}$ 是实数集，则代数系统 $<\mathbb{R},\times>$ 中每个非零实数都有左逆元，其中："×"是实数的普通乘法。

解： 代数系统 $<\mathbb{R},\times>$ 有单位元 $e=1$；对任意 $b\in\mathbb{R}$ $(b\neq0)$，有 $\dfrac{1}{b}\times b=1$，所以，b 的左逆元为 $\dfrac{1}{b}$。

注： 在 $<\mathbb{R},\times>$ 中，0 没有左逆元。因为，对任意实数 a，有 $a\times0=0\neq1$。

例 5.22 设 $\mathbb{Z}$ 是整数集，则代数系统 $<\mathbb{Z},+>$ 中的每个元素都有左逆元，其中："+"是整数的普通加法。

解： 代数系统 $<\mathbb{Z},+>$ 有单位元 $e=0$；对任意的 $a\in\mathbb{Z}$，有 $(-a)+a=0$，所以 $-a$ 是 a 的左逆元。

例 5.23 设 $\mathbb{N}$ 是自然数集，$P(\mathbb{N}\times\mathbb{N})$ 是由所有 $\mathbb{N}\times\mathbb{N}$ 的子集构成的集合，则 $P(\mathbb{N}\times\mathbb{N})$ 中的每一个元素都是 $\mathbb{N}$ 上的关系，容易验证关系的合成运算 $\circ$ 是 $P(\mathbb{N}\times\mathbb{N})$ 上的一个二元运算，且恒等关系 $I_{\mathbb{N}}=\{<0,0>,<1,1>,<2,2>,\cdots\}$ 是代数系统 $<P(\mathbb{N}\times\mathbb{N}),\circ>$ 的单位元。

令

$$F=\{<0,1>,<1,2>,<2,3>,\cdots,<n,n+1>,\cdots\}$$
$$G=\{<0,1>,<1,0>,<2,1>,<3,2>,\cdots,<n+1,n>,\cdots\}$$

则 $F,G\in P(\mathbb{N}\times\mathbb{N})$，且 $F\circ G=I_{\mathbb{N}}$，即 F 是 G 的左逆元。

【右逆元】定义 5.16 设 $<S,\circ>$ 是一个代数系统，$\circ$ 是 S 上的二元运算，e 是 $<S,\circ>$ 的单位元，对于 $x\in S$，若存在 y_{r} 使得 $x\circ y_{\mathrm{r}}=e$，则称 y_{r} 为 x 在 $<S,\circ>$ 中关于 $\circ$ 的一个右逆元。

例 5.24 设 $\mathbb{Z}$ 是整数集，则在代数系统 $<\mathbb{Z},\times>$ 中，元素 1 的右逆元是 1，其中："×"是整数的普通乘法。

解： $<\mathbb{Z},\times>$ 有单位元 $e=1$；对于元素 $1\in\mathbb{Z}$，因为 $1\times1=1$，所以 1 是 1 的右逆元。

注： 在 $<\mathbb{Z},\times>$ 中，除了 1 以外，其余元素都没有右逆元。

例 5.25 设 $\mathbb{R}$ 是实数集，则代数系统 $<\mathbb{R},\times>$ 中的每个非零实数都有右逆元，其中："×"是实数的普通乘法。

解： 代数系统 $<\mathbb{R},\times>$ 有单位元 $e=1$；对任意 $b\in\mathbb{R}$ $(b\neq0)$，有 $b\times\dfrac{1}{b}=1$，所以，b 的右逆元为 $\dfrac{1}{b}$。

注： 在 $<\mathbb{R},\times>$ 中，0 没有右逆元，因为，对任意实数 a，有 $0\times a=0\neq1$。

例 5.26 设 $\mathbb{Z}$ 是整数集，则代数系统 $<\mathbb{Z},+>$ 中每个元素都有右逆元。其中："+"是整数的普通加法。

解：代数系统$<\mathbb{Z},+>$有单位元$e=0$；对任意的$a\in\mathbb{Z}$，有$a+(-a)=0$，所以$-a$是a的右逆元。

在例5.23中，G是F的右逆元，但G不是F的左逆元，因为$G\circ F=\{<0,2>,<1,1>,<2,2>,<3,3>,\cdots\}\neq I_{\mathbb{N}}$。所以，$F$是$G$的左逆元，但$F$不是$G$的右逆元。

【逆元】定义 5.17 设$<S,\circ>$是一个代数系统，$\circ$是S上的二元运算，对于$x\in S$，若y既是x在$<S,\circ>$中关于$\circ$运算的左逆元，也是x在$<S,\circ>$中关于$\circ$运算的右逆元，则称y为x在$<S,\circ>$中关于$\circ$运算的逆元，简称y为x在$<S,\circ>$中的逆元，记为x^{-1}。

在代数系统$<\mathbb{Z},\times>$中，1的逆元$1^{-1}=1$，其余每个元素都没有逆元；在代数系统$<\mathbb{R},\times>$中，0没有逆元，除0以外，每个非0实数b都有逆元$b^{-1}=\dfrac{1}{b}$，例如，3的逆元是$3^{-1}=\dfrac{1}{3}$；在代数系统$<\mathbb{Z},+>$中，每个整数a都有逆元$a^{-1}=-a$，例如，3的逆元是$3^{-1}=-3$。

【逆元的唯一性】定理 5.3 设$<S,\circ>$是一个代数系统，$\circ$是S上的二元运算且满足结合律，e是$<S,\circ>$的单位元，$x\in S$，y_l和y_r分别是x的左逆元和右逆元，则有$y_l=y_r$，且y_l(或y_r)是x在$<S,\circ>$中唯一的逆元x^{-1}。

证明：因为y_l是x的左逆元，所以有$y_l\circ x=e$。又因为y_r是x的右逆元，所以有$x\circ y_r=e$。由单位元e的性质得

$$y_l=y_l\circ e=y_l\circ(x\circ y_r)=(y_l\circ x)\circ y_r=e\circ y_r=y_r$$

所以，$y_l=y_r$是x的逆元x^{-1}。若还有y也是x的逆元，则有

$$y=y\circ e=y\circ(x\circ y_r)=(y\circ x)\circ y_r=e\circ y_r=y_r$$

所以，$y_l(=y_r)$是x在$<S,\circ>$中唯一的逆元x^{-1}。

【代数系统的同态】定义 5.18 设$<A,\circ>$和$<B,*>$是两个代数系统，$\circ$和$*$分别是A和B上的二元运算，f是A到B的一个映射，若对任意的$x,y\in A$，都有$f(x\circ y)=f(x)*f(y)$，则称f是$<A,\circ>$到$<B,*>$的一个同态映射，简称f是$<A,\circ>$到$<B,*>$的一个同态，并称$f(x)$为x的同态像。

注：同态用于描述两个代数系统之间“在结构和运算性质方面”的相似性。所以，同态映射也可说成“保运算”的映射。普通映射是两个集合间的一种对应关系，不涉及集合上的运算。而同态映射是两个代数结构间的一种对应关系，同态映射涉及集合上的代数运算。

例 5.27 设$\mathbb{Z}$是整数集，定义映射$f:<\mathbb{Z},+>\to<Z_3,\oplus_3>$：

$$\forall x\in\mathbb{Z},\quad f(x)\equiv x\ (\mathrm{mod}\ 3)$$

则f是代数系统$<\mathbb{Z},+>$到代数系统$<Z_3,\oplus_3>$的一个同态映射。

证明：(1)对任意$x\in\mathbb{Z}$，有唯一的$f(x)\equiv x\ (\mathrm{mod}\ 3)\in Z_3$与之对应，因此，$f$是$<\mathbb{Z},+>$到$<Z_3,\oplus_3>$的一个映射。

(2)对任意$x,y\in\mathbb{Z}$，有

$$f(x+y)=(x+y)\ (\text{mod}\ 3)=x\ (\text{mod}\ 3)\oplus_3 y\ (\text{mod}\ 3)=f(x)\oplus_3 f(y)$$

由同态的定义知，f 是$<\mathbb{Z},+>$到$<Z_3,\oplus>$的一个同态映射。

注：从例 5.27 可以看出同态映射“保运算”的特性。

(1) 对任意 $x,y,z\in\mathbb{Z}$，因为 f 是$<\mathbb{Z},+>$到$<Z_3,\oplus>$的映射，所以有

$$f(x),f(y),f(z)\in Z_3$$

(2) 对任意 $x,y,z\in\mathbb{Z}$，若 $x+y=z$，则有

$f(x+y)=f(z)=f(x)\oplus_3 f(y)$。

例如，在$<\mathbb{Z},+>$中，$2+3=5$，$f(2+3)=f(5)=5\ (\text{mod}\ 3)=2$，另外：

$$\begin{aligned}f(2)\oplus_3 f(3)&=2\ (\text{mod}\ 3)\ \oplus_3\ 3\ (\text{mod}\ 3)\\&=2\oplus_3 0=(2+0)\ (\text{mod}\ 3)=2\end{aligned}$$

所以，$f(2+3)=f(2)\oplus_3 f(3)$。

因此，代数系统$<A,\circ>$到$<B,*>$的同态可以形象地形容为：$<A,\circ>$中两个元素 x,y 的运算结果 $x\circ y$ 的像 $f(x\circ y)$ 等于两个元素的像 $f(x),f(y)$ 在$<B,*>$中的运算结果 $f(x)*f(y)$。简述为：运算结果的像等于像的运算结果。

例 5.28 设 $\mathbb{Z}$ 是整数集合，$n\ (n\geqslant 2)$ 是一个正整数，在 $\mathbb{Z}$ 上有一个等价关系～为

$$x\sim y \text{ 当且仅当 } x\equiv y\ (\text{mod}\ n)$$

其中，“$x\equiv y\ (\text{mod}\ n)$”表示“$n$ 整除 $x-y$（或者说，x 除以 n 所得的余数等于 y 除以 n 所得的余数）”。这个关系称为模 n 同余关系。用 $Z_n=\{[0],[1],[2],\cdots,[n-1]\}$ 表示模 n 同余关系的等价类构成的集合，其中，$[i]=\{kn+i\,|\,k\in\mathbb{Z}\}$（$0\leqslant i\leqslant n-1$）。容易看出，对于 $m\geqslant n$，若 $m\equiv i\ (\text{mod}\ n)$，则 $[m]=[i]$，等价类 $[0],[1],\cdots,[n-1]$ 称为模 n 的同余类。

定义 Z_n 上的运算 $\oplus$ 为：对任意 $[i],[j]\in Z_n$，$[i]\oplus[j]=[i+j]$。

显然，运算 $\oplus$ 在 Z_n 上是有效的且是封闭的，所以 $\oplus$ 是 Z_n 上的二元运算，称为模 n 加法。

定义 Z_n 上的运算 $\otimes$ 为：对任意 $[i],[j]\in Z_n$，$[i]\otimes[j]=[i\times j]$。

显然，运算 $\otimes$ 在 Z_n 上是有效的且是封闭的，所以 $\otimes$ 是 Z_n 上的二元运算，称为模 n 乘法。

注：为了简洁，将 $Z_n=\{[0],[1],[2],\cdots,[n-1]\}$ 写成 $Z_n=\{0,1,2,\cdots,n-1\}$，则模 n 加法 $\oplus$ 为对 $\forall i,j\in Z_n$，$i\oplus j=(i+j)\ (\text{mod}\ n)$；模 n 乘法 $\otimes$ 为对 $\forall i,j\in Z_n$，$i\otimes j=(i\times j)\ (\text{mod}\ n)$。

注：例 5.28 中的运算 $\oplus$、$\otimes$ 分别是例 5.7 中的 $\oplus_n$ 运算和 $\otimes_n$ 运算。

例 5.29 定义映射 f：$<\mathbb{Z},+>\to<Z_n,\oplus>$：

$$\forall x\in\mathbb{Z},\quad f(x)=[x]$$

则 f 是代数系统$<\mathbb{Z},+>$到代数系统$<Z_n,\oplus>$的一个同态映射。

证明：(1) 对任意 $x\in\mathbb{Z}$，有唯一的 $f(x)=[x]\in Z_n$ 与之对应，因此，f 是$<\mathbb{Z},+>$到$<Z_n,\oplus>$的一个映射。

(2) 对任意 $x,y\in\mathbb{Z}$，$f(x+y)=[x+y]=[x]\oplus[y]=f(x)\oplus f(y)$，由同态的定义知，$f$ 是$<\mathbb{Z},+>$到$<Z_n,\oplus>$的一个同态映射。

注： 例 5.27 是例 5.29 的特殊情形。

例 5.30　定义映射 f ：$<\mathbb{Z},\times> \to <Z_n,\otimes>$：

$$\forall x \in \mathbb{Z},\quad f(x)=[x]$$

则 f 是代数系统 $<\mathbb{Z},\times>$ 到代数系统 $<Z_n,\otimes>$ 的一个同态映射。

证明： (1) 对任意 $x\in\mathbb{Z}$，有唯一的 $f(x)=[x]\in Z_n$ 与之对应，因此，f 是 $<\mathbb{Z},\times>$ 到 $<Z_n,\otimes>$ 的一个映射。

(2) 对任意 $x,y\in\mathbb{Z}$，$f(x\times y)=[x\times y]=[x]\otimes[y]=f(x)\otimes f(y)$，由同态的定义知，$f$ 是 $<\mathbb{Z},\times>$ 到 $<Z_n,\otimes>$ 的一个同态映射。

【满同态】定义 5.19　设 $<A,\circ>$ 和 $<B,*>$ 是代数系统，f 是 $<A,\circ>$ 到 $<B,*>$ 的一个同态映射，若 f 是 A 到 B 的一个满射，则称 f 是 $<A,\circ>$ 到 $<B,*>$ 的一个满同态。

例 5.28 的同态映射 f 是代数系统 $<\mathbb{Z},+>$ 到代数系统 $<Z_n,\oplus>$ 的一个满同态。

【单同态】定义 5.20　设 $<A,\circ>$ 和 $<B,*>$ 是代数系统，f 是 $<A,\circ>$ 到 $<B,*>$ 的一个同态映射，若 f 是 A 到 B 的一个单射，则称 f 是 $<A,\circ>$ 到 $<B,*>$ 的一个单同态。

例 5.31　设 $\mathbb{R}$ 是实数集合，$\mathbb{R}^*$ 是正实数集合，“ + ”“ × ”分别是实数的加法和乘法。

定义映射 f ：$<\mathbb{R},+> \to <\mathbb{R}^*,\times>$：

$$\forall x\in\mathbb{R},\quad f(x)=\mathrm{e}^x$$

则 f 是代数系统 $<\mathbb{R},+>$ 到代数系统 $<\mathbb{R}^*,\times>$ 的一个单同态。

【代数系统的同构】定义 5.21　设 $<A,\circ>$ 和 $<B,*>$ 是代数系统，f 是 $<A,\circ>$ 到 $<B,*>$ 的一个同态，若 f 既是单同态也是满同态，则称 f 是 $<A,\circ>$ 到 $<B,*>$ 的一个同构。

同构的两个代数系统可以认为有完全相同的代数结构和运算性质。

例 5.31 的同态 f 是 $<\mathbb{R},+>$ 到 $<\mathbb{R}^*,\times>$ 的一个同构。

例 5.32　设 $<\mathbb{Z},+>$、$<D,+>$ 分别为整数集和偶数集上的普通加法构成的代数系统。

定义 $<\mathbb{Z},+>$ 到 $<D,+>$ 的映射 f 如下：

$$f(x)=2x,\quad \forall x\in\mathbb{Z}$$

则 f 是 $<\mathbb{Z},+>$ 到 $<D,+>$ 的同构映射。

证明： (1) 对任意的 $x\in\mathbb{Z}$，有唯一的 $f(x)=2x\in D$ 与之对应，，所以 f 是 $\mathbb{Z}$ 到 D 的一个映射。

(2) 对任意的 $x,y\in\mathbb{Z}$，$f(x+y)=2(x+y)=2x+2y=f(x)+f(y)$，所以 f 是 $<\mathbb{Z},+>$ 到 $<D,+>$ 的同态映射。

(3) 对 $x,y\in\mathbb{Z}$，若 $x\neq y$，则 $2x\neq 2y$，所以 f 是单射。

(4) 对任意的 $a\in D$，因为 a 是偶数，存在 $x\in\mathbb{Z}$，使得 $a=2x$，而 $f(x)=2x=a$，所以 f 是满射。从而 f 是一个双射。

由以上讨论可知，f 是 $<\mathbb{Z},+>$ 到 $<D,+>$ 的同构。

注： 例 5.29 中的 f 是 $<\mathbb{Z},+>$ 到 $<Z_n,\oplus>$ 的一个满同态，但不是同构，因为 f 不是单射，因此 f 不是双射。

【同态像】定义 5.22　设 $<A,\circ>$ 和 $<B,*>$ 是代数系统，f 是 $<A,\circ>$ 到 $<B,*>$ 的一个同态，则 $f(A)$ 称为 A 在 f 下的同态像，在不引起混淆时，也称 $f(A)$ 为 A 的同态像。

定理 5.4　设 $<A,\circ>$ 和 $<B,*>$ 是代数系统，f 是 $<A,\circ>$ 到 $<B,*>$ 的一个同态，则 A 的同态像 $f(A)$ 及 $f(A)$ 上的运算 $*$ 构成一个代数系统 $<f(A),*>$。

证明：对任意的 $y_1,y_2\in f(A)$，存在 $x_1,x_2\in A$，使得 $f(x_1)=y_1$，$f(x_2)=y_2$。因为 f 是同态映射，所以 $f(x_1\circ x_2)=f(x_1)*f(x_2)=y_1*y_2$，又因为 $x_1\circ x_2\in A$，所以，$y_1*y_2\in f(A)$。故 $*$ 是 $f(A)$ 上的二元运算。因而 $<f(A),*>$ 是一个代数系统。

【同态映射保持运算性质】同态映射有良好的性质，它可以把一个代数系统中的交换律、结合律等性质"带到"其同态像中。

定理 5.5　设 $<A,\circ>$ 和 $<B,*>$ 是代数系统，f 是 $<A,\circ>$ 到 $<B,*>$ 的一个同态，那么可得出如下结论。

(1) 若 $<A,\circ>$ 满足交换律，则 $<f(A),*>$ 也满足交换律。

(2) 若 $<A,\circ>$ 满足结合律，则 $<f(A),*>$ 也满足结合律。

证明：(1) 对任意 $y_1,y_2\in f(A)$，存在 $x_1,x_2\in A$，使得 $f(x_1)=y_1$，$f(x_2)=y_2$。因为 $<A,\circ>$ 满足交换律，所以 $x_1\circ x_2=x_2\circ x_1$，从而有

$$y_1*y_2=f(x_1)*f(x_2)=f(x_1\circ x_2)=f(x_2\circ x_1)=f(x_2)*f(x_1)=y_2*y_1$$

故 $<f(A),*>$ 满足交换律。

(2) 对任意 $y_1,y_2,y_3\in f(A)$，存在 $x_1,x_2,x_3\in A$，使得 $f(x_1)=y_1$，$f(x_2)=y_2$，$f(x_3)=y_3$。因为 $<A,\circ>$ 满足结合律，所以 $(x_1\circ x_2)\circ x_3=x_1\circ(x_2\circ x_3)$，从而有

$$\begin{aligned}(y_1\circ y_2)\circ y_3&=(f(x_1)*f(x_2))*f(x_3)=f(x_1\circ x_2)*f(x_3)=f((x_1\circ x_2)\circ x_3)\\&=f(x_1\circ(x_2\circ x_3))=f(x_1)*f(x_2\circ x_3)=f(x_1)*(f(x_2)*f(x_3))=y_1\circ(y_2\circ y_3)\end{aligned}$$

故 $<f(A),*>$ 满足结合律。

推论 5.1　设 $<A,\circ>$ 和 $<B,*>$ 是代数系统，f 是 $<A,\circ>$ 到 $<B,*>$ 的满同态，那么有如下结论。

(1) 若 $<A,\circ>$ 满足交换律，则 $<B,*>$ 也满足交换律。

(2) 若 $<A,\circ>$ 满足结合律，则 $<B,*>$ 也满足结合律。

【代数系统中特殊元素的同态像】 在满同态映射中，单位元、零元、逆元的地位不变。即单位元的同态像还是单位元；零元的同态像还是零元；逆元的同态像还是逆元。

定理 5.6　设 $<A,\circ>$ 和 $<B,*>$ 是代数系统，f 是 $<A,\circ>$ 到 $<B,*>$ 的同态，那么有如下结论。

(1) 若 e 是 $<A,\circ>$ 的单位元，则 $f(e)$ 是 $<f(A),*>$ 的单位元。

(2) 若 θ 是 $<A,\circ>$ 的零元，则 $f(\theta)$ 是 $<f(A),*>$ 的零元。

(3) 若 x^{-1} 是 $<A,\circ>$ 中 x 的逆元，则 $f(x^{-1})$ 是 $f(x)$ 在 $<f(A),*>$ 中的逆元。

证明：(1) 对任意的 $y\in f(A)$，存在 $x\in A$，使得 $f(x)=y$，并且有

$$y=f(x)=f(e\circ x)=f(e)*f(x)=f(e)*y$$

另外，$y=f(x)=f(x\circ e)=f(x)*f(e)=y*f(e)$。

因此，$y * f(e) = f(e) * y$。

由 y 的任意性知，$f(e)$ 是 $< f(A), * >$ 的左单位元，也是右单位元。

所以，$f(e)$ 是 $< f(A), * >$ 中的单位元。

(2) 对任意 $y \in f(A)$，存在 $x \in A$，使得 $f(x) = y$，并且有

$$f(\theta) * y = f(\theta) * f(x) = f(\theta \circ x) = f(\theta)$$

另外，$y * f(\theta) = f(x) * f(\theta) = f(x \circ \theta) = f(\theta)$。

因此，$f(\theta) * y = f(\theta) * f(x) = f(\theta \circ x) = f(\theta)$，$f(\theta) * y = y * f(\theta)$。

由 y 的任意性知，$f(\theta)$ 是 $< f(A), * >$ 的左零元，也是右零元。

所以，$f(\theta)$ 是 $< f(A), * >$ 中的零元。

(3) 设 $x \in A$，x 在 $f(\theta)$ 中有逆元 x^{-1}，e 是 $< A, \circ >$ 中的单位元，则有

$$f(x) * f(x^{-1}) = f(x \circ x^{-1}) = f(e) = f(x^{-1} \circ x) = f(x^{-1}) * f(x)$$

由结论(1)知，$f(e)$ 是 $< f(A), * >$ 的单位元。因此，$f(x^{-1})$ 既是 $f(x)$ 的左逆元，也是右逆元。

所以，$f(x^{-1})$ 是 $f(x)$ 的逆元。

推论 5.2 设 $< A, \circ >$ 和 $< B, * >$ 是代数系统，f 是 $< A, \circ >$ 到 $< B, * >$ 的满同态，那么有如下结论。

(1) 若 e 是 $< A, \circ >$ 的单位元，则 $f(e)$ 是 $< B, * >$ 的单位元。

(2) 若 θ 是 $< A, \circ >$ 的零元，则 $f(\theta)$ 是 $< B, * >$ 的零元。

(3) 若 x^{-1} 是 $< A, \circ >$ 中 x 的逆元，则 $f(x^{-1})$ 是 $f(x)$ 在 $< B, * >$ 中的逆元。

习 题 5.2

1. 设 $\mathbb{Q}$ 是有理数集，$a, b, c, d \in \mathbb{Q}$，确定 $\mathbb{Q}$ 分别与下列运算是否构成代数系统。

(1) $\circ(a) = \dfrac{a}{4}$。

(2) $a \bullet b = \dfrac{1}{2}(\sqrt{a} + b)$。

(3) $a * b = 2^{a+b}$。

(4) $f_1(a, b, c) = \sqrt[3]{a} - bc$。

(5) $f_2(a, b, c, d) = 2^{ab}$。

(6) $f_3(a, b, c) = a$。

2. 设 $\mathbb{Z}$ 是整数集，确定 $< \mathbb{Z}, \circ, \bullet, f >$ 是否构成代数系统，其中运算 $\circ, \bullet, f$ 分别定义如下。

(1) 对 $\forall a \in \mathbb{Z}$，$\circ(a) = -a$。

(2) 对 $\forall a, b \in \mathbb{Z}$，$a \bullet b = 6\sqrt[3]{a} + b$。

(3) 对 $\forall a, b, c \in \mathbb{Z}$，$f(a, b, c) = 2a - bc$。

3. 设 M 是形如 $\begin{pmatrix} a & 0 & 0 \\ 0 & 0 & 0 \\ 0 & 0 & 0 \end{pmatrix}$，（$a$ 是实数）的矩阵构成的集合，运算 $\oplus$ 是矩阵加法。

(1) 证明 $\oplus$ 是 M 上的二元运算。

(2) 代数系统 $<M,\oplus>$ 是否有单位元，如果有，请求出单位元。

4. 设 M 是形如 $\begin{pmatrix} a & 0 & 0 \\ 0 & b & 0 \\ 0 & 0 & c \end{pmatrix}$，（$a,b,c$ 是实数）的矩阵构成的集合，运算 $\otimes$ 是矩阵乘法。

(1) 证明 $\otimes$ 是 M 上的二元运算。

(2) 指出 M 中哪些元素有逆元，并求出它们的逆元。

5. 设集合 $S=\{0,1,2,3\}$，*的运算表如表 5.8 所示。

表 5.8 *的运算表

*	0	1	2	3
0	0	1	0	1
1	1	0	1	0
2	0	1	2	3
3	1	0	3	2

(1) 问 $<S,*>$ 是否构成代数系统？

(2) 问 $<S,*>$ 是否有单位元？如果有，请求出单位元。

(3) 问 $<S,*>$ 是否有零元？如果有，请求出零元。

(4) 计算 $(2*3)*0$、$2*(3*0)$、$1*3$、$(2*3)*(2*1)$。

6. 设集合 $S=\{x,y,z,e\}$，$*$ 是 S 上的二元运算，其对应法则如下：$x*y=y*x=z$，$x*z=z*x=y$，$y*z=z*y=x$，$x*e=e*x=x$，$y*e=e*y=y$，$z*e=e*z=z$，$x*x=y*y=z*z=e*e=e$。

(1) 列出 $*$ 的运算表。

(2) 求代数系统 $<S,*>$ 的左、右单位元。

7. 设集合 $S=\{0,1,2,3,4\}$，定义 S 上的运算 $\oplus_5$ 如下：

$a\oplus_5 b=(a+b)\bmod 5$（模 5 加法）

(1) 求代数系统 $<S,\oplus_5>$ 的单位元。

(2) 代数系统 $<S,\oplus_5>$ 是否有左、右零元，如果有，请求出它们。

8. 设 $\mathbb{Q}$ 是有理数集，$\mathbb{Q}$ 上的运算 $\circ$ 定义为：$a\circ b=a+b-ab$。

(1) 求 $2\circ 5$，$(2\circ 4)\circ 6$，$2\circ(4\circ 6)$，$\frac{1}{2}\circ(-3)$。

(2) 运算 $\circ$ 是否可结合？

(3) 运算 $\circ$ 是否可交换？

9. 设$\mathbb{R}$是实数集，$\mathbb{R}$上的运算◎定义为：$a \circledcirc b = \mathrm{e}^{a+b}$，判定下列结论是否正确。

(1)在$\mathbb{R}$上是可结合的。

(2)在$\mathbb{R}$上是可交换的。

10. 设$<\mathbb{R}^+,\times>$和$<\mathbb{R},+>$分别是正实数集上的普通乘法和实数集上的普通加法构成的代数系统，定义映射$f:\mathbb{R}^+ \to \mathbb{R}$，$f(x)=\lg x$，证明$f$是一个同态映射。

11. 设$<\mathbb{Z},+>$和$<D,+>$分别是整数集和偶数集上的加法构成的代数系统，定义映射$h:\mathbb{Z} \to D$，$h(x)=2x$，证明h是一个同构映射。

12. 设代数系统$V_1=<\mathbb{R},\circ>$，$V_2=<\mathbb{R}^+,\bullet>$，其中$\mathbb{R}$、$\mathbb{R}^+$分别是实数集和正实数集，$\circ$、$\bullet$分别为实数的加法和乘法，定义$\varphi$: $\mathbb{R} \to \mathbb{R}^+$，对任意$x \in \mathbb{R}$，$\varphi(x)=2^x$，证明$\varphi$是$V_1$到$V_2$的同构映射。

5.3 群

群是一种常见的代数系统，在许多领域中都有应用。

【半群】定义 5.23 设$<S,\circ>$是一个代数系统，$\circ$是S上的二元运算，若$\circ$满足结合律，则称$<S,\circ>$为一个半群。

例如，整数集上的加法运算构成的代数系统$<\mathbb{Z},+>$和实数集上的乘法运算构成的代数系统$<\mathbb{R},\times>$ 都是半群。

【独异点】定义 5.24 设$<S,\circ>$是一个半群，若$<S,\circ>$中存在单位元e，则称$<S,\circ>$为一个独异点(monoid)，也称为幺半群。

独异点就是含有单位元的半群，为了突出单位元，独异点有时也记为$<S,\circ,e>$。

【群】定义 5.25 设$<S,\circ>$是一个独异点，e是$<S,\circ>$的单位元，若任意$x \in S$，都有$x^{-1} \in S$，则称$<S,\circ>$为一个群。

简单地说，群是一个代数系统$<S,\circ>$，$\circ$是S上满足结合律的二元运算，$<S,\circ>$中有单位元e，且S中的每一个元素都在S中有逆元。通常用$<G,\circ>$表示一个群，并且常将代数系统$<G,\circ>$简写成G。

例 5.33 (1)设D是所有偶数组成的集合，则代数系统$<D,\times>$是一个半群，但$<D,\times>$不是独异点，因为$<D,\times>$中没有单位元。

(2) $<\mathbb{R},\times>$是一个独异点，但不是一个群，因为0在$<\mathbb{R},\times>$中没有逆元。

(3) $<\mathbb{N},\times>$是一个独异点，1是$<\mathbb{N},\times>$中的单位元，但$<\mathbb{N},\times>$不是一个群，因为除了1外，其他元素在$<\mathbb{N},\times>$中没有逆元。

(4) $<\mathbb{Z},+>$是一个群。

(5) $<\mathbb{R}-\{0\},\times>$是一个群。

【交换群】定义 5.26 设$G=<G,\circ>$是一个群，若运算$\circ$满足交换律，则称G为一个交换群，也称为阿贝尔(Abel)群。

例如，$<\mathbb{Z},+>$，$<\mathbb{R},+>$都是交换群。

例 5.34 设$G=\{a,b,c,e\}$，G上的运算由表 5.9 给出，则$a*b=ab(\bmod 5)$是一个交

换群。这个群称为四元群，也称为 Klein 群。

表 5.9　∘运算表

$\circ$	e	a	b	c
e	e	a	b	c
a	a	e	c	b
b	b	c	e	a
c	c	b	a	e

例 5.35　设 $Z_n=\{[0],[1],[2],\cdots,[n-1]\}$ 是模 n 的同余类构成的集合，$\oplus$ 是 Z_n 上的模 n 加法，则 $<Z_n,\oplus>$ 构成一个交换群。

证明：(1) 对任意 $[i],[j]\in Z_n$，都存在 r（$0\leqslant r\leqslant n-1$），使得 $i+j\equiv r\pmod n$。于是有 $[i+j]=[r]$。而 $[r]\in Z_n$，所以，运算 $\oplus$ 在 Z_n 上是封闭的，从而 $\oplus$ 是 Z_n 上的一个二元运算。

(2) 因为，对任意 $[i],[j],[k]\in Z_n$，都有

$$[i]\oplus([j]\oplus[k])=[i]\oplus[i+k]=[i+j+k]=[i+j]\oplus[k]=([i]\oplus[j])\oplus[k]$$

即 $\oplus$ 满足结合律。所以，$<Z_n,\oplus>$ 是一个半群。

(3) $[0]$ 是 $<Z_n,\oplus>$ 中的单位元。因为对任意 $[i]\in Z_n$，有

$$[0]\oplus[i]=[0+i]=[i]=[i+0]=[i]\oplus[0]$$

(4) Z_n 中的每个元素都有逆元。对任意 $[i]\in Z_n$，$[n-i]$ 是 $[i]$ 的逆元，因为 $[n-i]\in Z_n$ 是显然的，且

$$[n-i]\oplus[i]=[n-i+i]=[n]=[0]=[i+n-i]=[i]\oplus[n-i]$$

所以，$<Z_n,\oplus>$ 是一个群。

(5) 运算 $\oplus$ 满足交换律。对任意 $[i],[j]\in Z_n$，有

$$[i]\oplus[j]=[i+j]=[j+i]=[j]\oplus[i]$$

$$[i]\oplus[j]=[i+j]=[j+i]=[j]\oplus[i]$$

所以，$<Z_n,\oplus>$ 是一个交换群。

【群的元素的幂运算】定义 5.27　设 $<G,\circ>$ 是一个群，e 是 $<G,\circ>$ 的单位元，$a\in G$，有如下规定。

(1) $a^0=e$。

(2) 对任意正整数 n，$a^{n+1}=a^n\circ a$。

(3) 对任意负整数 $-n$，$a^{-n}=(a^{-1})^n$。

【群的性质】定理 5.7　设 $<G,\circ>$ 是一个群，则对任意的 $a,b\in G$，有如下性质。

(1) $(a^{-1})^{-1}=a$。

(2) $(a\circ b)^{-1}=b^{-1}\circ a^{-1}$。

证明：(1) 因为 $(a^{-1})^{-1}$ 是 a^{-1} 的逆元，而 a 也是 a^{-1} 的逆元，由逆元的唯一性知，

$(a^{-1})^{-1}=a$。

(2) 由逆元的定义知，$(a\circ b)^{-1}$是$a\circ b$的逆元，而$b^{-1}\circ a^{-1}$也是$a\circ b$的逆元。因为

$$(a\circ b)\circ(b^{-1}\circ a^{-1})=a\circ(b\circ b^{-1})\circ a^{-1}=a\circ e\circ a^{-1}=(a\circ e)\circ a^{-1}=a\circ a^{-1}=e$$

所以，由逆元的唯一性，有$(a\circ b)^{-1}=b^{-1}\circ a^{-1}$。

定理 5.8　设$<G,\circ>$是一个群，$a\in G$，则对任意的自然数n、m，有如下结论。

(1) $a^n\circ a^m=a^{n+m}$。

(2) $(a^n)^m=a^{nm}$。

证明：(1) 对m应用数学归纳法。对任何固定的自然数n，当$m=0$时，$a^n\circ a^0=a^n\circ e=a^n=a^{n+0}$，结论成立。假定$m=k$时，结论成立，即$a^n\circ a^k=a^{n+k}$成立。考虑$m=k+1$的情况：因为$a^n\circ a^{k+1}=a^n\circ(a^k\circ a)=(a^n\circ a^k)\circ a$，由归纳假设$(a^n\circ a^k)=a^{n+k}$，有$a^n\circ a^{k+1}=(a^n\circ a^k)\circ a=a^{n+k}\circ a=a^{n+k+1}$，即$m=k+1$时，结论成立。由归纳原理知，对任何的自然数$m$，结论成立。

(2) 对m应用数学归纳法。对任何固定的自然数n，当$m=0$时，$(a^n)^0=e=a^0=a^{n\cdot 0}$，结论成立。假定$m=k$时，结论成立，即$(a^n)^k=a^{n\cdot k}$成立。考虑$m=k+1$的情况：因为$(a^n)^{k+1}=(a^n)^k\circ a^n$，由归纳假设$(a^n)^k=a^{n\cdot k}$，有$(a^n)^{k+1}=(a^n)^k\circ a^n=a^{n\cdot k}\circ a^n=a^{n\cdot k+n}=a^{n(k+1)}$，即$m=k+1$时，结论成立。由归纳原理知，对任何的自然数$m$，结论成立。

定理 5.9　设$<G,\circ>$是一个群，则$<G,\circ>$满足消去律。即对任意的$a,b,c\in G$，有如下结论。

(1) 若$a\circ b=a\circ c$，则$b=c$。

(2) 若$b\circ a=c\circ a$，则$b=c$。

证明：(1) 设$a\circ b=a\circ c$，因为$a\in G$且$<G,\circ>$是群，故存在$a^{-1}\in G$。于是有$a^{-1}\circ a\circ b=a^{-1}\circ a\circ c$，从而有$e\circ b=e\circ c$，所以$b=c$。

(2) 设$b\circ a=c\circ a$，则$b\circ a\circ a^{-1}=c\circ a\circ a^{-1}$。因此$b\circ e=c\circ e$，所以$b=c$。

【循环群】定义 5.28　设$<G,\circ>$是一个群，若存在$a\in G$，使得$G=\{a^n\,|\,n\in\mathbb{Z}\}$，则称$<G,\circ>$为一个循环群，记为$G=<a>$，并称$a$为$G$的一个生成元。

$<\mathbb{Z},+>$是一个循环群，1是$<\mathbb{Z},+>$的一个生成元，-1也是$<\mathbb{Z},+>$的生成元。

例 5.36　模 6 的同余类上的加法构成的群$<Z_6,\oplus>$是一个循环群，[1]、[5]都是$<Z_6,\oplus>$的生成元。

证明：因为$[1]^1=[1]$，$[1]^2=[1]^1\oplus[1]=[1]\oplus[1]=[2]$，$[1]^3=[1]^2\oplus[1]=[2]\oplus[1]=[3]$，$[1]^4=[4]$，$[1]^5=[5]$，$[1]^6=[6]=[0]$，…，所以$Z_6=\{[1]^6,[1]^1,[1]^2,[1]^3,[1]^4,[1]^5\}=<[1]>$。因此，[1]是$<Z_6,\oplus>$的生成元。

又因为$[5]^1=[5]$，$[5]^2=[5]^1\oplus[5]=[5]\oplus[5]=[10]=[4]$，$[5]^3=[5]^2\oplus[5]=[4]\oplus[5]=[9]=[3]$，$[5]^4=[2]$，$[5]^5=[1]$，$[5]^6=[0]$，所以$Z_6=\{[5]^6,[5]^5,[5]^4,[5]^3,[5]^2,[5]^1\}=<[5]>$。故[5]是$<Z_6,\oplus>$的生成元。

对于[2]，因为$[2]^2=[2]^1\oplus[2]=[2]\oplus[2]=[4]$，$[2]^3=[2]^2\oplus[2]=[4]\oplus[2]=[6]=[0]$，

$[2]^4=[2]^3\oplus[2]=[0]\oplus[2]=[2]$，$[2]^5=[4]$，$[2]^6=[0]$，…。

另外，$[2]^{-1}=[4]$，$[2]^{-2}=([2]^{-1})^2=[4]^2=[2]$，$[2]^{-3}=[0]$，$[2]^{-4}=[4]$，$[2]^{-5}=[2]$，$[2]^{-6}=[0]$，…。可知，$\{[2]^n|n\in\mathbb{Z}\}=\{[0],[2],[4]\}\neq Z_6$，所以$[2]$不是$<Z_6,\oplus>$的生成元。还有$\{[4]^n|n\in\mathbb{Z}\}=\{[0],[2],[4]\}\neq Z_6$，所以，$[4]$也不是$<Z_6,\oplus>$的生成元。

【集合元素的置换】定义 5.29　设$A=\{a_1,a_2,\cdots,a_n\}$是含有n个元素的集合，则A到A的一个双射σ称为A上的一个置换。

令$A=\{a,b,c,d,e\}$，定义$\sigma:A\to A$如下：$\sigma(a)=b$，$\sigma(b)=c$，$\sigma(c)=a$，$\sigma(d)=d$，$\sigma(e)=e$，则σ是A上的一个置换。

例 5.37　设$A=\{a_1,a_2,\cdots,a_n\}$，令P_A是由A上的所有置换组成的集合，则P_A中置换的合成运算$\circ$是P_A上的一个二元运算，且$<P_A,\circ>$构成一个群。

证明：(1) 对P_A中任何的元素σ,τ，因为σ,τ是A到A的双射，所以σ与τ的合成$\sigma\circ\tau$也是A到A的双射，即合成运算$\circ$在P_A上封闭，从而$\circ$是P_A上的二元运算。

(2) 映射的合成运算满足结合律(见第 4 章)，所以$<P_A,\circ>$是一个半群。

(3) 恒等映射I_A是$<P_A,\circ>$中的单位元。

(4) 对P_A中的任意元素σ，因为σ是A到A的双射，所以σ的逆映射σ^{-1}也是A到A的双射。而σ的逆映射σ^{-1}就是σ在$<P_A,\circ>$中的逆元，所以$<P_A,\circ>$构成一个群。

【置换群】定义 5.30　设集合$A=\{a_1,a_2,\cdots,a_n\}$，令P_A是由A上的所有置换组成的集合，$\circ$是P_A中置换的合成运算，则$<P_A,\circ>$构成一个群，称为集合A上的置换群。

【子群】定义 5.31　设$<G,\circ>$是一个群，$H\subseteq G$，若$<H,\circ>$也是一个群，则称$<H,\circ>$是$<G,\circ>$的子群。

定理 5.10　设f是群$<G,\circ>$到群$<H,*>$的同态，则$<f(G),*>$也是群。

证明：设f是群$<G,\circ>$到群$<H,*>$的同态，由定理 5.4 知，$<f(G),*>$是一个代数系统；由定理 5.5 知，$<f(G),*>$满足结合律；由定理 5.6 知，$<f(G),*>$有单位元且$f(G)$的每个元素都有逆元，所以$<f(G),*>$是一个群。

推论 5.3　设f是群$<G,\circ>$到群$<H,*>$的同态，则$<f(G),*>$是$<H,*>$的子群。

***群在编码理论中的应用**

数字通信是把信息转化成数字信息进行传送。数字信息在传送过程中可能会受到干扰，这样收信者收到的信息可能就不是原来传送的数字信息。在技术上人们采取了各种抗干扰的措施，同时也采用抗干扰编码方法来传送数字信息，以减低传送的出错率。工程中最易实现的是二元数字(即 0,1 序列)信息的传送，所以通常用 0,1 序列的编码来传送数字信息。

【数字通信中的编码】用 0,1 序列传送信息是先规定特定的 0,1 序列代表特定的符号，然后将 0,1 序列传送给收信者，收信者把 0,1 序列还原为特定的符号就得到所传送的信息。在 ACSII 字符编码表中，用 7 位 0,1 序列代表一个字符，例如，用1000111表示字母“G”。而在传送字母“G”时，会在1000111前加上一个校验码 0 (偶校验)或1 (奇校验)。采用偶校验时，若 7 位 0,1 序列中1的个数为偶数，则在 0,1 序列前加上 0；若 7 位 0,1 序列中1的个数为奇数，则在 0,1 序列前加上1。例如，传送字母“G”时，要在1000111前加上 0，即实际传送的0,1序列是01000111。如果发现7位0,1序列中的1的个数与校验码不符，则认为信息传送出错。这样，在7位0,1序列前加上一个用于纠错的校验码就构成了数字通信中的一个编码。

为了更好地了解和应用数字通信中编码的特性，把编码放到代数系统中讨论。把0,1看作$Z_2=\{[0],[1]\}$中的元素，0,1之间的加法+按$<Z_2,\oplus>$的规则进行运算。即$0+0=0$；$0+1=1$；$1+0=1$；$1+1=0$。0,1之间的乘法×按$<Z_2,\otimes>$的规则进行运算。即$0\times 0=0$；$0\times 1=0$；$1\times 0=0$；$1\times 1=1$。

【码与码字】设信息源的原始数字信息的集合为$Z_2^k=\{a_1a_2\cdots a_k \mid a_i\in\{0,1\},1\leqslant i\leqslant k\}$，$k$为正整数，$a_i\ (1\leqslant i\leqslant k)$称为序列$a_1a_2\cdots a_k$的分量。例如，ACSII字符编码表中的原始数字信息的集合为Z_2^7。令n是大于k的正整数，任意一个单射$E:Z_2^k\to Z_2^n$，Z_2^n中的元素称为字，E称为编码函数，E的像$\operatorname{Im}E$称为码，$\operatorname{Im}E$的元素称为码字，n称为码长，码字的分量称为码元。由于所讨论的码元在$Z_2=\{0,1\}$中取值，所以$\operatorname{Im}E$称为二元码。因为$|Z_2^k|<|Z_2^n|$，所以$\operatorname{Im}E\subset Z_2^n$，即$Z_2^n$中的许多字不是码字。

【Z_2^n中元素的重量】设$u=(a_1a_2\cdots a_n)\in Z_2^n$，则$u$中$a_i\ (i=1,2,\cdots,n)$为1的个数称为$u$的重量(或权)，记为$W(u)$。例如，$u=(01011001)$的重量为4，记为$W(01011001)=4$。

【Z_2^n中元素的距离】设$u,v\in Z_2^n$，在Z_2^n上定义一个加法运算如下：$u+v$表示u与v对应的分量相加，而分量相加采用$<Z_2,\oplus>$中的加法运算规则。$u+v$的重量$W(u+v)$称为u与v的距离，即u，v中对应位置上数字不同的个数，记为$d(u,v)$。例如，令$u=(11010001),v=(10011000)$，则$u$与$v$的距离为3。设$C$是一个码，令$d_{\min}(C)=\min\{d(u,v) \mid u\in C\wedge v\in C\wedge u\neq v\}$，则称$d_{\min}(C)$为$C$的极小距离。

【最小距离译码准则】给定码C，设接收字为v，在C中找一个码字u，使得$d(u,v)=\min\{d(x,v) \mid x\in C\}$，将$v$译成码字$u$。这种译码方法称为最小距离译码准则。

定理 5.11　对任意的$x,y,z\in Z_2^n$，有$d(x,y)=d(y,x)$，且$d(x,z)\leqslant d(x,y)+d(y,z)$。

证明：$d(x,y)=d(y,x)$是显然的，因为$W(x+y)=W(y+x)$。令$x=(a_1a_2\cdots a_n)$，$y=(b_1b_2\cdots b_n)$，$z=(c_1c_2\cdots c_n)$，容易看出，当$a_i\neq c_i$时，必有$a_i\neq b_i$或$b_i\neq c_i$，$i=1,2,\cdots,n$。所以$a_i\neq c_i$的个数小于或等于$a_i\neq b_i$及$b_i\neq c_i$的个数，因此$W(x+z)\leqslant W(x+y)+W(y+x)$，即$d(x,z)\leqslant d(x,y)+d(y,z)$。

定理 5.12　一个码C可以检出不超过k个差错，当且仅当$d_{\min}(C)\geqslant k+1$。

证明：设$d_{\min}(C)\geqslant k+1$，信息源发送一个码字u，传送时出错的位数不超过k，结果收到了字v，于是$d(u,v)\leqslant k$。因为$d_{\min}(C)\geqslant k+1$，如果$v\neq u$，则可推出$u\notin C$，即u不是码字。因此，可以肯定传送时发生差错。所以C是可以检查出k个差错的检错码。也就是说，若在传送过程中出错的位数不超过k，且发送的码字u没有出错，则一定能收到u。

反之，设C可以检出不超过k个差错，则必有$d_{\min}(C)\geqslant k+1$。用反证法证明这一结论。若$d_{\min}(C)\leqslant k$，则存在$u,v\in C$且$u\neq v$，使得$d(u,v)\leqslant k$。假设信息源发送码字u，接收到的字是v。因为u和v都可以是码字，不能断定u出错，这与C可以检出不超过k

个差错矛盾。

定理 5.13 一个码C可以纠正k个差错，当且仅当$d_{\min}(C)\geqslant 2k+1$。

证明：设$d_{\min}(C)\geqslant 2k+1$，信息源发送一个码字$u$，传送时出错的位数不超过$k$，结果收到了字$x$，于是$d_{\min}(u,x)\leqslant k$。对于任何的$v\in C$且$u\neq v$，有$d(u,x)+d(x,v)\geqslant d(u,v)\geqslant 2k+1$。因此，$d(x,v)\geqslant k+1$。这就是说，$x$与$C$中任何一个不等于$u$的码字的距离都大于或等于$k+1$。而$x$与$u$的距离小于或等于$k$，按最小距离译码原则，将$x$译成$u$。所以，$C$可以纠正$k$个差错。

反之，设C可以纠正k个差错，则必有$d_{\min}(C)\geqslant 2k+1$。用反证法证明这一结论。若$d_{\min}(C)\leqslant 2k$，则存在$u,v\in C$且$u\neq v$，使得$d(u,v)\leqslant 2k$。因为$C$可以纠正$k$个差错，由定理 5.12，$d(u,v)\geqslant k+1$，即$u$与$v$至少有$k+1$个分量不相同。设$u=(a_1a_2\cdots a_n)$，$v=(c_1c_2\cdots c_n)$，不妨设$a_i\neq c_i\ (i=1,2,\cdots,k,k+1)$。假定发送$u$后接收到字$x$，而$x$恰有$k$个分量不相同，且这$k$个分量刚好是$u$与$v$不同分量的一部分，即$v=(c_1c_2\cdots c_ka_{k+1}a_{k+2}\cdots a_n)$。因为$d(u,v)=d(u,x)+d(x,v)=k+d(x,v)$，而$d(u,v)\leqslant 2k$，所以$d(x,v)\leqslant k$。在这种情况下，如果$d(x,v)<k$，按最小距离准则，则把$x$误译为$v$；如果$d(x,v)=k$，则可以把$x$译为$u$，也可以译为$v$。这样就不能保证一定把$x$译为$u$，这与$C$可以纠正$k$个差错矛盾。由反证法，结论得证。

例 5.38 设码$C=\{(000000),(001101),(010011),(011110),(100110),(101011),(110101),(111000)\}$，$C$的极小距离$d_{\min}(C)=3$，则$C$可纠正一个错码。例如，假设收到的字为$x=(000101)$，则通过计算知，存在$u=(001101)$，使得$d(u,x)=1$是$x$与$C$中所有码字之间的最小距离，所以应把$x$译为$u$。

【用于编码的一个交换群】在Z_2^n上定义一个加法运算如下：对Z_2^n中的元素$u=(u_1u_2\cdots u_n)$，$v=(v_1v_2\cdots v_n)$，令$u+v=w$，其中$w=(w_1w_2\cdots w_n)$，$w_i=u_i+v_i$，$i=1,2,\cdots,n$，而$w_i=u_i+v_i$遵循$<Z_2,\oplus>$的规则进行运算。即$0+0=0$；$0+1=1$；$1+0=1$；$1+1=0$，则$<Z_2^n,+>$构成一个交换群。理由如下。

(1) 以上定义的加法$+$在Z_2^n上是封闭的，因为Z_2^n中的任何两个0,1序列相加还是0,1序列。

(2) 运算$+$显然满足结合律和交换律。

(3) Z_2^n中的$(00\cdots0)$是$<Z_2^n,+>$的单位元。

(4) Z_2^n中$u=(u_1u_2\cdots u_n)$的逆元就是$u=(u_1u_2\cdots u_n)$本身，因为$u+v=(00\cdots0)$。所以，$<Z_2^n,+>$是一个交换群。

【群码】设$E:Z_2^k\to Z_2^n$是一个编码函数，若E的像$\operatorname{Im}E$对于$<Z_2^n,+>$中的加法运算$+$构成一个群，即$<\operatorname{Im}E,+>$是$<Z_2^n,+>$的一个子群，则称码$\operatorname{Im}E$是群码。

定理 5.14 设I_k是Z_2上的k阶单位矩阵，$P_{k\times(n-k)}$是Z_2上任意一个$k\times(n-k)$阶矩阵，令$G=(I_k\ P_{k\times(n-k)})$，定义一个由$G$给出的编码函数$E:Z_2^k\to Z_2^n$，如下：

$$E(x)=xG,\qquad 对所有的\ x\in Z_2^k$$

则编码函数E得到的码$\operatorname{Im}E$是群码。

证明：因为 Z_2^k 和 Z_2^n 都是群，由 E 的定义及矩阵运算的性质，对任意的 $x_1,x_2\in Z_2^k$，

$E(x_1+x_2)=(x_1+x_2)G=x_1G+x_2G=E(x_1)+E(x_2)$。可知，$E$ 是 $<Z_2^k,+>$ 到 $<Z_2^n,+>$ 的同态映射。由推论 5.3 知，$<\operatorname{Im}E,+>$ 是 $<Z_2^n,+>$ 的子群，所以 $\operatorname{Im}E$ 是群码。

定理 5.15 设 C 是一个群码，则 C 的极小距离等于 C 中非零码字的最小重量。

证明：设 C 的极小距离 $d_{\min}(C)=d$，C 中非零码字的最小重量为 b，因为 $d_{\min}(C)=\min\{d(u,v)|u\in C\wedge v\in C\wedge u\neq v\}$，且 C 是有限集，所以存在 $u_1,u_2\in C$，使得 $d(u_1,u_2)=d$。同样，存在 $v\in C$ 使得 $W(v)=b$。由于 $u_1\neq u_2$，所以 $u_1+u_2\neq 0$。又因为 $W(v)=b$ 是 C 中非零码字的最小重量，所以 $d(u_1,u_2)=d(u_1+u_2)\geqslant d(v)=b$。另外，因为 C 是一个群码，即 C 是 $<Z_2^n,+>$ 的一个子群，所以 C 包含 $<Z_2^n,+>$ 的单位元 0。从而 $b=W(v)=W(v+0)=d(v+0)$。又因为 d 是 C 的极小距离，所以 $b=d(v+0)\geqslant d(u_1,u_2)=d$。综上两方面，有 $d=b$。

至此，本节介绍了群在编码理论中的一些简单应用。代数在编码理论中的进一步应用需要更多的代数知识，可参看相关论著。例如，可利用群的知识建立校验矩阵和译码表，群论还可用于加密技术等。

习 题 5.3

1. 设 $\mathbb{N}$ 是自然数集，对于下列运算 $\circ$，哪些代数系统 $<\mathbb{N},\circ>$ 是半群，为什么？

(1) $a\circ b=\max\{a,b\}$。

(2) $a\circ b=b$。

(3) $a\circ b=2ab$。

2. 设 $\mathbb{R}$ 是实数集，在 $\mathbb{R}$ 上定义运算 $\bullet$ 为：$a\bullet b=a+b+ab$，证明 $<\mathbb{R},\bullet>$ 是独异点。

3. 判定下列集合关于指定的运算 $\circ$ 是否构成半群、独异点和群。

(1) $\mathbb{Q}^+$ 是正有理数集，$\circ$ 普通乘法。

(2) $\{a^n|a\text{是正整数},n\text{是整数}\}$，$\circ$ 普通乘法。

(3) $\mathbb{R}^+$ 是非负实数集，$\circ$ 普通加法。

(4) $\{a+b\sqrt{3}|a,b\text{是有理数}\}$，$\circ$ 普通加法。

(5) $\mathbb{R}^*$ 是非零实数集，$\circ$ 普通乘法。

(6) A 是偶数集，$\circ$ 普通加法。

4. 设 $<S,\bullet>$ 是代数系统，其中 $S=\left\{\begin{pmatrix}1&0\\0&-1\end{pmatrix},\begin{pmatrix}-1&0\\0&1\end{pmatrix},\begin{pmatrix}-1&0\\0&-1\end{pmatrix},\begin{pmatrix}1&0\\0&1\end{pmatrix}\right\}$，运算 $\bullet$ 为矩阵乘法，证明 $<S,\bullet>$ 是群。

5. 设 $<G,*>$ 是群，若对 G 中任意元素 a,b，都有 $(a*b)^{-1}=a^{-1}*b^{-1}$，证明 $<G,*>$ 是阿贝尔群。

6. 设 G 是群，若对 $\forall x\in G$ 有 $x^2=e$，求证 G 是交换群。

7. 设 $\mathbb{Z}$ 是整数集，对于下列运算 $*$，哪些代数系统 $<\mathbb{Z},*>$ 是群，如果不是群，请说

明理由。

(1) $a*b=ab$ 。

(2) $a*b=ab(\mathrm{mod}\,5)$ 。

(3) $a*b=a^b$ 。

8. 设$\mathbb{R}$是实数集，$\times$是实数的普通乘法。

(1)证明代数系统$<\mathbb{R}-\{0\},\times>$是群。

(2)求2^3 , 3^{-1} , 1^{-6} 。

9. 写出群$<N_5,\oplus_5>$中各元素生成的子群，并指出$<N_5,\oplus_5>$是否为循环群。其中$N_5=\{0,1,2,3,4\}$，$\oplus_5$是模 5 加法。

10. 设$<G,\circ>$是四元 Klein 群，其中$\circ$的运算表如表 5.10 所示。

表 5.10 $\circ$的运算表

$\circ$	e	a	b	c
e	e	a	b	c
a	a	e	c	b
b	b	c	e	a
c	c	b	a	e

证明$<G,\circ>$不是循环群。

11. 设G是循环群，求证G的每个子群也是循环群。

12. 设G是循环群，求证G是交换群。

13. 证明：如果$<H_1,\circ>,<H_2,\circ>$都是群$<G,\circ>$的子群，则$<H_1\cap H_2,\circ>$也是$<G,\circ>$ 的子群。

14. 设H是偶数集，$\mathbb{Z}$是整数集，$+$是整数的普通加法，证明$<H,+>$是$<\mathbb{Z},+>$的子群。

5.4 环 与 域

环和域都是具有两个二元运算的代数系统，本节介绍环和域的概念，仅作为讨论包含多个运算的代数系统举例，并不深入讨论环和域的内容。更多的内容参看抽象代数教材。

【环的定义】定义 5.32 设$<\mathbb{R},+,\cdot>$是一个代数系统，$+$和$\cdot$是$\mathbb{R}$上的二元运算，如果$<\mathbb{R},+,\cdot>$满足下列条件。

(1) $<\mathbb{R},+>$ 构成交换群。

(2) $<\mathbb{R},\cdot>$ 构成半群。

(3)运算$\cdot$对运算$+$满足分配律。

则称$<\mathbb{R},+,\cdot>$为一个环。

为了区别，称$+$为环的加法运算，称·为环的乘法运算。用 0 表示$<\mathbb{R},+,\bullet>$中关于加法$+$的单位元，用 1 表示$<\mathbb{R},+,\bullet>$中关于·的单位元(如果存在的话)，用$-a$表示a关于加法的逆元，用a^{-1}表示a关于乘法的逆元(如果存在的话)。

例如，由整数集$\mathbb{Z}$与普通加法和乘法构成的代数系统$<\mathbb{Z},+,\times>$是一个环。

定义 5.33　设$<\mathbb{R},+,\bullet>$是一个环，$+$和·是$\mathbb{R}$上的二元运算，定义如下。

(1) 若$<\mathbb{R},\bullet>$满足交换律，则称$<\mathbb{R},+,\bullet>$为交换环。

(2) 若$<\mathbb{R},\bullet>$中存在单位元，则称$<\mathbb{R},+,\bullet>$为含单位元环，或称含幺环。

(3) 若对$\mathbb{R}$中任意元素a,b，只要$a\cdot b=0$，就有$a=0$或$b=0$，则称$<R,+,\bullet>$为无零因子环。

(4) 若$<\mathbb{R},+,\bullet>$既是交换环，又是含幺环，还是无零因子环，则称$<\mathbb{R},+,\bullet>$为整环。

例如，由整数集$\mathbb{Z}$与普通加法和乘法构成的环$<\mathbb{Z},+,\times>$是一个整环。

【域的定义】定义 5.34　设$<\mathbb{R},+,\bullet>$是一个整环，$\mathbb{R}$中至少有两个元素，且对任意的$a\in\mathbb{R}-\{0\}$，都存在a^{-1}，则称$<\mathbb{R},+,\bullet>$为一个域。其中，0 是$<\mathbb{R},+,\bullet>$中关于加法$+$的单位元。

由实数集$\mathbb{R}$与普通加法和乘法构成的代数系统$<\mathbb{R},+,\times>$是一个域，称为实数域；由有理数集$\mathbb{Q}$与普通加法和乘法也构成一个域$<\mathbb{Q},+,\times>$，称为有理数域；由整数集$\mathbb{Z}$与普通加法和乘法构成一个整环$<\mathbb{Z},+,\times>$，但$<\mathbb{Z},+,\times>$不是域，因为除1外，其他整数在$<\mathbb{Z},+,\times>$中关于乘法$\times$没有逆元。

例 5.39　令$S=\{a+b\sqrt{3}\mid a,b\in\mathbb{Q}\}$，则$<S,+,\times>$构成一个域，其中$\mathbb{Q}$是有理数集，$+$和$\times$是普通加法和乘法。

解：(1) 对S中任意两个元素$a_1+b_1\sqrt{3}$和$a_2+b_2\sqrt{3}$，验证$<S,+>$是交换群。

①封闭性：$(a_1+b_1\sqrt{3})+(a_2+b_2\sqrt{3})=(a_1+a_2)+(b_1+b_2\sqrt{3})\in S$。

②结合律、交换律：因为S的元素都是实数，所以对普通加法满足结合律和交换律。

③单位元：0 是$<S,+>$的单位元。

④逆元：$a+b\sqrt{3}$的逆元为$-(a+b\sqrt{3})$。

所以，$<S,+>$是交换群。

(2) 对S中任意两个元素$a_1+b_1\sqrt{3}$和$a_2+b_2\sqrt{3}$，验证$<S,+,\times>$是一个整环。

①封闭性：$(a_1+b_1\sqrt{3})\times(a_2+b_2\sqrt{3})=(a_1a_2+3b_1b_2)+(a_1b_2+a_2b_1)\sqrt{3}\in S$。

②结合律、交换律：因为$<S,+,\times>$的元素都是实数，所以对普通乘法满足结合律和交换律。

③分配律：因为S的元素都是实数，所以乘法对加法满足分配律。

④单位元：1 是$<S,\times>$的单位元。

⑤无零因子：S中任意两个元素$a_1+b_1\sqrt{3}$和$a_2+b_2\sqrt{3}$，若$a_1+b_1\sqrt{3}\neq 0$，$a_2+b_2\sqrt{3}\neq 0$，则$(a_1+b_1\sqrt{3})\times(a_2+b_2\sqrt{3})=(a_1a_2+3b_1b_2)\times(a_1b_2+a_2b_1)\sqrt{3}\neq 0$。

(3) 验证$<S,+,\times>$是一个域。

逆元：S中任意一个元素$a+b\sqrt{3}$，若$a+b\sqrt{3}\neq 0$，则$\dfrac{-a}{3b^2-a^2}+\dfrac{b}{3b^2-a^2}\sqrt{3}$是

$a+b\sqrt{3}$ 的逆元。

按域的定义知，$<S,+,\times>$ 构成一个域。

习 题 5.4

1. 确定下列代数系统 $<S,+,\times>$ 是否构成环，其中：+、× 分别是普通加法和普通乘法。

(1) S 为非负实数集。

(2) S 为偶数集。

(3) S 为正整数集。

(4) S 为负整数集。

(5) $S=\{a+b\sqrt{2}\,|\,a,b\text{是实数}\}$。

2. 证明 $<\{0,1\},\oplus_2,\otimes_2>$ 是整环，其中 $\oplus_2$、$\otimes_2$ 分别为模 2 加法和模 2 乘法。

3. 设 $R=<\{0,1,2,3\},\oplus_4,\otimes_4>$，其中 $\oplus_4$、$\otimes_4$ 分别为模 4 加法和模 4 乘法。证明 R 是环，但 R 不是整环。

4. 设 $R=<M_n(R),\oplus,\otimes>$，其中，$M_n(R)$ 是 n 阶实矩阵构成的集合，$\oplus$、$\otimes$ 分别为矩阵加法和乘法。证明 R 是含单位元环，但 R 不是无零因子环，也不是交换环。

5. 设集合 $S=\{a_0+a_1x+a_2x^2+\cdots+a_nx^n\,|\,a_i(i=1,2,\cdots,n)\text{是实数，}n\text{是自然数}\}$，+、× 分别是多项式的加法和乘法，证明：$<S,+,\times>$ 是整环。

6. 确定下列代数系统 $<S,+,\times>$ 是否构成域，其中，+、× 分别是普通加法和普通乘法。

(1) S 为非负整数集。

(2) $S=\{a+b\sqrt{2}\,|\,a,b\text{是整数}\}$。

(3) $S=\{a+b\sqrt{5}\,|\,a,b\text{是有理数}\}$。

7. 证明 $<\{0,1\},\oplus_2,\oplus_2>$ 是域，其中 $\oplus_2$、$\otimes_2$ 分别为模 2 加法和模 2 乘法。

8. 证明 $<\mathbb{C},+,\times>$ 构成一个域，其中 $\mathbb{C}$ 是复数集，+、× 分别是普通加法和普通乘法。

5.5 格

【格的代数定义】定义 5.35 设 $<S,\circ,*>$ 是一个代数系统，$\circ$ 和 $*$ 是 S 上的二元运算，如果 $\circ$ 和 $*$ 满足结合律、交换律、吸收律，则称 $<S,\circ,*>$ 为一个格。

定理 5.16 设 $<S,\circ,*>$ 是一个格，则运算 $\circ,*$ 满足幂等律。即对 $\forall x\in S$，有 $x\circ x=x$，$x*x=x$。

证明： (1) 对 $\forall x\in S$，由吸收律得 $x*(x\circ x)=x$，所以，$x\circ x=x\circ(x*(x\circ x))$，又由吸收律得 $x\circ(x*(x\circ x))=x$，因此，$x\circ x=x$。

(2) 对 $\forall x\in S$，将第 (1) 步中的 $\circ$ 和 $*$ 互换，就可以得出 $x*x=x$。

例 5.40 设 A 是一个集合，$P(A)$ 是 A 的幂集，则 $<P(A),\cup,\cap>$ 是一个格。

证明：集合的并运算和交运算显然满足结合律、交换律、吸收律，所以，按定义 5.35，$<P(A),\cup,\cap>$ 是一个格。

例 5.41 设 $L=\{1,2,4,8\}$，运算 $\vee$ 和 $\wedge$ 定义如下：对任意 $x,y\in L$，$x\vee y=\text{lcm}(x,y)$，$\text{lcm}(x,y)$ 表示 x 与 y 的最小公倍数；$x\wedge y=\gcd(x,y)$，$\gcd(x,y)$ 表示 x 与 y 的最大公约数；则 $<L,\vee,\wedge>$ 是一个格。

证明：(1) 结合律：对任意 $x,y,z\in L$，因为

$$(x\vee y)\vee z=\text{lcm}(x,y)\vee z=\text{lcm}(\text{lcm}(x,y),z)=\text{lcm}(x,y,z)$$
$$x\vee(y\vee z)=x\vee\text{lcm}(y,z)=\text{lcm}(x,\text{lcm}(y,z))=\text{lcm}(x,y,z)$$

所以，$(x\vee y)\vee z=x\vee(y\vee z)$，即运算 $\vee$ 满足结合律。

又因为

$$(x\wedge y)\wedge z=\gcd(x,y)\vee z=\gcd(\gcd(x,y),z)=\gcd(x,y,z)$$
$$x\wedge(y\wedge z)=x\wedge\gcd(y,z)=\gcd(x,\gcd(y,z))=\gcd(x,y,z)$$

所以，$(x\wedge y)\wedge z=x\wedge(y\wedge z)$，即运算 $\wedge$ 满足结合律。

(2) 交换律：对任意 $x,y\in L$，因为

$$x\vee y=\text{lcm}(x,y)=\text{lcm}(y,x)=y\vee x，\quad x\wedge y=\gcd(x,y)=\gcd(y,x)=y\wedge x$$

所以，运算 $\vee$、$\wedge$ 满足交换律。

(3) 吸收律：对任意 $x,y\in L$，因为

$$x\vee(x\wedge y)=\text{lcm}(x,x\wedge y)=\text{lcm}(x,\gcd(x,y))=x$$
$$x\wedge(x\vee y)=\gcd(x,x\vee y)=\gcd(x,\text{lcm}(x,y))=x$$

所以，运算 $\wedge$ 和 $\vee$ 满足吸收律。

由第(1)步~第(3)步及定义 5.35 知，$<L,\vee,\wedge>$ 是格。

【分配格】定义 5.36 设 $<L,\vee,\wedge>$ 是一个格，若运算 $\vee$ 和 $\wedge$ 满足分配律，即对任意的 $x,y,z\in L$，有 $x\vee(y\wedge z)=(x\vee y)\wedge(x\vee z)$；$x\wedge(y\vee z)=(x\wedge y)\vee(x\wedge z)$。则称 $<L,\vee,\wedge>$ 是一个分配格。

例 5.42 设 A 是一个集合，$P(A)$ 是 A 的幂集，则 $<P(A),\cup,\cap>$ 是一个分配格。

证明：由例 5.40 知，$<P(A),\cup,\cap>$ 是一个格；又因为，对任意 $x,y,z\in P(A)$,有

$$x\cup(y\cap z)=(x\cup y)\cap(x\cup z)，\quad x\cap(y\cup z)=(x\cap y)\cup(x\cap z)$$

所以，$<P(A),\cup,\cap>$ 是一个分配格。

例 5.43 设 $L=\{1,2,4,8\}$，运算 $\vee$ 和 $\wedge$ 分别是 L 上求两个数的最小公倍数和最大公约数运算，则 $<L,\vee,\wedge>$ 是一个分配格。

证明：由例 5.41 知 $<L,\vee,\wedge>$ 是格。对 $\forall x,y,z\in L$，因为

$$x\vee(y\wedge z)=\text{lcm}(x,y\wedge z)=\text{lcm}(x,\gcd(y,z))=\gcd(\text{lcm}(x,y),\text{lcm}(x,z))$$
$$(x\vee y)\wedge(x\vee z)=\text{lcm}(x,y)\wedge\text{lcm}(x,z)=\gcd(\text{lcm}(x,y),\text{lcm}(x,z))$$

所以，$x\vee(y\wedge z)=(x\vee y)\wedge(x\vee z)$，即运算 $\vee$ 对 $\wedge$ 满足分配律。

又因为

$$x\wedge(y\vee z)=\gcd(x,y\vee z)=\gcd(x,\text{lcm}(y,z))=\text{lcm}(\gcd(x,y),\gcd(x,z))$$
$$(x\wedge y)\vee(x\wedge z)=\gcd(x,y)\vee\gcd(x,z)=\text{lcm}(\gcd(x,y),\gcd(x,z))$$

所以，$x\wedge(y\vee z)=(x\wedge y)\vee(x\wedge z)$，即运算$\wedge$对$\vee$满足分配律。

因此，由定义 5.36 知，$<L,\vee,\wedge>$是一个分配格。

【有界格】定义 5.37 设$<L,\vee,\wedge>$是一个格，若存在$\theta\in L$，对任意$x\in L$，有$x\vee\theta=x$，则称θ为$<L,\vee,\wedge>$的零元。若存在$e\in L$，对任意$x\in L$，有$x\wedge e=x$，则称e为$<L,\vee,\wedge>$的单位元；$<L,\vee,\wedge>$的零元和单位元分别用 0 和1表示。含有零元和单位元的格称为有界格，记为$<L,\vee,\wedge,0,1>$。

例 5.44 设A是一个集合，$P(A)$是A的幂集，则$<P(A),\cup,\cap,\varnothing,A>$是一个有界格。

证明：由例 5.40 知，$<P(A),\cup,\cap>$是一个格；又因为，对任意$x\in P(A)$，有$x\cup\varnothing=x$，所以$\varnothing$是$<P(A),\cup,\cap>$的零元。

对任意$x\in P(A)$，有$x\cap A=x$，所以，A是$<P(A),\cup,\cap>$的单位元，所以由定义 5.37 知，$<P(A),\cup,\cap,\varnothing,A>$是一个有界格。

定理 5.17 设$<L,\vee,\wedge,0,1>$是有界格，则$<L,\vee,\wedge,0,1>$的零元和单位元是唯一的。

证明：由定理 5.1 和定理 5.2 知，任何代数系统的单位元和零元都是唯一的。

【格的补元】定义 5.38 设$<L,\vee,\wedge,0,1>$是一个有界格，对$x\in L$，若存在$y\in L$使得$x\wedge y=0$，$x\vee y=1$，则称y为x的补元，记作x'。

【有补格】定义 5.39 设$<L,\vee,\wedge,0,1>$是一个有界格，若对任意$x\in L$，在L中都存在x的补元，则称$<L,\vee,\wedge,0,1>$为有补格。

例 5.45 设A是一个集合，$P(A)$是A的幂集，则$<P(A),\cup,\cap,\varnothing,A>$是一个有补格。

证明：由例 5.44 知，$\varnothing$是$<P(A),\cup,\cap>$的零元，A是$<P(A),\cup,\cap>$的单位元。对任意B，都存在$A-B\in P(A)$，使得$B\cap(A-B)=\varphi$，$B\cup(A-B)=A$。所以，由定义 5.39 知，$<P(A),\cup,\cap,\varnothing,A>$是有补格。

例 5.46 设$L=\{1,2,4,8\}$，运算$\vee$和$\wedge$分别是L上求两个数的最小公倍数和最大公约数运算，则$<L,\vee,\wedge>$是一个有界格，但不是有补格。

证明：(1) 由例 5.41 知，$<L,\vee,\wedge>$是一个格。

(2) 因为$1\vee1=1$；$2\vee1=2$；$4\vee1=4$；$8\vee1=8$，所以，1 是$<L,\vee,\wedge>$的零元。

(3) 因为$1\wedge8=1$；$2\wedge8=2$；$4\wedge8=4$；$8\wedge8=8$，所以，8 是$<L,\vee,\wedge>$的单位元。

所以，$<L,\vee,\wedge>$是一个有界格。

(4) $<L,\vee,\wedge>$不是有补格。因为$<L,\vee,\wedge>$的零元和单位元分别为 1、8，而$2\wedge1=1,2\vee1=2\neq8$；$2\wedge2=2\neq1,2\vee2=2\neq8$；$2\wedge4=2\neq1,2\vee4=4\neq8$；$2\wedge8=2\neq1$，$2\vee8=8$，所以，2 没有补元。因此$<L,\vee,\wedge,1,8>$不是有补格。

注：(1) 例 5.46 中，4 也没有补元。因为$4\wedge1=1,4\vee1=4\neq8$；$4\wedge2=2\neq1,4\vee2=4\neq8$；$4\wedge4=4\neq1,4\vee4=4\neq8$；$4\wedge8=4\neq1,4\vee8=8$。

(2) 例 5.46 中，1 和 8 有补元：$1'=8,8'=1$。

因为$1\wedge8=1,1\vee8=8$；$8\wedge1=1,8\vee1=8$。

定理 5.18 设$<L,\vee,\wedge,0,1>$是一个有界分配格，对于$x\in L$，若在L中存在x的补元y，则y是x的唯一补元。

证明：假定z也是x的补元，即$x\wedge z=0$，$x\vee z=1$。因为y是x的补元，所以有$x\wedge y=0$，$x\vee y=1$。于是有

$$y=y\wedge 1=y\wedge(x\vee z)=(y\wedge x)\vee(y\wedge z)=0\vee(y\wedge z)$$

另外：

$$z=z\wedge 1=z\wedge(x\vee y)=(z\wedge x)\vee(z\wedge y)=0\vee(y\wedge z)$$

因此 $y=z$ 。

习 题 5.5

1. 设 $\mathbb{Z}^+$ 为正整数集合，运算 $\vee$ 和 $\wedge$ 定义如下：对任意 $x,y\in\mathbb{Z}^+$ ，$x\vee y=\min\{x,y\}$ ，$x\wedge y=\max\{x,y\}$ ，求证 $<\mathbb{Z}^+,\vee,\wedge>$ 是一个格。

2. 设 $<L,\vee,\wedge>$ 是一个分配格，$a,b,c\in L$ ，且 $a\vee b=a\vee c$ ，$a\wedge b=a\wedge c$ ，求证 $b=c$ 。

3. 已知 $<L,\vee,\wedge>$ 是一个分配格，其中 $L=\{a,b,c,d\}$ ，运算 $\vee$、$\wedge$ 的运算表分别如表5.11、表5.12所示。

表 5.11　$\vee$ 的运算表(一)

$\vee$	a	b	c	d
a	a	a	a	a
b	a	b	a	b
c	a	a	c	c
d	a	b	c	d

表 5.12　$\wedge$ 的运算表(一)

$\wedge$	a	b	c	d
a	a	b	c	d
b	b	b	d	d
c	c	d	c	d
d	d	d	d	d

(1) 证明 $<L,\vee,\wedge>$ 是有界格，并求出 $<L,\vee,\wedge>$ 的零元和单位元。

(2) 指出 $<L,\vee,\wedge>$ 中哪些元素有补元，并求出它们的补元。

4. 已知 $<L,\vee,\wedge>$ 是一个分配格，其中 $L=\{a_1,a_2,a_3,a_4,a_5,a_6\}$ ，运算 $\vee,\wedge$ 的运算表分别如表5.13、表5.14所示。

表 5.13　$\vee$ 的运算符(二)

$\vee$	a_1	a_2	a_3	a_4	a_5	a_6
a_1	a_1	a_1	a_1	a_1	a_1	a_1
a_2	a_1	a_2	a_1	a_1	a_2	a_2

续表

$\vee$	a_1	a_2	a_3	a_4	a_5	a_6
a_3	a_1	a_1	a_3	a_3	a_1	a_3
a_4	a_1	a_1	a_3	a_4	a_1	a_4
a_5	a_1	a_2	a_1	a_1	a_5	a_5
a_6	a_1	a_2	a_3	a_4	a_5	a_6

表 5.14　$\wedge$ 的运算符(二)

$\wedge$	a_1	a_2	a_3	a_4	a_5	a_6
a_1	a_1	a_2	a_3	a_4	a_5	a_6
a_2	a_2	a_2	a_6	a_6	a_5	a_6
a_3	a_3	a_6	a_3	a_4	a_6	a_6
a_4	a_4	a_6	a_4	a_4	a_6	a_6
a_5	a_5	a_5	a_6	a_6	a_5	a_6
a_6	a_6	a_6	a_6	a_6	a_6	a_6

(1) 问 $<L,\vee,\wedge>$ 是否为有界格，为什么？

(2) 证明 $<L,\vee,\wedge>$ 是有补格。

(3) 问 $<L,\vee,\wedge>$ 是否为分配格，为什么？

5.6　布 尔 代 数

【布尔代数】定义 5.40　设 $<L,\vee,\wedge,0,1>$ 是一个有界格，若 $<L,\vee,\wedge,0,1>$ 是有补分配格，则称 $<L,\vee,\wedge,0,1>$ 为布尔代数。

由定理 5.18 知，在有界分配格中，格中元素的补元是唯一的。因此，在布尔代数中，求一个元素的补元是一个一元运算，用 x' 表示 x 的补元。用“ ' ”表示求补元的运算。于是，一个布尔代数是有两个二元运算和一个一元运算的代数系统，并且有零元和单位元。因此，布尔代数通常写成 $<L,\vee,\wedge,',0,1>$。

例 5.47　设 A 是一个集合，$P(A)$ 是 A 的幂集合，则 $<P(A),\cup,\cap,\bar{\ },\varphi,A>$ 构成一个布尔代数，其中，$\bar{\ }$ 是 $P(A)$ 中求元素的补集的运算。

例 5.48　令 $S_{110}=\{1,2,5,10,11,22,55,110\}$ 是 110 的所有正因子构成的集合，则 $<S_{110},\mathrm{lcm},\gcd,',1,110>$ 是一个布尔代数。其中，lcm 是求两个数的最小公倍数运算，gcd 是求两个数的最大公约数运算。

证明：由例 5.41 知，在 $<S_{110},\mathrm{lcm},\gcd>$ 中，运算 lcm 和 gcd 满足结合律、交换律、吸收律，所以 $<S_{110},\mathrm{lcm},\gcd>$ 是格；1 是 $<S_{110},\mathrm{lcm},\gcd>$ 的零元，110 是 $<S_{110},\mathrm{lcm},\gcd>$

的单位元，所以，$<S_{110}, \text{lcm}, \text{gcd}, 1, 110>$ 是有界格；由例 5.43 知，运算 lcm 和 gcd 满足分配律，所以，$<S_{110}, \text{lcm}, \text{gcd}, 1, 110>$ 是分配格；而 1 与 110，2 与 55，5 与 22，10 与 11 互为补元，所以，$<S_{110}, \text{lcm}, \text{gcd}, ', 1, 110>$ 是有补格。由定义 5.40 知，$<S_{110}, \text{lcm}, \text{gcd}, ', 1, 110>$ 是一个布尔代数。

【布尔表达式】为了方便讨论，以后把布尔代数 $<B, \vee, \wedge, ', 0, 1>$ 中的两个二元运算 $\vee$ 和 $\wedge$ 分别用 + 和 • 表示，即把布尔代数写成 $<B, +, \bullet, ', 0, 1>$，有时也简写成 $<B, +, \bullet, '>$。

定义 5.41　设 $<B, +, \bullet, '>$ 是一个布尔代数，则 $<B, +, \bullet, '>$ 上的布尔表达式定义如下。

(1) B 中的任意一个元素是一个布尔表达式。

(2) 任意一个在 B 中取值的变元是一个布尔表达式。

(3) 若 x, y 是布尔表达式，则 $(x+y)$、$(x \bullet y)$、x' 也是布尔表达式。

(4) 只有有限次应用 (1)~(3) 构成的符号串才是布尔表达式。

注：在布尔表达式中运算的优先次序为：括号最先，在同一括号内依次是：' ；•；+。

例 5.49　设 $<B, +, \bullet, ', 0, 1>$ 是一个布尔代数，其中 $B = \{0,1\}$，即 B 只包含零元和单位元两个元素，$E(x_1, x_2, x_3) = (x_1 + x_2) \bullet (x_2' + x_3)$ 是 $<B, +, \bullet, ', 0, 1>$ 上的布尔表达式，令 $x_1 = 0$，$x_2 = 0$，$x_3 = 1$，求 $E(x_1, x_2, x_3)$ 的值。

解：$E(x_1, x_2, x_3) = E(0,0,1) = (0+0) \bullet (0'+1) = 0 \bullet (1+1) = 0 \bullet 1 = 0$。

【布尔函数】定义 5.42　设 $<B, +, \bullet, '>$ 是一个布尔代数，n 是正整数，$f: B^n \to B$ 是一个映射，如果 f 能用 $<B, +, \bullet, '>$ 上的 n 个变元的布尔表达式来表示，则称 f 为 $<B, +, \bullet, '>$ 上的一个 n 元布尔函数。

例 5.50　设 $<B, +, \bullet, ', 0, 1>$ 是一个布尔代数，其中 $B = \{0,1\}$，则 $f(x_1, x_2, x_3) = x_1 \bullet (x_2 + x_3')$ 是一个 3 元布尔函数，其对应关系如表 5.15 所示。

表 5.15　$f(x_1, x_2, x_3) = x_1 \bullet (x_2 + x_3')$ 的对应关系表

x_1　x_2　x_3	$f(x_1, x_2, x_3)$
0　0　0	0
0　0　1	0
0　1　0	0
0　1　1	0
1　0　0	1
1　0　1	0
1　1　0	1
1　1　1	1

注：设 $<B, +, \bullet, '>$ 是任意一个布尔代数，n 是正整数，$f: B^n \to B$ 是一个映射，那么 f 不一定能用 $<B, +, \bullet, '>$ 上的布尔表达式来表示，即 f 不一定是布尔函数。但是，若 $B = \{0,1\}$，则任何一个映射 $f: B^n \to B$ 都是 $<B, +, \bullet, '>$ 上的布尔函数。

【开关函数】在开关电路中，电路的状态要么处于接通状态，要么处于断开状态。

用 1 和 0 分别表示“接通状态”和“断开状态”，则可用二值的布尔代数来描述电路的状态。例如，可用布尔表达式 $a \bullet b$ 、$a+b$ 和 $a \bullet (b+a')$ 分别表示图 5.1、图 5.2 和图 5.3 的开关电路状态。

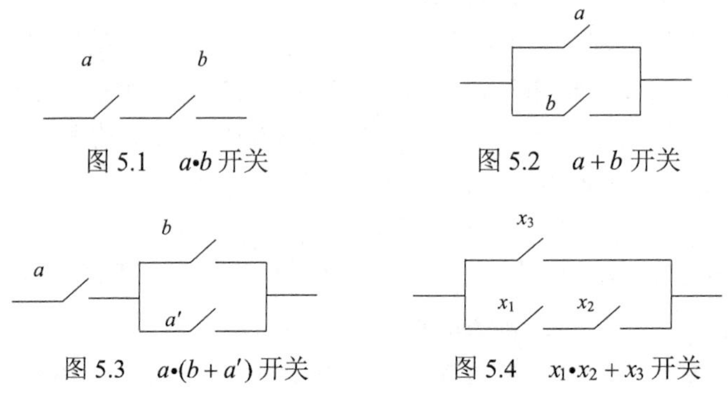

图 5.1　$a \bullet b$ 开关

图 5.2　$a+b$ 开关

图 5.3　$a \bullet (b+a')$ 开关

图 5.4　$x_1 \bullet x_2 + x_3$ 开关

例 5.51　图 5.4 所示的开关电路可用 $x_1 \bullet x_2 + x_3$ 表示，其对应的开关函数如表 5.16 所示。

表 5.16　$f(x_1, x_2, x_3) = x_1 \bullet x_2 + x_3$ 的对应关系表

x_1　x_2　x_3	$f(x_1, x_2, x_3)$
0　0　0	0
0　0　1	1
0　1　0	0
0　1　1	1
1　0　0	0
1　0　1	1
1　1　0	1
1　1　1	1

从以上例子容易看出，利用布尔函数可以研究复杂开关电路的性质，帮助人们设计合理的开关控制电路。

习　题　5.6

1. 设 $<L, \vee, \wedge, 0, 1>$ 是布尔代数，证明：对 $\forall a, b \in L$，$a=b$ 当且仅当 $(a \wedge b') \vee (a' \wedge b) = 0$。

2. 设 $<L, \vee, \wedge, 0, 1>$ 是布尔代数，证明：对 $\forall a, b \in L$，有 $(a \wedge b) \vee (a \wedge b') = a$。

3. 设 $<L, \vee, \wedge, 0, 1>$ 是布尔代数，证明：对 $\forall a, b \in L$，$a \vee b = b$ 当且仅当 $b' \vee a' = a'$。

4. 画出布尔表达式 $x_1 \cdot (x_2 \cdot x_3 + x_4 \cdot x_5)$ 对应的开关电路。

第 6 章　图　　论

图作为网络的数学模型，广泛应用于交通运输、通信、电网、计算机网络等系统设计与优化问题。

6.1　图的基本概念

【图的基本概念】在图论中，图是一个抽象的数学结构，由图的顶点和边组成。其中，图的顶点看作平面上的点，边是连接两个顶点的连线。一个图至少要有一个顶点，但一个图可以没有边。在一个图中，允许有多条边连接相同的两个顶点。一般地，用 $v_i\ (i=1,2,\cdots,n)$ 表示图的顶点，用 $e_j\ (j=1,2,\cdots,m)$ 表示图的边。例如，图 6.1 和图 6.2 所示的图形都是图论中的图。而图 6.3 所示的图形不是图论中的图，因为线段 e_2 不构成图的边。

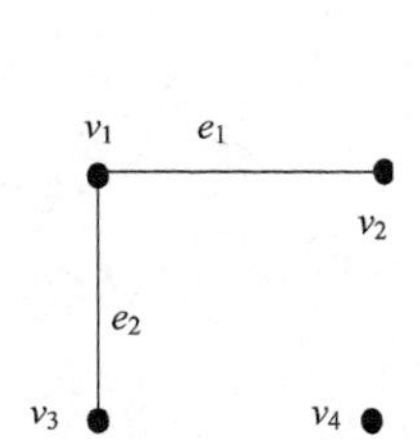

图 6.1　符号图论要求的图

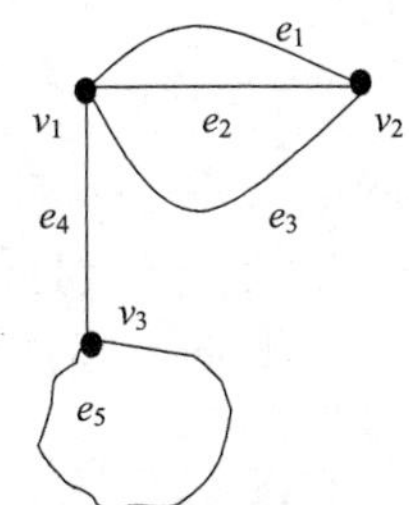

图 6.2　符号图论要求的图

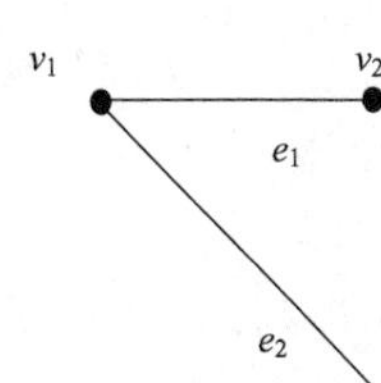

图 6.3 不符合图论要求的图

【多重集合】定义 6.1　元素可以重复出现的集合称为多重集合，简称多重集，每个元素出现的次数称为该元素的重数。

例如，$A=\{a,a,a,b,b,c\}$ 是一个由 6 个元素组成的多重集合。其中，a 的重数是 3，b 的重数是 2，c 的重数是 1。

一般地，多重集合可以表示为 $M=\{k_1a_1,k_2a_2,\cdots,k_na_n\}$，其中，$a_1,a_2,\cdots,a_n$ 为 M 中所有互不相同的元素，$k_i\ (1\leqslant i\leqslant n)$ 为 a_i 的重数，表示 M 中有 k_i 个 a_i。k_i 是正整数，也可以是 ∞，当 k_i 是 ∞ 时，表示 M 中有无穷多个 a_i。

例如，多重集 $A=\{a,a,a,b,b,c\}$ 可以表示为 $\{3\cdot a,2\cdot b,1\cdot c\}$；多重集 $\{3\cdot a\ ,3\cdot 5\ ,\infty\cdot c\}$ 表示多重集 $\{a,a,a,5,5,5,c,c,\cdots\}$，即 $\{3\cdot a\ ,3\cdot 5\ ,\infty\cdot c\}=\{a,a,a,5,5,5,c,c,\cdots\}$。

注：普通集合与多重集合的区别与联系。

(1) 普通集合是多重集合的特例，每个元素的重数为 1。

(2) 普通集合不允许有重复的元素。在普通集合中若出现重复的元素，则重复元素被视为同一个元素，并且在枚举集合的元素时，不能列举重复的元素。而多重集合允许有重复的元素，并且在枚举多重集合的元素时除了枚举集合中所有不重复的元素以外，对重复的元素也要分别一一列出。

【无序对】定义 6.2 由两个对象 x, y 构成的整体称为无序对，记作 (x, y)。

例如，$(2,3)$、$(2,2)$、(a,b) 都是合法的无序对。

注：(1) 无序对 $(x, y) = \{x, y\}$；$(x, y) = (y, x)$。

(2) 在无序对 (x, y) 中允许 $x = y$。

【无向图】定义 6.3 一个无向图 G 由其顶点集 V 和边集 E 组成，记为 $G = <V, E>$。

(1) 顶点集 V 是一个非空集合，V 中的元素称为图的顶点或节点。

(2) 边集 E 是由一些无序对 (u,v) 组成的多重集合，$u, v \in V$。

通常把无向图简称为图。无向图的边没有方向。

例 6.1 设图 $G = <V, E>$，其中顶点集 $V = \{v_1, v_2, v_3, v_4\}$，边集 $E = \{(v_1, v_2), (v_1, v_3)\}$，则图 G 是一个无向图，如图 6.1 所示。

例 6.2 设图 $G = <V, E>$，其中顶点集 $V = \{v_1, v_2, v_3\}$，边集 $E = \{(v_2, v_1), (v_1, v_2), (v_1, v_2), (v_1, v_3), (v_3, v_3)\}$，则图 G 是一个无向图，如图 6.2 所示。

有时为了区分图的重复边，将边集写成 $E = \{(v_2, v_1), (v_1, v_2)', (v_1, v_2)'', (v_1, v_3), (v_3, v_3)\}$，或写成 $E = \{e_1, e_2, e_3, e_4, e_5\}$。

【顶点与边之间的关联】定义 6.4 设 $e = (v_i, v_j)$ 是无向图 G 的一条边，则称 v_i 和 v_j 是边 e 的端点，且称 e 与 v_i（或 v_j）是彼此关联的。

对于顶点与边之间的关联，要注意以下几点。

(1) 一条边与其端点关联，不与其端点以外的顶点关联。

(2) 一条边可与一个顶点关联，也可与两个顶点关联，但一条边至少与一个顶点关联且至多能与两个顶点关联。

(3) 一个顶点可与多条边关联，也可以不与任何边关联。

在例 6.2 中，边 e_1 与顶点 v_1 关联，边 e_1 也与顶点 v_2 关联；边 e_5 只与 v_3 关联。而顶点 v_1 与边 e_1、e_2、e_3、e_4 等 4 条边关联。在图 6.1 中，顶点 v_4 不与任何边关联。

【孤立点】定义 6.5 无向图中不与任何边关联的顶点称为孤立点。

在例 6.1 中，v_4 是一个孤立点。

【平行边】定义 6.6 若无向图中关联两个顶点的边多于 1 条，则称这些边为平行边，平行边的条数称为边的重数。

在图 6.2 中，与 v_1 和 v_2 关联的边有 3 条：e_1、e_2、e_3，这 3 条边是平行边，这些边的重数为 3。

【图中的环】定义 6.7 若无向图中的一条边关联的两个顶点重合，即 $e = (v_i, v_i)$，则称该边为环。

在图 6.2 中，边 e_5 是一个环。

【多重图】定义 6.8 含有平行边的无向图称为多重图。

例 6.2 中的图是多重图。

【简单图】定义 6.9 既不含平行边也不含环的无向图称为简单图。

例 6.1 中的图是简单图。

在简单图中，任何两点之间至多有一条边相连。

例 6.3　设图 $G=<V,E>$，其中顶点集 $V=\{v_1,v_2,v_3,v_4\}$，边集 $E=\{(v_1,v_1),(v_1,v_2),(v_3,v_4),(v_4,v_2)\}$，如图 6.4 所示，则 G 既不是简单图，也不是多重图。

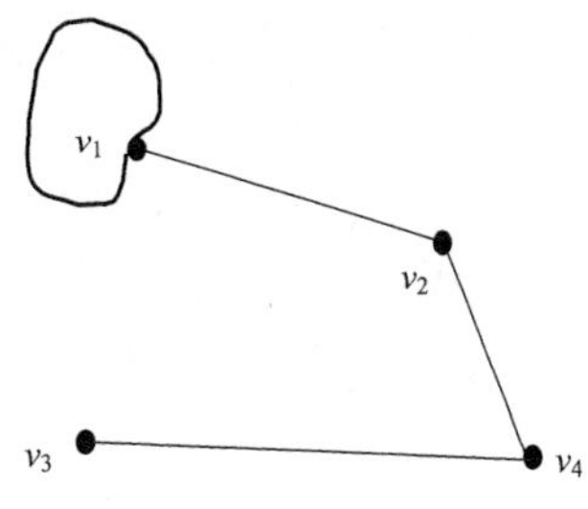

图 6.4　非简单且非多重图

【边与顶点的关联次数】定义 6.10　设 $e=(v_i,v_j)$ 是无向图 G 的一条边，若 $v_i \neq v_j$，则说 e 与 v_i（或 v_j）的关联次数为 1；若 $v_i=v_j$，则说 e 与 v_i（或 v_j）的关联次数为 2；若 v_i 不是 e 的端点，则说 e 与 v_i 的关联次数为 0。

在图 6.2 中,e_4 与 v_3 的关联次数为 1；e_5 与 v_3 的关联次数为 2；e_4 与 v_2 的关联次数为 0。

注： 边与顶点的关联次数用于描述一条边与一个顶点相连接的状态：若 e 与 v_i 的关联次数为 1，则表示 e 有两个不同的端点，v_i 是其中之一；若 e 与 v_i 的关联次数为 2，则表示 e 的两个端点重合，即 e 是一个环；若 e 与 v_i 的关联次数为 0，则表示 v_i 不是 e 的端点，即 e 不与 v_i 相连接。

【顶点相邻】定义 6.11　设 $G=<V,E>$ 是一个无向图，若存在边 $e=(v_i,v_j)$，则说顶点 v_i 与 v_j 相邻。

图的两个顶点 v_i 与 v_j 相邻是指图中存在连接 v_i 与 v_j 的边，否则就说 v_i 与 v_j 不相邻。

在图 6.1 中，v_1 与 v_2 相邻；v_1 与 v_3 相邻；v_2 与 v_3 不相邻；v_2 与 v_4 不相邻。

【边相邻】定义 6.12　设 $G=<V,E>$ 是一个无向图，e_k 和 e_l 是 G 的两条边，若存在顶点 v 使得 v 是 e_k 与 e_l 的公共端点，则说边 e_k 与 e_l 相邻。

图中的两条边相邻是指这两条边关联同一个顶点，或者说两条边连接同一个顶点。

在图 6.2 中，边 e_1 与 e_2 相邻；e_1 与 e_4 相邻；e_4 与 e_5 相邻；e_1 与 e_5 不相邻。

【图的阶】定义 6.13　图的顶点数称为图的阶，含有 n 个顶点的图称为 n 阶图。

图 6.2 是 3 阶图。图 6.4 是 4 阶图。

【完全图】定义 6.14　设 $G=<V,E>$ 是一个简单图，若 G 的每个顶点都与其余顶点相邻，则称 G 是一个完全图。

完全图是指图中任何两个顶点之间有且仅有一条边相连接。

图 6.5 和图 6.6 都是完全图。

【n 阶完全图】 含有 n 个顶点的完全图称为 n 阶完全图,记为 K_n。

例 6.4　图 6.5 和图 6.6 分别是 5 阶完全图 K_5 和 6 阶完全图 K_6，而图 6.7 是 5 阶图，但不是完全图。

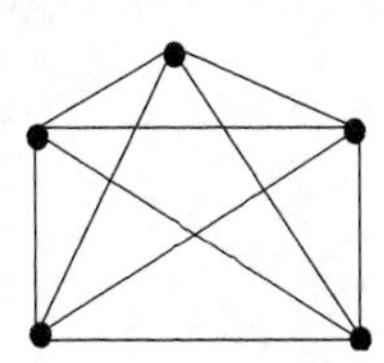

图 6.5　5 阶完全图 K_5

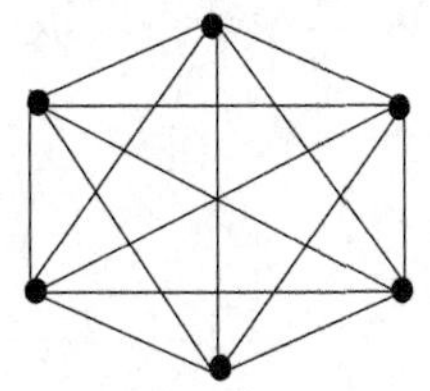

图 6.6　6 阶完全图 K_6

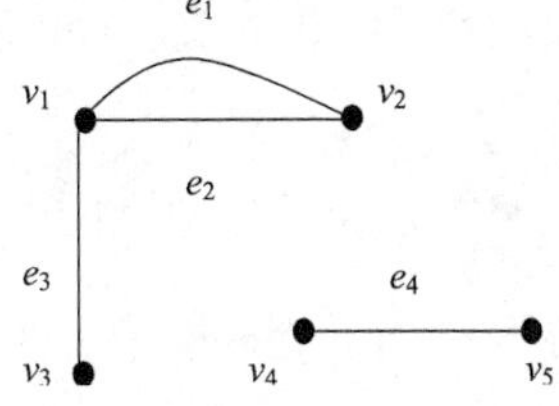

图 6.7

【子图】定义 6.15　设 $G=<V,E>$ 和 $G'=<V',E'>$ 是两个无向图。

(1)若 $V'\subseteq V$ 且 $E'\subseteq E$，则称 G' 为 G 的子图，记为 $G'\subseteq G$。

(2)若 G' 为 G 的子图且 $G'\neq G$，则称 G' 为 G 的真子图。

(3)若 $V'=V$ 且 $E'\subseteq E$，则称 G' 为 G 的生成子图。

在图 6.7 中，令 $V'=\{v_4,v_5\}$，$E'=\{e_4\}$，则 $G'=<V',E'>$ 是 G 的一个子图。

令 $V_1=\{v_1,v_2,v_3,v_4,v_5\}$，$E_1=\{e_1,e_4\}$，则 $G_1=<V_1,E_1>$ 是 G 的一个生成子图。

令 $V_2=\{v_1,v_3,v_5\}$，$E_2=\{e_1,e_4\}$，则 $G_2=<V_2,E_2>$ 不是 G 的子图，因为 $e_1=(v_1,v_2)$，而 $v_2\notin V_2$，所以 e_1 不能成为 $G_2=<V_2,E_2>$ 的一条边，$G_2=<V_2,E_2>$ 不是图。

令 $V_3=\{v_1,v_3,v_4\}$，$E_3=\{e_1,e_4,(v_2,v_4)\}$，则 $G_3=<V_3,E_3>$ 是图，但 G_3 不是 G 的子图，因为在图 G_3 中的边 $e=(v_2,v_4)$ 不是图 G 的边。

【顶点的度】定义 6.16　设 $G=<V,E>$ 是一个无向图，$v\in V$，则将 v 与图 G 中所有边的关联次数之和称为 v 的度数，记为 $d(v)$。

图中一个顶点 v 的度数就是与 v 连接的边数(一个环计数两次)。在图 6.7 中，$d(v_1)=3$，$d(v_2)=2$，$d(v_3)=d(v_4)=d(v_5)=1$。

【握手定理】定理 6.1　设无向图 $G=<V,E>$ 有 n 个顶点，m 条边，$V=\{v_1,v_2,\cdots,v_n\}$，$E=\{e_1,e_2,\cdots,e_m\}$，则 $\sum_{i=1}^{n}d(v_i)=2|E|=2m$。

证明：因为图中每条边都与两个顶点(当某条边是环时，两个顶点重合)且只与两个顶点关联，所以每条边都使图的顶点次数之和增加 2。因此，m 条边使各顶点次数之和等于 $2m$。

定理 6.1 之所以称为握手定理，是说明在一个无向图中，每条边都连着两个顶点，可看成两只手相握，m 条边代表有 $2m$ 只手相握。

推论 6.1　设 $G=<V,E>$ 是一个无向图，则 G 中度数为奇数的顶点必为偶数个。

证明：设 V_1 是由度数为奇数的顶点组成的集合，V_2 是由度数为偶数的顶点组成的集合，则由握手定理有 $\sum_{v\in V_1}d(v)+\sum_{v\in V_2}d(v)=2|E|$。因为 V_2 中的每个顶点的度数都是偶数，所以 $\sum_{v\in V_2}d(v)$ 是偶数，从而有 $\sum_{v\in V_1}d(v)=2|E|-\sum_{v\in V_2}d(v)$ 是偶数。又因为 V_1 中的每个顶点的度数都是奇数，所以 V_1 必定包含偶数个顶点。

习　题　6.1

1. 设图 G 有 10 条边，4 个 3 度顶点，其余顶点度数小于或等于 2，证明 G 至少有 8 个顶点。

2. 证明在 n 阶无向完全图 K_n 中有 $\frac{1}{2}n(n-1)$ 条边。

3. 设图 G 有 6 条边，1 个 3 度顶点，1 个 5 度顶点，其余顶点都是 2 度，求 G 的顶点数。

4. 设 G 是 n 阶无向简单图，问 G 的边数最多是多少？最少是多少？

5. 画出完全图 K_4。

6. 求图 6.8 中各个顶点的度，并用此图验证握手定理。

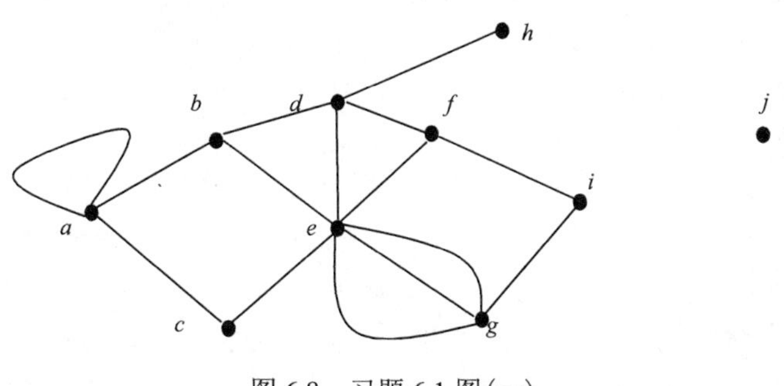

图 6.8　习题 6.1 图(一)

7. 求图 6.9 的两个生成子图。

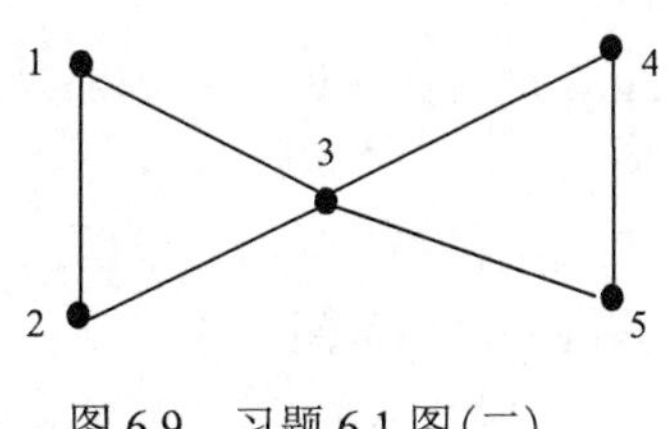

图 6.9　习题 6.1 图(二)

6.2　图的连通性

【图的通路】定义 6.17　设 $G=<V,E>$ 是一个无向图，$v_0e_1v_1e_2\cdots e_lv_l$ 是图中顶点与边的一个交替序列，边 $e_1,e_2,\cdots,e_n$ 首尾相接，则称该序列为 v_0 到 v_l 的一条通路。v_0 称为通路的起点，v_l 称为通路的终点，l 称为通路的长度。

例 6.5　设无向图 $G=<V,E>$ 如图 6.10 所示，则序列 $v_1e_4v_4e_7v_5e_8v_6$ 是 v_1 到 v_6 的一条通路，长度是 3；序列 $v_1e_4v_4e_5v_2e_3v_3e_6v_4e_9v_6$ 也是 v_1 到 v_6 的一条通路，长度是 5。

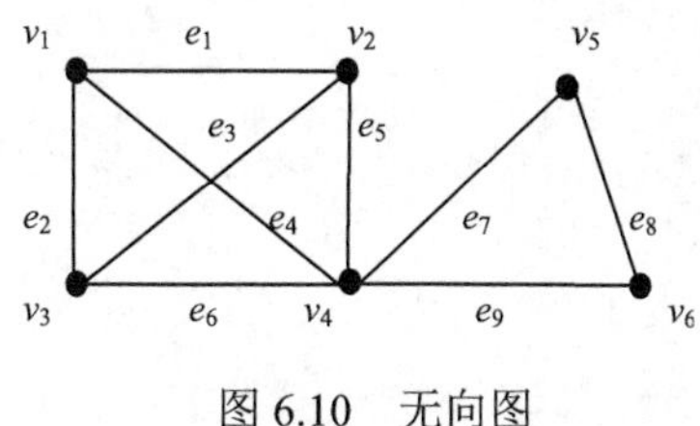

图 6.10　无向图

【通路的表示】在含有环或平行边的图中表示一条通路时，要写出顶点与边的交替序列，如 $v_0e_1v_1e_2\cdots e_lv_l$。而在简单图中表示一条通路时，可以省略交替序列中的边，只列出序列中的顶点。也可以省略交替序列中的顶点，只列出序列中的边。在例 6.5 中，两条从 v_1 到 v_6 的通路 $v_1e_4v_4e_7v_5e_8v_6$ 和 $v_1e_4v_4e_5v_2e_3v_3e_6v_4e_9v_6$ 可分别写成 $v_1v_4v_5v_6$ 和 $v_1v_4v_2v_3v_4v_6$，也可以分别写成 $e_4e_7e_8$ 和 $e_4e_5e_3e_6e_9$。一条通路可以多次经过同一个顶点。例 6.5 中的通路 $v_1v_4v_2v_3v_4v_6$ 两次经过顶点 v_4。一条通路也可以多次重复某一段路。例如，在图 6.10 中，$v_1v_4v_2v_3v_4v_2v_3v_4v_2v_3v_4v_6$ 也是一条从 v_1 到 v_6 的通路。

【简单通路】定义 6.18　设 $v_0e_1v_1e_2\cdots e_lv_l$ 是无向图 G 中的一条通路，若通路中的边两两不同，则称该通路为简单通路。

在例 6.5 中，$e_4e_7e_8$ 和 $e_4e_5e_3e_6e_9$ 都是简单通路。

【初级通路】定义 6.19　设 $v_0e_1v_1e_2\cdots e_lv_l$ 是无向图 G 中的一条通路，若通路经过的顶点各不相同，则称该通路为初级通路，有时也称为路径。

在例 6.5 中，通路 $v_1v_4v_5v_6$ 是初级通路，该通路经过的顶点 v_1,v_4,v_5,v_6 各不相同。而通路 $v_1v_4v_2v_3v_4v_6$ 不是初级通路，该通路经过的顶点 v_1,v_4,v_2,v_3,v_4,v_6 中第 2 个顶点与第 5 个顶点相同。

【图的回路】定义 6.20　设 $v_0e_1v_1e_2\cdots e_lv_l$ 是无向图 G 中的一条通路，若 $v_0=v_l$，则称该通路为 v_0 到 v_0 的一条回路。

例如，在图 6.8 中，$v_1v_3v_4v_2v_1$ 是 v_1 到 v_1 的一条回路，长度为 4；$v_1v_4v_5v_6v_4v_2v_1$ 也是 v_1 到 v_1 的一条回路，长度为 6。

【简单回路】定义 6.21　设 $v_0e_1v_1e_2\cdots e_lv_l$ 是无向图 G 中的一条回路，若回路中的边两两不同，则称该回路为 v_0 到 v_l 的一条简单回路。

例如，在图 6.8 中，$v_1v_3v_4v_2v_1$ 和 $v_1v_4v_5v_6v_4v_2v_1$ 都是 v_1 到 v_1 的简单回路。

【初级回路】定义 6.22　设 $v_0e_1v_1e_2\cdots e_lv_l$ 是无向图 G 中的一条回路，若回路经过的顶点(除 $v_0=v_l$ 外)各不相同，则称该回路为一条初级回路，有时也称为圈。

例如，在图 6.8 中，$v_1v_3v_4v_2v_1$ 是 v_1 到 v_1 的初级回路。但 $v_1v_4v_5v_6v_4v_2v_1$ 不是 v_1 到 v_1 的初级回路，该回路经过的顶点 $v_1,v_4,v_5,v_6,v_4,v_2,v_1$ 中第 2 个顶点与第 5 个顶点相同。

注：通路和回路有如下关系。

初级通路 $\Rightarrow$ 简单通路 $\Rightarrow$ 通路，反之不然。

初级回路 $\Rightarrow$ 简单回路 $\Rightarrow$ 回路，反之不然。

回路 $\Rightarrow$ 通路，简单回路 $\Rightarrow$ 简单通路，初级回路 $\Rightarrow$ 初级通路，反之不然。

其中，在初级通路的定义中，虽然要求通路经过的顶点各不相同，但把回路看作通路时，可以认为通路 $v_0e_1v_1e_2\cdots e_lv_l$ 经过 $v_0,v_1,\cdots,v_{l-1}$ 又回到 v_0，所以仍然把初级回路看作初级通路。

定理 6.2　在 n 阶无向图 G 中，若存在从顶点 u 到顶点 v 的通路，则存在长度小于或等于 $n-1$ 的从 u 到 v 的通路。

证明：设 $\Gamma=v_0e_1v_1e_2\cdots e_lv_l$ 是 G 中 u 到 v 的一条通路，其中 $v_0=u$，$v_l=v$。若 $l\leqslant n-1$，则定理成立。若 $l>n-1$，则通路 Γ 上的顶点数大于 n，而 G 只有 n 个顶点，由鸽笼原理知，在 $\{v_0,v_1,\cdots,v_l\}$ 中必存在两个相同的元素。不妨设 $v_i=v_j$，其中 $i<j$。于是，可得到一条长度小于 l 的通路 $\Gamma_1=v_0e_1v_1e_2\cdots v_i(=v_j)e_{j+1}\cdots e_lv_l$。若 Γ_1 的长度大于 $n-1$，重复上述步骤，可找到比 Γ_1 更短的通路。因为 l 是一个自然数，所以经过有限步后，必找到

长度小于或等于$n-1$的从u到v的通路。

推论 6.2　在n阶无向图G中，若存在从顶点u到v $(u \neq v)$的通路，则存在长度小于或等于$n-1$的从u到v的初级通路。

推论 6.3　在n阶无向图G中，若存在从顶点u到自身的回路，则存在长度小于或等于n的从u到自身的回路。

推论 6.4　在n阶无向图G中，若存在从顶点u到自身的回路，则存在长度小于或等于n的从u到自身的初级回路。

【顶点之间的连通性】定义 6.23　设$G=<V,E>$是一个无向图，$u,v \in V$，若存在从u到v的通路，则称u与v是连通的。特别地规定：u与u是连通的(无论是否存在连接u到u的环)。

【连通图】定义 6.24　设$G=<V,E>$是一个无向图，若对任意的$u,v \in V$，u与v是连通的，则称G是连通图，否则称G为非连通图。

例如，图 6.11 是连通图，而图 6.12 是非连通图。

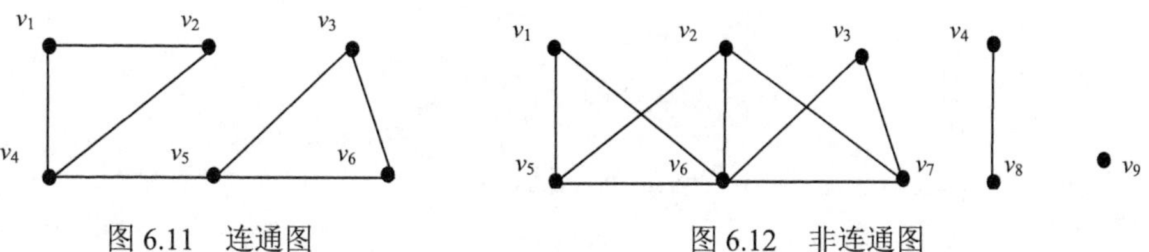

图 6.11　连通图　　　　图 6.12　非连通图

【图的连通分支】定义 6.25　设$G=<V,E>$是一个无向图，$G'=<V',E'>$是G的一个连通的子图，若对G的任何连通的子图$G''=<V'',E''>$，G'都不是G''的真子图，则称G'是G的一个连通分支。

图G的连通分支G'是G的一个连通的子图，在G'中加上G的任何一个顶点或任何一条边(如果有的话)，所得到的图都不是G的连通的子图。从这个意义上说，图的连通分支就是该图的一个局部最大的连通子图。

在图 6.12 中，有三个连通分支。这三个连通分支包含的顶点集分别为$\{v_1,v_2,v_3,v_5,v_6,v_7\}$、$\{v_4,v_8\}$和$\{v_9\}$。每一个连通分支都是一个连通图。容易看出，在同一个连通分支中任何两个顶点之间都是连通的，不同的连通分支中的顶点之间是不连通的。

【图中两点间的距离】定义 6.26　设$G=<V,E>$是一个无向图，$u,v \in V$，若u与v连通，则u与v之间长度最短的通路称为u与v之间的短程线。短程线的长度(短程线上边的条数)称为u与v之间的距离，记为$d(u,v)$。当u与v不连通时，规定$d(u,v)=\infty$。

在图 6.12 中，$d(v_1,v_3)=2$，$d(v_6,v_8)=\infty$。

习　题　6.2

1. 设 G 是 n 阶无向简单连通图，证明 G 中至少有 $n-1$ 条边。

2. 设 G 是 $2n$ 阶无向简单图，且 G 的每个顶点至少与另外 n 个顶点相邻，证明 G 是连通图。

3. 求图 6.13 中 v_0 到 v_7 的距离。

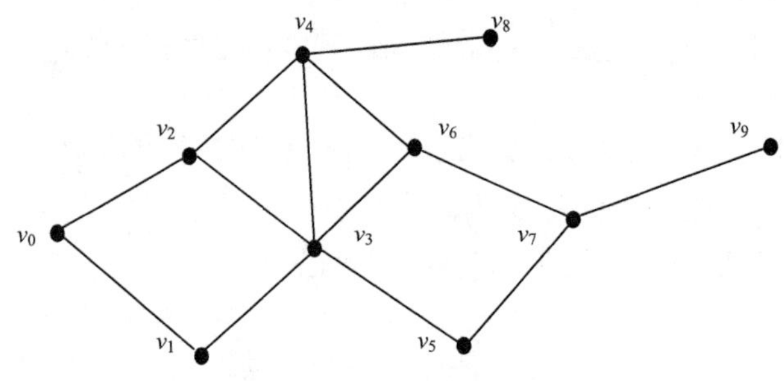

图 6.13　习题 6.2 图(一)

4. 在图 6.14 中找出一条从 v_2 到 v_8 的简单通路。

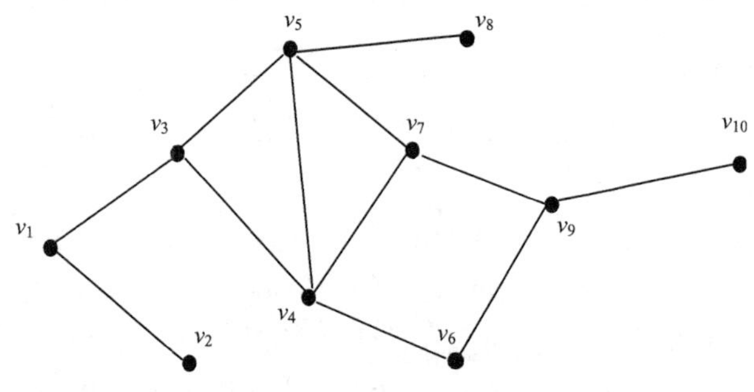

图 6.14　习题 6.2 图(二)

5. 在图 6.15 中找出一条从 a 到 h 的初级通路。

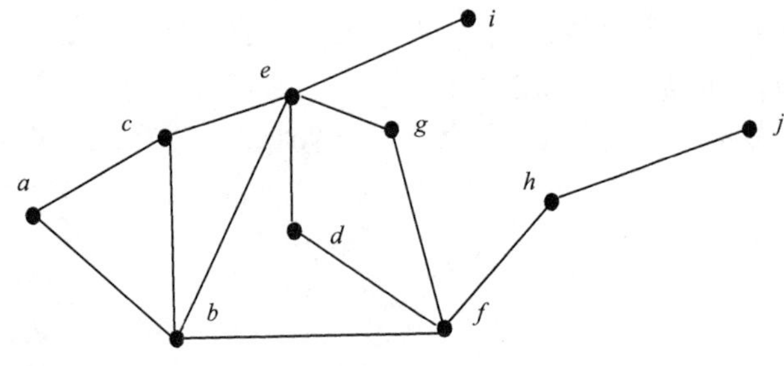

图 6.15　习题 6.2 图(三)

6. 在图 6.16 中找出一条从 v_2 出发经过 v_8 的简单回路 Γ，使得 Γ 不是初级回路。

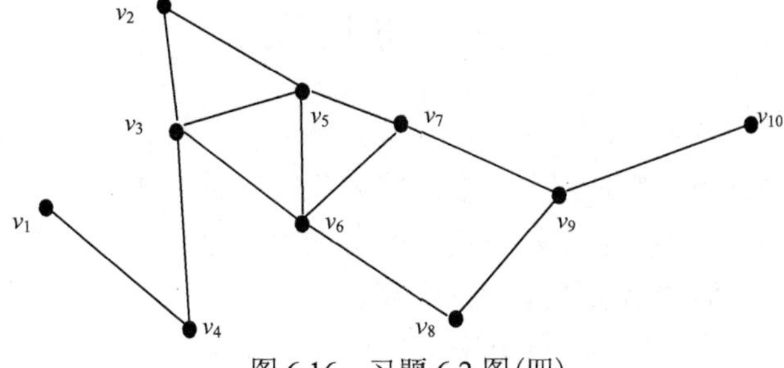

图 6.16　习题 6.2 图(四)

7. 在图 6.17 中找出一条从 v_5 出发经过 v_4 的初级回路。

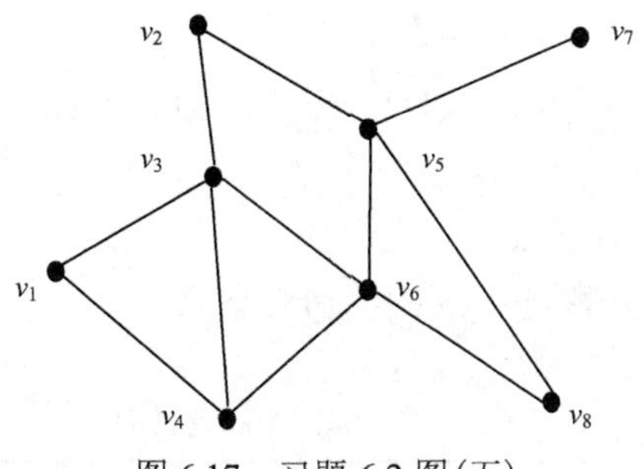

图 6.17　习题 6.2 图(五)

8. 图 6.18 中是否有从 v_1 出发经过 v_4 的初级回路，如果有，请求出；如果没有，请说明理由。

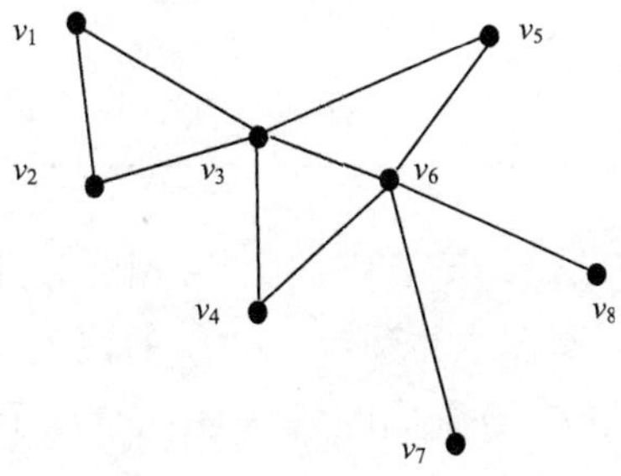

图 6.18　习题 6.2 图(六)

9．求图 6.19 的所有连通分支。

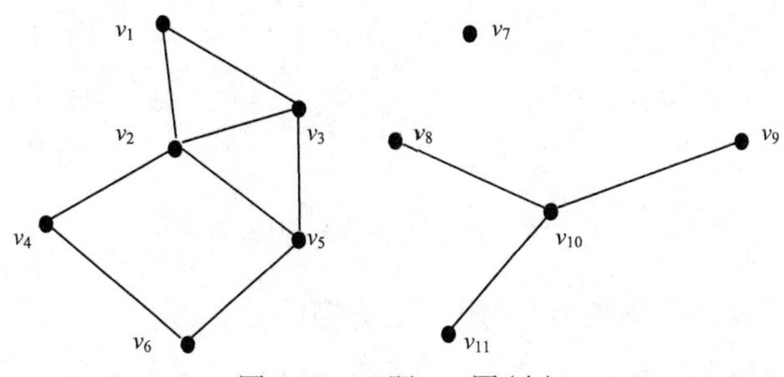

图 6.19　习题 6.2 图(七)

6.3 图的矩阵表示

前面介绍了图的集合表示，即用 $G=<V,E>$ 表示一个图；还介绍了图的图解表示，即用小圆点表示图的顶点，用顶点之间的连线表示图的边。这两种表示方法都不便于在计算机上对图进行操作。集合表示法不便于分析图的连通性，也不便于分析两个顶点之间是否存在通路，而图解表示法不便于在计算机上存储和修改。下面介绍图的矩阵表示法，这种表示法有利于在计算机上实现有关图的各种操作。

【图的邻接矩阵】定义 6.27 设 $G=<V,E>$ 是一个无向图，$V=\{v_1,v_2,\cdots,v_n\}$，$E=\{e_1,e_2,\cdots,e_m\}$，定义一个 $n\times n$（n 行 n 列）的矩阵 $A=(a_{ij})_{n\times n}$ 如下：

$$a_{ij}=h, \quad 1\leqslant i,j\leqslant n$$

其中，h 是以 v_i 和 v_j 为端点的边数，则 $A=(a_{ij})_{n\times n}$ 称为图 G 的邻接矩阵。

若已知一个无向图的顶点集和边集，则可按表 6.1 的方法写出该图的邻接矩阵：在表的横线上方和竖线的左边分别依次列出图的顶点 $v_1,v_2,\cdots,v_n$。然后在第 i 行第 j 列的位置填上数字 $a_{ij}=h$，其中 h 是连接 v_i 和 v_j 的边数。

表 6.1 图的邻接矩阵写法表

	v_1	v_2	v_3	$\cdots$	v_n
v_1	a_{11}	a_{12}	a_{13}	$\cdots$	a_{1n}
v_2	a_{21}	a_{22}	a_{23}	$\cdots$	a_{2n}
v_3	a_{31}	a_{32}	a_{33}	$\cdots$	a_{3n}
$\vdots$	$\vdots$	$\vdots$	$\vdots$		$\vdots$
v_n	a_{n1}	a_{n2}	a_{n3}	$\cdots$	a_{nn}

所以，在邻接矩阵中，第 i $(1\leqslant i\leqslant n)$ 行的数字之和，是图中与顶点 v_i 连接的边数；第 j $(1\leqslant j\leqslant n)$ 列的数字之和，是图中与顶点 v_j 连接的边数。

例 6.6 设无向图 G_1、G_2、G_3 分别如图 6.20~图 6.22 所示，它们所对应的邻接矩阵分别为

$$A(G_1)=\begin{pmatrix}0&1&1\\1&0&2\\1&2&1\end{pmatrix},\quad A(G_2)=\begin{pmatrix}0&1&1&0&0&0\\1&0&0&1&0&0\\1&0&0&1&0&0\\0&1&1&0&1&0\\0&0&0&1&0&1\\0&0&0&0&1&0\end{pmatrix},\quad A(G_3)=\begin{pmatrix}0&1&1&0&0\\1&0&2&1&1\\1&2&0&0&2\\0&1&0&0&2\\0&1&2&2&0\end{pmatrix}$$

【计算两顶点间有多少条长为 k 的通路】 无向图 G 的邻接矩阵 $A=(a_{ij})_{n\times n}$ 反映了 G 中两个顶点之间有多少条边相连接的状态：若在 v_i 与 v_j 之间有 h 条边相连接，则 $a_{ij}=h$；

若 v_i 与 v_j 没有边相连接，则 $a_{ij}=0$。邻接矩阵的一个重要应用是通过计算 A 的 k 次幂

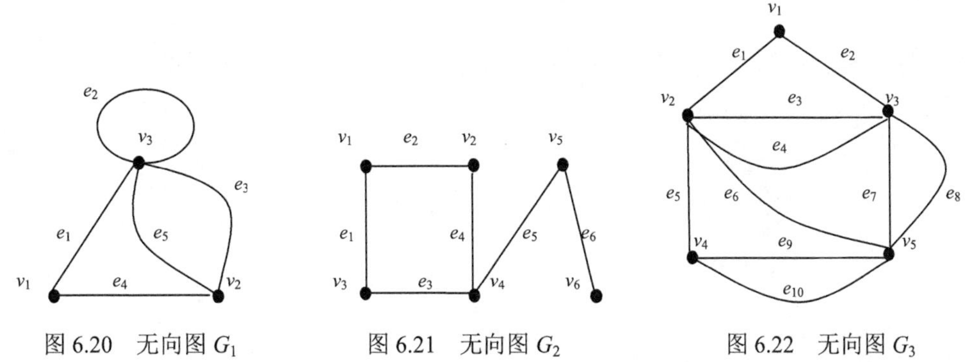

图 6.20　无向图 G_1　　图 6.21　无向图 G_2　　图 6.22　无向图 G_3

$A^k=(a_{ij}^{(k)})_{n\times n}$（$k$ 为正整数），可求出 G 中两个顶点之间有多少条长为 k 的通路。在矩阵 $A^k=(a_{ij}^{(k)})_{n\times n}$ 中，元素 $a_{ij}^{(k)}$ 的值就是从顶点 v_i 到顶点 v_j 的长度为 k 的通路数目。

在图 6.20 中，图的邻接矩阵 $A=(a_{ij})_{3\times 3}=(a_{ij}^{(1)})_{3\times 3}$，$A^2=(a_{ij}^{(2)})_{3\times 3}$，$A^3=(a_{ij}^{(3)})_{3\times 3}$ 分别为

$$A=\begin{pmatrix}0&1&1\\1&0&2\\1&2&1\end{pmatrix},\quad A^2=\begin{pmatrix}2&2&3\\2&5&3\\3&3&6\end{pmatrix},\quad A^3=\begin{pmatrix}5&8&9\\8&8&15\\9&15&15\end{pmatrix}$$

从 A 中的 $a_{23}^{(1)}=2$ 可知，v_2 和 v_3 之间有两条长为 1 的通路，分别为 e_3 和 e_5；从 A^2 中的 $a_{31}^{(2)}=3$ 可知，v_3 与 v_1 之间有 3 条长为 2 的通路，分别为 e_2—e_1、e_3—e_4、e_5—e_4。类似地，从 A^3 中的 $a_{23}^{(3)}=15$ 可以断定 v_2 与 v_3 之间有 15 条长为 3 的通路。这里所说的通路包括边可以重复出现的那些通路。例如，e_3—e_5—e_3 是一条 v_2 与 v_3 之间的长为 3 的通路，而 e_3—e_3—e_3（即 $v_2e_3v_3e_3v_2e_3v_3$）也是一条 v_2 与 v_3 之间的长为 3 的通路。

【判定两顶点间是否存在通路】设 A 是无向图 G 的邻接矩阵，令 $A^*=A+A^2+A^3+\cdots+A^n$,则通过 A^* 可以判断 G 中任意两点间是否存在通路。用 a_{ij}^* 表示 A^* 的第 i 行第 j 列元素，则 $a_{ij}^*=a_{ij}^{(1)}+a_{ij}^{(2)}+a_{ij}^{(3)}+\cdots+a_{ij}^{(n)}$，若 $a_{ij}^*\neq 0$，则存在从 v_i 到 v_j 的通路；若 $a_{ij}^*=0$，则不存在从 v_i 到 v_j 的通路。这样判定的理由是：若存在从 v_i 到 v_j 的通路，则由定理 6.2 及其推论知，从 v_i 到 v_j 一定存在长度小于或等于 n 的通路，即存在 A^k 使得 $a_{ij}^{(k)}\neq 0$，从而有 $a_{ij}^*\neq 0$。反之，若 $a_{ij}^*\neq 0$，即 $a_{ij}^{(1)}+a_{ij}^{(2)}+a_{ij}^{(3)}+\cdots+a_{ij}^{(n)}\neq 0$，则必存在某个 k $(1\leqslant k\leqslant n)$ 使得 $a_{ij}^{(k)}\neq 0$。由此可知，存在从 v_i 到 v_j 的长度为 k 的通路。

【判定一个图是否连通】设 $G=\langle V,E\rangle$ 是一个无向图，A 是 G 的邻接矩阵，则 G 是连通图当且仅当 A^* 的所有元素都不为 0，其中 $A^*=A+A^2+A^3+\cdots+A^n$。

习　题 6.3

1. 写出图 6.23 的邻接矩阵，并用邻接矩阵求该图中长度为 4 的回路总数。

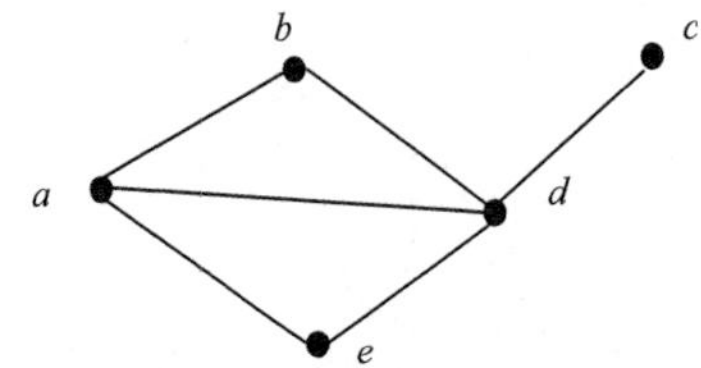

图 6.23　习题 6.3 图(一)

2. 用邻接矩阵求图 6.24 中长度为 3 的通路总数。

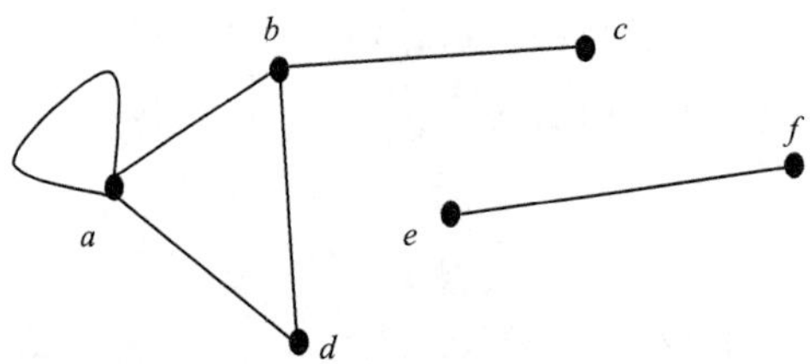

图 6.24　习题 6.3 图(二)

3. 用邻接矩阵求图 6.25 中从 a 到 d 长为 4 的通路数。

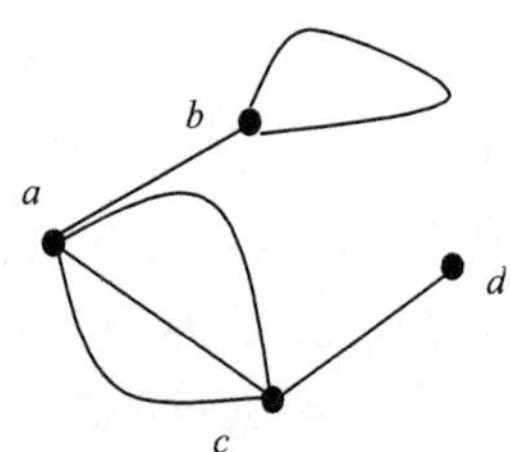

图 6.25　习题 6.3 图(三)

4. 用邻接矩阵判定图 6.26 中顶点 b 与 d 是否连通。

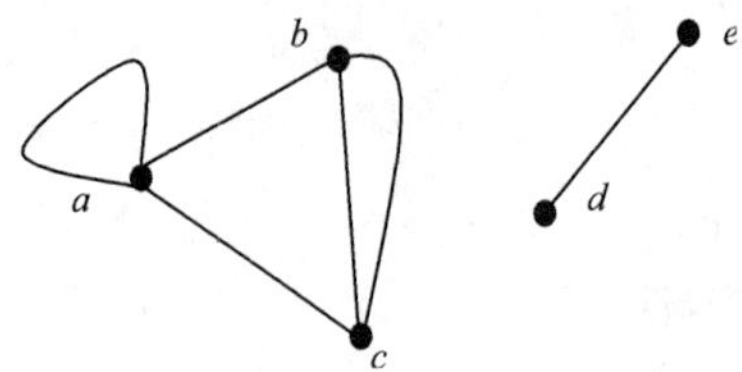

图 6.26　习题 6.3 图(四)

5. 设无向图 $G=<V,E>$，其中：顶点集 $V=\{v_1,v_2,v_3,v_4,v_5\}$，边集 $E=\{(v_1,v_1),(v_1,v_2),$

$(v_1,v_2),(v_1,v_3),(v_2,v_3),(v_2,v_4),(v_4,v_3)\}$。

(1)用邻接矩阵求 G 中从 v_2 到 v_3 长度不超过 3 的通路数。

(2)用邻接矩阵求 G 中 v_3 到 v_3 长度分别为 2、3、4 的回路数。

(3)用邻接矩阵求 G 中长度为 3 的通路总数。

6. 设无向图 $G=<V,E>$，其中：顶点集 $V=\{v_1,v_2,v_3,v_4\}$，边集 $E=\{(v_1,v_1),(v_1,v_2),(v_2,v_4)\}$，请用 G 的邻接矩阵判定 G 是否为连通图。

7. 设无向图 $G=<V,E>$，其中：顶点集 $V=\{v_1,v_2,v_3,v_4\}$，边集 $E=\{(v_1,v_1),(v_1,v_2),(v_1,v_2),(v_1,v_3),(v_2,v_3),(v_2,v_4)\}$。

(1)用邻接矩阵判定 G 中 v_1 与 v_4 之间是否有通路，如果有，请指出有多少条。

(2)用邻接矩阵判定 G 中 v_2 与 v_3 之间是否有通路，如果有，请指出有多少条。

6.4　有　向　图

【有向图】定义 6.28　一个有向图 D 由其顶点集 V 和边集 E 组成，记为 $D=<V,E>$。

(1)顶点集 V 是一个非空集合，V 中的元素称为图 D 的顶点或节点。

(2)边集 E 是由一些有序对 $<u,v>$ 组成的多重集合，$u,v\in V$，E 中的元素称为有向边，简称边。

若 $e=<u,v>$ 是有向图 D 的一条边，则 u 称为 e 的始点，v 称为 e 的终点。

用图示表示有向图时，图中的边用带箭头的弧线段表示，如图 6.27 和图 6.28 所示。

【有向图中的平行边】定义 6.29　在有向图中，若有相同始点和终点的边多于 1 条，则称这些边为平行边，平行边的条数称为边的重数。

在图 6.29 中，e_3 和 e_4 是平行边；在图 6.27 中，e_4 和 e_5 不是平行边；在图 6.28 中，e_1 和 e_2 也不是平行边。

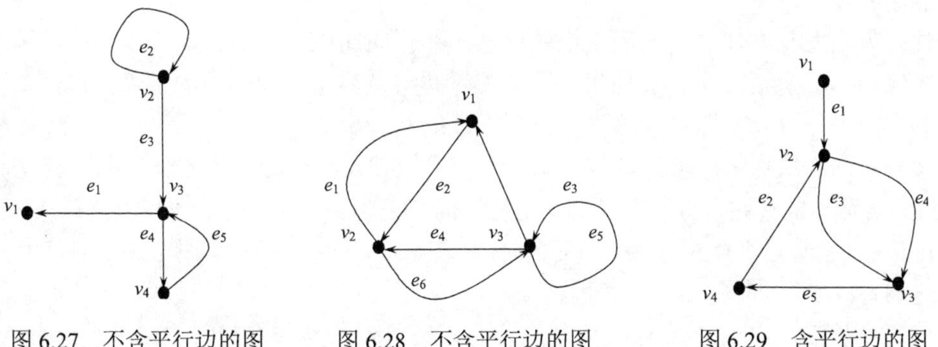

图 6.27　不含平行边的图　　图 6.28　不含平行边的图　　图 6.29　含平行边的图

【有向图中的环】定义 6.30　在有向图中，若一条边的始点与终点重合，即 $e=<v_i,v_i>$，则称该边为环。

图 6.27 中的 e_2 是环；图 6.28 中的 e_5 也是环。

【有向图中两顶点相邻】定义 6.31　在有向图中，若存在连接顶点 v_i 与 v_j 的一条有向边，即有 $e=<v_i,v_j>$（或 $e=<v_j,v_i>$）存在，则称 v_i 与 v_j 相邻。若存在 $e=<v_i,v_j>$，则称 v_i 邻接到 v_j，或 v_j 邻接于 v_i。

在图 6.27 中，v_1 邻接于 v_3，v_3 邻接到 v_1；在图 6.28 中，v_3 邻接到 v_2。

【有向图中两条边相邻】定义 6.32 在有向图中，若一条边的终点是另一条边的始点，则称这两条边相邻。并且，若 $e_1=<u,v>$，$e_2=<v,w>$，则称 e_1 邻接到 e_2，或 e_2 邻接于 e_1。

在图 6.27 中，e_3 与 e_1 相邻；但 e_2 与 e_4 不相邻。

【有向图中顶点的度】定义 6.33 设 $D=<V,E>$ 是一个有向图，v 是 D 的一个顶点，则所有以 v 为始点的边的总数称为 v 的出度，记为 $d^-(v)$；所有以 v 为终点的边的总数称为 v 的入度，记为 $d^+(v)$；v 的出度与入度之和称为 v 的度（或度数），记为 $d(v)$，即 $d(v)=d^-(v)+d^+(v)$。

在图 6.28 中，$d^-(v_1)=1$，$d^+(v_1)=2$，$d(v_1)=3$；$d^-(v_2)=2$，$d^+(v_2)=2$，$d(v_2)=4$；$d^-(v_3)=3$，$d^+(v_3)=2$，$d(v_3)=5$；其中，有一个环连接 v_3，这个环对 v_3 的出度的贡献为 1，对 v_3 的入度的贡献也为 1。

【有向图中的握手定理】定理 6.3 设有向图 $D=<V,E>$ 有 n 个顶点、m 条边，$V=\{v_1,v_2,\cdots v_n\}$，$E=\{e_1,e_2,\cdots,e_m\}$，则 $\sum_{i=1}^{n}d^-(v_i)+\sum_{i=1}^{n}d^+(v_i)=2m$。

证明：因为每条有向边都与一个始点和一个终点相关联，所以每条有向边都在顶点的出度之和中有 1 的计数。因此，m 条边在顶点的出度之和中有 m 个 1 的计数。同理，m 条边在顶点的入度之和中有 m 个 1 的计数。故顶点的出度之和加上顶点的入度之和等于 $2m$。

推论 6.5 设 $D=<V,E>$ 是一个有向图，则 D 中度数为奇数的顶点必为偶数个。

【有向图的通路】定义 6.34 设 $D=<V,E>$ 是一个有向图，$v_0e_1v_1e_2\cdots v_{l-1}e_lv_l$ 是图中顶点与边的一个交替序列，其中：顶点 v_{i-1}、v_i 分别是 e_i 的始点与终点，边 e_i 的终点是边 e_{i+1} 的始点，则称该序列为从 v_0 到 v_l 的一条通路。v_0 称为通路的起点，v_l 称为通路的终点，l 称为通路的长度。

注：有向图有许多与无向图类似的概念。在有向图中，如回路、简单通路、简单回路、初级通路、初级回路、多重图、简单图等的定义都与无向图中的定义类似，只要把“无向”改为“有向”即可。这里不再一一列出。

【有向图的顶点之间的连通性】定义 6.35 设 $D=<V,E>$ 是一个有向图，$u,v\in V$，若存在从 u 到 v 的通路，则称从 u 到 v 是可达的，记为 $u\to v$。特别地，规定：从 u 到 u 总是可达的（无论是否存在连接 u 到 u 的环）。若 $u\to v$ 且 $v\to u$，则称 u 与 v 是相互可达的，记为 $u\leftrightarrow v$。

在图 6.30 中，从 v_1 可达 v_5，但从 v_5 不可达 v_1。v_1 与 v_3 相互可达。

【有向图的基图】定义 6.36 设 $D=<V,E>$ 是一个有向图，忽略有向边的方向所得到的无向图称为该有向图的基图。

例如，图 6-31 是图 6-30 的基图。

【有向图的弱连通】定义 6.37 设 $D=<V,E>$ 是一个有向图，若 D 的基图是连通图，则称 D 为弱连通图，简称连通图。

一个不是弱连通的有向图就是一个不连通的有向图。图 6.30 是弱连通图；图 6.32 是不连通图。

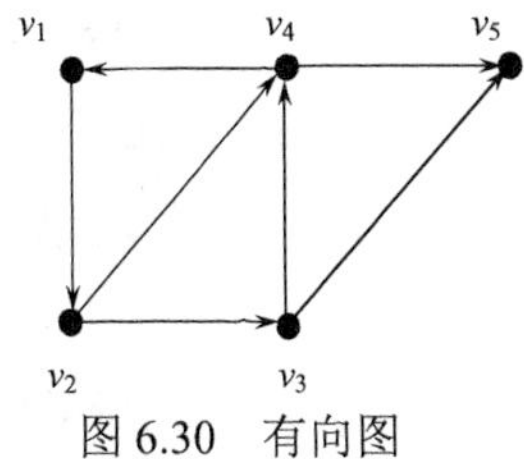

图 6.30　有向图

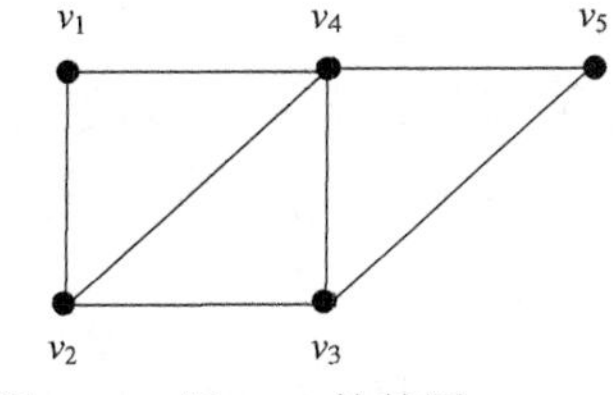

图 6.31　图 6.30 的基图

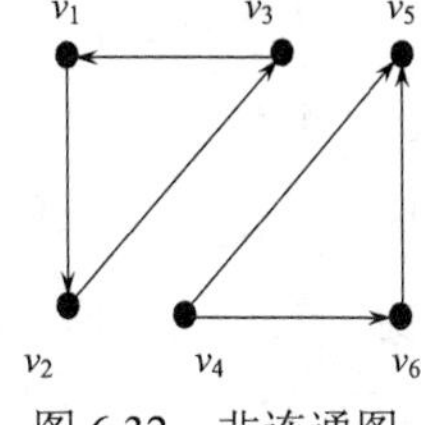

图 6.32　非连通图

【有向图的单向连通】定义 6.38　设 $D=<V,E>$ 是一个有向图，若对图中任意两个顶点 u 和 v，都有 $u\to v$ 或 $v\to u$ 成立，则称 D 是单向连通图。

图 6.30 是单向连通图；图 6.33 是弱连通图而不是单向连通图，因为 v_1 到 v_5 不可达，v_5 到 v_1 也不可达。

【有向图的强连通】定义 6.39　设 $D=<V,E>$ 是一个有向图，若 D 中任意两个顶点都相互可达，则称 D 是强连通图。

图 6.34 是强连通图；而图 6.30 和图 6.33 都不是强连通图。

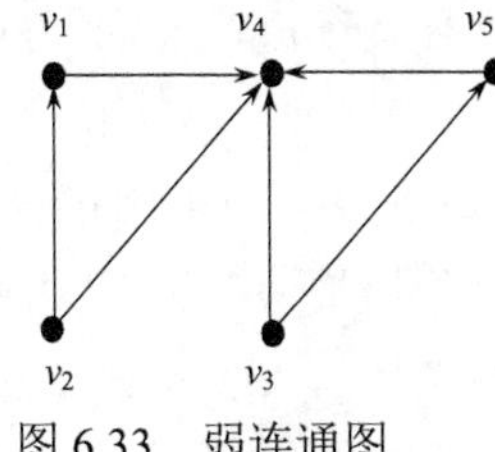

图 6.33　弱连通图

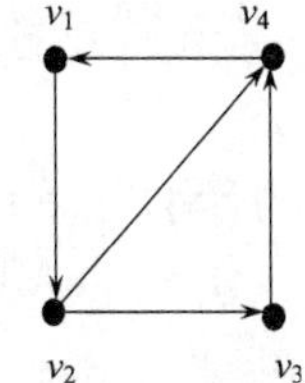

图 6.34　强连通图

注： 强连通图 $\Rightarrow$ 单向连图 $\Rightarrow$ 通弱连通图(或连通图)，反之不然。

【有向图的邻接矩阵】定义 6.40　设 $D=<V,E>$ 是一个有向图，$V=\{v_1,v_2,\cdots,v_n\}$，$E=\{e_1,e_2,\cdots,e_m\}$，定义一个 $n\times n$（n 行 n 列）的矩阵 $A=(a_{ij})_{n\times n}$ 如下：

$$a_{ij}=h,\qquad 1\leqslant i,j\leqslant n$$

其中，h 是以 v_i 为始点，以 v_j 为终点的边数。$A=(a_{ij})_{n\times n}$ 称为图 D 的邻接矩阵。

图 6.30，图 6.32~图 6.34 的邻接矩阵分别为

$$A=\begin{pmatrix}0&1&0&0&0\\0&0&1&1&0\\0&0&0&1&1\\1&0&0&0&1\\0&0&0&0&0\end{pmatrix},\quad B=\begin{pmatrix}0&1&0&0&0&0\\0&0&1&0&0&0\\1&0&0&0&0&0\\0&0&0&0&1&1\\0&0&0&0&0&0\\0&0&0&0&1&0\end{pmatrix},\quad C=\begin{pmatrix}0&0&0&1&0\\1&0&0&1&0\\0&0&0&1&1\\0&0&0&0&0\\0&0&0&1&0\end{pmatrix}$$

$$H=\begin{pmatrix}0&1&0&0\\0&0&1&1\\0&0&0&1\\1&0&0&0\end{pmatrix}$$

【计算有向图中两顶点间有多少条长为 k 的通路】与无向图类似，有向图 D 的邻接矩阵 $A=(a_{ij})_{n\times n}$ 反映了 D 中任意两个顶点之间有多少条边相连接的状态：若以 v_i 为始点，以 v_j 为终点有 h 条边，则 $a_{ij}=h$；若没有以 v_i 为始点，以 v_j 为终点的边，则 $a_{ij}=0$。邻接矩阵的一个重要应用是通过计算 A 的 k 次幂 $A^k=(a_{ij}^{(k)})_{n\times n}$（$k$ 为正整数），可以判定 D 中有多少条从 v_i 到 v_j 的长度为 k 的通路。在矩阵 $A^k=(a_{ij}^{(k)})_{n\times n}$ 中，元素 $a_{ij}^{(k)}$ 的值就是从 v_i 到 v_j 的长度为 k 的通路数。

例 6.7 设有向图 $D=<V,E>$ 如图 6.34 所示，用 H 表示 D 的邻接矩阵，则有

$$A=\begin{pmatrix}0&1&0&0\\0&0&1&1\\0&0&0&1\\1&0&0&0\end{pmatrix},\quad A^2=\begin{pmatrix}0&0&1&1\\1&0&0&1\\1&0&0&0\\0&1&0&0\end{pmatrix},\quad A^3=\begin{pmatrix}1&0&0&1\\1&1&0&0\\0&1&0&0\\0&0&1&1\end{pmatrix},\quad A^4=\begin{pmatrix}1&1&0&0\\0&1&1&1\\0&0&1&1\\1&0&0&1\end{pmatrix}$$

$A=(a_{ij})_{4\times 4}=(a_{ij}^{(1)})_{4\times 4}$、$A^2=(a_{ij}^{(2)})_{4\times 4}$、$A^3=(a_{ij}^{(3)})_{4\times 4}$、$A^4=(a_{ij}^{(4)})_{4\times 4}$ 分别反映了 D 中两个顶点之间长度为 1、2、3 和 4 的通路的条数。例如，由 $a_{32}^{(3)}=1$ 知，从 v_3 到 v_2 有一条长为 3 的通路。由 $a_{23}^{(3)}=0$ 知，不存在从 v_2 到 v_3 的长为 3 的通路。由 $a_{11}=0$，$a_{11}^{(2)}=0$，$a_{11}^{(3)}=1$，$a_{11}^{(4)}=1$ 知，从 v_1 到 v_1 有长为 3 的通路一条，有长为 4 的通路一条，没有长为 1 和长为 2 的通路。

【判定有向图的两顶点间是否可达】设 A 是有向图 D 的邻接矩阵，则通过 $A^*=A+A^2+A^3+\cdots+A^n$ 可以判断图 D 中任意两个顶点 v_i 和 v_j 是否相互可达。用 a_{ij}^* 表示 A^* 的第 i 行第 j 列元素，则 $a_{ij}^*=a_{ij}^{(1)}+a_{ij}^{(2)}+a_{ij}^{(3)}+\cdots+a_{ij}^{(n)}$，若 $a_{ij}^*\neq 0$，则说明从 v_i 到 v_j 可达；若 $a_{ij}^*=0$，则说明从 v_i 到 v_j 不可达。若 $a_{ij}^*\neq 0$ 且 $a_{ji}^*\neq 0$，则说明 v_i 和 v_j 相互可达。

在例 6.7 中，有

$$A^*=A+A^2+A^3+A^4=\begin{pmatrix}2&2&1&2\\2&2&2&3\\1&1&1&2\\2&1&1&2\end{pmatrix}$$

从矩阵 A^* 的元素可以看出，在图 6.34 中任意两个顶点都相互可达。例如，$a_{11}^*=2$ 说明从 v_1 到 v_1 有两条长度不超过 4 的回路。这是由于 $a_{11}^*=a_{11}+a_{11}^{(2)}+a_{11}^{(3)}+a_{11}^{(4)}$，由 $a_{11}=0$，$a_{11}^{(2)}=0$，$a_{11}^{(3)}=1$，$a_{11}^{(4)}=1$ 可知，从 v_1 到 v_1 有长度为 3 的回路一条，有长度为 4 的回路一条，没有长度为 1 和长度为 2 的回路。同理 $a_{23}^*=2$ 说明从 v_2 到 v_3 有 2 条长度不超过 4 的通路，说明 v_2 可达 v_3；$a_{32}^*=1$ 说明从 v_3 到 v_2 有1条长度不超过 4 的通路，说明 v_3 可达 v_2；因为 A^* 的所有元素都不为零，所以在图 6.34 中任意两个顶点都相互可达。

【判定一个有向图是否为强连通图】设 $D=<V,E>$ 是一个有向图，A 是 G 的邻接矩阵，则 G 是强连通的当且仅当 A^* 的所有元素都不为 0，其中，$A^*=A+A^2+A^3+\cdots+A^n$。

由例 6.7 所计算的邻接矩阵知，A^* 中的元素都不为 0，这表示图 6.34 中的任意两个顶点之间都是相互可达的，所以该图是强连通图。

习　题　6.4

1. 求图 6.35 中各顶点的出度、入度和度并对此图验证握手定理。

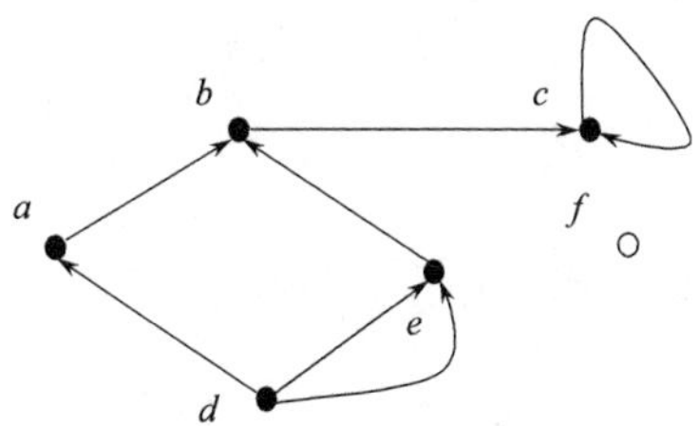

图 6.35　习题 6.4 图(一)

2. 写出图 6.36 的邻接矩阵。

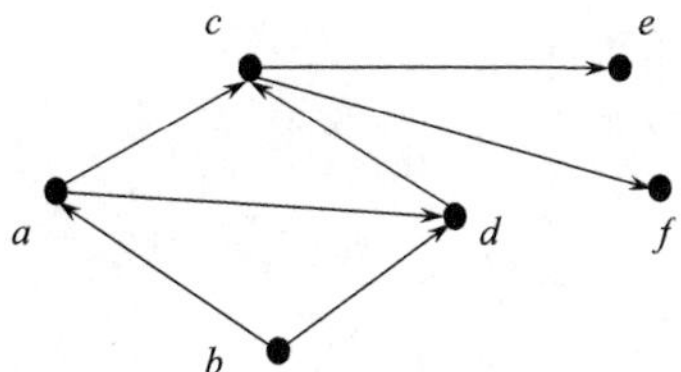

图 6.36　习题 6.4 图(二)

3. 写出 4 阶无向完全图的邻接矩阵。

4. 用邻接矩阵求图 6.37 中从 v_3 到 v_2 长度为 3 的通路数以及 v_5 到 v_5 长度为 3 的回路数。

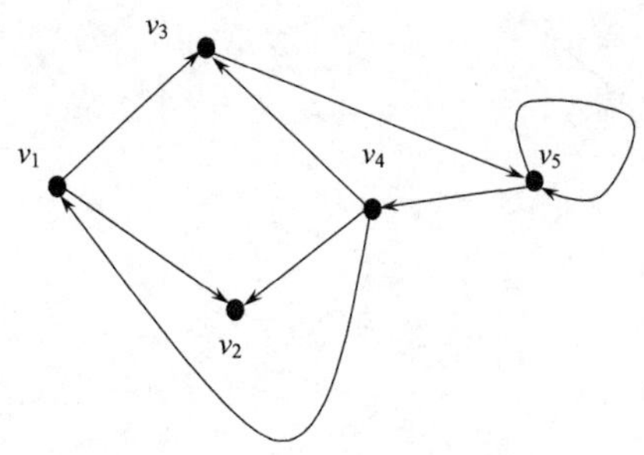

图 6.37　习题 6.4 图(三)

5. 设有向图 $D=<V,E>$，其中：顶点集 $V=\{v_1,v_2,v_3,v_4\}$，边集 $E=\{<v_1,v_1>,<v_1,v_2>,<v_1,v_2>,<v_1,v_3>,<v_2,v_3>,<v_3,v_4>,<v_4,v_3>\}$。

(1)用邻接矩阵求 D 中从 v_1 到 v_3 长度分别为 2、3、4 的通路数。

(2)用邻接矩阵求 D 中长度为 3 的通路总数。

6. 用邻接矩阵确定图 6.38 中哪些顶点之间可达而又不是相互可达。

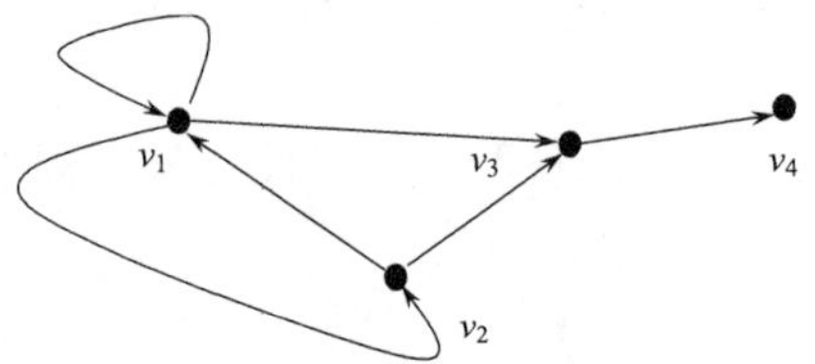

图 6.38　习题 6.4 图(四)

7. 用邻接矩阵确定图 6.39 中哪些顶点之间相互可达。

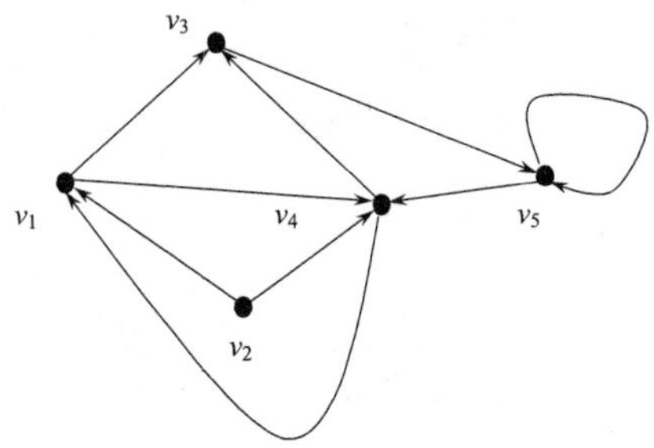

图 6.39　习题 6.4 图(五)

8. 设有向图 $D=<V,E>$，其中：顶点集 $V=\{v_1,v_2,v_3,v_4\}$，边集 $E=\{<v_1,v_1>,<v_1,v_2>,<v_3,v_2>,<v_1,v_3>,<v_2,v_3>,<v_3,v_4>,<v_4,v_3>\}$。

试用 D 的邻接矩阵判定 D 是否为强连通图。

9. 用邻接矩阵判断图 6.40 是否为强连通图。

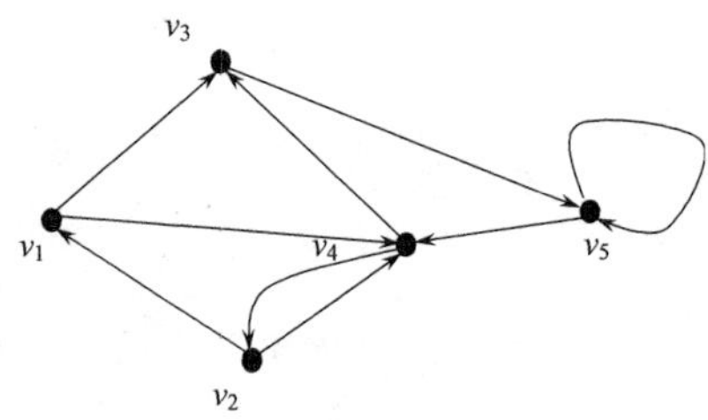

图 6.40　习题 6.4 图(六)

6.5　欧拉图与哈密顿图

欧拉图与哈密顿图代表两类具有特殊性质的图。它们源于经典的图论问题，具有一定的实际应用意义。

【哥尼斯堡七桥问题】历史上普鲁士有个哥尼斯堡镇，该镇被普雷格尔河支流分成四个部分。这四个部分包括河的两岸及河中心的两个小岛。在 18 世纪人们用七座桥把这四个部分连接起来，如图 6.41 所示。每逢节假日，镇上的居民喜欢环城游玩，他们想弄明白是否有可能从镇里的某个位置出发不重复地经过所有桥并且返回出发地。

瑞士数学家列昂哈德 · 欧拉(Leonhard Euler, 1707—1783)解决了这个问题。他把这个问题转化为图论中的问题：在多重图 6.42 中，是否存在一条包含该图的每条边的简单回路？

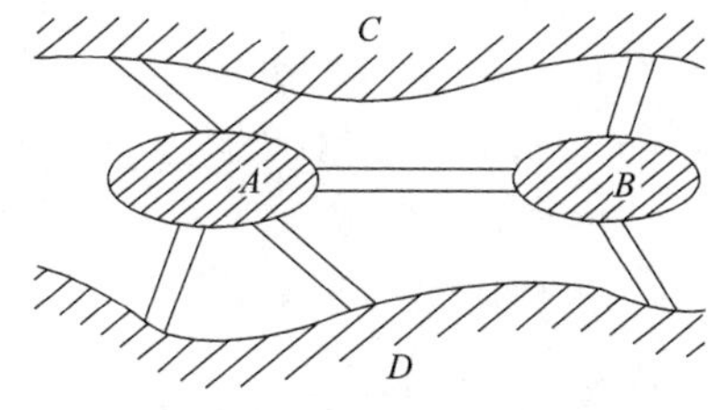

图 6.41　哥尼斯堡七桥图

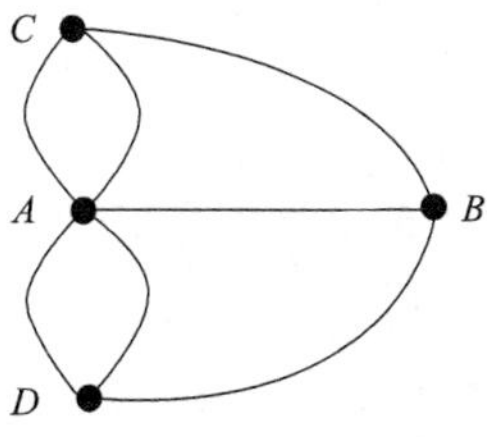

图 6.42　图 6.41 在图论中的表示

把一个通信网络中的链接看成图的边，链接端看成图的顶点，则一个通信网络就是一个无向图。在测试一个通信网络系统时，通常需要检查网络系统中的每个链接。为了使测试代价最小，常常是设计一条每条边恰好经过一次的路线，这就是在图中找一条包含该图的每条边的简单通路或简单回路。

【欧拉通路】定义 6.41　设 $G=<V,E>$ 是一个没有孤立点的无向图，则通过 G 中每条边一次且仅一次的通路称为欧拉通路。

例如，在图 6.43 中存在欧拉通路 $v_6v_5v_4v_2v_1v_3v_4$ (或 $e_6e_5e_4e_2e_1e_3$)；在图 6.44 中存在欧拉通路 $v_4v_6v_5v_4v_2v_1v_3v_4$ (或 $e_7e_6e_5e_4e_2e_1e_3$)。

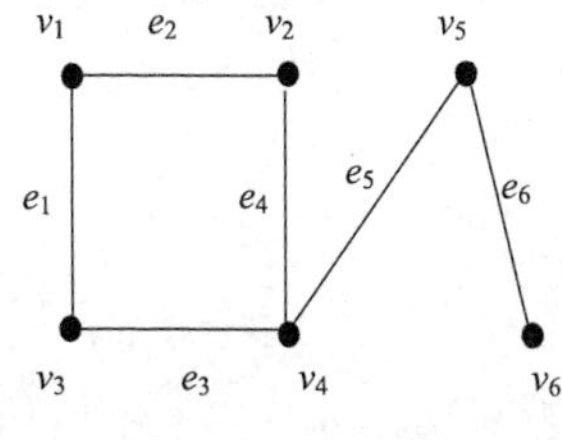

图 6.43　半欧拉图

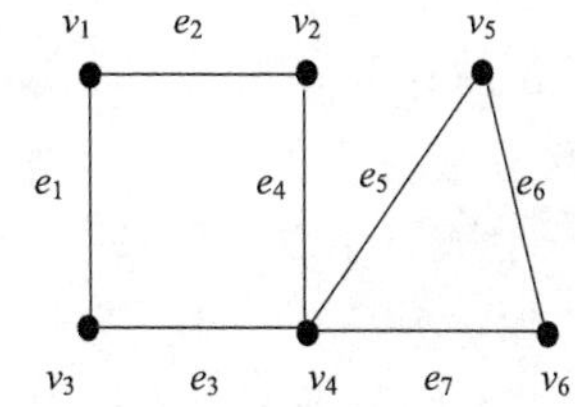

图 6.44　欧拉图

【欧拉回路】定义 6.42　设 $G=<V,E>$ 是一个没有孤立点的无向图，则通过 G 中每条边一次且仅一次的回路称为欧拉回路。

在图 6.44 中，$v_1v_2v_4v_5v_6v_4v_3v_1$ (或 $e_2e_4e_5e_6e_7e_3e_1$)和 $v_4v_6v_5v_4v_2v_1v_3v_4$ (或 $e_7e_6e_5e_4e_2e_1e_3$)。都是欧拉回路。在图 6.43 中，不存在欧拉回路。

注：(1)在欧拉通路或欧拉回路中边不能重复但顶点可以重复。

(2)在每条欧拉通路或欧拉回路中都包含了图中所有边和图中所有顶点。因此，存在欧拉通路或欧拉回路的图一定是连通图。

【欧拉图】定义 6.43　具有欧拉回路的图称为欧拉图。

图 6.44 是欧拉图，图 6.43 不是欧拉图。

【半欧拉图】定义 6.44　具有欧拉通路而没有欧拉回路的图称为半欧拉图。

图 6.43 是半欧拉图。

【欧拉图判定法则】定理 6.4　设 $G=<V,E>$ 是一个没有孤立点的无向连通图，则 G 是欧拉图当且仅当 G 中的每个顶点都是偶数度。

证明：必要性。设 $G=<V,E>$ 是一个无向连通图且是欧拉图，$\{v_1,v_2,\cdots,v_n\}$，$E=\{e_1,e_2,\cdots,e_m\}$。由 G 是欧拉图知，G 中有欧拉回路，设 $\varGamma=v_{i_1}v_{i_2}\cdots v_{i_{m-1}}v_{i_m}v_{i_1}$ 是 G 的一条欧拉回路，则 $\varGamma$ 行遍了 G 中所有的边和所有点。对 G 中每个顶点 v，则由欧拉回路没有重复边可知 v 在 $\varGamma$ 中每出现一次就获得 2 度。设 v 在 $\varGamma$ 中共出现 k（$k\geqslant 1$）次，因为 $\varGamma$ 行遍了 G 中所有边，所以，$d(v)=2k$，即 v 的度数是偶数。

充分性。设 $G=<V,E>$ 是一个无向连通图且 G 中每个顶点都是偶数度。因为 G 没有孤立点，所以 G 至少有一条边。对 G 的边数 m 进行数学归纳法。

(1) 当 $m=1$ 时，G 只有一条边 e，不妨设 e 关联的顶点为 v_1 和 v_2，因为 G 的每个顶点的度数都是偶数，所以 $v_1=v_2$，即 e 是关联 v_1 的一条环边。另外，G 是连通的且只有一条边，所以 G 只有一个顶点 v_1。由此推出 e 是 G 的一条欧拉回路。

(2) 当 $m=2$ 时，G 有两条边 e_1 和 e_2，由 G 的连通性以及在 G 中存在欧拉回路可知，G 有两种情况：一是 G 有一个顶点 v 和两条环边 e_1 及 e_2，v 的度数是 4，这时，$v_1e_1v_1e_2v_1$ 是 G 的一条欧拉回路；二是 G 有两个顶点 v_1 和 v_2 及两条边 e_1 和 e_2，并且 e_1 和 e_2 是关联 v_1 和 v_2 的平行边，v_1 和 v_2 的度数都是 2。这时，$v_1e_1v_2e_2v_1$ 是 G 的一条欧拉回路。

(3) 假定 $m\leqslant k$ 时结论成立，现在考虑 $m=k+1$ 的情况。考察有 $k+1$ 条边的图 G。

①若 G 只有一个顶点 v，则 G 的边都是关联 v 的环边，这时显然在 G 中存在欧拉回路。

②若 G 只有两个顶点 v_1 和 v_2，则 G 的边或者是关联 v_1（或 v_2）的环边，或者是关联 v_1 和 v_2 的平行边(因为 v_1 和 v_2 都是偶数度，所以关联 v_1 和 v_2 的边一定是成对出现的)，这时 G 中显然有欧拉回路存在。

③若 G 有三个或三个以上的顶点，则由 G 的连通性知，至少存在一个顶点 v_i 使得关联 v_i 的两条边 e_s 和 e_t 不是环边也不是平行边。设关联 e_s 和 e_t 的不同于 v_i 的两个顶点分别为 v_r 和 v_l，我们进行如下操作：若 v_i 的度数为 2，则删除顶点 v_i 及关联 v_i 的两条边 e_s 和 e_t，然后在 v_r 和 v_l 之间加上一条新的边 e（虚线)得到一个新图 G'，如图 6.45 所示；若 v_i 的度数大于或等于 4，则不删除顶点 v_i，只删除关联 v_i 的两条边 e_s 和 e_t，然后在 v_r 和 v_l 之间加上一条新的边 e（虚线)得到一个新图 G'，如图 6.46 所示。这样所得到的新图 G' 是一个边数为 k 的连通图且每个顶点的度数都是偶数。

由归纳假设知，在 G' 中存在欧拉回路 $\varGamma'$。因为欧拉回路 $\varGamma'$ 行遍 G' 中所有边，所以欧拉回路 $\varGamma'$ 一定包含新加的边 e。用一段路径 $e_sv_ie_t$（或 $e_tv_ie_s$）替换 $\varGamma'$ 中的边 e，即可得到图 G 的一条欧拉回路。由归纳原理，定理得证。

有了定理 6.4，哥尼斯堡七桥问题就迎刃而解了。因为在模拟哥尼斯堡七桥问题的图 6.42 中存在度为奇数的顶点，所以图 6.42 中不存在欧拉回路。即从某地出发不重复地走完七座桥再返回原地是不可能的。

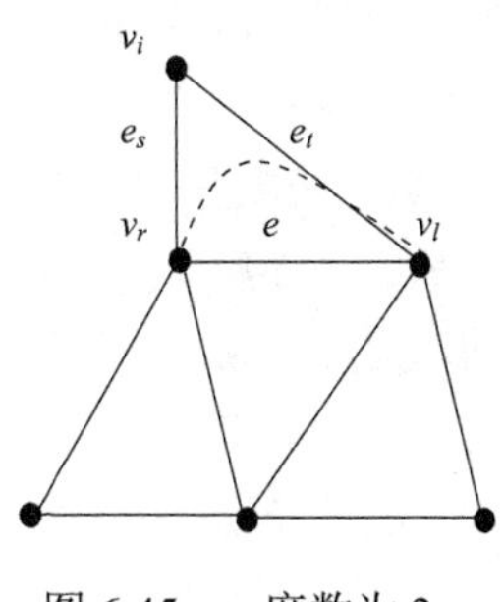

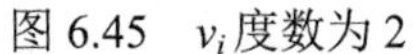
图 6.45　v_i 度数为 2

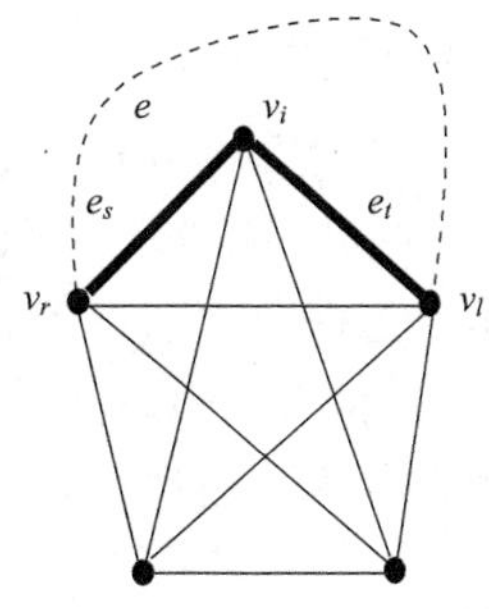

图 6.46　v_i 度数大于 3

【半欧拉图判定法则】定理 6.5　设 $G=<V,E>$ 是一个没有孤立点的无向连通图，则 G 是半欧拉图当且仅当 G 中恰好有两个顶点是奇数度。

证明：必要性。设 $G=<V,E>$ 是一个没有孤立点的无向连通图且是半欧拉图，$V=\{v_1,v_2,\cdots,v_n\}$，$E=\{e_1,e_2,\cdots,e_m\}$。由 G 是半欧拉图知，G 中没有欧拉回路，但 G 中有欧拉通路。设 $\Gamma=v_{i_0}e_{j_1}v_{i_1}e_{j_2}v_{i_2}\cdots v_{i_{m-1}}e_{j_m}v_{i_m}$（$v_{i_0}\neq v_{i_m}$）是 G 的一条欧拉通路，则 Γ 行遍了 G 中所有顶点和所有边。对 G 中每个顶点 v，若 v 不是 Γ 的端点，则由欧拉通路没有重复边可知 v 在 Γ 中每出现一次就获得 2 度。设 v 在 Γ 中共出现 k（$k\geqslant 1$）次，因为 Γ 行遍了 G 中所有边，所以，$d(v)=2k$，即 v 的度数是偶数；若 v 是 Γ 的端点 v_{i_0} 或 v_{i_m}，因为 $v_{i_0}\neq v_{i_m}$，且 v_{i_0} 与 v_{i_m} 不相邻，所以，作为端点 v_{i_0} 获得 1 度，v_{i_m} 获得 1 度，设 v_{i_0}、v_{i_m} 还作为非端点在 Γ 上分别出现 k_1（$k_1\geqslant 0$）次和 k_2（$k_2\geqslant 0$）次，则 $d(v_{i_0})=2k_1+1$，$d(v_{i_m})=2k_2+1$，即 v_{i_0}、v_{i_m} 的度数是奇数。

充分性。设 $G=<V,E>$ 是一个没有孤立点的无向连通图，且 G 中恰好有两个顶点是奇数度，$V=\{v_1,v_2,\cdots,v_n\}$，$E=\{e_1,e_2,\cdots,e_m\}$。设 G 的两个奇度点分别为 v_s、v_t，对 G 添加一条边 (v_s,v_t)，得新图 $G'=<V',E'>$，$V'=V=\{v_1,v_2,\cdots,v_n\}$，$E'=E\cup\{(v_s,v_t)\}=\{e_1,e_2,\cdots,e_m,(v_s,v_t)\}$。在 G' 中，所有顶点的度数都是偶数，由定理 6.4 知 G' 是欧拉图。设 Γ' 是 G' 的一条欧拉回路，则从 Γ' 中去掉边 (v_s,v_t)，就得到图 G 的一条欧拉通路。因此，G 是半欧拉图，定理得证。

例 6.8　由定理 6.4 知，图 6.47 和图 6.48 都是欧拉图；图 6.49 不是欧拉图，因为顶点 v_1 的度数是奇数。由定理 6.5 知，图 6.49 是半欧拉图。事实上，$\Gamma=v_1v_3v_4v_5v_2v_4v_1v_2$ 是图 6.49 的一条欧拉通路。

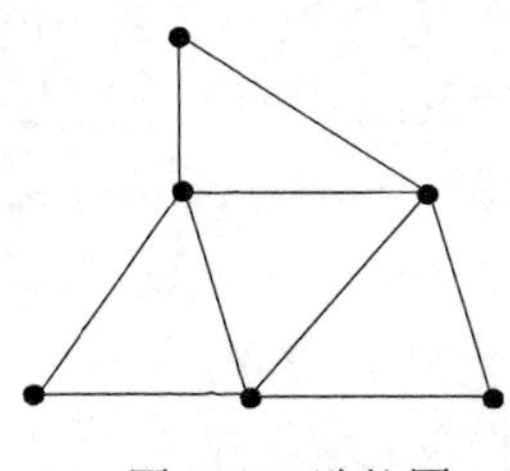
图 6.47　欧拉图

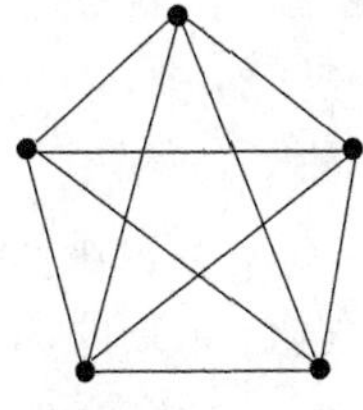
图 6.48　欧拉图

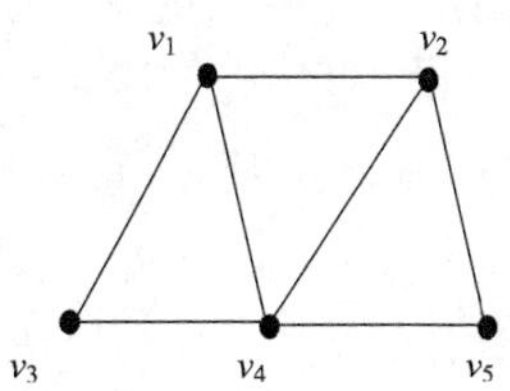

图 6.49　半欧拉图

【哈密顿智力题】图论中另一个经典问题是解哈密顿智力题。1857 年，爱尔兰数学家威廉 · 罗万 · 哈密顿(William Rowan Hamilton, 1805—1865)发明了一个智力游戏：是否能够在图 6.48 中找到一条回路，使它通过图中每个顶点一次且仅一次？若把图中每个顶点看成一座城市，连接两个顶点的边看成交通线，如图 6.50 所示。那么这个问题就变成能否找到一条路线，使得沿着这条路线恰好经过每座城市一次，再回到原来的出发地？因此，这个问题也被称为周游世界问题。

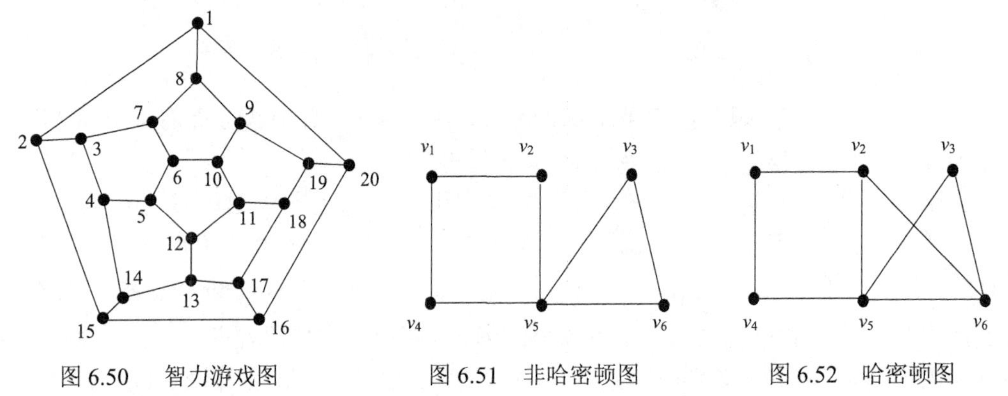

图 6.50　智力游戏图　　图 6.51　非哈密顿图　　图 6.52　哈密顿图

【哈密顿通路】定义 6.45　设 $G=<V,E>$ 是一个无向连通图，则通过 G 中每个顶点一次且仅一次的通路称为哈密顿通路。

在图 6.51 中，$\Gamma=v_2v_1v_4v_5v_3v_6$ 是一条哈密顿通路。

【哈密顿回路】定义 6.46　设 $G=<V,E>$ 是一个无向连通图，则通过 G 中每个顶点一次且仅一次的回路称为哈密顿回路。

在图 6.52 中，$\Gamma=v_1v_2v_6v_3v_5v_4v_1$ 是一条哈密顿回路。

注：(1)在哈密顿通路或哈密顿回路中由于顶点不能重复，所以边也不能重复。

(2)在哈密顿通路或哈密顿回路中包含了图中所有顶点，但不一定包含图中所有边。

【哈密顿图】定义 6.47　设 $G=<V,E>$ 是一个无向连通图，若图 G 中存在哈密顿回路，则称 G 是哈密顿图。

图 6.52 是哈密顿图；而图 6.51 不是哈密顿图，因为在图 6.51 中不存在哈密顿回路。

【哈密顿通路判定法则】定理 6.6　设 $G=<V,E>$ 是一个 $n\,(n\geqslant 2)$ 阶无向简单图，若 G 中任意两个不相邻的顶点 v_i 和 v_j，都有 $d(v_i)+d(v_j)\geqslant n-1$，则 G 中存在哈密顿通路。

***证明：**首先用反证法证明 G 是连通图。若 G 不连通，则 G 包含至少两个连通分支 G_1 和 G_2。设 G_1 和 G_2 的阶数分别为 n_1 和 n_2，则 $n_1+n_2\leqslant n$。任取 G_1 中的一个顶点 v_1 和 G_2 中的一个顶点 v_2，则 v_1 与 v_2 在 G 中不相邻。因为 G 是简单图，而 G_1 只有 n_1 个顶点，所以关联 v_1 的边数不超过 n_1-1 条。因而，$d(v_1)\leqslant n_1-1$。同理，有 $d(v_2)\leqslant n_2-1$。于是有 $d(v_1)+d(v_2)\leqslant n_1-1+n_2-1\leqslant n-2$，这与已知条件 $d(v_i)+d(v_j)\geqslant n-1$ 矛盾。

接下来证明在 G 中存在哈密顿通路。任选 G 中的一个顶点 v_p，构造一条从 v_p 开始通往各顶点一次且仅一次的通路。其思路是：从 v_p 开始找 G 中的一条边连接另一个顶点，再找一条边连接另一个不与前面顶点重复的顶点，直至获得哈密顿通路。

假定 $\Gamma = v_{i_1}v_{i_2}\cdots v_{i_k}$ 是 G 中一条没有重复顶点的通路，若 $k=n$，则 Γ 是 G 的一条哈密顿通路。若 $k<n$，则可以将 Γ 再进一步扩大。下面分两种情况讨论。

(1)若 v_{i_1} 与 v_{i_k} 相邻。这时，$\Gamma' = v_{i_1}v_{i_2}\cdots v_{i_k}v_{i_1}$ 是一条回路。因为 G 是连通图，所以可选择一个 Γ 外的顶点 $v_{i_{k+1}}$，使得 $v_{i_{k+1}}$ 与 Γ 中的某个顶点相邻。不妨设 $v_{i_{k+1}}$ 与 v_{i_j} 相邻，则将回路 Γ' 从 v_{i_j} 与 $v_{i_{j+1}}$ 之间处剪开，再连接 v_{i_j} 与 $v_{i_{k+1}}$，这样可得到一条包含 $k+1$ 个顶点且没有重复顶点的通路。

(2) v_{i_1} 与 v_{i_k} 不相邻，又分两种情况讨论。

①若 v_{i_1}（或 v_{i_k}）与 Γ 外的某个顶点 $v_{i_{k+1}}$ 相邻，则连接 v_{i_1}（或 v_{i_k}）与 $v_{i_{k+1}}$ 就得到一条包含 $k+1$ 个顶点且没有重复顶点的通路。

②若 v_{i_1} 和 v_{i_k} 都不与 Γ 外的顶点相邻，则与 v_{i_1} 和 v_{i_k} 相邻的顶点全部在 Γ 中。此时必有 $d(v_{i_1})\geqslant 2$。否则，由 $d(v_{i_1})=1$ 及 $d(v_{i_1})+d(v_{i_k})\geqslant n-1$ 可推出 $d(v_{i_k})\geqslant n-1-d(v_{i_1})\geqslant n-1-1=n-2$。又因为 G 是简单图，所以 v_{i_k} 不与自身相邻，从而 v_{i_k} 只能与 $v_{i_1},v_{i_2},\cdots,v_{i_{k-1}}$ 中的顶点相邻。但 $k\leqslant n-1$，由此推出 $d(v_{i_k})\leqslant k-2\leqslant n-1-2=n-3$。这是一个矛盾。所以，$d(v_{i_1})\geqslant 2$ 成立。

为了讨论方便，将 Γ 中的顶点重新编号，令 $u_1=v_{i_1},u_2=v_{i_2},\cdots,u_k=v_{i_k}$，则 $\Gamma=u_1u_2\cdots u_k$，如图 6.53 所示。设 $d(u_1)=l$，则由 $d(v_{i_1})\geqslant 2$ 知，$d(u_1)=d(v_{i_1})=l\geqslant 2$。因为与 u_1 相邻的顶点都在 Γ 中，不妨设与 u_1 相邻的 l 个顶点分别为 $u_{i_1}(=v_{i_2}),u_{i_2},\cdots,u_{i_l}$，我们断言：$u_k(=v_{i_k})$ 与这 l 个顶点之一相邻。若不然，因为 u_k 不与自身相邻，那么 u_k 只能与 Γ 中的 $k-1-l$ 个顶点相邻，由此推出 $d(u_1)+d(u_k)\leqslant l+k-1-l=k-1\leqslant n-1-1=n-2$，这与已知条件矛盾。由断言，不妨设 u_k 与 u_{i_j-1} 相邻，这时 $u_1u_2\cdots u_{i_j-1}u_ku_{k-1}\cdots u_{i_j}u_1$ 是行遍 Γ 中所有顶点的回路。由第(1)步的证明知，可以将 Γ 扩大为包含 $k+1$ 个顶点的通路。

(3)重复以上步骤(1)和(2)，可将 Γ 扩大为哈密顿通路。

【哈密顿图判定法则】定理 6.7　设 $G=<V,E>$ 是一个 $n\,(n\geqslant 2)$ 阶无向简单图，若对于 G 中任意两个不相邻的顶点 v_i 和 v_j，都有 $d(v_i)+d(v_j)\geqslant n$，则在 G 中存在哈密顿回路，从而 G 是哈密顿图，如图 6.54 所示。

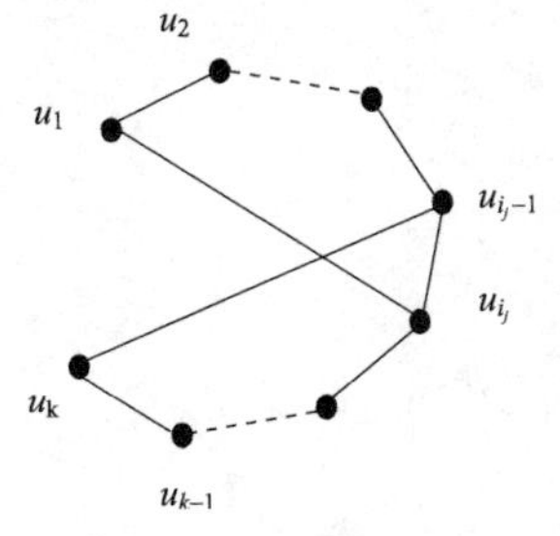

图 6.53　重新编号的通路

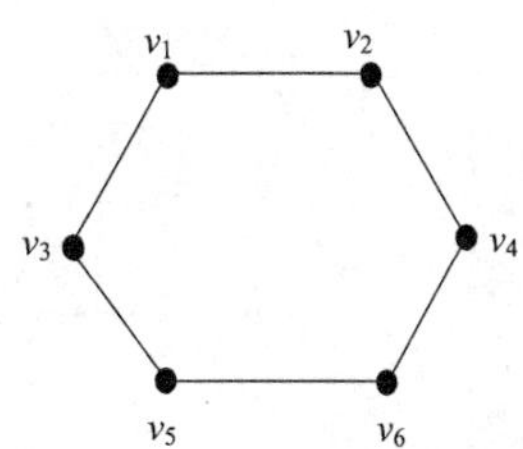

图 6.54　哈密顿图

定理 6.7 的证明与定理 6.6 类似。

注：定理 6.6 和定理 6.7 是哈密顿通路和哈密顿回路存在的充分条件，而不是必要条

件。即不满足定理的条件也可能存在哈密顿通路或哈密顿回路。例如，在图 6.54 中，存在哈密顿回路，但不满足定理 6.6 的条件，也不满足定理 6.7 的条件。

习　题　6.5

1. 当 n 取何值时，n 阶无向完全图 K_n 是欧拉图，为什么？
2. 画一个无向简单图，使它既是欧拉图又是哈密顿图。
3. 画一个无向简单图，使它是欧拉图但不是哈密顿图。
4. 画一个无向简单图，使它是哈密顿图但不是欧拉图。
5. 画一个无向简单图，使它既不是欧拉图也不是哈密顿图。
6. 画一个无向简单图，使它是欧拉图且有奇数个顶点和奇数条边。
7. 画一个无向简单图，使它是欧拉图且有偶数个顶点和奇数条边。
8. 确定图 6.55 中是否有欧拉回路？如果有，请找出一条欧拉回路。

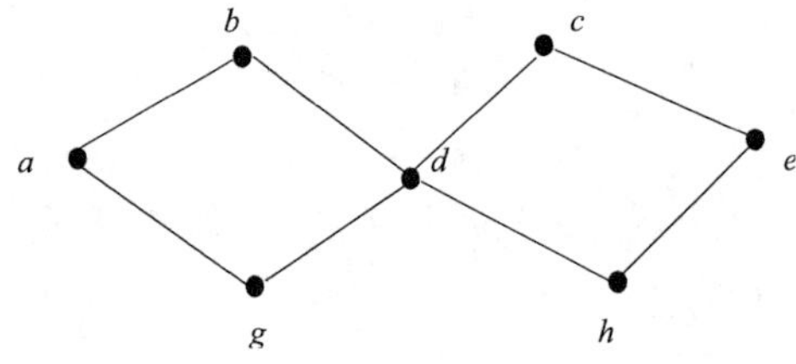

图 6.55　习题 6.5 图(一)

9. 确定图 6.56 中是否有欧拉通路，如果有，请找出一条欧拉通路。

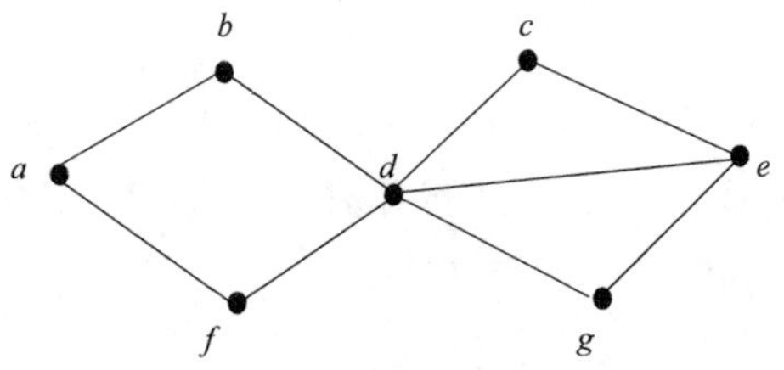

图 6.56　习题 6.5 图(二)

10. 确定图 6.57 是否为哈密顿图，为什么？

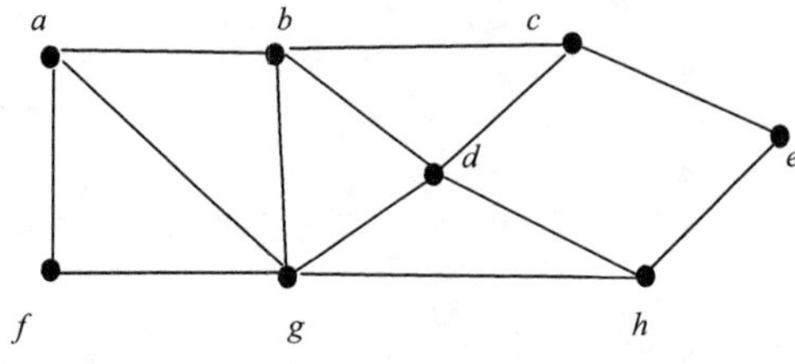

图 6.57　习题 6.5 图(三)

11. 确定图 6.58 中是否存在哈密顿通路？如果有，请找出一条哈密顿通路。

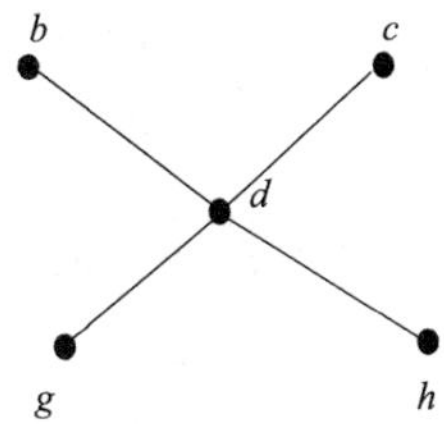

图 6.58　习题 6.5 图(四)

12. 图 6.59 表示三个房间的平面图，已知房间之间、房间与室外之间共有 8 道门，问：是否可以从某个房间或室外开始恰好经过每道门一次又回到原地？请说明理由。

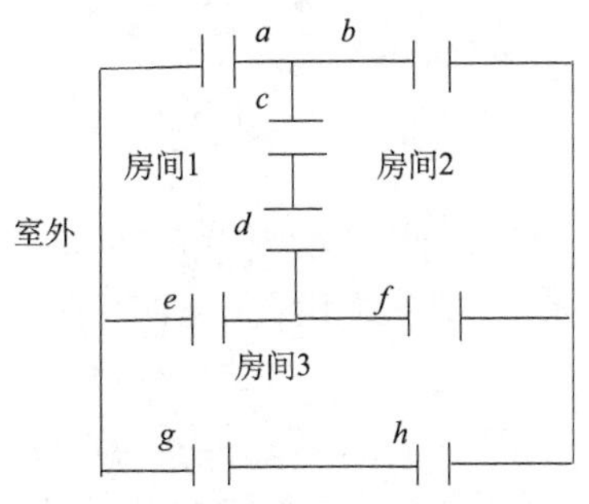

图 6.59　习题 6.5 图(五)

13. 在一次野外骑车郊游活动中，一共有 30 人参加，他们当中每个人都至少有 15 个朋友参加了这次活动，问在做游戏时，能否将这 30 人排成一圈，使得每人的左右两边都是自己的朋友？为什么？

6.6　带　权　图

图常常用作交通网络的模型。把城市看作节点，把城市之间的运输线(公路、铁路、航线等)看作边，则得到的数学模型就是图。如果要考虑城市之间的距离、运费、票价等因素，那么连接两个城市之间的不同通路就会产生不同的结果。可以把这些因素标注在图的边上，让每条边都带上一个数字(表示距离、运费等)，用这种边上带有数字的图来模拟交通运输网络。边上带有数字的图称为带权图，带权图的应用之一就是找出图中两个节点之间的最短路径。

【带权图】定义 6.48　设 $G=\langle V,E\rangle$ 是一个无向图，$V=\{v_1,v_2,\cdots,v_n\}$，$E=\{e_1,e_2,\cdots,e_m\}$，若 E 中每条边 e_j 都带有一个实数 w_j，则称 w_j 为边 e_j 的权，记为 $W(e_j)=w_j$；称 G 为无向带权图，简称带权图，记为 $G=\langle V,E,W\rangle$。

图 6.60 是一个带权图。

【通路的权】定义 6.49　设 $G=\langle V,E,W\rangle$ 是一个带权图，$\Gamma=v_1e_1v_2e_2v_3e_3\cdots v_ke_kv_{k+1}$

是 v_1 到 v_{k+1} 的一条通路，则规定 Γ 的权等于 Γ 上所有边的权的总和，记为 $W(\Gamma)$。即 $W(\Gamma)=W(e_1)+W(e_2)+\cdots+W(e_k)$。

显然，若令通路 $\Gamma'=v_1e_1v_2e_2v_3e_3\cdots v_{k-1}e_{k-1}v_k$，$\Gamma=v_1e_1v_2e_2v_3e_3\cdots v_{k-1}e_{k-1}v_ke_kv_{k+1}$，则 $W(\Gamma)=W(\Gamma')+W(e_k)$。

在图 6.60 中，通路 $\Gamma_1=v_1v_2v_6v_3$ 的权为 $W(\Gamma_1)=20+7+5=32$；而通路 $\Gamma_2=v_1v_4v_5v_3$ 的权为 $W(\Gamma_2)=6+23+8=37$。

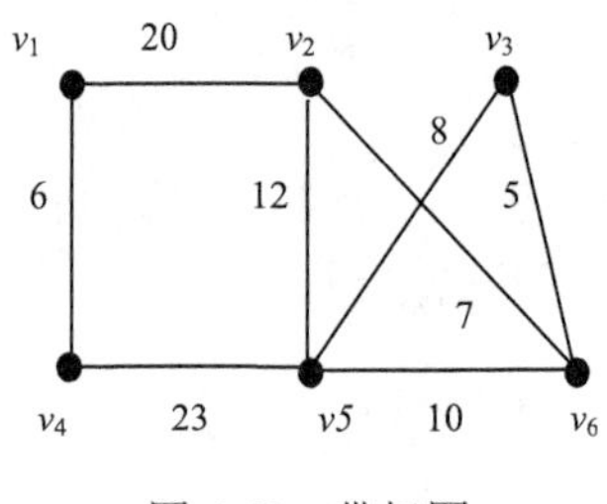

图 6.60　带权图

【货郎担问题】 设有 n 个城市，任何两个城市之间均有道路连通，一个售货员从一个城市出发，要走遍这 n 个城市，每个城市经过一次且只经过一次，最后回到出发地，问如何找到最短的路线？

【求两点间的最短路径】 设 $G=<V,E,W>$ 是无向带权图，$v_i,v_j\in V$,在 G 中，所有从 v_i 到 v_j 的通路中，权最小的通路称为从 v_i 到 v_j 的最短路径。荷兰数学家爱德思葛·韦伯·迪可斯特朗(Edsger Wybe Dijkstra, 1930—2002)在 1959 年给出了一个求无向带权图最短路径的算法。在介绍求最短路径的 Dijkstra 算法之前，先进行一些说明。

(1) 在简单图中，一条边 e 可以用关联它的两个顶点 v_i 和 v_j 来表示，即可写成 $e=(v_i,v_j)$。于是 e 的权可写成 $W(e)=W(v_i,v_j)=w_{ij}$。

(2) 在算法中，规定边的权都大于或等于 0，若 v_i 与 v_j 不相邻，则规定 $W(v_i,v_j)=\infty$。

【Dijkstra 算法】 Dijkstra 算法的思路可以简单地描述为：从起点开始 → 试探(在所有已作出选择的路径后面追加一个尚未被选择的新节点作为终点) → 选择(最短路径) → 再试探 → 再选择 → ⋯，直至找到目标节点。

设 $G=<V,E,W>$ 是一个无向简单连通带权图，$V=\{v_1,v_2,\cdots,v_n\}$，u,v 是 G 中任意两个节点。寻找从 u 到 v 的最短路径的 Dijkstra 算法如下。

(1) 初始化。构造两个顶点子集 S、$\bar{S}$ 和一个路径集 L，令起点 $u=v_{i_1}$，$S=\{u\}$，$L=\{u\}$，$\bar{S}=V-S$，其中 L 中的 u 表示 u 到自身的路径，相当于 $u\to u$。

(2) 从起点 u 开始试探。对 $\bar{S}$ 中的每个节点 v'，逐一计算路径 $u\to v'$ 的权，即计算 $W(u,v')$。找出具有最小权的路径 $u\to v_{i_2}$ (在出现多个相等的最小权的情况下，可一次选择多条路径)，将选择好的路径 $u\to v_{i_2}$ (可以是多条)添加到 L 中，即令 $L=\{u,u\to v_{i_2}\}$，并将 v_{i_2} 添加到集合 S 中，即令 $S=\{u,v_{i_2}\}$，$\bar{S}=V-S$；检查目标节点 $v\in S$ 是否成立，若 $v\in S$，则得到所求路径，算法终止。否则转到第(3)步。

(3) 以 L 中的路径为基础试探。对 L 中的每一条路径 Γ 和 $\bar{S}$ 中的每一个节点 v'，逐

一计算路径 $\Gamma \to v'$ 的权，找出具有最小权的路径 $\Gamma \to v''$（可能是多条）；将所有最小权的路径添加到 L 中；将所有被选中的 v'' 添加到 S 中；令 $\overline{S} = V - S$ 。

(4) 检查目标节点 $v \in S$ 是否成立，若 $v \in S$ ，则得到所求路径，算法终止。否则重复第 (3) 步，直至找到目标节点 v 。

例 6.9 用 Dijkstra 算法求图 6.61 中从 v_1 到 v_{10} 的最短路径。

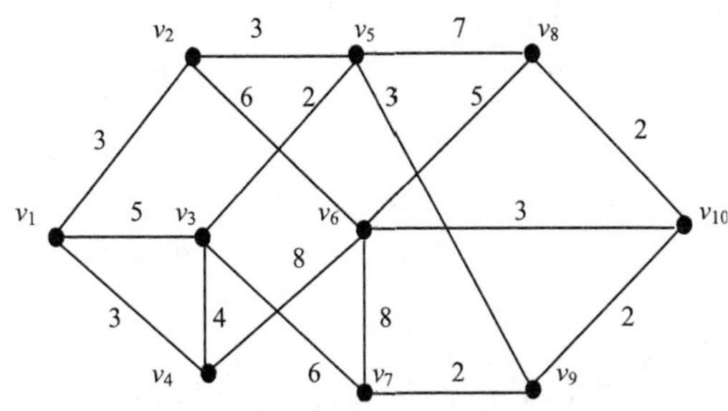

图 6.61 例 6.9 图示

解：(1) 初始化。构造两个顶点子集 S 、$\overline{S}$ 和一个路径集 L：令起点 $u = v_1$ ，$S = \{v_1\}$ ，$\Gamma_1 = v_1$ ，$L = \{\Gamma_1\}$ ，$\overline{S} = V - S = \{v_2, v_3, \cdots, v_{10}\}$ 。

(2) 从 $\Gamma_1 = v_1$ 开始试探。对 $\overline{S}$ 中的每个节点 v' ，逐一计算路径 $\Gamma_1 = v_1 \to v'$ 的权：

$$W(\Gamma_1 \to v_2) = W(v_1 \to v_2) = 3 \text{，} W(\Gamma_1 \to v_3) = W(v_1 \to v_3) = 5$$

$$W(\Gamma_1 \to v_4) = W(v_1 \to v_4) = 3 \text{，} W(\Gamma_1 \to v_j) = W(v_1 \to v_j) = \infty \text{，} \quad j = 5,6,7,\cdots,10$$

选择具有最小权的路径：$\Gamma_1 \to v_2$ ，$\Gamma_1 \to v_4$ ，即 $v_1 \to v_2$ 和 $v_1 \to v_4$ 。

令 $\Gamma_2 = \Gamma_1 \to v_2 = v_1 \to v_2$ ，$\Gamma_3 = \Gamma_1 \to v_4 = v_1 \to v_4$ ，$L = \{\Gamma_1, \Gamma_2, \Gamma_3\}$ ，$S = \{v_1, v_2, v_4\}$ ，$\overline{S} = V - S = \{v_3, v_5, v_6, \cdots, v_{10}\}$ 。

检查目标节点 v_{10} 是否在 S 中。此时，$S = \{v_1, v_2, v_4\}$ ，目标节点 v_{10} 不在 S 中，继续第 (3) 步。

至此，已选择的路径有 3 条，即 $L = \{\Gamma_1, \Gamma_2, \Gamma_3\}$ ；未被选中的节点有 8 个，即 $\overline{S} = V - S = \{v_3, v_5, v_6, \cdots, v_{10}\}$ 。

(3) 以 L 中的路径为基础试探。对 L 中的每一条路径 Γ 和 $\overline{S}$ 中的每个节点 v' ，逐一计算路径 $\Gamma \to v'$ 的权：

$W(\Gamma_1 \to v_3) = 5$ ，$W(\Gamma_1 \to v_j) = \infty$ ， $j = 5,6,\cdots,10$

$W(\Gamma_2 \to v_3) = \infty$ ，$W(\Gamma_2 \to v_5) = 6$ ，$W(\Gamma_2 \to v_6) = 9$ ，$W(\Gamma_2 \to v_j) = \infty$ ， $j = 7,8,9,10$

$W(\Gamma_3 \to v_3) = 7$ ，$W(\Gamma_3 \to v_5) = \infty$ ，$W(\Gamma_3 \to v_6) = 11$ ，$W(\Gamma_3 \to v_j) = \infty$ ， $j = 7,8,9,10$

选择具有最小权的路径：$\Gamma_1 \to v_3$ ，即 $v_1 \to v_3$ 。

令 $\Gamma_4 = \Gamma_1 \to v_3 = v_1 \to v_3$ ，$L = \{\Gamma_1, \Gamma_2, \Gamma_3, \Gamma_4\}$ ，$S = \{v_1, v_2, v_4, v_3\}$ ，$\overline{S} = V - S = \{v_5, v_6, \cdots, v_{10}\}$ 。

(4) 检查目标节点 v_{10} 是否在 S 中。此时，$S = \{v_1, v_2, v_4, v_3\}$ ，目标节点 v_{10} 不在 S 中，继续第 (5) 步。

至此，已选择的路径有 4 条，即 $L=\{\Gamma_1,\Gamma_2,\Gamma_3,\Gamma_4\}$；尚未被选中的节点有 6 个，即 $\overline{S}=V-S=\{v_5,v_6,\cdots,v_{10}\}$。

(5) 以 L 中的路径为基础试探。对 L 中的每一条路径 Γ 和 $\overline{S}$ 中的每个节点 v'，逐一计算路径 $\Gamma\to v'$ 的权：

$W(\Gamma_1\to v_j)=\infty$，　$j=5,6,\cdots,10$

$W(\Gamma_2\to v_5)=6$，$W(\Gamma_2\to v_6)=9$，$W(\Gamma_2\to v_j)=\infty$，　$j=7,8,9,10$

$W(\Gamma_3\to v_6)=11$，$W(\Gamma_3\to v_j)=\infty$，　$j=5,7,8,9,10$

$W(\Gamma_4\to v_5)=7$，$W(\Gamma_4\to v_7)=11$，$W(\Gamma_4\to v_j)=\infty$，　$j=6,8,9,10$

选择具有最小权的路径：$\Gamma_2\to v_5$，即 $v_1\to v_2\to v_5$。

令 $\Gamma_5=\Gamma_2\to v_5=v_1\to v_2\to v_5$，$L=\{\Gamma_1,\Gamma_2,\Gamma_3,\Gamma_4,\Gamma_5\}$，$S=\{v_1,v_2,v_4,v_3,v_5\}$，$\overline{S}=V-S=\{v_6,v_7,v_8,v_9,v_{10}\}$。

(6) 检查目标节点 v_{10} 是否在 S 中。此时，$S=\{v_1,v_2,v_4,v_3,v_5\}$，目标节点 v_{10} 不在 S 中，继续第 (7) 步。

至此，已选择的路径有 5 条，即 $L=\{\Gamma_1,\Gamma_2,\Gamma_3\Gamma_4,\Gamma_5\}$；尚未被选中的节点有 5 个，即 $\overline{S}=V-S=\{v_6,v_7,v_8,v_9,v_{10}\}$。

(7) 以 L 中的路径为基础试探。对 L 中的每一条路径 Γ 和 $\overline{S}$ 中的每一个节点 v'，逐一计算路径 $\Gamma\to v'$ 的权：

$W(\Gamma_1\to v_j)=\infty$，　$j=6,7,8,9,10$

$W(\Gamma_2\to v_6)=9$，$W(\Gamma_2\to v_j)=\infty$，　$j=7,8,9,10$

$W(\Gamma_3\to v_6)=11$，$W(\Gamma_3\to v_j)=\infty$，　$j=7,8,9,10$

$W(\Gamma_4\to v_7)=11$，$W(\Gamma_4\to v_j)=\infty$，　$j=6,8,9,10$

$W(\Gamma_5\to v_8)=13$，$W(\Gamma_5\to v_9)=9$，$W(\Gamma_5\to v_j)=\infty$，　$j=6,7,10$

选择具有最小权的路径 $\Gamma_2\to v_6$ 和 $\Gamma_5\to v_9$，即 $v_1\to v_2\to v_6$ 和 $v_1\to v_2\to v_5\to v_9$。

令 $\Gamma_6=\Gamma_2\to v_6=v_1\to v_2\to v_6$，$\Gamma_7=\Gamma_5\to v_9=v_1\to v_2\to v_5\to v_9$，$L=\{\Gamma_1,\Gamma_2,\Gamma_3,\Gamma_4,\Gamma_5,\Gamma_6,\Gamma_7\}$，$S=\{v_1,v_2,v_4,v_3,v_5,v_6,v_9\}$，$\overline{S}=V-S=\{v_7,v_8,v_{10}\}$。

(8) 检查目标节点 v_{10} 是否在 S 中。此时，$S=\{v_1,v_2,v_4,v_3,v_5,v_6,v_9\}$，目标节点 v_{10} 不在 S 中，继续第 (9) 步。

至此，已选择的路径有 7 条，即 $L=\{\Gamma_1,\Gamma_2,\Gamma_3,\Gamma_4,\Gamma_5,\Gamma_6\Gamma_7\}$；尚未被选中的节点有 3 个，即 $\overline{S}=V-S=\{v_7,v_8,v_{10}\}$。

(9) 以 L 中的路径为基础试探。对 L 中的每一条路径 Γ 和 $\overline{S}$ 中的每一个节点 v'，逐一计算路径 $\Gamma\to v'$ 的权：

$W(\Gamma_1\to v_j)=\infty$，　$j=7,8,10$

$W(\Gamma_2\to v_j)=\infty$，　$j=7,8,10$

$W(\Gamma_3\to v_j)=\infty$，　$j=7,8,10$

$W(\Gamma_4\to v_7)=11$，$W(\Gamma_4\to v_j)=\infty$，　$j=8,10$

$W(\Gamma_5\to v_8)=13$，$W(\Gamma_5\to v_j)=\infty$，　$j=7,10$

$W(\Gamma_6 \to v_7)=17$，$W(\Gamma_6 \to v_8)=14$，$W(\Gamma_6 \to v_{10})=12$

$W(\Gamma_7 \to v_7)=11$，$W(\Gamma_7 \to v_8)=\infty$，$W(\Gamma_7 \to v_{10})=11$

选择具有最小权的路径：$\Gamma_4 \to v_7, \Gamma_7 \to v_7, \Gamma_7 \to v_{10}$，这 3 条路径分别为 $v_1 \to v_3 \to v_7$，$v_1 \to v_2 \to v_5 \to v_9 \to v_7$，$v_1 \to v_2 \to v_5 \to v_9 \to v_{10}$。其中，$\Gamma_4 \to v_7$ 和 $\Gamma_7 \to v_7$ 具有相同的效果(因为这两条路径的权相等(都是 11)，起点相同(都是 v_1)，终点相同(都是 v_7))，两者选其中之一即可。

令 $\Gamma_8 = \Gamma_4 \to v_7 = v_1 \to v_3 \to v_7$，$\Gamma_9 = \Gamma_7 \to v_{10} = v_1 \to v_2 \to v_5 \to v_9 \to v_{10}$，$L=\{\Gamma_1, \Gamma_2, \Gamma_3, \Gamma_4, \Gamma_5, \Gamma_6, \Gamma_7, \Gamma_8, \Gamma_9\}$，$S=\{v_1, v_2, v_4, v_3, v_5, v_6, v_9, v_7, v_{10}\}$，$\overline{S}=V-S=\{v_8\}$。

(10) 检查目标节点 v_{10} 是否在 S 中。此时，$S=\{v_1, v_2, v_4, v_3, v_5, v_6, v_9, v_7, v_{10}\}$，目标节点 v_{10} 在 S 中，至此，找到了目标节点 v_{10}，算法终止。

由 Dijkstra 算法得到 $\Gamma_9 = v_1 \to v_2 \to v_5 \to v_9 \to v_{10}$ 就是所求的最短路径。该路径的权为 $W(\Gamma_9)=W(\Gamma_7 \to v_{10})=11$。

习　题　6.6

1. 求图 6.62 中从 v_1 到各顶点的所有通路的权(其中，在同一条通路上的顶点和边都不能重复出现)。

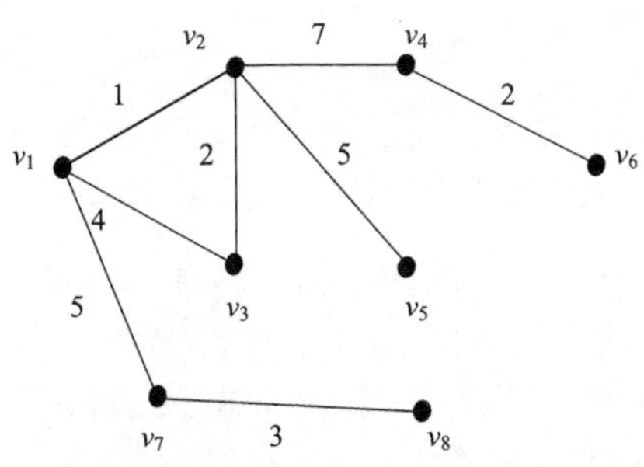

图 6.62　习题 6.6 图(一)

2. 用 Dijkstra 算法，求图 6.63 中顶点 v_1 到 v_6 的最短路径及其权。

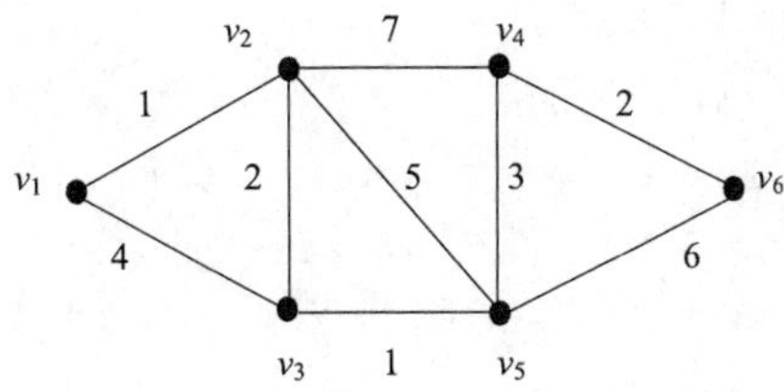

图 6.63　习题 6.6 图(二)

3. 用 Dijkstra 算法，求图 6.64 中顶点 v_1 到其余各节点的最短路径及其权。

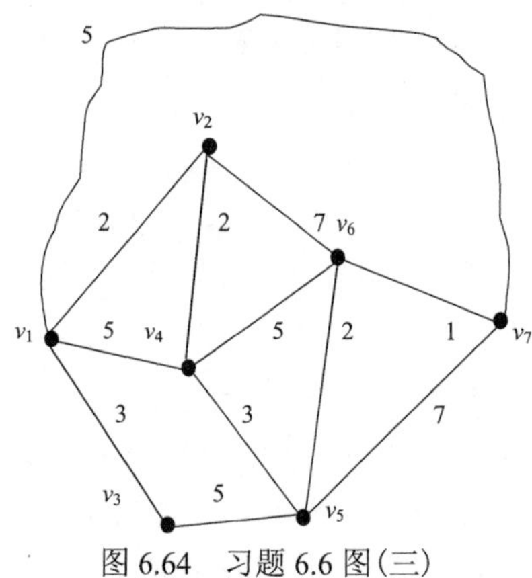

图 6.64　习题 6.6 图(三)

6.7　树

树是一种特殊的图，树有许多应用。

【树的基本概念】定义 6.50　设 $G=<V,E>$ 是一个无向简单图，若 G 是连通的且无回路，则称 G 为一棵树。通常用 T 表示树。

图 6.65 是一棵树，而图 6.66 不是树。

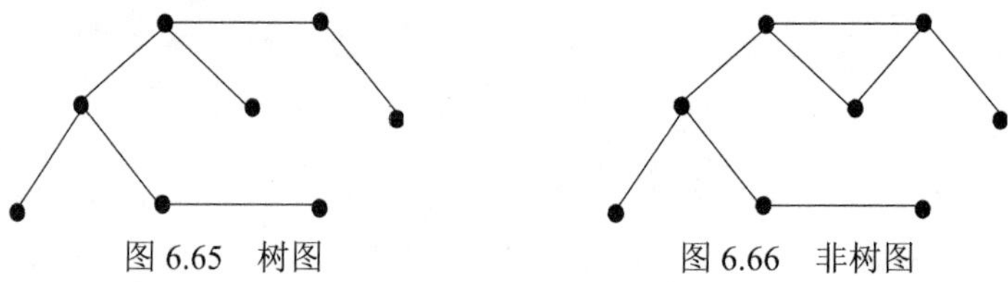

图 6.65　树图　　　　图 6.66　非树图

【树叶】在一棵树中，度数为 1 的顶点称为树叶。由树的定义可知，在顶点数大于或等于 1 的树中至少有一片树叶。在图 6.65 中有 4 片树叶。

【树的判别准则】定理 6.8　设 $G=<V,E>$ 是一个有 n 个顶点和 m 条边的无向简单图，则 G 是一棵树当且仅当 G 是连通的且 $m=n-1$。

证明：必要性。设 G 是一棵树且有 n 个顶点和 m 条边，则由树的定义知，G 是连通的。下面对 n 进行数学归纳法证明 $m=n-1$ 成立。

(1) 当 $n=1$ 时，有 $n-1=1-1=0$。由 G 是树可知，G 没有环边，也不可能有其他的边。所以 $m=0$，从而 $m=n-1$，结论成立。

(2) 假定 $n=k$ 时结论成立，即对有 k 个顶点和 m 条边的树，结论 $m=k-1$ 成立。现在考虑 $n=k+1$ 的情况：因为 G 至少有一片树叶，设为 a，从 G 中删除 a 及关联 a 的那条边后得到的子图 G' 仍然是一棵树，且 G' 只有 k 个顶点、$m-1$ 条边。由归纳假设知，$m-1=k-1$。于是，有 $m=(k+1)-1$。由归纳原理知，结论得证。

充分性。设 G 是连通的且 $m=n-1$，下面用反证法证明 G 中没有回路。

若 G 中存在回路，则删除回路中的一条边后所得子图 G_1 也是连通的，且 G_1 的边数为 $m-1$，顶点数为 n。由已知 $m=n-1$，所以 $m-1=(n-1)-1=n-2$。此时，若 G_1 没有回路，则 G_1 是一棵树。由上述已证明的必要性知，G_1 的边数为 $n-1$，即 $m-1=n-1$，这与 $m-1=n-2$ 矛盾。

若 G_1 中还有回路，则删除回路中的一条边后所得子图 G_2 也是连通的，且 G_2 的边数为 $m-2$，顶点数为 n。由已知 $m=n-1$，所以 $m-2=(n-1)-2=n-3$。此时，若 G_2 没有回路，则 G_2 是一棵树。由上述已证明的必要性知，G_2 的边数为 $n-1$，即 $m-2=n-1$，这与 $m-2=n-3$ 矛盾。

以此类推，因为 G 只有有限条边，适当地在 G 中删除 k 条边后所得到的子图 G_k 就会是一棵树。此时，由于 G_k 是从 G 中删除 k 条边后得到的子图，所以 G_k 有 $m-k$ 条边，有 n 个顶点。由已知 $m=n-1$，所以 $m-k=(n-1)-k=n-1-k$。另外，因为 G_k 是一棵树，所以由上述已证明的必要性知，G_k 的边数为 $n-1$，即 $m-k=n-1$，这与 $m-k=n-1-k$ 矛盾。因此，G 中没有回路，从而得出 G 是一棵树。

综上所述，定理得证。

【树的几个性质】定理 6.9 设 T 是一棵树且有 n 个节点和 m 条边，则 T 有如下性质。

(1) T 中去掉任意一条边后，所得子图是不连通的。

(2) T 中任意两个节点之间有且仅有一条路径。

(3) 在 T 中任意两个不相邻的节点之间添加一条边后形成的图有且仅有一个圈。

(4) 若 T 的节点数 $n \geqslant 2$，则 T 至少有两片树叶。

证明：(1) 设 G 是 T 中去掉任意一条边后所得子图，则 G 中没有圈且 G 与 T 有相同的节点数。用反证法：设 G 是连通的，则 G 是一棵树。由定理 6.8 知，G 的边数=G 的节点数－1=$n-1$。另外，G 的边数=T 的边数－1=$m-1=n-1-1=n-2$，这是一个矛盾。

(2) 因为 T 是连通的，所以 T 中任意两个节点之间都存在通路。由推论 6.2 知，存在两个节点间的路径。若在某两个节点间有两条不同的路径，则这两条路径构成一个回路。由推论 6.4 知，在 T 中存在一个圈，这与 T 是树矛盾。所以两个节点间只存在一条路径。

(3) 设 u 和 v 是 T 中任意两个不相邻的节点，令在 T 中添加连接 u 和 v 的一条边 e 后所得到的图为 G。由性质(2)知，在 T 中存在从 u 到 v 的路径 Γ。此时，e 与 Γ 构成 G 的一个圈。

另外，若 G 中有两个不同的圈 Γ_1 和 Γ_2 都包含边 e，则删除 Γ_1 和 Γ_2 中的边 e 后将得到树 T 中从 u 到 v 的两条路径 $\Gamma_1-\{e\}$ 和 $\Gamma_2-\{e\}$，这与性质(2)矛盾。

(4) 因为 T 是树，所以由定理 6.8，得 $m=n-1$。又由握手定理(定理 6.1)，得 $\sum_{i=1}^{n} d(v_i)=2|E|=2m=2(n-1)$。此时，若 T 中的树叶少于两片，则 T 中至少有 $n-1$ 个节点的度数都大于或等于 2，剩下的那个节点的度数至少是 1，因此 $\sum_{i=1}^{n} d(v_i) \geqslant 2(n-1)+1$，这与 $\sum_{i=1}^{n} d(v_i)=2(n-1)$ 矛盾。定理得证。

【生成树】定义 6.51 设 T 是无向图 $G=<V,E>$ 的一个生成子图，若 T 是一棵树，则称 T 是 G 的一棵生成树，记为 T_G。生成树 T_G 中的边称为 T_G 的树枝，在 G 中但不在 T_G 中的边称为 T_G 的弦。

【求生成树的步骤】 设 $G=<V,E>$ 是一个无向连通图，若 G 中含有圈，则删除圈中一条边且保持所得子图 G_1 是一个连通图。若 G_1 中含有圈，则删除圈中一条边且保持所得子图 G_2 是一个连通图。重复这种操作，直至得到子图 G_k 中不再含有圈，G_k 就是 G 的生成树。

注： G 的生成树不一定唯一。

例 6.10　求图 6.67 的两棵不同的生成树。

解： 图 6.67 的两棵不同的生成树分别如图 6.68 和图 6.69 所示，其中实线为树枝，虚线为弦。

【最小生成树】定义 6.52　设 $G=<V,E,W>$ 是一个无向连通带权图，T_G 是 G 的一棵生成树，T_G 中所有边的权之和称为 T_G 的权，记为 $W(T_G)$。G 的所有生成树中权最小的生成树称为 G 的最小生成树。

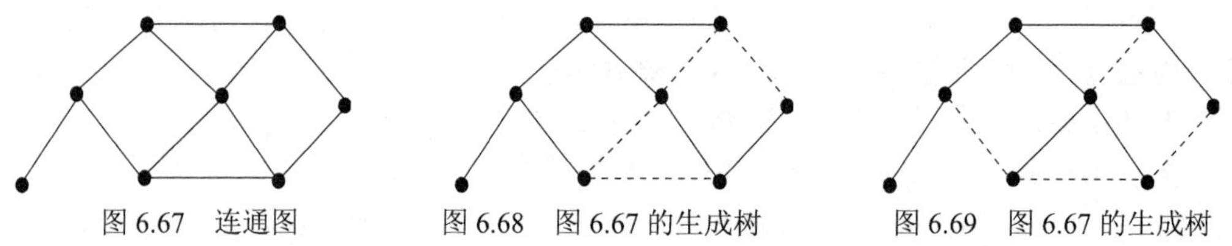

图 6.67　连通图　　图 6.68　图 6.67 的生成树　　图 6.69　图 6.67 的生成树

最小生成树可用于网络的优化设计。例如，连接地区内各城镇的电网、连接某小区内各建筑的网络电缆、连接各村镇的电话线、连接各家各户的水管等。要使这些工程的成本最低，都可以用最小生成树进行优化设计。

【求最小生成树的算法】有许多求最小生成树的算法。这里介绍避圈法(也称 Kruskal 算法)，是约瑟夫·伯纳德·克鲁斯卡尔(Joseph Bernard Kruskal)在 1956 年给出的。

设 $G=<V,E,W>$ 是一个无向连通带权图，$V=\{v_1,v_2,\cdots,v_n\}$，$E=\{e_1,e_2,\cdots,e_m\}$，则用 Kruskal 算法求 G 的最小生成树 T_G 的步骤如下。

(1) 删除 G 中所有环边(如果有的话)；删除 G 中权较大的平行边(如果有的话)，在平行边中只留一条权最小的边，使 G 成为简单图 $G'=<V,E'>$。

(2) 选择 G' 中一条权最小的边。

(3) 若在 G' 中已选得 $n-1$ 条边，则已得到 G 的最小生成树，算法终止；否则转到第(4)步。

(4) 设已选得 k 条边 $e_{i_1},e_{i_2},\cdots,e_{i_k}$，则在 $E'-\{e_{i_1},e_{i_2},\cdots,e_{i_k}\}$ 中找出所有使 $\{e_{i_1},e_{i_2},\cdots,e_{i_k},e\}$ 不构成圈的边 e，然后在这些边 e 中选择权最小的边 $e_{i_{k+1}}$，转到第(3)步。

例 6.11　求图 6.70(a)的最小生成树。

解： 应用 Kruskal 算法求图 6.70(a)的最小生成树的步骤如图 6.70(b)~图 6.70(h)所示，共 7 步。

【有向树】定义 6.53　设 $D=<V,E>$ 是一个有向图，若 D 的基图是一棵树，则称 D 为有向树。

图 6.71、图 6.72 都是有向树。而图 6.73 不是，事实上，在图 6.73 中，尽管没有回路，但它的基图含有回路，因此，不满足有向树的定义，所以它不是有向树。

【根树】定义 6.54　设 T 是一棵 $n(n\geqslant 2)$ 阶有向树，若 T 中恰有一个节点的入度为 0，其余节点的入度均为 1，则称 T 为根树。在根树中，入度为 0 的节点称为树根；入度为 1

且出度为 0 的节点称为树叶；入度为 1 出度不为 0 的节点称为内点；出度不为 0 的节点称为分枝点。

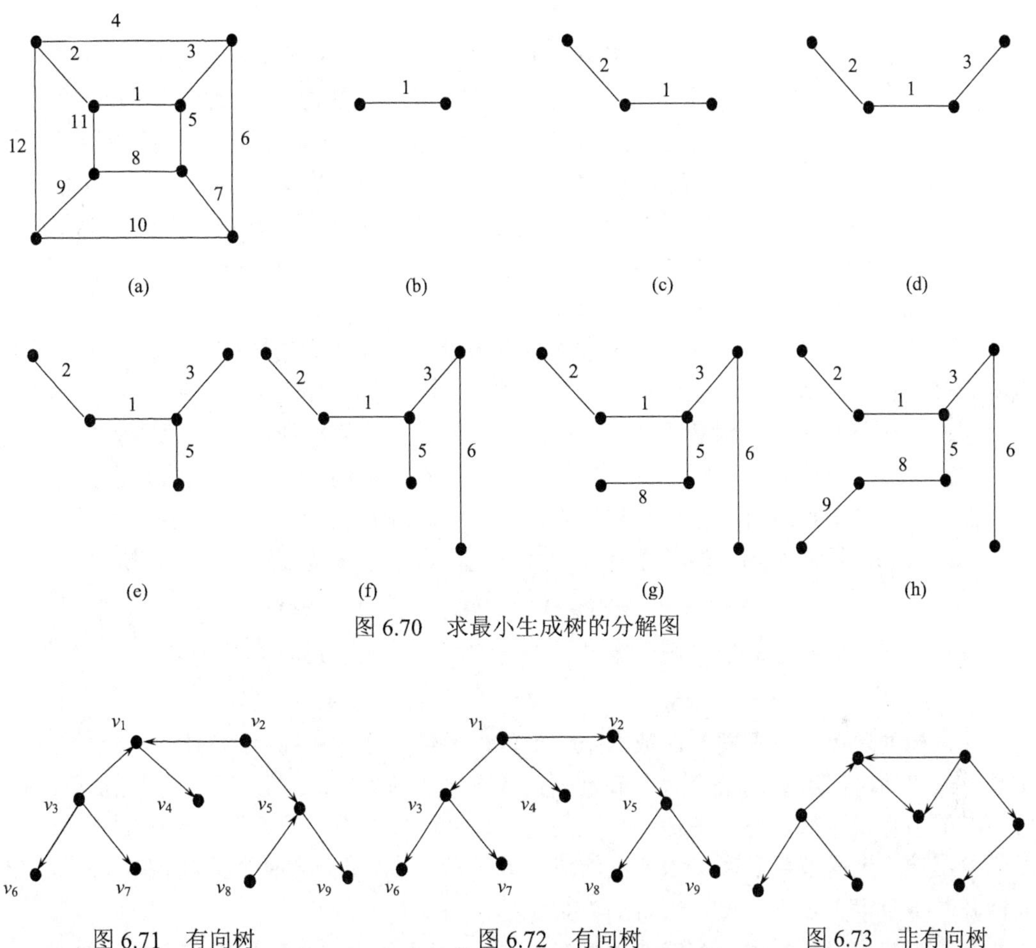

图 6.70　求最小生成树的分解图

图 6.71　有向树　　图 6.72　有向树　　图 6.73　非有向树

图 6.71 是一棵有向树，但不是根树，因为入度为 0 的节点不唯一，v_2, v_3 和 v_8 的入度均为 0，且 v_5 和 v_5 的入度都不是1。图 6.72 是一棵根树，v_1 是入度为 0 的唯一节点，且其余每个节点的入度都是1，v_1 是树根，v_4、v_6、v_7、v_8、v_9 是树叶，v_2、v_3、v_5 是内点，v_1、v_2、v_3、v_5 是分枝点。

【树的家族关系】定义 6.55　设 T 是一棵根树，根树的结构可以看成一个家族，树根是家族中最老的祖先。对 T 中任意两个节点 v_i 和 v_j，若从 v_i 到 v_j 是可达的，则称 v_i 是 v_j 的祖先，v_j 是 v_i 的后代。若 v_i 邻接到 v_j（即 $<v_i,v_j>$ 是 T 的一条有向边），则称 v_i 是 v_j 的父亲，也称 v_i 是 v_j 的父节点；称 v_j 是 v_i 的儿子，也称 v_j 是 v_i 的子节点。若 v_i 与 v_j 有相同的父亲，则称 v_i 与 v_j 是兄弟，也称 v_i 与 v_j 是兄弟节点。

在图 6.72 中，树根 v_1 是最老的祖先；v_1 是 v_2、v_3、v_4 的父节点；v_2、v_3、v_4 是 v_1 的子节点，v_2、v_3、v_4 互为兄弟节点；v_3 是 v_6、v_7 的父节点，v_6、v_7 是 v_3 的子节点，v_6 与 v_7 是兄弟节点。

【根树的表示】由于根树中各有向边的方向是一致的，即从树根开始由父节点指向子节点。所以，在用图形表示根树时，可以省去有向边上的箭头。例如，图 6.72 中的根树可表示为图 6.74 的形式。

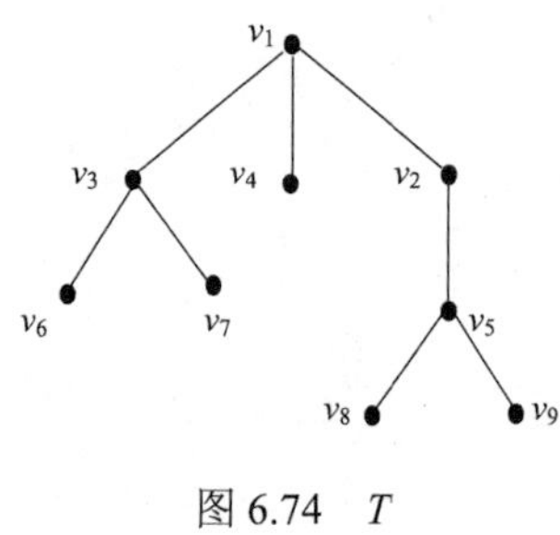

图 6.74　T

【根树的遍历】在实际应用中有时需要系统地访问根树上的每一个节点，但又不能重复访问或遗漏某个节点。这里介绍两个常用的遍历根树的算法。为了方便算法的描述，把根树表示为有层次的图形：树根在第 1 层；树根的所有子节点在第 2 层；树根的子节点的子节点在第 3 层；依此规则，排尽树中所有节点。例如，把图 6.72 按层次排列，所得到的图形如图 6.74 所示。

【根树的宽度优先搜索】在数据结构中，宽度优先搜索也称为分层遍历。该算法的思想是：从根树的第 1 层(树根)开始访问，依次到第 2 层，第 3 层，第 4 层，…，直到最后一层。在同一层的节点按从左到右的顺序进行访问。

注：宽度优先搜索也可以在每一层的访问中从右到左进行。

例 6.12　对图 6.74 进行宽度优先搜索，并按访问到的先后次序写出被搜索到的节点。

解：按每一层从左到右的顺序进行宽度优先搜索，则被搜索到的节点依次为

$$v_1 \to v_3 \to v_4 \to v_2 \to v_6 \to v_7 \to v_5 \to v_8 \to v_9$$

按每一层从右到左的顺序进行宽度优先搜索，则被搜索到的节点依次为

$$v_1 \to v_2 \to v_4 \to v_3 \to v_5 \to v_7 \to v_6 \to v_9 \to v_8$$

【根树的深度优先搜索】在数据结构中，深度优先搜索也称后序遍历。该算法的思想是：从 T 的树根沿着最左边的子节点一直往下，访问 T 的最左边的树叶；然后删除已访问过的节点及连接该节点的边，得到 T 的子树 T_1。接下来访问 T_1 的最左边的树叶，然后删除已访问过的节点及连接该节点的边，得到 T 的子树 T_2。再接下来访问 T_2 的最左边的树叶，重复以上步骤，直到访问了 T 的树根。

例 6.13　对图 6.74 进行深度优先搜索，并按访问到的先后次序写出被搜索到的节点。

解：被搜索到的节点依次为

$$v_6 \to v_7 \to v_3 \to v_4 \to v_8 \to v_9 \to v_5 \to v_2 \to v_1$$

其中，T_1、T_2 分别如图 6.75 和图 6.76 所示。

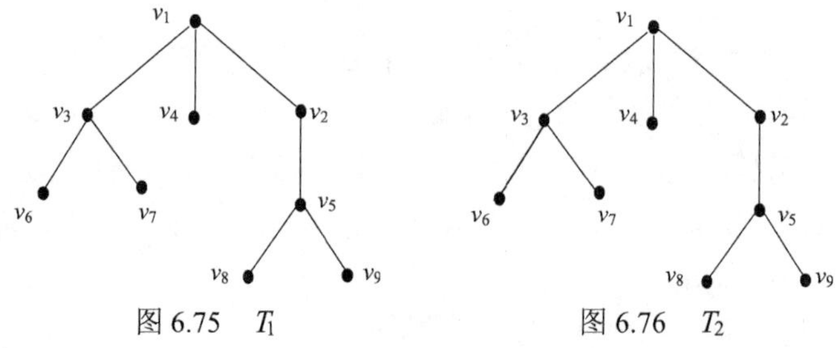

图 6.75　T_1　　　　图 6.76　T_2

【二叉树】**定义 6.56**　设 T 是一棵根树，若 T 的每个分枝点都至多有两个子节点，则称 T 为二叉树。

例如，图 6.77 和图 6.78 都是二叉树。

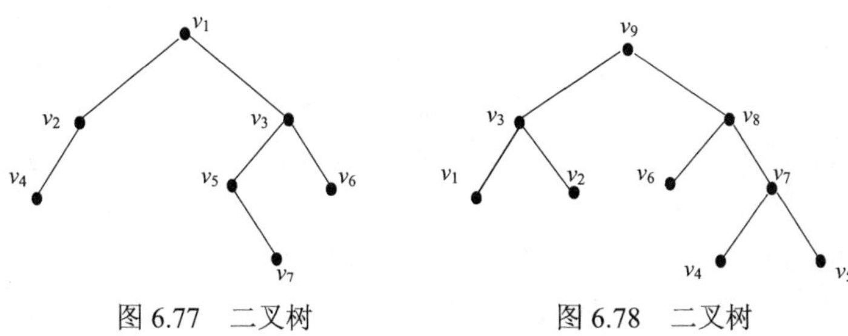

图 6.77　二叉树　　　　　　　　图 6.78　二叉树

【完全二叉树】定义 6.57　设 T 是一棵根树，若 T 的每个分枝点都恰有两个子节点，则称 T 为完全二叉树，并将分枝点的两个子节点分别称为左子节点和右子节点。

二叉树可用于表示一些带运算的表达式，并容易在计算机上实现。例如，可用二叉树表示命题公式，也可用二叉树表示数学表达式等。由于表达式中各项之间的运算是有次序的，所以要把各参与运算的项和运算符放在适当的位置上。在搜索参与运算的项时，一般按深度优先搜索进行。

例 6.14　图 6.79 是一棵二叉树，图中节点的标号是按宽度优先排序得到的；图 6.80 也是一棵二叉树，图中节点的标号是按深度优先排序得到的。

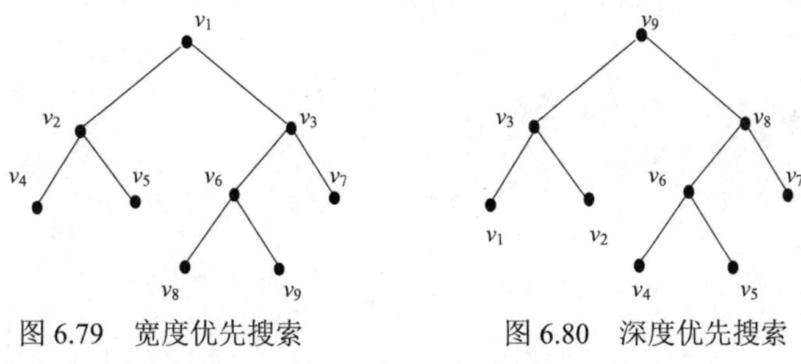

图 6.79　宽度优先搜索　　　　　　　图 6.80　深度优先搜索

【二叉树的应用】二叉树有许多应用，下面是两个应用例子。

例 6.15　用二叉树表示复合命题 $(\neg(p \wedge q)) \leftrightarrow (\neg p \vee \neg q)$。

解：命题 $(\neg(p \wedge q)) \leftrightarrow (\neg p \vee \neg q)$ 可表示为如图 6.81 所示的二叉树。

例 6.16　用二叉树表示数学表达式 $(a + b \times (c - d)) - e \div f$。

解：表达式 $(a + b \times (c - d)) - e \div f$ 可表示为如图 6.82 所示的二叉树。

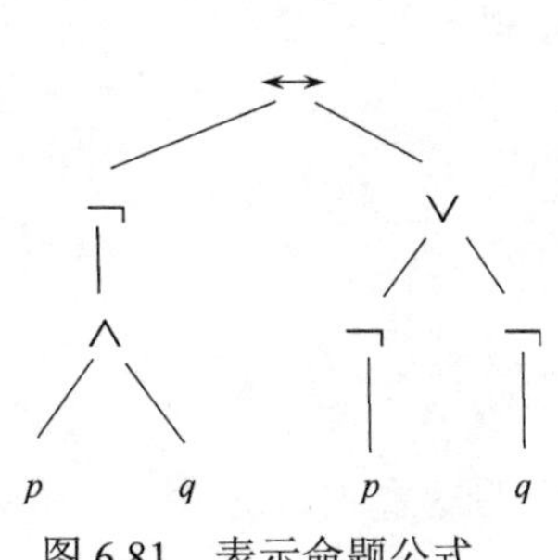

图 6.81　表示命题公式

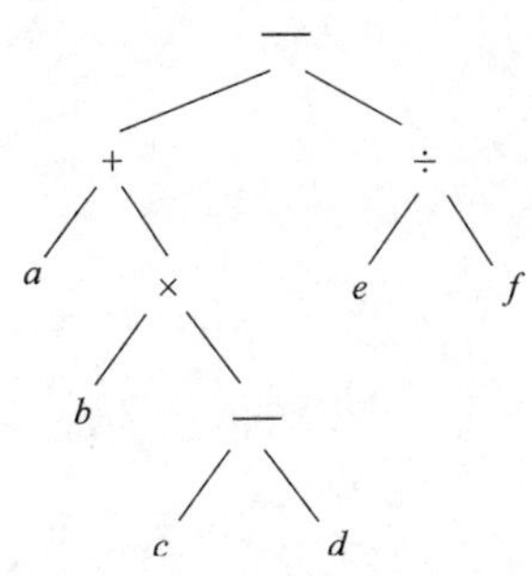

图 6.82　表示数学表达式

习题 6.7

1. 证明有 n 个顶点的树，其顶点的度数之和为 $2n-2$。

2. 设一棵树有两个顶点的度数是 2，一个顶点的度数是 3，三个顶点的度数是 4，求该树有多少个度数为1的顶点。

3. 设一棵树有 n_2 个顶点的度数是 2，n_3 个顶点的度数是 3，…，n_k 个顶点的度数是 k，求该树有多少个度数为1的顶点。

4. 求图 6.83 的三棵互不相同的生成树。

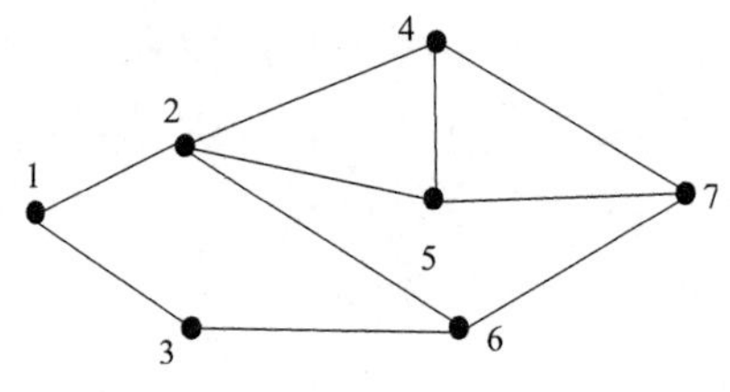

图 6.83　习题 6.7 图(一)

5. 求图 6.84 所示带权图 G 的最小生成树。

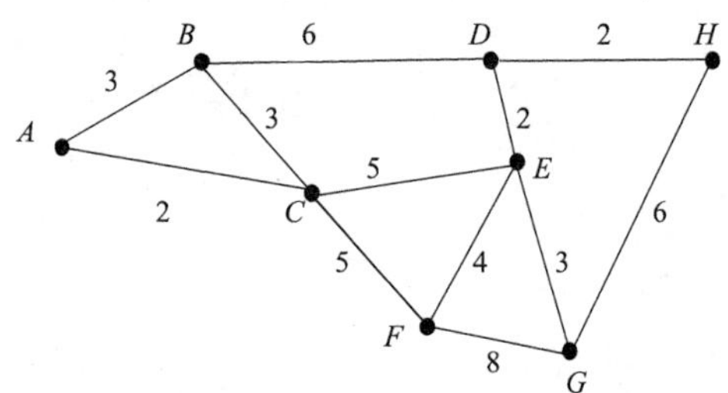

图 6.84　习题 6.7 图(二)

6. 求图 6.85 所示带权图 G 的最小生成树。

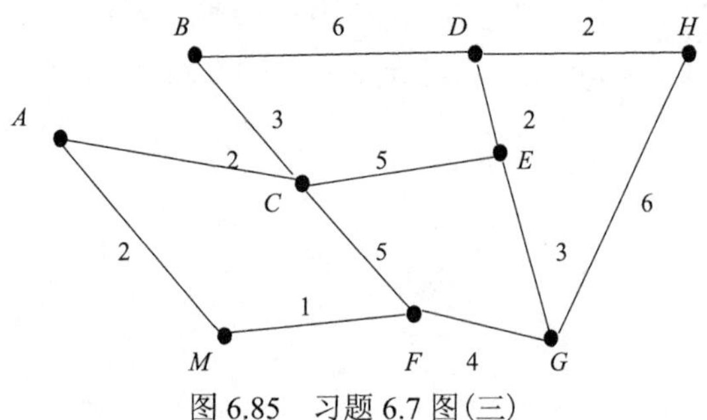

图 6.85　习题 6.7 图(三)

7. 图 6.86 表示七个城市 $c_1,c_2,\cdots,c_7$ 之间铺设铁路的造价，请设计一个方案，既使得各城市之间能通火车，又使总造价最小。满足条件的方案有几个？

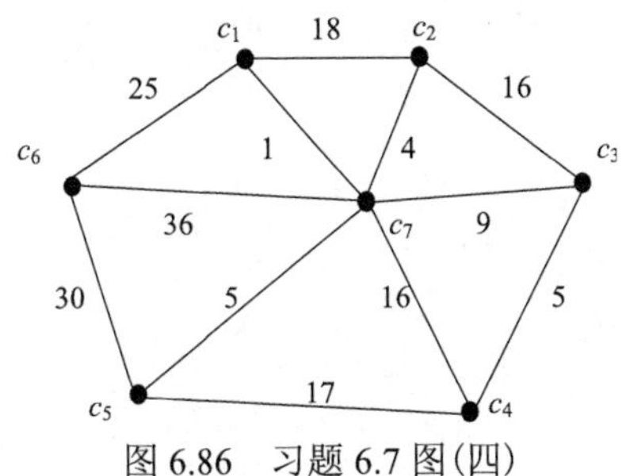

图 6.86　习题 6.7 图(四)

8. 根据简单有向图 $D=<V,E>$，$V=\{v_1,v_2,\cdots,v_n\}$ 的邻接矩阵，如何确定它是否为根树？如果它是根树，又如何确定它的根和叶？

9. 证明在 n 阶完全二叉树中，叶子数为 $\frac{n+1}{2}$。

10. 证明在完全二叉树中，边的总数为 $2n-2$，其中 n 为树叶数。

11. 设有向图 $D=<V,E>$，其中：$V=\{a,b,c,d,e\}$，$E=\{<a,d>,<b,c>,<c,a>,<d,c>\}$，问 D 是否是有向树？为什么？

12. 设有向图 $D=<V,E>$，其中 $V=\{1,2,3,4,5,6\}$，$E=\{<1,2>,<1,3>,<1,4>,<4,5>,<4,6>\}$，问 D 是否是有向树？是否是根树，若是根树，请指出树根。

13. 设二叉树 T 有 n 层，证明 T 最多有 $2^{n+1}-1$ 个顶点。

14. 集合 $A=\{a,b,c,d,e\}$ 上的完全二叉树的最大层数是多少？

15. 对图 6.87 进行宽度优先搜索，按从右到左的先后次序写出被搜索到的节点。

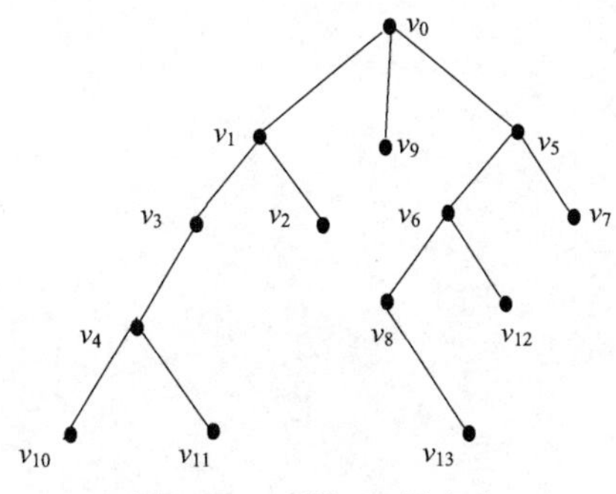

图 6.87　习题 6.7 图(五)

16. 对图 6.88 进行宽度优先搜索，按先后次序写出被搜索到的节点。

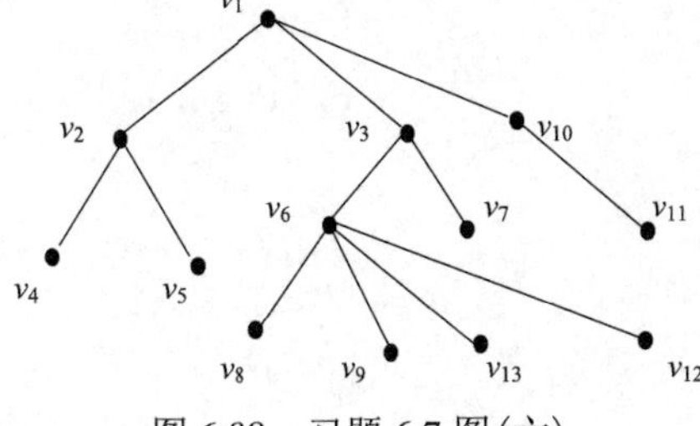

图 6.88　习题 6.7 图(六)

17. 对图 6.89 进行深度优先搜索，按先后次序写出被搜索到的节点。

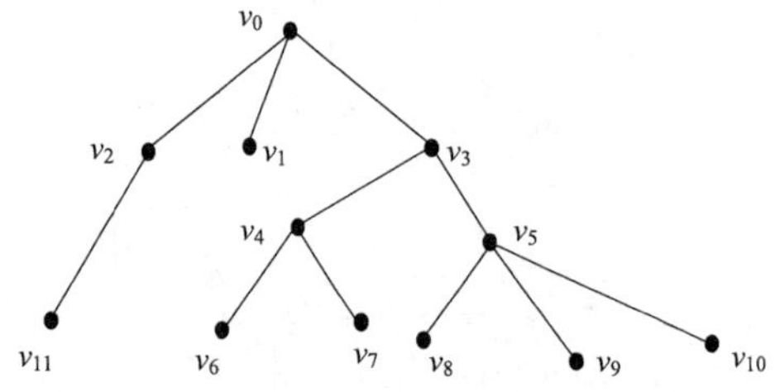

图 6.89　习题 6.7 图(七)

18. 用二叉树按深度优先表示复合命题 $(\neg(p \vee q)) \to (\neg p \leftrightarrow \neg q)$。

19. 用二叉树按深度优先表示复合命题 $(\neg(\neg p \vee r) \wedge \neg r) \to ((\neg p \leftrightarrow \neg q) \to s)$。

20. 用二叉树按深度优先表示数学表达式 $(a - b \times (c - d)) + 2 \times a - e \times f$。

21. 用二叉树按深度优先表示数学表达式 $a \div b \times (c - d) + (2 - a) - e \div f$。

习题答案及提示

习　题　2.2

1.(1)、(2)、(7)、(8)、(11)是命题；(3)、(4)、(5)、(6)、(9)、(10)、(12)不是命题。

2.(1)、(2)、(3)、(4)、(7)、(8)是真命题；(5)、(9)、(10)是假命题；(6)的真值现在还无法确定。

3.(1)、(7)含析取联结词；(2)、(6)含合取联结词；(3)含同真假联结词；(4)、(8)含蕴涵联结词；(5)含否定联结词。

习　题　2.3

1.(1)、(2)是命题公式；(3)、(4)、(5)、(6)不是命题公式。

2.(1) $w,q,r\ ,w\to q,\neg q,(w\to q)\to r$，$((w\to q)\to r)\leftrightarrow\neg q)$。

(2) $p,q,t,r,m,\neg q,t\wedge r,p\to\neg q,(t\wedge r)\vee m$，$(p\to\neg q)\leftrightarrow((t\wedge r)\vee m)$。

(3) $p,q,t,r,w,\neg p,\neg r,\neg p\vee q,\neg r\wedge w,t\to(\neg r\wedge w)$，$(\neg p\vee q)\to(t\to(\neg r\wedge w))$。

(4) $p,q,t,r,\neg q,\neg r,p\vee\neg q,t\wedge\neg r$，$(p\vee\neg q)\to(t\wedge\neg r)$。

(5) $p,q,r,s,t\ ,\neg p,\neg r,r\to t,\neg p\to q,(\neg p\to q)\vee\neg r$，$((\neg p\to q)\vee\neg r)\wedge s$，
$(((\neg p\to q)\vee\neg r)\wedge s)\wedge(r\to t)$。

(6) $p,q,s,r,t\ ,\neg p,\neg s,\neg t,\neg p\vee q,r\vee\neg t,(\neg p\vee q)\leftrightarrow\neg s$，
$((\neg p\vee q)\leftrightarrow\neg s)\wedge(r\vee\neg t)$。

3.(1)成假赋值；(2)成真赋值；(3)成真赋值；(4)成真赋值；(5)成真赋值；(6)成假赋值。

4.(1)4层；(2)3层；(3)4层；(4)4层；(5)3层；(6)5层。

5.(1)令 $A=((q\to p)\to(p\vee\neg q))\leftrightarrow\neg p$

p　q	$q\to p$	$\neg q$	$\neg p$	$p\vee\neg q$	$(q\to p)\to(p\vee\neg q)$	A
0　0	1	1	1	1	1	1
0　1	0	0	1	0	1	1
1　0	1	1	0	1	1	0
1　1	1	0	0	1	1	0

(2)令 $A=(q_2\to q_1)\wedge\neg q_3\to q_3$

q_1 q_2 q_3	$q_2 \to q_1$	$\neg q_3$	$(q_2 \to q_1) \wedge \neg q_3$	A
0 0 0	1	1	1	0
0 0 1	1	0	0	1
0 1 0	0	1	0	1
0 1 1	0	0	0	1
1 0 0	1	1	1	0
1 0 1	1	0	0	1
1 1 0	1	1	1	0
1 1 1	1	0	0	1

(3)略；(4)略；(5)略；

(6)令 $A = ((p \to \neg q) \to (s \wedge \neg r)) \leftrightarrow \neg s$

p q r s	$\neg q$	$\neg r$	$\neg s$	$p \to \neg q$	$s \wedge \neg r$	$(p \to \neg q) \to (s \wedge \neg r)$	A
0 0 0 0	1	1	1	1	0	0	0
0 0 0 1	1	1	0	1	1	1	0
0 0 1 0	1	0	1	1	0	0	0
0 0 1 1	1	0	0	1	0	0	1
0 1 0 0	0	1	1	1	0	0	0
0 1 0 1	0	1	0	1	1	1	0
0 1 1 0	0	0	1	1	0	0	0
0 1 1 1	0	0	0	1	0	0	1
1 0 0 0	1	1	1	1	0	0	0
1 0 0 1	1	1	0	1	1	1	0
1 0 1 0	1	0	1	1	0	0	0
1 0 1 1	1	0	0	1	0	0	1
1 1 0 0	0	1	1	0	0	1	1
1 1 0 1	0	1	0	0	1	1	0
1 1 1 0	0	0	1	0	0	1	1
1 1 1 1	0	0	0	0	0	1	0

6.(1)令 $A = \neg(p \vee ((p \to r) \vee \neg q))$

p q r	$p \to r$	$\neg q$	$(p \to r) \vee \neg q$	$p \vee ((p \to r) \vee \neg q)$	A
0 0 0	1	1	1	1	0
0 0 1	1	1	1	1	0
0 1 0	1	0	1	1	0
0 1 1	1	0	1	1	0
1 0 0	0	1	1	1	0
1 0 1	1	1	1	1	0
1 1 0	0	0	0	1	0
1 1 1	1	0	1	1	0

从真值表可知公式 A 没有成真赋值，公式 A 是矛盾式。

(2) 令 $A=\neg p\to(p\to q\vee r)$

p q r	$\neg p$	$q\vee r$	$p\to q\vee r$	A
0 0 0	1	0	1	1
0 0 1	1	1	1	1
0 1 0	1	1	1	1
0 1 1	1	1	1	1
1 0 0	0	0	0	1
1 0 1	0	1	1	1
1 1 0	0	1	1	1
1 1 1	0	1	1	1

从真值表可知公式 A 没有成假赋值，公式 A 是重言式。

(3) 令 $A=(u\to q)\leftrightarrow(\neg r\to\neg q)$

q r u	$u\to q$	$\neg r$	$\neg q$	$\neg r\to\neg q$	A
0 0 0	1	1	1	1	1
0 0 1	0	1	1	1	0
0 1 0	1	0	1	1	1
0 1 1	0	0	1	1	0
1 0 0	1	1	0	0	0
1 0 1	1	1	0	0	0
1 1 0	1	0	0	1	1
1 1 1	1	0	0	1	1

公式 A 有成真赋值 $q=0,r=0,u=0$，成假赋值 $q=0,r=1,u=1$，公式 A 是可满足式。

(4) 略(重言式)；(5) 略(可满足式)；(6) 略(重言式)；(7) 略(可满足式)；(8) 略(可满足式)。

7. 矛盾式。

8. 略。

9. 不能。例如，公式 $p\vee\neg p$ 是重言式，但 p 和 $\neg p$ 都不是重言式。

10. 略。

11. 不能。例如，公式 $p\wedge\neg p$ 是矛盾式，但 p 和 $\neg p$ 都不是矛盾式。

习 题 2.4

1. (1) 令 p 表示“李明是百米跑冠军”，q 表示“李明是跳远冠军”，则原命题可以表示为：$p\wedge q$。

(2) 令 p 表示“派王金去美国留学”，q 表示“派赵顺去美国留学”，则原命题可以表示为：$p\vee q$。

(3) 令 p 表示“格林是大学生”，q 表示“比尔是大学生”，则原命题可以表示为：$p \wedge q$。

(4) 令 p 表示“格林和比尔是同学”，则原命题可以表示为：p。

(5) 令 p 表示“今天是星期六”，则原命题可以表示为：$\neg p$。

(6) 令 p 表示“天下雪”，q 表示“我骑自行车上班”，则原命题可以表示为：$\neg p \to q$。

(7) 令 p 表示“x 是偶数”，q 表示“x 能被 2 整除”，则原命题可以表示为：$p \leftrightarrow q$。

(8) 令 p 表示“太阳从西边出来”，q 表示“人可以活到 1000 岁”，则原命题可以表示为：$p \to q$。

(9) 令 p 表示“2+4＝6”，q 表示“1+2＝8”，则原命题可以表示为：$p \to q$。

2. (1) 令 p 表示“黄青婷会唱歌”，q 表示“黄青婷会跳舞”，r 表示“黄青婷打羽毛球很棒”，则原命题可以表示为：$(\neg p \wedge \neg q) \wedge r$。

(2) 令 p 表示“8 能被 2 整除”，q 表示“8 能被 6 整除”，则原命题可以表示为：$\neg p \to \neg q$（或 $q \to p$）。

(3) 令 p 表示“今天是星期五”，q 表示“今天是五月一日”，则原命题可以表示为：$\neg p \to \neg q$（或 $q \to p$）。

(4) 令 p 表示“两个三角形全等”，q 表示“它们的三条边对应相等”，则原命题可以表示为：$p \leftrightarrow q$。

(5) 令 p 表示“2<1”，q 表示“2<–1”，则原命题可以表示为：$p \to q$。

(6) 令 p 表示“天气冷”，q 表示“我穿了棉衣”，则原命题可以表示为：$p \wedge q$。

(7) 令 p 表示“徐丽园出生于 1982 年 6 月”，q 表示“徐丽园是女性”，r 表示“徐丽园身高 1.62 米”，s 表示“徐丽园是广东人”，则原命题可以表示为：$((p \wedge q) \wedge r) \wedge s$。

(8) 令 p 表示“他乘飞机去上海”，q 表示“他能赶上世博会开幕”，r 表示“他乘火车去上海”，则原命题可以表示为：$(p \to q) \wedge (r \to \neg q)$。

3. (1) 三角形 A 有两个角相等当且仅当 A 是等腰三角形。（真命题）

(2) 三角形 A 有两个角相等或有两条边相等当且仅当 A 是等腰三角形。（真命题）

(3) 如果三角形 A 有两个角相等且有两条边相等，那么 A 是等腰直角三角形。（假命题）

(4) 如果三角形 A 有一个角等于 90°，那么 A 有两条边相等或 A 是等腰三角形。（假命题）

(5) 三角形 A 有两个角相等当且仅当 A 有两条边相等并且 A 是直角三角形当且仅当 A 有一个角等于 90°。（真命题）

(6) 如果三角形 A 有一个角等于 90°或 A 没有两个角相等，那么 A 有两条边相等且 A 是直角三角形或 A 不是等腰三角形。（假命题）

4. (1) 1；(2) 1；(3) 1；(4) 1；(5) 1；(6) 0。

习　题　2.5

1. (1) $\neg s \to (m \to (s \vee r))$

$\Leftrightarrow \neg s \to (\neg m \vee (s \vee r)) \Leftrightarrow \neg(\neg s) \vee (\neg m \vee (s \vee r)) \Leftrightarrow s \vee \neg m \vee s \vee r \Leftrightarrow \neg m \vee s \vee r$

当 $m=0, r=1, s=1$ 时，$\neg m \vee s \vee r \Leftrightarrow 1$；当 $m=1, r=0, s=0$ 时，$\neg m \vee s \vee r \Leftrightarrow 0$，

所以，$\neg s \to (m \to (s \vee r))$ 是可满足式。

(2) $(q \wedge (p \to q)) \wedge \neg(p \vee q) \Leftrightarrow (q \wedge (\neg p \vee q)) \wedge \neg(p \vee q)$

$\Leftrightarrow (q \wedge (\neg p \vee q)) \wedge (\neg p \wedge \neg q) \Leftrightarrow q \wedge (\neg p \wedge \neg q) \Leftrightarrow q \wedge \neg p \wedge \neg q \Leftrightarrow 0$

所以 $(q \wedge (p \to q)) \wedge \neg(p \vee q)$ 是矛盾式。

(3) $((p \to (q \vee p)) \vee (\neg q \wedge (p \to \neg q))$。

$\Leftrightarrow (\neg p \vee (q \vee p)) \vee (\neg q \wedge (\neg p \vee \neg q))$

$\Leftrightarrow (\neg p \vee q \vee p) \vee (\neg q \wedge (\neg p \vee \neg q))$

$\Leftrightarrow 1 \vee (\neg q \wedge (\neg p \vee \neg q)) \Leftrightarrow 1$

所以 $((p \to (q \vee p)) \vee (\neg q \wedge (p \to \neg q))$ 是重言式。

(4) 略(可满足式)；(5) 略(可满足式)；(6) 略(可满足式)。

2. (1) 因为 $(p_1 \wedge \neg p_2) \to p_3 \Leftrightarrow \neg(p_1 \wedge \neg p_2) \vee p_3 \Leftrightarrow (\neg p_1 \vee \neg\neg p_2) \vee p_3$

$\Leftrightarrow (\neg p_1 \vee p_2) \vee p_3 \Leftrightarrow \neg p_1 \vee (p_2 \vee p_3) \Leftrightarrow p_1 \to (p_2 \vee p_3)$

所以，$((p_1 \wedge \neg p_2) \to p_3) \Leftrightarrow (p_1 \to (p_2 \vee p_3))$。

(2) 因为 $p \to (p \to q) \Leftrightarrow p \to (\neg p \vee q) \Leftrightarrow \neg p \vee (\neg p \vee q) \Leftrightarrow (\neg p \vee \neg p) \vee q$

$\Leftrightarrow \neg p \vee q \Leftrightarrow q \vee \neg p \Leftrightarrow \neg\neg q \vee \neg p \Leftrightarrow \neg q \to \neg p$

所以，$(\neg q \to \neg p) \Leftrightarrow (p \to (p \to q))$。

(3) 略；(4) 略；(5) 略。

3. (1) 中公式组等值；(2) 中公式组不等值。

4. 提示：(1) 将题中给出的条件写成命题公式：令 p 表示“选择 A”，q 表示“选择 B”，r 表示“选择 C”，s 表示“选择 D”，t 表示“选择 E”，则有

$(p \to q) \wedge (s \vee t) \wedge ((q \wedge \neg r) \vee (\neg q \wedge r)) \wedge ((r \wedge s) \vee (\neg r \wedge \neg s)) \wedge (t \to (p \wedge q)) \Leftrightarrow 1$

(2) 求公式：

$(p \to q) \wedge (s \vee t) \wedge ((q \wedge \neg r) \vee (\neg q \wedge r)) \wedge ((r \wedge s) \vee (\neg r \wedge \neg s)) \wedge (t \to (p \wedge q))$

的主析取范式，得

$(p \to q) \vee (s \vee t) \wedge ((q \wedge \neg r) \vee (\neg q \wedge r)) \wedge ((r \wedge s) \vee (\neg r \wedge \neg s)) \wedge (t \to (p \wedge q))$

$\Leftrightarrow (\neg p \wedge \neg q \wedge r \wedge s \wedge \neg t) \vee (p \wedge q \wedge \neg r \wedge \neg s \wedge t)$，

从而得到

$(\neg p \wedge \neg q \wedge r \wedge s \wedge \neg t) \vee (p \wedge q \wedge \neg r \wedge \neg s \wedge t) \Leftrightarrow 1$

由此可断定，该厂有两种选择方案：选 C、D，不选 A、B、E；或选 A、B、E，不选 C、D。

习　题　2.6

1. (1) 和 (2) 既是简单析取式也是简单合取式；(5) 和 (7) 是简单合取式；(6) 和 (8) 是简单析取式；(3)、(4)、(9) 和 (10) 既不是简单析取式也不是简单合取式。

2. 答案不唯一，以下是一组参考答案。

(1) $p \wedge (q \leftrightarrow r)$

$\Leftrightarrow p \wedge ((q \to r) \wedge (r \to q))$

$\Leftrightarrow p \wedge ((\neg q \vee r) \wedge (\neg r \vee q))$

$\Leftrightarrow (p \wedge (\neg q \vee r)) \wedge (\neg r \vee q)$

$\Leftrightarrow ((p \wedge \neg q) \vee (p \wedge r)) \wedge (\neg r \vee q)$

$\Leftrightarrow (((p \wedge \neg q) \vee (p \wedge r)) \wedge \neg r) \vee (((p \wedge \neg q) \vee (p \wedge r)) \wedge q)$

$\Leftrightarrow ((p \wedge \neg q \wedge \neg r) \vee (p \wedge r \wedge \neg r)) \vee ((p \wedge \neg q \wedge q) \vee (p \wedge r \wedge q))$

$\Leftrightarrow (p \wedge \neg q \wedge \neg r) \vee 0 \vee 0 \vee (p \wedge r \wedge q)$

$\Leftrightarrow (p \wedge \neg q \wedge \neg r) \vee (p \wedge r \wedge q)$

(2) 演算过程略；

$(p \wedge (q \to s)) \to r \Leftrightarrow \neg p \vee (q \wedge \neg s) \vee r$

(3) 演算过程略；

$(p \vee \neg q) \to \neg s \wedge t \Leftrightarrow (\neg p \wedge q) \vee (\neg s \wedge t)$

(4) 演算过程略；

$(p \leftrightarrow \neg q) \to (p \wedge q) \Leftrightarrow (\neg q \wedge \neg p) \vee (p \wedge q)$

3. 答案不唯一，以下是一组参考答案。

(1) $p \wedge (q \leftrightarrow r) \Leftrightarrow p \wedge ((q \to r) \wedge (r \to q)) \Leftrightarrow p \wedge (\neg q \vee r) \wedge (\neg r \vee q)$

(2) 演算过程略；

$(p \vee \neg q) \to \neg s \wedge t \Leftrightarrow (\neg p \vee \neg s) \wedge (\neg p \vee t) \wedge (q \vee \neg s) \wedge (q \vee t)$

(3) 演算过程略；

$(p \leftrightarrow q) \wedge (\neg s \vee r) \Leftrightarrow (\neg p \vee q) \wedge (\neg q \vee p) \wedge (\neg s \vee r)$

(4) 演算过程略；

$(p \to q) \leftrightarrow r \Leftrightarrow (p \vee r) \wedge (\neg q \vee r) \wedge (\neg r \vee \neg p \vee q)$

4. 答案不唯一，以下是一组参考答案。

$m_{11111} = p_1 \wedge p_2 \wedge p_3 \wedge p_4 \wedge p_5$，成真赋值为：$p_1 = 1, p_2 = 1, p_3 = 1, p_4 = 1, p_5 = 1$。

$m_{01111} = \neg p_1 \wedge p_2 \wedge p_3 \wedge p_4 \wedge p_5$，成真赋值为：$p_1 = 0, p_2 = 1, p_3 = 1, p_4 = 1, p_5 = 1$。

5. 答案不唯一，以下是一组参考答案。

$M_{00000} = p_1 \vee p_2 \vee p_3 \vee p_4 \vee p_5$，成假赋值为：$p_1 = 0, p_2 = 0, p_3 = 0, p_4 = 0, p_5 = 0$。

$M_{10000} = \neg p_1 \vee p_2 \vee p_3 \vee p_4 \vee p_5$，成假赋值为：$p_1 = 1, p_2 = 0, p_3 = 0, p_4 = 0, p_5 = 0$。

6. (1) 令 $A = \neg t \to (t \vee \neg q \vee r)$

q　r　t	$\neg t$	$\neg q$	$t \vee \neg q$	$t \vee \neg q \vee r$	A
0　0　0	1	1	1	1	1
0　0　1	0	1	1	1	1
0　1　0	1	1	1	1	1
0　1　1	0	1	1	1	1
1　0　0	1	0	0	0	0
1　0　1	0	0	1	1	1
1　1　0	1	0	0	1	1
1　1　1	0	0	1	1	1

主析取范式：$m_{000} \vee m_{001} \vee m_{010} \vee m_{011} \vee m_{101} \vee m_{110} \vee m_{111}$。

主合取范式：$M_{100} = \neg q \vee r \vee t$。

(2) 真值表略；主析取范式：$m_{000} \vee m_{001} \vee m_{010} \vee m_{100} \vee m_{101}$。

主合取范式：$M_{011} \wedge M_{110} \wedge M_{111}$。

(3) 真值表略；主析取范式：0。

主合取范式：$M_{00} \wedge M_{01} \wedge M_{10} \wedge M_{11}$，该公式为矛盾式。

(4) 真值表略；主析取范式：$m_{00} \vee m_{01} \vee m_{10} \vee m_{11}$。

主合取范式：1，该公式为重言式。

7. (1) $((p \to q) \to (p \vee \neg q)) \vee \neg p$

$\Leftrightarrow ((\neg p \vee q) \to (p \vee \neg q)) \vee \neg p$

$\Leftrightarrow (\neg(\neg p \vee q) \vee (p \vee \neg q)) \vee \neg p$

$\Leftrightarrow (\neg\neg p \wedge \neg q) \vee (p \vee \neg q)) \vee \neg p$

$\Leftrightarrow (p \wedge \neg q) \vee p \vee \neg q \vee \neg p$

$\Leftrightarrow (p \wedge \neg q) \vee (p \vee \neg p) \vee \neg q$

$\Leftrightarrow (p \wedge \neg q) \vee 1 \vee \neg q$

$\Leftrightarrow 1 \Leftrightarrow m_{00} \vee m_{01} \vee m_{10} \vee m_{11}$

$\Leftrightarrow (\neg p \wedge \neg q) \vee (\neg p \wedge q) \vee (p \wedge \neg q) \vee (p \wedge q)$

(2) $(p \to (q \vee \neg r)) \to (r \to (q \wedge p))$

$\Leftrightarrow (\neg p \vee (q \vee \neg r)) \to (\neg r \vee (q \wedge p))$

$\Leftrightarrow (\neg p \vee q \vee \neg r) \to (\neg r \vee (q \wedge p))$

$\Leftrightarrow \neg(\neg p \vee q \vee \neg r) \vee (\neg r \vee (q \wedge p))$

$\Leftrightarrow (\neg\neg p \wedge \neg q \wedge \neg\neg r) \vee (\neg r \vee (q \wedge p))$

$\Leftrightarrow (p \wedge \neg q \wedge r) \vee \neg r \vee (q \wedge p)$

$\Leftrightarrow (p \wedge \neg q \wedge r) \vee (p \wedge \neg r) \vee (\neg p \wedge \neg r) \vee (p \wedge q)$

$\Leftrightarrow (p \wedge \neg q \wedge r) \vee (p \wedge q \wedge \neg r) \vee (p \wedge \neg q \wedge \neg r)$

$\quad \vee (\neg p \wedge q \wedge \neg r) \vee (\neg p \wedge \neg q \wedge \neg r) \vee (p \wedge q \wedge r) \vee (p \wedge q \wedge \neg r)$

$\Leftrightarrow m_{101} \vee m_{110} \vee m_{100} \vee m_{010} \vee m_{000} \vee m_{111} \vee m_{110}$

$\Leftrightarrow m_{101} \vee m_{110} \vee m_{100} \vee m_{010} \vee m_{000} \vee m_{111}$

$\Leftrightarrow (p \wedge \neg q \wedge r) \vee (p \wedge q \wedge \neg r) \vee (p \wedge \neg q \wedge \neg r)$

$\quad \vee (\neg p \wedge q \wedge \neg r) \vee (\neg p \wedge \neg q \wedge \neg r) \vee (p \wedge q \wedge r)$

(3) 演算过程略；

$(p \wedge q) \to \neg r \Leftrightarrow M_{111} \Leftrightarrow m_{000} \vee m_{001} \vee m_{010} \vee m_{011} \vee m_{100} \vee m_{101} \vee m_{110}$

$\Leftrightarrow (\neg p \wedge \neg q \wedge \neg r) \vee (\neg p \wedge \neg q \wedge r) \vee (\neg p \wedge q \wedge \neg r)$

$\quad \vee (\neg p \wedge q \wedge r) \vee (p \wedge \neg q \wedge \neg r) \vee (p \wedge \neg q \wedge r) \vee (p \wedge q \wedge \neg r)$

(4) 演算过程略；

$(\neg p \leftrightarrow r) \to q \Leftrightarrow m_{010} \vee m_{000} \vee m_{111} \vee m_{101} \vee m_{110} \vee m_{011}$

$\Leftrightarrow (\neg p \wedge q \wedge \neg r) \vee (\neg p \wedge \neg q \wedge r) \vee (p \wedge q \wedge r) \vee (p \wedge \neg q \wedge r) \vee (p \wedge q \wedge \neg r)$

(5) 演算过程略；

$(\neg r \vee q) \to (\neg p \wedge \neg r) \vee q \Leftrightarrow m_{101} \vee m_{001} \vee m_{010} \vee m_{000} \vee m_{111} \vee m_{110} \vee m_{011}$

$\Leftrightarrow (p \wedge \neg q \wedge r) \vee (\neg p \wedge \neg q \wedge r) \vee (\neg p \wedge q \wedge \neg r) \vee (\neg p \wedge \neg q \wedge \neg r)$

$\vee (p \wedge q \wedge r) \vee (p \wedge q \wedge \neg r) \vee (\neg p \wedge q \wedge r)$

(6) 演算过程略；

$((p \to \neg q) \to (s \wedge \neg r)) \wedge \neg s \Leftrightarrow m_{1110} \vee m_{1100}$

$\Leftrightarrow (p \wedge q \wedge r \wedge \neg s) \vee (p \wedge q \wedge \neg r \wedge \neg s)$

8. (1) $((p \vee r) \to (q \vee \neg r)) \wedge (r \to (q \wedge p))$

$\Leftrightarrow (\neg(p \vee r) \vee (q \vee \neg r)) \wedge (\neg r \vee (q \wedge p))$

$\Leftrightarrow ((\neg p \wedge \neg r) \vee (q \vee \neg r)) \wedge ((\neg r \vee q) \wedge (\neg r \vee p))$

$\Leftrightarrow ((\neg p \vee q \vee \neg r) \wedge (\neg r \vee q \vee \neg r)) \wedge ((\neg r \vee q) \wedge (\neg r \vee p))$

$\Leftrightarrow (\neg p \vee q \vee \neg r) \wedge (q \vee \neg r) \wedge (q \vee \neg r) \wedge (p \vee \neg r)$

$\Leftrightarrow (\neg p \vee q \vee \neg r) \wedge (q \vee \neg r) \wedge (p \vee \neg r)$

$\Leftrightarrow (\neg p \vee q \vee \neg r) \wedge (p \vee q \vee \neg r) \wedge (\neg p \vee q \vee \neg r) \wedge (p \vee q \vee \neg r) \wedge (p \vee \neg q \vee \neg r)$

$\Leftrightarrow M_{101} \wedge M_{001} \wedge M_{101} \wedge M_{001} \wedge M_{011} \Leftrightarrow M_{101} \wedge M_{001} \wedge M_{011}$

$\Leftrightarrow (\neg p \vee q \vee \neg r) \wedge (p \vee q \vee \neg r) \vee (p \vee \neg q \vee \neg r)$

(2) 演算过程略；

$(\neg r \vee q) \to (\neg p \wedge \neg r) \vee q \Leftrightarrow M_{100} \Leftrightarrow \neg p \vee q \vee r$

(3) 演算过程略；

$((\neg p \wedge q \wedge r) \to \neg s) \wedge ((s \wedge \neg r) \to p) \Leftrightarrow M_{0111} \wedge M_{0001} \wedge M_{0101}$

$\Leftrightarrow (p \vee \neg q \vee \neg r \vee \neg s) \wedge (p \vee q \vee r \vee \neg s) \wedge (p \vee \neg q \vee r \vee \neg s)$

9. (1) 因为

$(p \to q) \to (p \vee \neg r) \Leftrightarrow (\neg p \vee q) \to (p \vee \neg r) \Leftrightarrow \neg(\neg p \vee q) \vee (p \vee \neg r)$

$\Leftrightarrow (\neg\neg p \wedge \neg q) \vee (p \vee \neg r) \Leftrightarrow (p \wedge \neg q) \vee (p \vee \neg r)$

$\Leftrightarrow (p \vee p \vee \neg r) \wedge (\neg q \vee p \vee \neg r) \Leftrightarrow (p \vee \neg r) \wedge (p \vee \neg q \vee \neg r)$

$\Leftrightarrow (p \vee q \vee \neg r) \wedge (p \vee \neg q \vee \neg r) \wedge (p \vee \neg q \vee \neg r)$

$\Leftrightarrow M_{001} \wedge M_{011} \wedge M_{011} \Leftrightarrow M_{001} \wedge M_{011}$

$(\neg p \vee q) \to (r \to p) \Leftrightarrow (\neg p \vee q) \to (\neg r \vee p) \Leftrightarrow \neg(\neg p \vee q) \vee (\neg r \vee p)$

$\Leftrightarrow (\neg\neg p \wedge \neg q) \vee (\neg r \vee p) \Leftrightarrow (p \wedge \neg q) \vee (\neg r \vee p)$

$\Leftrightarrow (p \vee \neg r \vee p) \wedge (\neg q \vee \neg r \vee p) \Leftrightarrow (p \vee \neg r) \wedge (p \vee \neg q \vee \neg r)$

$\Leftrightarrow (p \vee q \vee \neg r) \wedge (p \vee q \vee \neg r) \wedge (p \vee \neg q \vee \neg r)$

$\Leftrightarrow M_{001} \wedge M_{001} \wedge M_{011} \Leftrightarrow M_{001} \wedge M_{011}$

所以，$(p \to q) \to (p \vee \neg r)$ 与 $(\neg p \vee q) \to (r \to p)$ 等值。

(2) 因为

$(p \to q) \wedge (r \to q) \Leftrightarrow (\neg p \vee q) \wedge (\neg r \vee q)$

$\Leftrightarrow (\neg p \vee q \vee r) \wedge (\neg p \vee q \vee \neg r) \wedge (p \vee q \vee \neg r) \wedge (\neg p \vee q \vee \neg r)$

$\Leftrightarrow M_{100} \wedge M_{101} \wedge M_{001} \wedge M_{101} \Leftrightarrow M_{100} \wedge M_{101} \wedge M_{001}$

$(p \to q) \wedge (q \to r) \Leftrightarrow (\neg p \vee q) \wedge (\neg q \vee r)$

$\Leftrightarrow (\neg p \vee q \vee r) \wedge (\neg p \vee q \vee \neg r) \wedge (p \vee \neg q \vee r) \wedge (\neg p \vee \neg q \vee r)$

$\Leftrightarrow M_{100} \wedge M_{101} \wedge M_{010} \wedge M_{110}$

所以，$(p \to q) \wedge (r \to q)$ 与 $(p \to q) \wedge (q \to r)$ 不等值。

(3) 求主范式过程略；$(p \wedge q) \to (t \vee \neg r)$ 与 $(\neg p \vee \neg q) \vee (r \to t)$ 等值。

(4) 求主范式过程略；$(\neg p \leftrightarrow r) \vee q$ 与 $(\neg p \to r) \vee q$ 不等值。

(5) 求主范式过程略；$(r \wedge \neg q) \vee \neg p$ 与 $(r \to q) \to \neg p$ 等值。

(6) 求主范式过程略；$(p \to (\neg q \vee s)) \to (s \wedge \neg r \wedge p)$ 与 $(p \wedge \neg q \wedge s) \vee ((s \vee q) \wedge (\neg q \wedge r))$ 不等值。

10. (1) $(p \leftrightarrow r) \wedge (\neg q \to p) \Leftrightarrow ((p \to r) \wedge (r \to p)) \wedge (\neg q \to p)$

$\Leftrightarrow ((\neg p \vee r) \wedge (\neg r \vee p)) \wedge (\neg\neg q \vee p)$

$\Leftrightarrow (\neg p \vee r) \wedge (p \vee \neg r) \wedge (p \vee q)$

$\Leftrightarrow (\neg p \vee q \vee r) \wedge (\neg p \vee \neg q \vee r) \wedge (p \vee q \vee \neg r) \wedge (p \vee \neg q \vee \neg r) \wedge (p \vee q \vee r) \wedge (p \vee q \vee \neg r)$

$\Leftrightarrow M_{100} \wedge M_{110} \wedge M_{001} \wedge M_{011} \wedge M_{000} \wedge M_{001} \Leftrightarrow M_{100} \wedge M_{110} \wedge M_{001} \wedge M_{011} \wedge M_{000}$

公式有 5 组成假赋值，有 3 组成真赋值，公式为可满足式。

(2) 求主范式过程略；公式没有成真赋值，公式是矛盾式。

(3) 求主范式过程略；公式没有成假赋值，公式是重言式。

(4) 求主范式过程略；公式有 4 组成真赋值，有 4 组成假赋值，公式是可满足式。

11. 主合取范式为 $M_{000} \wedge M_{011} \wedge M_{100}$。

12. 成真赋值为 010, 100, 101，001；成假赋值为 000, 011, 110, 111。

13. 成真赋值为 0000， 0001，0010， 0100， 0111，1000，1001，1010，1011，1100，1101，1110，1111。

成假赋值为 0101, 0110, 0011。

14. 主析取范式为 $m_{000} \vee m_{001} \vee m_{100} \vee m_{110} \vee m_{111}$。

15. 提示：(1) 将题中给出的条件写成命题公式：令 p 表示“甲的成绩最好”，q 表示“乙的成绩最好”，r 表示“丙的成绩最好”，s 表示“丁的成绩最好”，则甲说 $\neg p$；乙说 s；丙说 q；丁说 $\neg s$。

甲说的符合实际：$\neg p \wedge \neg s \wedge \neg q \wedge \neg\neg s$，即 $\neg p \wedge \neg s \wedge \neg q \wedge s$。

乙说的符合实际：$\neg\neg p \wedge s \wedge \neg q \wedge \neg\neg s$，即 $p \wedge \neg q \wedge s$。

丙说的符合实际：$\neg\neg p \wedge \neg s \wedge q \wedge \neg\neg s$，即 $p \wedge \neg s \wedge q \wedge s$。

丁说的符合实际：$\neg\neg p \wedge \neg s \wedge \neg q \wedge \neg s$，即 $p \wedge \neg q \wedge \neg s$。

$\neg p \wedge \neg s \wedge \neg q \wedge \neg\neg s \Leftrightarrow \neg p \wedge \neg s \wedge \neg q \wedge s \Leftrightarrow 0$

$\neg\neg p \wedge s \wedge \neg q \wedge \neg\neg s \Leftrightarrow p \wedge s \wedge \neg q \wedge s \Leftrightarrow p \wedge \neg q \wedge s \Leftrightarrow 0$（成绩互不相同）

$\neg\neg p \wedge \neg s \wedge q \wedge \neg\neg s \Leftrightarrow p \wedge \neg s \wedge q \wedge s \Leftrightarrow 0$

$\neg\neg p \wedge \neg s \wedge \neg q \wedge \neg s \Leftrightarrow p \wedge \neg s \wedge \neg q \wedge \neg s \Leftrightarrow p \wedge \neg q \wedge \neg s$

由题意得：$(p \wedge \neg q \wedge \neg s) \Leftrightarrow 1$，所以，$p$ 是真的，甲的成绩最好。

16. 提示：(1) 将题中给出的条件写成命题公式：

令 p 表示“选择 A”，q 表示“选择 B”，r 表示“选择 C”，则

$(p \to r) \wedge (q \to \neg r) \wedge (\neg r \to (p \vee q)) \Leftrightarrow 1$

(2) 求公式 $(p \to r) \land (q \to \neg r) \land (\neg r \to (p \lor q))$ 的主析取范式，得

$(p \to r) \land (q \to \neg r) \land (\neg r \to (p \lor q)) \Leftrightarrow (\neg p \lor r) \land (\neg q \lor \neg r) \land (\neg\neg r \lor (p \lor q))$

$\Leftrightarrow (\neg p \lor r) \land (\neg q \lor \neg r) \land (p \lor q \lor r)$

$\Leftrightarrow (\neg p \lor q \lor r) \land (\neg p \lor \neg q \lor r) \land (p \lor \neg q \lor \neg r) \land (\neg p \lor \neg q \lor \neg r) \land (p \lor q \lor r)$

$\Leftrightarrow M_{100} \land M_{110} \land M_{011} \land M_{111} \land M_{000} \Leftrightarrow m_{001} \lor m_{010} \lor m_{101}$

$\Leftrightarrow (\neg p \land \neg q \land r) \lor (\neg p \land q \land \neg r) \lor (p \land \neg q \land r)$

从而得到

$(\neg p \land \neg q \land r) \lor (\neg p \land q \land \neg r) \lor (p \land \neg q \land r) \Leftrightarrow 1$

$(\neg p \land \neg q \land r) \Leftrightarrow 1$，或 $(\neg p \land q \land \neg r) \Leftrightarrow 1$，或 $(p \land \neg q \land r) \Leftrightarrow 1$。

由此可断定，该生有三种选课方案：①选 C；②选 B；③选 A 和 C。

习　题　2.7

1. (1) 前提：$p, p \to q, q \to r$。

结论：r。

证明：(1) $p \to q$　(前提引入规则)

(2) p　(前提引入规则)

(3) q　((1)、(2) 假言推理规则)

(4) $q \to r$　(前提引入规则)

(5) r　((3)、(4) 假言推理规则)

(2) 前提：$\neg s, \neg r \lor s, (p \land q) \to r$。

结论：$\neg p \lor \neg q$。

证明：(1) $\neg r \lor s$　(前提引入规则)

(2) $\neg s$　(前提引入规则)

(3) $\neg r$　((1)、(2) 析取三段论规则)

(4) $(p \land q) \to r$ (前提引入规则)

(5) $\neg(p \land q)$　((3)、(4) 拒取式规则)

(6) $\neg p \lor \neg q$　((5) 置换规则)

(3) 略；(4) 略；(5) 略；(6) 略；(7) 略；(8) 略。

2. (1) 前提：$p \to (\neg q \lor r), p \land q$。

结论：$r \lor s$。

证明：(1) $p \land q$　(前提引入规则)

(2) p　((1) 化简规则)

(3) $p \to (\neg q \lor r)$ (前提引入规则)

(4) $\neg q \lor r$　((2)、(3) 假言推理规则)

(5) q　((1) 化简规则)

(6) $\neg(\neg q)$　((5) 置换规则)

(7) r　((4)、(6) 析取三段论规则)

(8) $r \lor s$　((7) 附加规则)

(2)前提：$p \to q, q \to \neg r, r$。

结论：$\neg p$。

证明：(1) r （前提引入规则）

(2) $\neg(\neg r)$ （(1)置换规则）

(3) $q \to \neg r$ （前提引入规则）

(4) $\neg q$ （(2)、(3)拒取式规则）

(5) $p \to q$ （前提引入规则）

(6) $\neg p$ （(4)、(5)拒取式规则）

(3)略；(4)略；(5)略；(6)略。

3.(1)前提：$p \to q$。

结论：$p \to (p \wedge q)$。

证明：(1) p （附加前提引入）

(2) $p \to q$ （前提引入规则）

(3) q （(1)、(2)假言推理规则）

(4) $p \wedge q$ （(1)、(3)合取引入规则）

(5) $p \to (p \wedge q)$ （附加前提证明法）

(2)前提：$t \to s, p \to r, p \wedge \neg q$。

结论：$t \to (r \wedge s)$。

证明：(1) $p \wedge \neg q$ （前提引入规则）

(2) p （(1)化简规则）

(3) $p \to r$ （前提引入规则）

(4) r （(2)、(3)假言推理规则）

(5) t （附加前提引入）

(6) $t \to s$ （前提引入规则）

(7) s （(2)、(3)假言推理规则）

(8) $r \wedge s$ （(4)、(7)合取引入规则）

(9) $t \to (r \wedge s)$ （附加前提证明法）

(3)略；(4)略。

4.(1)前提：$\neg t \vee \neg q, r \to q, r \wedge \neg s$。

结论：$\neg t$。

证明：(1) $\neg(\neg t)$ （结论的否定引入）

(2) $\neg t \vee \neg q$ （前提引入规则）

(3) $\neg q$ （(1)、(2)析取三段论规则）

(4) $r \wedge \neg s$ （前提引入规则）

(5) r （(4)化简规则）

(6) $r \to q$ （前提引入规则）

(7) q （(5)、(6)假言推理规则）

(8) $\neg q \wedge q$ （(3)、(7)合取引入规则）

(9) 0　　　((8)置换规则)

(10) $\neg t$　　　(归谬法)

(2)略；(3)略。

5.(1)略；(2)略。

6. 提示：把题中给出的条件和结论分别写成命题公式，然后用形式证明法加以证明。

(1)令 p 表示“这里有演出”，q 表示“交通拥挤”，r 表示“他们按时到达”，则推理的符号化如下。

前提：$p \to q$，$r \to \neg q$，r。

结论：$\neg p$。

(2)令 p 表示“甲获冠军”，q 表示“乙获亚军”，r 表示“丙获亚军”，s 表示“丁获亚军”，则推理的符号化如下。

前提：$p \to q \vee r$，$q \to \neg p$，$s \to \neg r$，p。

结论：$\neg s$。

(3)令 p 表示“刘丽萍去华盛顿”，q 表示“赵明雄去上课”，r 表示“赵明雄一定在华盛顿接她”，s 表示“刘丽萍去美国”，则推理的符号化如下。

前提：$p \to (\neg q \to r)$，$s \to p$，$\neg q$。

结论：$s \to r$。

习　题　2.8

1. 前提：$p \to q, \neg s \vee r, \neg r, \neg(\neg p \wedge s)$。

结论：$\neg s$。

证明：(1)分别求 $p \to q, \neg s \vee r, \neg r, \neg(\neg p \wedge s)$，$\neg(\neg s)$ 的合取范式：

$p \to q \Leftrightarrow \neg p \vee q$，$\neg s \vee r \Leftrightarrow \neg s \vee r$，$\neg r \Leftrightarrow \neg r$

$\neg(\neg p \wedge s) \Leftrightarrow \neg\neg p \vee \neg s \Leftrightarrow p \vee \neg s$，$\neg(\neg s) \Leftrightarrow s$

(2)构造子句集合：$S = \{\neg p \vee q$，$\neg s \vee r$，$\neg r$，$p \vee \neg s$，$s\}$。

(3)对子句集 S 进行归结。

①$\neg p \vee q$ (子句引入)

②$\neg s \vee r$ (子句引入)

③$\neg r$　　(子句引入)

④ $p \vee \neg s$ (子句引入)

⑤s　　(子句引入)

⑥r　　(②、⑤归结)

⑦NIL　(③、⑥归结)

2. 前提：$(p \vee q) \to (r \wedge s), (s \vee t) \to w$。

结论：$p \to w$。

证明：(1)分别求 $(p \vee q) \to (r \wedge s), (s \vee t) \to w$，$\neg(p \to w)$ 的合取范式：

$(p \vee q) \to (r \wedge s) \Leftrightarrow \neg(p \vee q) \vee (r \wedge s) \Leftrightarrow (\neg p \wedge \neg q) \vee (r \wedge s)$

$\Leftrightarrow (\neg p \vee (r \wedge s)) \wedge (\neg q \vee (r \wedge s)) \Leftrightarrow (\neg p \vee r) \wedge (\neg p \vee s) \wedge (\neg q \vee r) \wedge (\neg q \vee s)$

$(s \vee t) \to w \Leftrightarrow \neg(s \vee t) \vee w \Leftrightarrow (\neg s \wedge \neg t) \vee w \Leftrightarrow (\neg s \vee w) \wedge (\neg t \vee w)$

$\neg(p \to w) \Leftrightarrow \neg(\neg p \vee w) \Leftrightarrow \neg\neg p \wedge \neg w \Leftrightarrow p \wedge \neg w$

(2) 构造子句集合：

$S = \{ \neg p \vee r, \neg p \vee s, \neg q \vee r, \neg q \vee s,\ \neg s \vee w, \neg t \vee w, ,\ \ p, \neg w \}$

(3) 对子句集 S 进行归结。

①$\neg p \vee r$ （子句引入）

②$\neg p \vee s$ （子句引入）

③$\neg q \vee r$ （子句引入）

④$\neg q \vee s$ （子句引入）

⑤$\neg s \vee w$ （子句引入）

⑥$\neg t \vee w$ （子句引入）

⑦p （子句引入）

⑧$\neg w$ （子句引入）

⑨s （②、⑦归结）

⑩w （⑤、⑨归结）

⑪ NIL （⑧、⑩归结）

3. 略；4. 略；5. 略；6. 略。

习 题 3.1

1. (2)、(3)、(6)、(8) 是简单命题；(1)、(4)、(5)、(7) 是复合命题。

2. (1) 有理数是实数。无理数是实数。

(2) 李丽媛喜欢学习。李丽媛喜欢锻炼身体。

(3) 乌鸦是黑色的。天鹅是黑色的。天鹅是乌鸦。

(4) 有理数是实数。无理数是实数。虚数是实数。虚数是有理数。虚数是无理数。

(5) 每个理科生都要学高等数学。每个学高等数学而又勤奋的学生都能掌握微积分知识。

王磊是理科生。王磊勤奋学习。王磊能掌握微积分知识。

(6) 命题公式 A 是重言式。命题公式 A 的每一组赋值都使 A 的真值为 1。

(7) 2009 年 6 月 6 日是星期一。2009 年 6 月 6 日是星期三。我有英语课。我能去开会。

3. (1) 含全称量词；(2) 不含量词；(3) 含存在量词；(4) 含全称量词；(5) 不含量词；(6) 含全称量词；(7) 含存在量词；(8) 含存在量词。

4. (1) “2”是个体词，“…是素数”是谓词；(2)“张丽丽”“赵明辉”是个体词，“…与…是中学同学”是谓词；(3)“汽车”“火车”是个体词，“…比…跑得慢”是谓词；(4)“8”“3”是个体词，“…>…”是谓词；(5)“无理数”是个体词，“…能表示成分数”是谓词。

习 题 3.2

1. (2)、(4) 是谓词公式；(1)、(3)、(5) 不是谓词公式。

2.(1) $F(x,y)$ 中的 x 是约束变元，y 是自由变元；$H(x,y,z)$ 中的 x 和 y 是约束变元，z 是自由变元；$\exists x$ 的辖域是 $F(x,y)\to\forall yH(x,y,z)$；$\forall y$ 的辖域是 $H(x,y,z)$。

(2) $F(x)$ 中的 x 是约束变元；$G(x,c)$ 中的 x 是自由变元；$\forall x$ 的辖域是 $F(x)$。

(3) $R(x,y)$ 中的 x 和 y 是约束变元；$L(y,z)$ 中的 y 是约束变元，z 是自由变元；$H(x,y)$ 中的 x 是约束变元，y 是自由变元；$\forall x$ 的辖域是 $\forall y(R(x,y)\to L(y,z))$；$\forall y$ 的辖域是 $R(x,y)\to L(y,z)$；$\exists x$ 的辖域是 $H(x,y)$。

(4) $F(x)$ 中的 x 是约束变元；$G(x,y)$ 中的 x 是自由变元，y 是约束变元；$\forall x$ 的辖域是 $F(x)$；$\exists y$ 的辖域是 $G(x,y)$。

(5) $P(x,y,z)$ 中的 x 和 y 是约束变元，z 是自由变元；$L(y,z)$ 中的 y 和 z 是自由变元；$H(x,y)$ 中的 x 是约束变元，y 是自由变元；公式最左边的 $\forall x$ 的辖域是 $\exists yP(x,y,z)$；$\exists y$ 的辖域是 $P(x,y,z)$；公式最右边的 $\forall x$ 的辖域是 $H(x,y)$。

(6) $F(x)$ 中的 x 是约束变元；$G(x,y)$ 中的 x 是自由变元，y 是约束变元；$Q(x,y,z)$ 中的中的 x 和 y 是自由变元，z 是约束变元；$\forall x$ 的辖域是 $F(x)$；$\exists y$ 的辖域是 $G(x,y)$；$\forall z$ 的辖域是 $Q(x,y,z)$。

3.(1)、(4)、(5)、(6)是闭公式；(2)、(3)不是闭公式。

习 题 3.3

1.(1) $\neg\exists x(M(x)\wedge\neg P(x))$，其中，$P(x)$ 表示“x 需要吃饭”；$M(x)$ 表示“x 是人”。

(2) $\forall x(P(x)\to R(x))$，其中，$P(x)$ 表示“x 是无理数”；$R(x)$ 表示“x 是实数”。

(3) $P(a,b)$，其中，$P(x,y)$ 表示“x 与 y 是同学”；a 表示“大牛”；b 表示“小马”。

(4) $Q(f(a))\wedge Q(g(b))$，其中，$Q(x)$ 表示“x 是大学生”；$f(x)=x$ 的妹妹；$g(x)=x$ 的哥哥；a 表示“高山”；b 表示“刘水”。

(5) $\exists x(M(x)\wedge\neg D(x))$，其中，$M(x)$ 表示“x 是人”；$D(x)$ 表示“x 喜欢跳舞”。

(6) $\forall x(T(x)\to\exists y(C(y)\wedge F(x,y)))$，其中，$T(x)$ 表示“x 是火车”；$C(y)$ 表示“y 是汽车”；$F(x,y)$ 表示“x 比 y 跑得快”。

2.(1) $\forall x(R(x)\to(\neg P(x)\to\neg G(x)))$（或 $\forall x((R(x)\wedge\neg P(x))\to\neg G(x))$），其中，$R(x)$ 表示“x 是整数”；$P(x)$ 表示“x 是偶数”；$G(x)$ 表示“x 能被 2 整除”。

(2) $\forall x(R(x)\to(P(x)\to\exists y(R(y)\wedge D(y)\wedge G(x,y))))$（或 $\forall x(R(x)\wedge P(x)\to\exists y(R(y)\wedge D(y)\wedge G(x,y)))$），其中，$R(x)$ 表示“x 是整数”；$P(x)$ 表示“x 是质数”；$D(x)$ 表示“x 是偶数”；$G(x,y)$ 表示“x 整除 y”。

(3) $\forall x\forall y(R(x)\wedge R(y)\to G(f(x,y),h(x,y)))$，其中，$R(x)$ 表示“x 是实数”；$G(u,v)$ 表示“$u=v$”；$f(x,y)=(x-y)^2$；$h(x,y)=x^2-2xy+y^2$。

(4) $\forall x\forall y(R(x)\wedge R(y)\to G(f(x,y),h(x,y)))$，其中，$R(x)$ 表示“x 是有理数”；$G(u,v)$ 表示“$u=v$”；$f(x,y)=(x-y)(x+y)$；$h(x,y)=x^2-y^2$。

(5) $\forall x(R(x)\to G(x))$，其中，$R(x)$ 表示“x 是三角形”；$G(x)$ 表示“x 的内角和等于 180°”。

3.(1) $\forall x(Z(x)\wedge P(x)\to D(x))$，其中，$Z(x)$ 表示“x 是整数”；$P(x)$ 表示“x 被 2 整除”；$D(x)$ 表示“x 是偶数”。

(2) $\forall x(Z(x)\wedge\neg P(x)\to D(x))$，其中，$Z(x)$ 表示“x 是整数”；$P(x)$ 表示“x 被 2 整除”；$D(x)$ 表示“x 是奇数”。

(3) $\forall x(M(x)\to H(x))\wedge\neg H(a)\to\neg M(a)$，其中，$M(x)$ 表示“x 是登山运动员”；$H(x)$ 表示“x 能适应高原气候”；a 表示“周兵”。

(4) $\forall x(Q(x)\to P(x))\wedge\exists y(R(y)\wedge\neg P(y))\to\exists z(R(z)\wedge\neg Q(z))$，其中，$Q(x)$ 表示“x 是有理数”；$P(x)$ 表示“x 能表示成分数”；$R(x)$ 表示“x 是实数”。

(5) $\forall x(S(x)\to H(x))\wedge\forall y(H(y)\wedge D(y)\to C(y))\wedge S(a)\wedge D(a)\to C(a)$，其中，$S(x)$ 表示“x 是计算机专业的学生”；$H(x)$ 表示“x 学高级程序设计语言”；$D(x)$ 表示“x 是勤奋学习的学生”；$C(x)$ 表示“x 能编写计算机运行程序”；a 表示“张冰”。

(6) $\forall x(P(x)\wedge S(x)\leftrightarrow\exists y(Q(y)\wedge H(x,y)))$，其中，$P(x)$ 表示“x 是命题公式”；$S(x)$ 表示“x 是可满足的”；$Q(y)$ 表示“y 是公式的一组赋值”；$H(x,y)$ 表示“在赋值 y 下 x 的真值为 1”。

4. (1) $\forall x(D(x)\vee P(x)\to Z(x))$，其中，$D(x)$ 表示“x 是偶数”；$P(x)$ 表示“x 是奇数”；$Z(x)$ 表示“x 是整数”。

(2) $\exists x(D(x)\wedge P(x))$，其中，$D(x)$ 表示“x 是人”；$P(x)$ 表示“x 喜欢跳舞”。

(3) $D(a,b)$，其中，$D(x,y)$ 表示“x 与 y 是姐妹”；a 表示“朱方方”；b 表示“朱圆圆”。

(4) $\forall x(D(x)\wedge P(x)\to Z(x))$，其中，$D(x)$ 表示“x 是实数”；$P(x)$ 表示“$x\geqslant 0$”；$Z(x)$ 表示“x 有平方根”。

(5) $\forall x(D(x)\to Z(x))\wedge\forall x(P(x)\to\neg Z(x))\to\forall x(P(x)\to\neg D(x))$，其中，$D(x)$ 表示“x 是人”；$Z(x)$ 表示“x 需要食物”；$P(x)$ 表示“x 是计算机”。

(6) $\forall x(D(x)\wedge Z(x)\to P(x))$，其中，$D(x)$ 表示“x 是人”；$Z(x)$ 表示“x 参加会议”；$P(x)$ 表示“x 会说汉语”。

(7) $\forall x(D(x)\to\neg Z(x))$，其中，$D(x)$ 表示“x 是无理数”；$Z(x)$ 表示“x 是循环小数”。

(8) $D(a)$，其中，$D(x)$ 表示“x 是无理数”；a 表示“$\sqrt{3}$”。

5. (1) $\forall x(D(x)\vee P(x)\to Z(x))$，其中，$D(x)$ 表示“x 是有理数”；$P(x)$ 表示“x 是无理数”；$Z(x)$ 表示“x 是实数”。

(2) $D(a)\wedge P(a)$，其中，$D(x)$ 表示“x 喜欢学习”；$P(x)$ 表示“x 喜欢锻炼身体”；a 表示“李丽媛”。

(3) $\forall x(D(x)\to Z(x))\wedge\forall x(P(x)\to\neg Z(x))\to\forall x(P(x)\to\neg D(x))$，其中，$D(x)$ 表示“x 是乌鸦”；$Z(x)$ 表示“x 是黑色的”；$P(x)$ 表示“x 是天鹅”。

(4) $\forall x(D(x)\vee Q(x)\to R(x))\wedge\forall x(P(x)\to\neg R(x))\to\forall x(P(x)\to\neg D(x)\wedge\neg Q(x))$，其中，$D(x)$ 表示“x 是有理数”；$Q(x)$ 表示“x 是无理数”；$R(x)$ 表示“x 是实数”；$P(x)$ 表示“x 是虚数”。

(5) $\neg\forall x(T(x)\to F(x))$，其中，$T(x)$ 表示“x 是发光的东西”；$F(x)$ 表示“x 是金子”。

(6) $\exists x(D(x)\wedge Q(x))$，其中，$D(x)$ 表示“x 是外国人”；$Q(x)$ 表示“x 在北京”。

(7) $\neg\forall x\forall y(T(x)\wedge C(y)\to F(x,y))$，其中，$T(x)$ 表示“x 是汽车”；$C(y)$ 表示“y 是火车”；$F(x,y)$ 表示“x 比 y 跑得慢”。

(8) $D(a,b)$，其中，$D(x,y)$ 表示“$x>y$”；a 表示“8”；b 表示“3”。

习 题 3.4

1. 略。

2. 各题的答案都不唯一，下面是一组参考答案。

(1) 成真解释：令个体域 D 为整数集；$F(x)$ 表示“x 是一个数”；$H(u,v)$ 表示“u 大于 v”；$g(x)=x^2+1$；a 表示“0”，则在此解释下，$\forall x(F(x)\wedge H(g(x),a))$ 被解释为“每个整数 x，x 是数且 $x^2+1>0$”。公式成真。

成假解释：令个体域 D 为整数集；$F(x)$ 表示“x 是一个数”；$H(u,v)$ 表示“u 大于 v”；$g(x)=x+1$；a 表示“0”，则在此解释下，$\forall x(F(x)\wedge H(g(x),a))$ 被解释为“每个整数 x”，x 是数且 $x+1>0$。公式成假。

(2) 成真解释：令个体域 D 为有理数集；$G(x,y,z)$ 表示“$x\cdot y=z$”；a 表示“0”，则在此解释下，$\exists x\forall yG(x,y,a)$ 被解释为“存在有理数 x，对所有有理数 y，使得 $x\cdot y=0$”。公式成真。

成假解释：令个体域 $D=\mathbb{N}^+$ 为正整数集；$G(x,y,z)$ 表示“$x\cdot y=z$”；a 表示“0”，则在此解释下，$\exists x\forall yG(x,y,a)$ 被解释为“存在正整数 x，对所有正整数 y，使得 $x\cdot y=0$”。公式成假。

(3) 成真解释：令个体域 D 为有理数集；$G(x,y)$ 表示“$x>y$”；$F(x,y)$ 表示“$x=y$”，则在此解释下，$\forall x\forall y(G(x,y)\to\neg F(x,y))$ 被解释为“任意两个有理数 x,y，如果 $x>y$，则 $x\neq y$”。公式成真。

成假解释：令个体域 D 为有理数集；$G(x,y)$ 表示“$x=y$”；$F(x,y)$ 表示“x 被 y 整除”。则在此解释下，$\forall x\forall y(G(x,y)\to\neg F(x,y))$ 被解释为“任意两个有理数 x,y，如果 $x=y$，则 x 不能被 y 整除”。公式成假。

(4) 成真解释：令个体域 D 为实数集；$G(x)$ 表示“x 是自然数”；$F(x)$ 表示“x 是偶数”；$M(x)$ 表示“x 是素数”，则在此解释下，$\exists y(G(y)\wedge F(y)\wedge M(y))$ 被解释为“在实数集中，存在自然数，它既是偶数又是素数”。公式成真。

成假解释：令个体域 D 为实数集；$G(x)$ 表示“x 是自然数”；$F(x)$ 表示“x 是偶数”；$M(x)$ 表示“x 是奇数”；则在此解释下，$\exists y(G(y)\wedge F(y)\wedge M(y))$ 被解释为“在实数集中，存在自然数，它既是偶数又是奇数”。公式成假。

(5) 成真解释：令个体域 D 是整数集；$F(x)$ 表示“x 是偶数”；$H(x)$ 表示“x 是奇数”；则在此解释下，$\forall x(F(x)\vee H(x))$ 被解释为“每个整数都是偶数或奇数”。公式成真。

成假解释：令个体域 D 是整数集；$F(x)$ 表示“x 是正数”；$H(x)$ 表示“x 是负数”，则在此解释下，$\forall x(F(x)\vee H(x))$ 被解释为“每个整数既是正数又是负数”。公式成假。

(6) 成真解释：令个体域 D 是有理数集；$F(x,y)$ 表示“$x>y$”；$G(y,x)$ 表示“$y<x$”，则在此解释下，$\forall x\forall y(F(x,y)\to G(y,x))$ 被解释为“任意两个有理数 x,y，如果 $x>y$，则 $y<x$”。公式成真。

成假解释：令个体域 D 是有理数集；$F(x,y)$ 表示“$x>y$”；$G(y,x)$ 表示“$y=x$”，则在此解释下，$\forall x\forall y(F(x,y)\to G(y,x))$ 被解释为“任意两个有理数 x,y，如果 $x>y$，则 $y=x$”。公式成假。

3.(1)、(3)、(8)是永真式；(2)是永假式(矛盾式)；(4)、(5)、(6)、(7)是可满足式。

4.(1)对所有实数 x，若 x 是偶数，则存在实数 y，使得 2 被 y 整除且 $3x+2>y$。该命题的真值为 0。

(2)存在实数 x，x 是偶数，且对所有实数 y，若 y 是偶数，则 $3x+2$ 被 $3y+2$ 整除。该命题的真值为 0。

5.(1)一个美国人和一个中国人没有相同的国籍(不考虑双重国籍)。真值为 1。

(2)任何两个美国人都是同学。真值为 0。

(3)若徐明和珍妮都在美国加州大学读书，则他们是校友。真值为 1。

(4)在美国加州大学读书的人都与珍妮有相同的国籍。真值为 0。

习　题　3.5

1.(1) $\forall x\forall v(R(x,v,z)\to L(v,z))\wedge\exists uH(u,y)$。

(2) $\exists s(F(s)\wedge\forall u\forall vG(u,v,z))\to\exists tH(x,y,t)$。

(3) $\forall u\exists v(P(u,z)\to Q(v))\leftrightarrow S(x,y)$。

(4) $\forall t\exists rP(t,r,z)\to\exists uR(x,u)$。

(5) $\forall v\forall u(P(v,u)\vee Q(u,z))\wedge\forall yG(x,y)$。

(6) $\forall s\forall v(P(s,v)\vee Q(v,z))\wedge\forall uG(x,u)\to\exists tF(x,y,t)$。

2. 略。

3.(1)中的两个公式不等值；(2)中的两个公式不等值。

4. 前束范式不唯一。下面是一组参考答案。

(1) $\forall x(F(x)\to\exists yQ(x,y))\wedge\neg\exists xG(x)$

$\Leftrightarrow\forall x(F(x)\to\exists yQ(x,y))\wedge\forall x\neg G(x)$

$\Leftrightarrow\forall x((F(x)\to\exists yQ(x,y))\wedge\neg G(x))$

$\Leftrightarrow\forall x(\exists y(F(x)\to Q(x,y))\wedge\neg G(x))$

$\Leftrightarrow\forall x\exists y((F(x)\to Q(x,y))\wedge\neg G(x))$

或

$\forall x(F(x)\to\exists yQ(x,y))\wedge\neg\exists xG(x)$

$\Leftrightarrow\forall t(F(t)\to\exists yQ(t,y))\wedge\neg\exists xG(x)$

$\Leftrightarrow\forall t((F(t)\to\exists yQ(t,y))\wedge\neg\exists xG(x))$

$\Leftrightarrow\forall t(\exists y(F(t)\to Q(t,y))\wedge\neg\exists xG(x))$

$\Leftrightarrow\forall t\exists y((F(t)\to Q(t,y))\wedge\neg\exists xG(x))$

$\Leftrightarrow\forall t\exists y((F(t)\to Q(t,y))\wedge\forall x\neg G(x))$

$\Leftrightarrow\forall t\exists y\forall x((F(t)\to Q(t,y))\wedge\neg G(x))$

(2) $\exists x(\neg\exists yF(x,y)\to(\exists zG(z,y)\to M(x)))$

$\Leftrightarrow\exists x(\neg\exists tF(x,t)\to(\exists zG(z,y)\to M(x)))$

$\Leftrightarrow \exists x(\forall t\neg F(x,t) \to (\exists zG(z,y) \to M(x)))$

$\Leftrightarrow \exists x\exists t(\neg F(x,t) \to (\exists zG(z,y) \to M(x)))$

$\Leftrightarrow \exists x\exists t(\neg F(x,t) \to \forall z(G(z,y) \to M(x)))$

$\Leftrightarrow \exists x\exists t\forall z(\neg F(x,t) \to (G(z,y) \to M(x)))$

(3) $(\forall xF(x,y) \to \exists xG(x,y)) \vee \forall xH(x,y)$

$\Leftrightarrow (\forall uF(u,y) \to \exists tG(t,y)) \vee \forall xH(x,y)$

$\Leftrightarrow \exists u(F(u,y) \to \exists tG(t,y)) \vee \forall xH(x,y)$

$\Leftrightarrow \exists u((F(u,y) \to \exists tG(t,y)) \vee \forall xH(x,y))$

$\Leftrightarrow \exists u(\exists t(F(u,y) \to G(t,y)) \vee \forall xH(x,y))$

$\Leftrightarrow \exists u\exists t((F(u,y) \to G(t,y)) \vee \forall xH(x,y))$

$\Leftrightarrow \exists u\exists t\forall x((F(u,y) \to G(t,y)) \vee H(x,y))$

(4) 略；(5) 略；

(6) $\forall x(H(x) \leftrightarrow \exists yQ(x,y)) \vee \neg\exists xG(x)$

$\Leftrightarrow \forall x((H(x) \to \exists yQ(x,y)) \wedge (\exists yQ(x,y) \to H(x))) \vee \neg\exists xG(x)$

$\Leftrightarrow \forall x((H(x) \to \exists tQ(x,t)) \wedge (\exists yQ(x,y) \to H(x))) \vee \neg\exists sG(s)$

$\Leftrightarrow \forall x(((H(x) \to \exists tQ(x,t)) \wedge (\exists yQ(x,y) \to H(x))) \vee \neg\exists sG(s))$

$\Leftrightarrow \forall x((\exists t(H(x) \to Q(x,t)) \wedge (\exists yQ(x,y) \to H(x))) \vee \neg\exists sG(s))$

$\Leftrightarrow \forall x(\exists t((H(x) \to Q(x,t)) \wedge (\exists yQ(x,y) \to H(x))) \vee \neg\exists sG(s))$

$\Leftrightarrow \forall x\exists t(((H(x) \to Q(x,t)) \wedge (\exists yQ(x,y) \to H(x))) \vee \neg\exists sG(s))$

$\Leftrightarrow \forall x\exists t(((H(x) \to Q(x,t)) \wedge \forall y(Q(x,y) \to H(x))) \vee \neg\exists sG(s))$

$\Leftrightarrow \forall x\exists t(\forall y((H(x) \to Q(x,t)) \wedge (Q(x,y) \to H(x))) \vee \neg\exists sG(s))$

$\Leftrightarrow \forall x\exists t\forall y(((H(x) \to Q(x,t)) \wedge (Q(x,y) \to H(x))) \vee \neg\exists sG(s))$

$\Leftrightarrow \forall x\exists t\forall y(((H(x) \to Q(x,t)) \wedge (Q(x,y) \to H(x))) \vee \forall s\neg G(s))$

$\Leftrightarrow \forall x\exists t\forall y\forall s(((H(x) \to Q(x,t)) \wedge (Q(x,y) \to H(x))) \vee \neg G(s))$

5. (1) $\forall x(\exists yP(x,y) \to \exists yQ(y))$

$\Leftrightarrow (\exists yP(2,y) \to \exists yQ(y)) \wedge (\exists yP(0,y) \to \exists yQ(y)) \wedge (\exists yP(-1,y) \to \exists yQ(y))$

$\Leftrightarrow ((P(2,2) \vee P(2,0) \vee P(2,-1)) \to (Q(2) \vee Q(0) \vee Q(-1)))$

$\wedge((P(0,2) \vee P(0,0) \vee P(0,-1)) \to (Q(2) \vee Q(0) \vee Q(-1)))$

$\wedge((P(-1,2) \vee P(-1,0) \vee P(-1,-1)) \to (Q(2) \vee Q(0) \vee Q(-1)))$

(2) $\forall xF(x) \to \exists xG(x)$

$\Leftrightarrow (F(2) \wedge F(0) \wedge F(-1)) \to (G(2) \vee G(0) \vee G(-1))$

(3) 略；(4) 略；(5) 略。

习　题　3.6

1. (1) 前提：$\forall x(M(x) \to G(x))$，$\exists xM(x)$。

结论：$\exists xG(x)$。

证明：(1) $\exists xM(x)$　　(前提引入规则)

(2) $M(c)$　　((1) EI 规则)

(3) $\forall x(M(x) \to G(x))$ （前提引入规则）
(4) $M(c) \to G(c)$ （(3) UI 规则）
(5) $G(c)$ （(2)、(4)假言推理规则）
(6) $\exists xG(x)$ （(5) EG 规则）

(2) 前提：$\forall x(\neg F(x) \to B(x)), \neg\forall xB(x)$。
结论：$\exists xF(x)$。
证明：(1) $\neg\forall xB(x)$ （前提引入规则）
(2) $\exists x\neg B(x)$ （(1) 置换规则）
(3) $\neg B(c)$ （(2) EI 规则）
(4) $\forall x(\neg F(x) \to B(x))$ （前提引入规则）
(5) $\neg F(c) \to B(c)$ （(4) UI 规则）
(6) $\neg(\neg F(c))$ （(3)、(5)拒取式规则）
(7) $F(c))$ （(6) 置换规则）
(8) $\exists xF(x)$ （(7) EG 规则）

(3) 略；(4) 略；(5) 略；(6) 略；(7) 略；(8) 略。

2. (1) 前提：$\forall x(G(x) \to M(x))$。
结论：$\forall xG(x) \to \forall xM(x)$。
证明：(1) $\forall xG(x)$ （附加前提引入）
(2) $G(y)$ （(1) UI 规则）
(3) $\forall x(G(x) \to M(x))$ （前提引入规则）
(4) $G(y) \to M(y)$ （(3) UI 规则）
(5) $M(y)$ （(2)、(4)假言推理规则）
(6) $\forall xM(x)$ （(5) UG 规则）
(7) $\forall xG(x) \to \forall xM(x)$ （附加前提证明法）

(2) 略；(3) 略。

3. (1) 前提：$\forall xF(x), \exists x(F(x) \to R(x))$。
结论：$\exists xR(x)$。
证明：(1) $\exists x(F(x) \to R(x))$ （前提引入规则）
(2) $F(c) \to R(c)$ （(1) EI 规则）
(3) $\neg\exists xR(x)$ （结论的否定引入）
(4) $\forall x\neg R(x)$ （(3) 置换规则）
(5) $\neg R(c)$ （(4) UI 规则）
(6) $\neg F(c)$ （(2)、(5)拒取式规则）
(7) $\forall xF(x)$ （前提引入规则）
(8) $F(c)$ （(7) UI 规则）
(9) $\neg F(c) \wedge F(c)$ （(6)、(8)合取引入规则）
(10) 0 （(9) 置换规则）
(11) $\exists xR(x)$ （归谬法）

(2) 略；(3) 略。

4. 略。

5. (1) 改正：证明：
① $\exists x(P(x) \vee R(x))$ （前提引入规则）
② $P(c) \vee R(c)$ （①EI 规则）
③ $\forall x(\neg R(x))$ （前提引入规则）
④ $\neg R(c)$ （③UI 规则）
⑤ $P(c)$ （②、④析取三段论规则）
⑥ $\forall x(P(x) \to G(x))$ （前提引入规则）
⑦ $P(c) \to G(c)$ （⑥UI 规则）
⑧ $G(c)$ （⑤、⑦假言推理规则）
⑨ $\exists x G(x)$ （⑧EG 规则）

(2) 改正：证明：
① $\exists x(P(x) \wedge R(x))$ （前提引入规则）
② $P(c) \wedge R(c)$ （①EI 规则）
③ $\forall x(P(x) \to \neg G(x))$ （前提引入规则）
④ $P(c) \to \neg G(c)$ （③UI 规则）
⑤ $P(c)$ （②化简规则）
⑥ $\neg G(c)$ （④、⑤假言推理规则）
⑦ $\exists x(\neg G(x))$ （⑥EG 规则）

(3) 改正：证明：
① $\exists x R(x) \to \forall x(M(x) \wedge G(x))$ （前提引入规则）
② $\exists x R(x) \to \forall t(M(t) \wedge G(t))$ （①置换规则）
③ $\forall x(R(x) \to \forall t(M(t) \wedge G(t)))$ （②置换规则）
④ $\forall x \forall t(R(x) \to (M(t) \wedge G(t)))$ （③置换规则）
⑤ $\forall t(R(c) \to (M(t) \wedge G(t)))$ （④UI 规则）
⑥ $R(c) \to (M(c) \wedge G(c))$ （⑤UI 规则）
⑦ $\neg \exists x(M(x) \wedge G(x))$ （前提引入规则）
⑧ $\forall x \neg(M(x) \wedge G(x))$ （⑦置换规则）
⑨ $\neg(M(c) \wedge G(c))$ （③UI 规则）
⑩ $\neg R(c)$ （⑥、⑨拒取式规则）
⑪ $\exists x \neg R(x)$ （⑩EG 规则）

6. 提示：把题中给出的条件和结论分别写成谓词公式，然后用形式证明法加以证明。

(1) 令 $P(x)$ 表示“x 是偶数”；$Q(x)$ 表示“x 能被 2 整除”；a 表示“8”，则推理可如下表述。

前提：$\forall x(P(x) \to Q(x))$，$P(a)$。

结论：$Q(a)$。

(2) 令 $P(x)$ 表示“x 是计算机系的学生”；$Q(x)$ 表示“x 要学计算机组成原理”；$M(x)$ 表示“x 是数学系的学生”；$R(x)$ 表示“x 是在这里的学生”，则推理可如下表述。

前提：$\forall x(P(x) \to Q(x))$，$\exists x(R(x) \wedge P(x))$，$\exists x(R(x) \wedge M(x))$。

结论：$\exists x(R(x) \wedge Q(x))$。

(3) 令 $N(x)$ 表示“ x 是自然数”；$P(x)$ 表示“ x 是奇数”；$H(x)$ 表示“ x 是偶数”；$R(x)$ 表示“ x 是非负数”；$Q(x)$ 表示“ x 能被 2 整除”；则推理可如下表述。

前提：$\forall x(N(x) \to P(x) \vee H(x))$，$\forall x(R(x) \wedge H(x) \to Q(x))$，$\neg \forall x(N(x) \to Q(x))$。

结论：$\exists x(N(x) \wedge P(x))$。

(4) 令 $S(x)$ 表示“ x 是科学工作者”；$D(x)$ 表示“ x 是刻苦钻研的人”；$W(x)$ 表示“ x 是聪明人”；$Q(x)$ 表示“ x 在事业中获得成功”；a 表示“张三”，则推理可如下表述。

前提：$\forall x(S(x) \to D(x))$，$\forall x(D(x) \wedge W(x) \to Q(x))$，$S(a)$，$W(a)$。

结论：$Q(a)$。

习　题　4.1

1. (1) $\{3,5,7\}$；(2) $\{0,3,6,9,12,\cdots\}$；(3) $\{-1,1\}$；(4) $\{-2,5\}$；(5) $\{4,5,6,7,8,9\}$。

2. (1) $\{x \mid \exists y((y \in \mathbb{Z}) \wedge (x = 5y))\}$，或 $\{x \mid (x = 5y) \wedge (y \in \mathbb{Z})\}$，或 $\{5x \mid x \in \mathbb{Z}\}$。

(2) $\{x \mid 10 \leqslant x \leqslant 100 \text{且} x \text{是偶数}\}$。

(3) $\{x \mid x \in \mathbb{N} \text{且} x \text{整除} 6\}$。

(4) $\{(x,y) \mid x \in \mathbb{R} \wedge y \in \mathbb{R} \wedge (y + 6x - 1 = 0)\}$。

(5) $\{x \mid 3 \leqslant x \leqslant 19 \text{且} x \text{是素数}\}$。

3. (2)、(4)、(5)、(6)、(7) 正确；(1)、(3) 不正确。

4. (1) $P(A) = \{\varnothing\}$。

(2) $P(A) = \{\varnothing, \{1\}, \{2\}, \{3\}, \{1,2\}, \{1,3\}, \{2,3\}, \{1,2,3\}\}$。

(3) $P(A) = \{\varnothing, \{\varnothing\}, \{\{\varnothing\}\}, \{\varnothing, \{\varnothing\}\}\}$。

(4) $P(A) = \{\varnothing, \{a\}, \{b\}, \{\{c,d\}\}, \{a,b\}, \{a,\{c,d\}\}, \{b,\{c,d\}\}, \{a,b,\{c,d\}\}\}$。

(5) $P(A) = \{\varnothing, \{a\}, \{b\}, \{c\}, \{d\}, \{a,b\}, \{a,c\}, \{a,d\}, \{b,c\}, \{b,d\}, \{c,d\}, \{a,b,c\}, \{a,b,d\}, \{a,c,d\}, \{b,c,d\}, \{a,b,c,d\}\}$。

习　题　4.2

1. $B = \{2,3,4,5,6,7\}$；$\overline{B} = \{1,8,9,10\}$；$\overline{A} = \{6,7,8,9,10\}$；$A \cup \overline{B} = \{1,2,3,4,5,8,9,10\}$；$A \cap B = \{2,3,4,5\}$；$A - B = \{1\}$；$B - A = \{6,7\}$；$A \oplus B = \{1,6,7\}$。

2. $A \cup B = \{a,b,c,\{u,v\},u,v\}$；$A \cap B = \{a\}$；$A - B = \{b,c,\{u,v\}\}$，$B - A = \{u,v\}$。

3. $\bigcup A = \{\varnothing, a, b, c, 1, 3, 5, 2, \{1,2,c\}\}$；$\bigcap A = \{1\}$。

4. (1) $B \cap C$；(2) $(A - B) \cap D$；(3) $C - A$；(4) $(B \cap D) \cup ((N - B) \cap C)$。

5. (1) $(A - B) - C = (A \cap \overline{B}) \cap \overline{C} = A \cap (\overline{B} \cap \overline{C})$

$= (A - C) - (B - C) = (A \cap \overline{C}) - (B \cap \overline{C}) = (A \cap \overline{C}) \cap (\overline{B} \cup C)$

$= (A \cap \overline{C} \cap \overline{B}) \cup (A \cap \overline{C} \cap C) = (A \cap \overline{C} \cap \overline{B}) \cup \phi = A \cap (\overline{C} \cap \overline{B})$

(2) $(A \cup B) \cup (B - A) = (A \cup B) \cup (B \cap \overline{A}) = (A \cup B \cup B) \cap (A \cup B \cup \overline{A})$

$= (A \cup B) \cap U = A \cup B$（其中，$U$ 为全集）

(3) 略；(4) 略；(5) 略；(6) 略；(7) 略。

习　题　4.3

1.(1)、(2)、(3)、(4)、(5)、(7)不正确；(6)、(8)正确。

2.(1)证明：

①$\forall x$：

$x \in A \cup (B - A)$

$\Rightarrow x \in A \vee x \in (B - A)$

$\Rightarrow x \in A \vee (x \in B \wedge x \notin A)$

$\Rightarrow (x \in A \vee x \in B) \wedge (x \in A \vee x \notin A)$

$\Rightarrow (x \in A \vee x \in B) \wedge 1$

$\Rightarrow x \in A \vee x \in B$

$\Rightarrow x \in A \cup B$

$\Rightarrow A \cup (B - A) \subseteq A \cup B$

②$\forall x$：

$x \in A \cup B$

$\Rightarrow x \in A \vee x \in B$

$\Rightarrow (x \in A \vee x \in B) \wedge 1$

$\Rightarrow (x \in A \vee x \in B) \wedge (x \in A \vee x \notin A)$

$\Rightarrow x \in A \vee (x \in B \wedge x \notin A)$

$\Rightarrow x \in A \vee x \in (B - A)$

$\Rightarrow x \in A \cup (B - A)$

$\Rightarrow A \cup B \subseteq A \cup (B - A)$

综合①和②知，$A \cup (B - A) = A \cup B$。

(2)证明：

①$\forall x$：

$x \in (A - B) \cup (A \cap B)$

$\Rightarrow x \in A - B \vee x \in A \cap B$

$\Rightarrow (x \in A \wedge x \notin B) \vee (x \in A \wedge x \in B)$

$\Rightarrow x \in A \wedge (x \notin B \vee x \in B)$

$\Rightarrow x \in A \wedge 1$

$\Rightarrow x \in A$

$\Rightarrow (A - B) \cup (A \cap B) \subseteq A$

②$\forall x$：

$x \in A$

$\Rightarrow x \in A \wedge 1$

$\Rightarrow x \in A \wedge (x \notin B \vee x \in B)$

$\Rightarrow (x \in A \wedge x \notin B) \vee (x \in A \wedge x \in B)$

$\Rightarrow x \in (A - B) \vee x \in A \cap B$

$\Rightarrow x \in (A-B) \cup (A \cap B)$

$\Rightarrow A \subseteq (A-B) \cup (A \cap B)$

综合①和②知，$(A-B) \cup (A \cap B) = A$。

(3)略；(4)略。

3.(1)证明：

① $\forall x$：

$x \in P(A) \cap P(B)$

$\Rightarrow x \in P(A) \wedge x \in P(B)$

$\Rightarrow x \subseteq A \wedge x \subseteq B$

$\Rightarrow x \subseteq A \cap B$

$\Rightarrow x \in P(A \cap B)$

$\Rightarrow P(A) \cap P(B) \subseteq P(A \cap B)$

② $\forall x$：

$x \in P(A \cap B)$

$\Rightarrow x \subseteq A \cap B$

$\Rightarrow x \subseteq A \wedge x \subseteq B$

$\Rightarrow x \in P(A) \wedge x \in P(B)$

$\Rightarrow x \in P(A) \cap P(B)$

$\Rightarrow P(A \cap B) \subseteq P(A) \cap P(B)$

综合①和②知，$P(A) \cap P(B) = P(A \cap B)$。

(2)证明：

① $\forall x$：

$x \in P(A) \cup P(B)$

$\Rightarrow x \in P(A) \vee x \in P(B)$

$\Rightarrow x \subseteq A \vee x \subseteq B$

$\Rightarrow x \subseteq A \cup B$

$\Rightarrow x \in P(A \cup B)$

$\Rightarrow P(A) \cup P(B) \subseteq P(A \cup B)$

②令 $A=\{2,3\}$，$B=\{a,c\}$，有

$P(A)=\{\varnothing,\{2\},\{3\},\{2,3\}\}$，　$P(B)=\{\varnothing,\{a\},\{c\},\{a,c\}\}$

$A \cup B = \{2,3\} \cup \{a,c\} = \{2,3,a,c\}$

$P(A \cup B)=\{\varnothing,\{2\},\{3\},\{a\},\{c\},\{2,3\},\{2,a\},\{2,c\},\{3,a\},\{3,c\},\{a,c\},\{2,3,a\},\{2,3,c\},$
$\{2,a,c\},\{3,a,c\},\{2,3,a,c\}\}$

综合①和②知，$P(A) \cup P(B) \subseteq P(A \cup B)$，但 $P(A \cup B) \subseteq P(A) \cup P(B)$ 不一定成立。

(3)证明：对任意 x，若 $x \in A$，则存在 $z \subseteq A$，使得 $x \in z$。

由 $P(A)$ 是 A 的幂集知 $z \in P(A)$。

因为 $P(A) \subseteq P(B)$，所以 $z \in P(B)$,由 $P(B)$ 是 B 的幂集知 $z \subseteq B$，所以 $x \in B$，由子集的定义知 $A \subseteq B$。

4.(1) $(A-B)\cup(A-C)=A$ 成立的充分必要条件是 $A\cap B=\varnothing$（或 $A\cap C=\varnothing$）。

(2) $(A-B)\cup(A-C)=\varnothing$ 成立的充分必要条件是 $A\subseteq B\cap C$。

(3) $(A-B)\cap(A-C)=\varnothing$ 成立的充分必要条件是 $A\subseteq B\cup C$。

(4) $(A-B)\cap(A-C)=A$ 成立的充分必要条件是 $B=C=\varnothing$。

习　题　4.4

1. $|B|=6$；$|A\cap B|=1$；$|A-B|=2$；$|A\oplus B|=7$。

2. 64。 3. 933。 4. 略。 5. 略。

习　题　4.5

1. $A\times A=\{<\varnothing,\varnothing>,<\varnothing,a>,<a,\varnothing>,<a,a>\}$

$A\times B=\{<\varnothing,1>,<\varnothing,2>,<\varnothing,a>,<a,1>,<a,2>,<a,a>\}$

$B\times A=\{<1,\varnothing>,<2,\varnothing>,<a,\varnothing>,<1,a>,<2,a>,<a,a>\}$

2. $P(A)\times A=\{<\varnothing,\varnothing>,<\varnothing,a>,<\{\varnothing\},\varnothing>,<\{\varnothing\},a>,<\{a\},\varnothing>,<\{a\},a>,<\{\varnothing,a\},\varnothing>,<\{\varnothing,a\},a>\}$

3. 略。4. 略。

5.(1) 答案不唯一，例如，$R_1=\{<a,1>,<c,2>\}$；$R_2=\{<\varnothing,1>,<\varnothing,2>,<c,a>\}$。

(2) 答案不唯一，例如，$R_1=\{<1,a>,<2,c>\}$；$R_2=\{<1,\varnothing>,<2,\varnothing>,<a,c>\}$。

(3) 答案不唯一，例如，$R_1=\{<a,a>,<c,c>\}$；$R_2=\{<a,\varnothing>,<\varnothing,\varnothing>,<d,c>\}$。

(4) 答案不唯一，例如，$R_1=\{<1,a>,<2,a>\}$；$R_2=\{<1,1>,<1,2>,<1,a>\}$。

6. 2^{m^2}。

7. $R=\{<2,2>,<2,4>,<2,6>,<4,2>,<4,4>,<4,6>,<6,2>,<6,4>,<6,6>\}$

8. $R_1=\{<1,1>,<1,5>,<5,1>,<5,5>,<2,2>,<2,6>,<6,2>,<6,6>,<3,3>,<3,7>,<7,3>,<7,7>,<4,4>,<4,8>,<8,4>,<8,8>\}$

9. $R_2=\{<5,5>,<5,4>,<5,3>,<5,2>,<5,1>,<4,4>,<4,3>,<4,2>,<4,1>,<3,3>,<3,2>,<3,1>,<2,2>,<2,1>,<1,1>\}$

10. I_A={<张林，张林>，<赵强，赵强>，<刘红，刘红>}

$E_A=A\times A$={<张林，张林>，<张林，赵强>，<张林，刘红>，
<赵强，赵强>，<赵强，张林>，<赵强，刘红>，
<刘红，刘红>，<刘红，张林>，<刘红，赵强>}

11. $R_1\cap R_2=I_A\cup\{<2,8>,<3,6>\}$

$R_1\cup R_2=I_A\cup\{<2,5>,<2,8>,<3,6>,<4,7>,<5,2>,<5,8>,<6,3>,<7,4>,<8,2>,<8,5>,<2,4>,<2,6>,<4,8>\}$

12. $\begin{pmatrix}0&1&1&1&1\\0&0&1&1&1\\0&0&0&1&1\\0&0&0&0&1\\0&0&0&0&0\end{pmatrix}$

13. 略。

14. $R^{-1}=\{<1,1>,<2,2>,<1,b>,<2,1>,<b,1>,<a,2>\}$

$R^{-1}\cup R=\{<1,1>,<2,2>,<1,b>,<2,1>,<b,1>,<a,2>,<1,2>,<2,a>\}$

$\mathrm{dom}R=\{1,2,b\}$， $\mathrm{ran}R=\{1,2,b,a\}$， $\mathrm{fld}R=\{1,2,a,b\}$

15. $R\circ R=\{<2,2>,<b,a>\}$

$S\circ R=\{<a,2>,<a,a>,<2,a>,<1,a>\}$

$S^{-1}\circ R=\{<a,1>,<1,2>,<1,a>\}$

$(S\circ R)\circ S=\{<a,1>,<a,2>,<2,2>,<2,1>,<1,2>,<1,1>\}$

16.(1) $F\circ G=\{<a,a>,<a,d>,<a,b>,<b,a>,<b,d>\}$

$F^2\circ G=\{<a,a>,<a,d>,<a,b>,<b,a>,<b,d>\}$

$G^3=\{<a,a>,<a,d>,<b,b>,<c,d>,<c,c>\}$

(2)略；(3)略。

17.(1)自反、对称、传递；(2)自反、对称、传递；(3)反自反、反对称；
(4)反自反、反对称、传递；(5)反自反、对称;(6)自反、对称、传递。

18. 答案不唯一。

$R_1=I_A\cup\{<3,5>,<5,3>,<5,7>,<7,5>\}$， R_1是自反、对称的，但不是传递的。

$R_2=I_A\cup\{<3,5>,<5,7>,<3,7>\}$， R_2是自反、传递的，但不是对称的。

$R_3=\{<3,5>,<5,3>,<3,3>,<5,5>\}$， R_3是对称、传递的，但不是自反的。

19. $r(R)=R\cup I_A$

$s(R)=R\cup R^{-1}$

$t(R)=\{<a,2>,<b,1>,<b,c>,<c,2>,<a,b>,<a,1>,<a,c>,<b,2>,<a,2>\}$

20. $r(R)=\{<1,1>,<2,2>,<3,3>,<4,4>,<2,1>,<2,2>,<2,3>,<3,2>,<3,3>,<4,2>\}$

$s(R)=\{<2,1>,<1,2>,<2,2>,<2,3>,<3,2>,<3,3>,<4,2>,<2,4>\}$

$t(R)=\{<2,1>,<2,2>,<2,3>,<3,2>,<3,3>,<4,2>,<3,1>,<4,1>,<4,3>\}$

21. $r(R)$的关系矩阵为M_R+E，其中，E是5行5列的单位矩阵。

$s(R)$的关系矩阵为$M_R+M_R^{\mathrm{T}}$，其中，M_R^{T}是M_R的转置。

22. $t(R)=\{<a,a>,<a,c>,<a,d>,<b,a>,<b,b>,<b,c>,<b,d>,$
$<c,c>,<d,a>,<d,c>,<d,d>\}$

23. 解：$M_0=M_R=\begin{pmatrix}1&0&0&1\\1&1&0&0\\0&0&1&0\\1&0&1&0\end{pmatrix}$

$$M_1=M_0+M_0\cdot\begin{pmatrix}1&0&0&1\\0&0&0&0\\0&0&0&0\\0&0&0&0\end{pmatrix}=\begin{pmatrix}1&0&0&1\\1&1&0&0\\0&0&1&0\\1&0&1&0\end{pmatrix}+\begin{pmatrix}1&0&0&1\\1&1&0&0\\0&0&1&0\\1&0&1&0\end{pmatrix}\cdot\begin{pmatrix}1&0&0&1\\0&0&0&0\\0&0&0&0\\0&0&0&0\end{pmatrix}$$

$$=\begin{pmatrix}1&0&0&1\\1&1&0&0\\0&0&1&0\\1&0&1&0\end{pmatrix}+\begin{pmatrix}1&0&0&1\\1&0&0&1\\0&0&0&0\\1&0&0&1\end{pmatrix}=\begin{pmatrix}1&0&0&1\\1&1&0&1\\0&0&1&0\\1&0&1&1\end{pmatrix}$$

$$M_2=M_1+M_1\cdot\begin{pmatrix}0&0&0&0\\1&1&0&1\\0&0&0&0\\0&0&0&0\end{pmatrix}=\begin{pmatrix}1&0&0&1\\1&1&0&1\\0&0&1&0\\1&0&1&1\end{pmatrix}+\begin{pmatrix}1&0&0&1\\1&1&0&1\\0&0&1&0\\1&0&1&1\end{pmatrix}\cdot\begin{pmatrix}0&0&0&0\\1&1&0&1\\0&0&0&0\\0&0&0&0\end{pmatrix}$$

$$=\begin{pmatrix}1&0&0&1\\1&1&0&1\\0&0&1&0\\1&0&1&1\end{pmatrix}+\begin{pmatrix}0&0&0&0\\1&1&0&1\\0&0&0&0\\0&0&0&0\end{pmatrix}=\begin{pmatrix}1&0&0&1\\1&1&0&1\\0&0&1&0\\1&0&1&1\end{pmatrix}$$

$$M_3=M_2+M_2\cdot\begin{pmatrix}0&0&0&0\\0&0&0&0\\0&0&1&0\\0&0&0&0\end{pmatrix}=\begin{pmatrix}1&0&0&1\\1&1&0&1\\0&0&1&0\\1&0&1&1\end{pmatrix}+\begin{pmatrix}1&0&0&1\\1&1&0&1\\0&0&1&0\\1&0&1&1\end{pmatrix}\cdot\begin{pmatrix}0&0&0&0\\0&0&0&0\\0&0&1&0\\0&0&0&0\end{pmatrix}$$

$$=\begin{pmatrix}1&0&0&1\\1&1&0&1\\0&0&1&0\\1&0&1&1\end{pmatrix}+\begin{pmatrix}0&0&0&0\\0&0&0&0\\0&0&1&0\\0&0&1&0\end{pmatrix}=\begin{pmatrix}1&0&0&1\\1&1&0&1\\0&0&1&0\\1&0&1&1\end{pmatrix}$$

$$M_4=M_3+M_3\cdot\begin{pmatrix}0&0&0&0\\0&0&0&0\\0&0&0&0\\1&0&1&1\end{pmatrix}=\begin{pmatrix}1&0&0&1\\1&1&0&1\\0&0&1&0\\1&0&1&1\end{pmatrix}+\begin{pmatrix}1&0&0&1\\1&1&0&1\\0&0&1&0\\1&0&1&1\end{pmatrix}\cdot\begin{pmatrix}0&0&0&0\\0&0&0&0\\0&0&0&0\\1&0&1&1\end{pmatrix}$$

$$=\begin{pmatrix}1&0&0&1\\1&1&0&1\\0&0&1&0\\1&0&1&1\end{pmatrix}+\begin{pmatrix}1&0&1&1\\1&0&1&1\\0&0&0&0\\1&0&1&1\end{pmatrix}=\begin{pmatrix}1&0&1&1\\1&1&1&1\\0&0&1&0\\1&0&1&1\end{pmatrix}$$

$t(R)=\{<a,a>,<a,c>,<a,6>,<2,a>,<2,2>,<2,c>,<2,6>,$
$<c,c>,<6,a>,<6,c>,<6,6>\}$。

24. 求出M_0、M_1、M_2、M_3、M_4、M_5，计算过程略，$t(R)=A\times A$。

25.(4)、(8)是A的划分；其它都不是A的划分。

26. $R=\{<2,2>,<1,1>,<1,3>,<3,1>,<3,3>,<4,4>,<4,5>,<5,4>,<5,5>\}$

27. 略。28. 略。29. 略。30. 略。31. 略。

32.(1) $\pi=\{\{1,7\},\{2,8\},\{3\},\{4\},\{5\},\{6\}\}$；(2) $\pi=\{\{1\},\{2\},\{3\},\{4\},\{5\},\{6\},\{7\},\{8\}\}$。

习 题 4.6

1.(2)、(5)、(6)是函数；(1)、(3)、(4)不是函数。

2.(1)和(6)是单射；(3)是满射；(4)是双射；(2)和(5)既不是单射也不是满射。

3. $f^{-1}(x)=x-3$；$g^{-1}(x)=\dfrac{x-1}{2}$；$f\circ g(x)=2x+7$；$f\circ f(x)=x+6$。

4.(1)是 A 到 B 的函数；(2)、(3)、(4)、(5)和(6)不是 A 到 B 的函数。

5.(1) $\mathrm{C}_3^1+\mathrm{C}_3^2\cdot 2!+\mathrm{C}_3^3\cdot 3!$ 。

(2)答案不唯一，例如：

$f_1=\{<1,a>,<2,a>,<3,c>\}$， $f_2=\{<1,c>,<2,c>,<3,c>\}$

(3)答案不唯一，例如：

$f_3=\{<1,a>,<2,d>,<3,c>\}$， $f_4=\{<1,d>,<2,a>,<3,c>\}$

(4)答案不唯一，例如：

$f_5=\{<1,c>,<2,a>,<3,d>\}$， $f_6=\{<1,c>,<2,d>,<3,a>\}$

6. 略。7. 略。

习 题 5.1

1.(1)、(2)、(3)、(5)是；(4)、(6)不是。

2.(1)、(2)、(3)封闭；(4)不封闭。

3.(1)、(2)、(3)是；(4)不是。

4.(1)、(2)、(3)、(4)是；(5)不是。

5.(2)、(3)是；(1)、(4)、(5)、(6)不是。

习 题 5.2

1.(1)、(3)、(5)、(6)构成；(2)、(4)不构成。

2. 不构成。

3.(1)略；(2)有单位元为：$\begin{pmatrix}0&0&0\\0&0&0\\0&0&0\end{pmatrix}$。

4.(1)略；(2)当 a,b,c 都不为0时，$\begin{pmatrix}a&0&0\\0&b&0\\0&0&c\end{pmatrix}$ 有逆元 $\begin{pmatrix}\frac{1}{a}&0&0\\0&\frac{1}{b}&0\\0&0&\frac{1}{c}\end{pmatrix}$。

5.(1)构成；(2)单位元为2；(3)没有零元；

(4) $(2*3)*0=1$，$2*(3*0)=1$，$1*3=0$，$(2*3)*(2*1)=0$。

6.(1)“＊”的运算表如下：

*	x	y	z	e
x	e	z	y	x
y	z	e	x	y
z	y	x	e	z
e	x	y	z	e

(2)左、右单位元都是e。

7.(1)单位元为0；(2)没有左、右零元。

8.(1) $2\circ 5=-3$；$(2\circ 4)\circ 6=16$；$2\circ(4\circ 6)=16$；$\frac{1}{2}\circ(-3)=-1$。

(2)可结合；(3)可交换。

9.(1)不正确；(2)正确。

10. 略(提示：用同态映射的定义)。

11. 略(提示：用同构映射的定义)。

12. 略(提示：用同构映射的定义)。

习　题　5.3

1.(1)、(3)是($\circ$满足封闭性又满足结合律)；(2)不是($\circ$不满足结合律)。

2. 略(提示：根据独异点的定义)。

3.(1)是半群，不是独异点也不是群；(2)是半群，是独异点，是群；

(3)是半群，是独异点，不是群；(4)是半群，是独异点，是群；

(5)是半群，是独异点，是群；　(6)是半群，是独异点，是群。

4. 略(提示：根据群的定义)。

5. 略(提示：利用群的性质定理5.7(2))。

6. 略。

7.(1)、(2)、(3)都不是。

8.(1)略；(2) $2^3=8$, $3^{-1}=\frac{1}{3}$, $1^{-6}=1$。

9. 略。

10. 略(提示：求出$<G,\circ>$的每个元素生成的子群)。

11. 略。

12. 略。

13. 略。

14. 略。

习　题　5.4

1.(1)不是；(2)是；(3)不是；(4)不是；(5)是。

2. 略(提示：利用整环的定义)。

3. 略(提示：利用环及整环的定义)。

4. 略。

5. 略(提示：利用整环的定义)。

6.(1)不是；(2)不是；(3)是。

7. 略(提示：利用域的定义)。

8. 略(提示：利用域的定义)。

习 题 5.5

1. 证明：只要证明$<\mathbb{Z}^+,\vee,\wedge>$的运算$\vee$和$\wedge$满足结合律、交换律和吸收律即可。

(1)结合律：对任意$x,y,z\in\mathbb{Z}^+$，因为

$(x\vee y)\vee z=\min\{x,y\}\vee z=\min\{\min\{x,y\},z\}=\min\{x,y,z\}$

$x\vee(y\vee z)=x\vee\min\{y,z\}=\min\{x,\min\{y,z\}\}=\min\{x,y,z\}$

所以，$(x\vee y)\vee z=x\vee(y\vee z)$，即运算$\vee$满足结合律。

又因为

$(x\wedge y)\wedge z=\max\{x,y\}\vee z=\max\{\max\{x,y\},z\}=\max\{x,y,z\}$

$x\wedge(y\wedge z)=x\wedge\max\{y,z\}=\max\{x,\max\{y,z\}\}=\max\{x,y,z\}$

所以，$(x\wedge y)\wedge z=x\wedge(y\wedge z)$，即运算$\wedge$满足结合律。

(2)交换律：对任意$x,y\in\mathbb{Z}^+$，因为

$x\vee y=\min\{x,y\}=\min\{y,x\}=y\vee x$，　$x\wedge y=\max\{x,y\}=\max\{y,x\}=y\wedge x$

所以，运算$\vee$、$\wedge$满足交换律。

(3)吸收律：对任意$x,y\in\mathbb{Z}^+$，因为

$x\vee(x\wedge y)=\min\{x,x\wedge y\}=\min\{x,\max\{x,y\}\}=x$

$x\wedge(x\vee y)=\max\{x,x\vee y\}=\max\{x,\min\{x,y\}\}=x$

所以，运算$\wedge$和$\vee$满足吸收律。

由(1)、(2)、(3)及定义5.35知，$<\mathbb{Z}^+,\vee,\wedge>$是格。

2. 略。

3. 略。

4. 略。

习 题 5.6

1. 略(提示：利用补元、零元、单位元的特点)。

2. 略(提示：利用补元、零元、单位元的特点)。

3. 略(提示：利用补元、零元、单位元的特点)。

4.

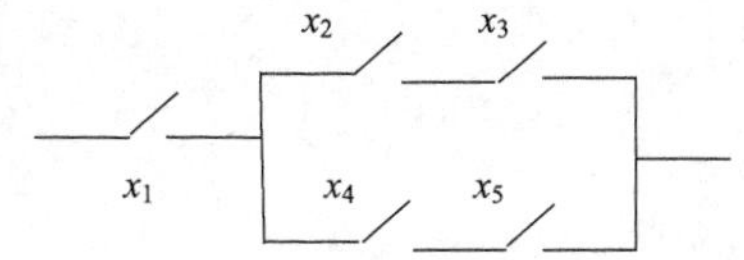

习 题 6.1

1. 提示：用握手定理。

2．提示：用握手定理。

3．4 。

4．最多是$\frac{1}{2}(n-1)(n-2)$，最少是 0 。

5．略。

6．(1) $d(a)=4$，$d(b)=3$，$d(c)=2$，$d(d)=4$，$d(e)=7$，$d(f)=3$，$d(g)=4$，$d(h)=1$，$d(i)=2$，$d(j)=0$。

(2) $d(a)+d(b)+d(c)+d(d)+d(e)+d(f)+d(g)+d(h)+d(i)+d(j)=30$。

边数 $m=15$，$2m=2\times15=30$。

$d(a)+d(b)+d(c)+d(d)+d(e)+d(f)+d(g)+d(h)+d(i)+d(j)=2m$。

7．略。

习　题　6.2

1．提示：对 n 用数学归纳法。

2．提示：用反证法。

3．$d(v_0,v_7)=4$。

4．$v_2v_1v_3v_5v_8$。

5．$acegfh$ 。

6．$\Gamma=v_2v_3v_6v_8v_9v_7v_6v_5v_2$。

7．$v_5v_6v_4v_3v_2v_5$。

8．没有；v_1 的每一条回路都至少经过 v_3 两次。

9．有 3 个，分别为 $G_1=<V_1,E_1>$，$G_2=<V_2,E_2>$，$G_3=<V_3,E_3>$。

其中：

$V_1=\{v_1,v_2,v_3,v_4,v_5,v_6\}$

$E_1=\{(v_1,v_2),(v_1,v_3),(v_2,v_3),(v_3,v_5),(v_2,v_4),(v_2,v_5),(v_4,v_6),(v_5,v_6)\}$

$V_2=\{v_8,v_9,v_{10},v_{11}\}$，$E_2=\{(v_8,v_{10}),(v_9,v_{10}),(v_{10},v_{11})\}$；$V_3=\{v_7\}$，$E_3=\varnothing$

习　题　6.3

1. $\begin{pmatrix} 0 & 1 & 0 & 1 & 1 \\ 1 & 0 & 0 & 1 & 0 \\ 0 & 0 & 0 & 1 & 0 \\ 1 & 1 & 1 & 0 & 1 \\ 1 & 0 & 0 & 1 & 0 \end{pmatrix}$；　60。

2. $\begin{pmatrix} 1 & 1 & 0 & 1 & 0 & 0 \\ 1 & 0 & 1 & 1 & 0 & 0 \\ 0 & 1 & 0 & 0 & 0 & 0 \\ 1 & 1 & 0 & 0 & 0 & 0 \\ 0 & 0 & 0 & 0 & 0 & 1 \\ 0 & 0 & 0 & 0 & 1 & 0 \end{pmatrix}$；　59。

3. $\begin{pmatrix} 0 & 1 & 3 & 0 \\ 1 & 1 & 0 & 0 \\ 3 & 0 & 0 & 1 \\ 0 & 0 & 1 & 0 \end{pmatrix}$； 33。

4. $\begin{pmatrix} 1 & 1 & 1 & 0 & 0 \\ 1 & 0 & 2 & 0 & 0 \\ 1 & 2 & 0 & 0 & 0 \\ 0 & 0 & 0 & 0 & 1 \\ 0 & 0 & 0 & 1 & 0 \end{pmatrix}$；不连通。

5. $\begin{pmatrix} 1 & 2 & 1 & 0 & 0 \\ 2 & 0 & 1 & 1 & 0 \\ 1 & 1 & 0 & 1 & 0 \\ 0 & 1 & 1 & 0 & 0 \\ 0 & 0 & 0 & 0 & 0 \end{pmatrix}$；(1) 14；(2) 3, 7, 28；(3) 156。

6. $\begin{pmatrix} 1 & 1 & 0 & 0 \\ 1 & 0 & 0 & 1 \\ 0 & 0 & 0 & 0 \\ 0 & 1 & 0 & 0 \end{pmatrix}$；不是连通图。

7. $\begin{pmatrix} 1 & 2 & 1 & 0 \\ 2 & 0 & 1 & 1 \\ 1 & 1 & 0 & 0 \\ 0 & 1 & 0 & 0 \end{pmatrix}$；(1) 22；(2) 37。

习 题 6.4

1. 略。

2. $\begin{pmatrix} 0 & 0 & 1 & 1 & 0 & 0 \\ 1 & 0 & 0 & 1 & 0 & 0 \\ 0 & 0 & 0 & 0 & 1 & 1 \\ 0 & 0 & 1 & 0 & 0 & 0 \\ 0 & 0 & 0 & 0 & 0 & 0 \\ 0 & 0 & 0 & 0 & 0 & 0 \end{pmatrix}$。

3. 略。

4. $\begin{pmatrix} 0 & 1 & 1 & 0 & 0 \\ 0 & 0 & 0 & 0 & 0 \\ 0 & 0 & 0 & 0 & 1 \\ 1 & 1 & 1 & 0 & 0 \\ 0 & 0 & 0 & 1 & 1 \end{pmatrix}$；1，2。

5. $\begin{pmatrix} 1 & 2 & 1 & 0 \\ 0 & 0 & 1 & 0 \\ 0 & 0 & 0 & 1 \\ 0 & 0 & 1 & 0 \end{pmatrix}$；(1)3，4，6；(2)13。

6. v_1可达v_4；v_4不可达v_1；v_1可达v_3；v_3不可达v_1；v_2可达v_3；v_3不可达v_2；v_2可达v_4；v_4不可达v_2；v_3可达v_4；v_4不可达v_3。

7. $\begin{pmatrix} 0 & 0 & 1 & 1 & 0 \\ 1 & 0 & 0 & 1 & 0 \\ 0 & 0 & 0 & 0 & 1 \\ 1 & 0 & 1 & 0 & 0 \\ 0 & 0 & 0 & 1 & 1 \end{pmatrix}$；$v_1$与$v_1$；$v_1$与$v_3$；$v_1$与$v_4$；$v_1$与$v_5$；$v_2$与$v_5$；$v_3$与$v_1$；$v_3$与$v_3$；$v_3$与$v_4$；$v_3$与$v_5$；$v_4$与$v_1$；$v_4$与$v_3$；$v_4$与$v_5$；$v_5$与$v_1$；$v_5$与$v_2$；$v_5$与$v_3$；$v_5$与$v_4$；$v_5$与$v_5$。

8. $\begin{pmatrix} 1 & 1 & 1 & 0 \\ 0 & 0 & 1 & 0 \\ 0 & 1 & 0 & 1 \\ 0 & 0 & 1 & 0 \end{pmatrix}$；不是。

9. $\begin{pmatrix} 0 & 0 & 1 & 1 & 0 \\ 1 & 0 & 0 & 1 & 0 \\ 0 & 0 & 0 & 0 & 1 \\ 0 & 1 & 1 & 0 & 0 \\ 0 & 0 & 0 & 1 & 1 \end{pmatrix}$；是。

习　题　6.5

1. n为奇数；因为$\dfrac{n-1}{2}$必须为偶数。

2、3、4、5、6和7题的参考答案分别如下面的图所示。

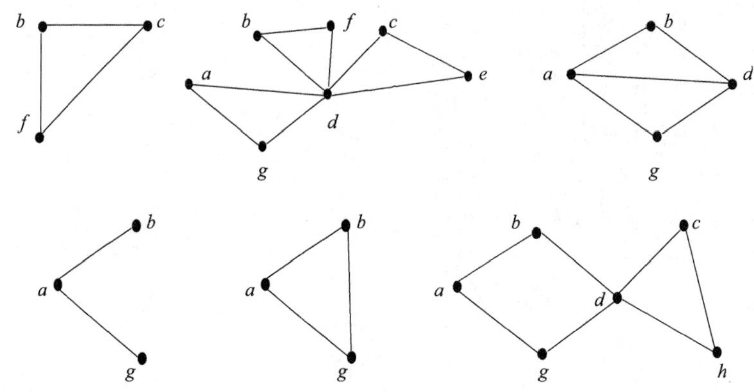

8. 有欧拉回路。例如，*agdhecdba*。

9．有欧拉通路。例如，*egdecdbafd*。

10. 是。有哈密顿回路：*fghecdbaf*。

11．不存在。因为经过图中所有顶点的每一条通路上都必须重复经过d。

12．可以(提示：把室外看成一点，3个房间分别看成3个点，每道门看成一条边，得到一个4阶图，判断此图为欧拉图即可)。

13．能(提示：用哈密顿图)。

习　题　6.6

1. $W(v_1 \to v_2)=1$，$W(v_1 \to v_3 \to v_2)=4+2=6$，$W(v_1 \to v_3)=4$

$W(v_1 \to v_2 \to v_3)=1+2=3$，$W(v_1 \to v_7)=5$，$W(v_1 \to v_7 \to v_8)=5+3=8$

$W(v_1 \to v_2 \to v_4)=1+7=8$，$W(v_1 \to v_2 \to v_5)=1+5=6$

$W(v_1 \to v_3 \to v_2 \to v_4)=4+2+7=13$，$W(v_1 \to v_3 \to v_2 \to v_5)=4+2+5=11$

$W(v_1 \to v_2 \to v_4 \to v_6)=1+7+2=10$

$W(v_1 \to v_3 \to v_2 \to v_4 \to v_6)=4+2+7+2=15$

2．最短路径$\Gamma = v_1 \to v_2 \to v_3 \to v_5 \to v_4 \to v_6$，$W(\Gamma)=9$。

3．$\Gamma_1 = v_1 \to v_2$，$W(\Gamma_1)=2$

$\Gamma_2 = v_1 \to v_3$，$W(\Gamma_2)=3$

$\Gamma_3 = v_1 \to v_2 \to v_4$，$W(\Gamma_3)=4$

$\Gamma_4 = v_1 \to v_2 \to v_4 \to v_5$，$W(\Gamma_4)=7$

$\Gamma_5 = v_1 \to v_2 \to v_4 \to v_5 \to v_6$，$W(\Gamma_5)=8$

$\Gamma_6 = v_1 \to v_2 \to v_4 \to v_5 \to v_6 \to v_7$，$W(\Gamma_6)=9$

习　题　6.7

1. 提示：根据树的边数与顶点数的关系。

2.　9。

3．$n_3+2n_4+3n_5+\cdots+(k-2)n_k+2$。

4．

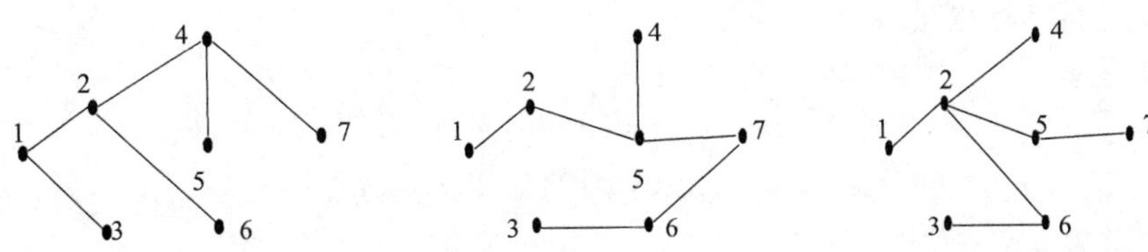

5.

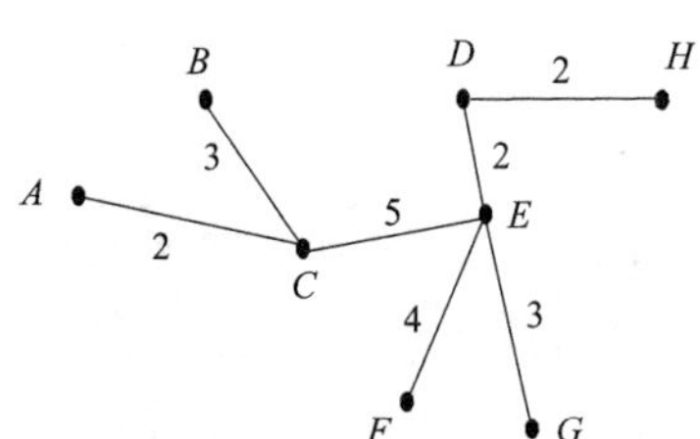

6.

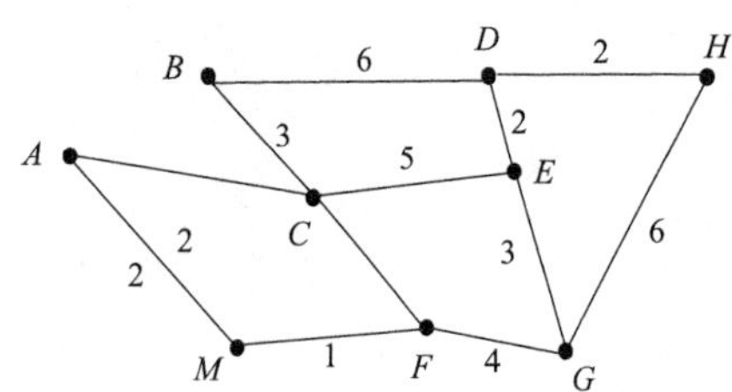

7. 提示：找出所有最小生成树，每棵最小生成树就对应一个方案。例如，

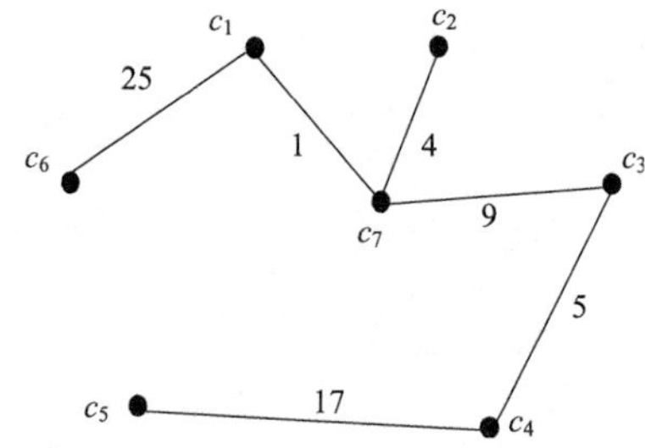

8.(1)确定是根树的方法，需同时满足：①主对角线上的元素全为0；②有且仅有一列的元素全为0，其余的每一列有且仅有一个元素为1。

(2)设第i（$1\leqslant i\leqslant n$）列的元素全为0，则顶点v_i就是根。

(3)第k（$1\leqslant k\leqslant n$）行的元素全为0，则顶点v_k就是叶。

9. 提示：找出节点数、分枝点数以及叶子数三者之间的关系。

10. 提示：根据完全二叉树的叶节点数与内部节点数之间的关系及握手定理。

11. 不是。理由：略。

12. 是有向树也是根树；1是根。

13. 提示：对n用数学归纳法。

14. 2。

15. $v_0\to v_5\to v_9\to v_1\to v_7\to v_6\to v_2\to v_3\to v_{12}\to v_8\to v_4\to v_{13}\to v_{11}\to v_{10}$。

16. 从左到右依次为：

$v_1\to v_2\to v_3\to v_{10}\to v_4\to v_5\to v_6\to v_7\to v_{11}\to v_8\to v_9\to v_{13}\to v_{12}$

从右到左依次为：

$v_1\to v_{10}\to v_3\to v_2\to v_{11}\to v_7\to v_6\to v_5\to v_4\to v_{12}\to v_{13}\to v_9\to v_8$

17. $v_{11}\to v_2\to v_1\to v_6\to v_7\to v_4\to v_8\to v_9\to v_{10}\to v_5\to v_3\to v_0$。

18.

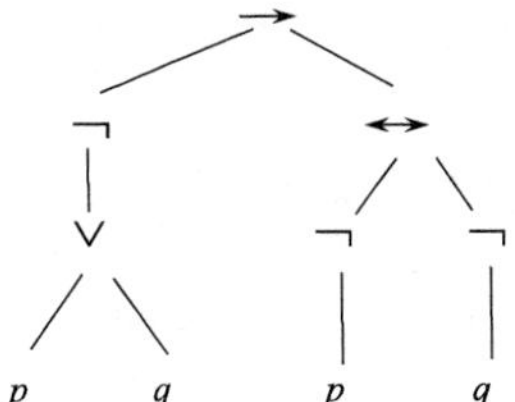

19.

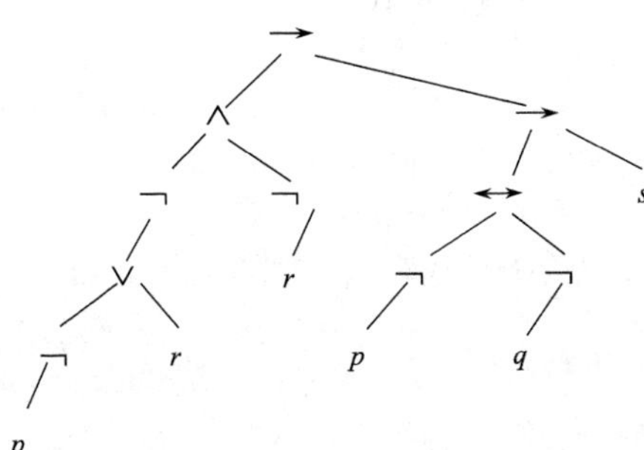

20.

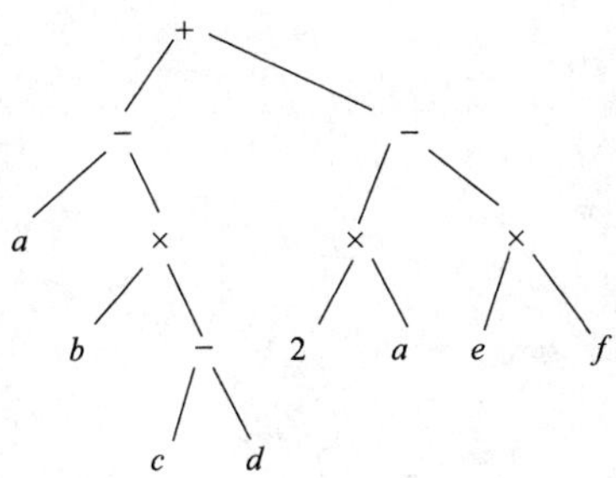

21.

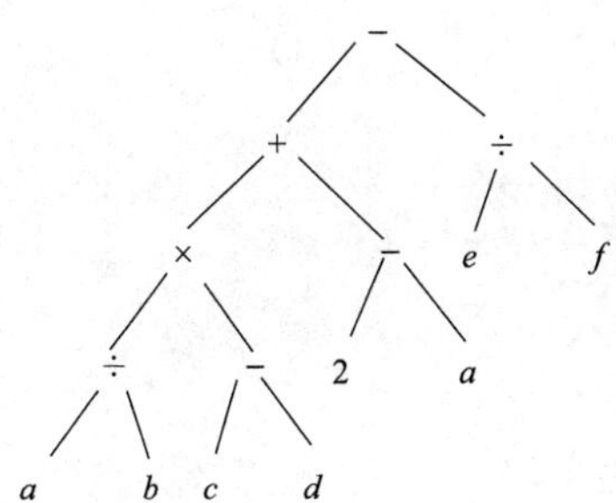

参 考 文 献

冯荣权, 宋春伟. 2015. 组合数学. 北京: 北京大学出版社.

耿素云, 屈婉玲, 张立昂. 2013. 离散数学. 5 版. 北京: 清华大学出版社.

刘坤起. 2014. 集合论基础. 北京: 电子工业出版社.

王树禾. 2015. 图论. 北京: 科学出版社.

徐诚浩. 2013. 抽象代数——方法导引. 哈尔滨: 哈尔滨工业大学出版社.

Hamilton A G. 2003. 数理逻辑（英文影印版）. 北京: 清华大学出版社.

Huth M, Ryan M. 2005. 面向计算机科学的数理逻辑: 系统建模与推理（英文影印版）. 北京: 机械工业出版社.

Jech T. 2007. Set Theory. 北京: 世界图书出版公司.

Richard J. 2015. 离散数学. 7 版. 黄林鹏, 等译. 北京: 电子工业出版社.

Rosen K H. 2015. 离散数学及其应用. 7 版. 徐六通, 等译. 北京: 机械工业出版社.